储层烃类信息的局域波分解提取理论及方法

Theory and Method on Reservoir Hydrocarbon Information Extraction using Local Wave Decomposition

薛雅娟　　王兴建　　杜正聪

刘哲呀　　杜浩坤　　陈　伟　　著

西安电子科技大学出版社

内 容 简 介

　　储层烃类信息提取和检测，尤其是深层储层烃类检测，是目前油气勘探迫切需要解决的难题。本书将近年来信号处理领域新发展的经验模态分解等局域波分解算法引入地震信号处理领域，用于储层信息提取及烃类检测；对改进和丰富适合地震信号处理尤其是深层-超深层储层烃类检测方法中的有关算法，提高流体识别的精度等具有重要的科学研究意义和学术价值。

　　本书是一部研究储层烃类信息局域波分解提取和检测理论及方法的学术著作，在简要综述国内外该领域研究成果的基础上，主要介绍了作者近年来在局域波分解算法及其在储层信息提取、烃类检测等方面取得的创新性研究成果。

　　全书共 8 章，主要内容包括：绪论、局域波分解方法、基于经验模态分解的烃类检测方法、基于经验模态分解衍生算法的烃类检测算法、基于小波包倒谱的储层信息提取方法、基于变分模态分解的地震数据分析方法及衰减估计方法、基于同步挤压小波变换的储层信息提取方法、基于局域波属性的量子神经网络烃类检测方法。

　　本书具有系统性、交叉性、前沿性等特点，可作为储层预测和烃类检测、地震信号处理和解释、信息科学、智能信息处理、人工智能等相关领域的高等院校教师、研究生和科研人员的参考书。

图书在版编目(CIP)数据

储层烃类信息的局域波分解提取理论及方法 / 薛雅娟等著. --西安：西安电子科技大学出版社，2024.7

ISBN 978-7-5606-7248-9

Ⅰ.①储…　Ⅱ.①薛…　Ⅲ.①储集层—烃类检测—信息处理　Ⅳ.①P618.13

中国国家版本馆 CIP 数据核字(2024)第 103450 号

策　　划　　刘小莉
责任编辑　　赵婧丽
出版发行　　西安电子科技大学出版社(西安市太白南路 2 号)
电　　话　　(029)88202421　88201467　　　邮　　编　710071
网　　址　　www.xduph.com　　　　　电子邮箱　xdupfxb001@163.com
经　　销　　新华书店
印刷单位　　咸阳华盛印务有限责任公司
版　　次　　2024 年 7 月第 1 版　2024 年 7 月第 1 次印刷
开　　本　　787 毫米×1092 毫米　1/16　印张 16.5
字　　数　　389 千字
定　　价　　46.00 元

ISBN 978-7-5606-7248-9 / P

XDUP　7550001-1

如有印装问题可调换

Preface 前　言

　　找出含气储层是储层气藏勘探的关键问题，本书将其与基于局域波分解算法分析的流体识别新方法相结合，从分析理论、关键技术和应用的关键问题(特定地质目标体的自适应本征特征波表征、地质涵义及流体识别方式等)等方面，对利用地震衰减属性进行流体识别及含气储层预测的地球物理信息提取理论方法和新的储层含气性地震预测方法技术的研究和发展进行了讨论，形成了一套适合储层信息提取和流体识别的高精度方法技术体系。书中主要内容和结论是作者及其所在研究团队近年来在理论研究和实践过程中获得的成果与认识。虽然其中的一些内容还需要进一步的研究，但是目前已经取得的部分进展与突破可以为后续的研究奠定基础并提供可借鉴的思路，为我国储层尤其是深层等复杂储层气藏勘探提供关键技术支持和服务。

　　本书的研究内容得到了以下项目资助：① 基于经验模态分解的碳酸盐岩储层含气性检测方法研究，国家自然科学基金青年基金（41404102）；② 基于相干成像的测井远探测高精度成像理论研究，国家自然科学基金面上项目（42074163）；③ 龙门山冲断带-川西前陆盆地深层海相碳酸盐岩储层地震预测研究，国家自然科学基金重点项目（40739907）；④ 基于深度域地震波频散反演的四川盆地深层碳酸盐岩储层含气量预测理论方法研究，国家自然科学基金面上项目（41974160）；⑤ 深埋储层烃类信息的局域波分解提取理论及方法研究，四川省杰出青年学术技术带头人资助计划（2016JQ0012）；⑥ 深部储层弱信息提取的量子分析理论和估计方法研究，四川省中央引导地方科技发展专项面上项目（2021ZYD0030）。⑦ 四川盆地碳酸盐岩储层的脉冲神经网络识别理论及方法研究，四川省自然科学基金面上项目(2023NSFSC0258)。

研究工作中基于经验模态分解及其衍生算法的烃类检测方法研究是第一作者在曹俊兴教授团队中读博和博士后工作期间的成果，后续的局域波分解算法在储层烃类信息提取中的研究仍然获得了曹俊兴教授的大力支持和指导。本书中的部分研究内容也得到了田仁飞副教授及一些研究生的支持和帮助，他们的姓名及其成果将在参考文献中标出。在此，本书作者将向所有帮助过本书出版的人员及所有参考文献的作者表示诚挚的谢意。

本书中的相关研究成果大部分发表在国际地学主流 SCI 期刊上，部分成果获得了2016 年国际埃尼奖提名、2016 年中国地球物理科学技术进步二等奖和 2021 年四川省科学技术进步三等奖。全书由薛雅娟(成都信息工程大学)和王兴建(成都理工大学)统稿，薛雅娟、王兴建和杜正聪(西昌学院)审定。

由于编者水平和研究能力有限，书中难免存在谬误之处，请各位专家、同仁批评指正。

作　者

2024 年 3 月

目　录

第 1 章　绪　　论

1.1　研究目的及意义

天然气是我国紧缺的清洁能源。增加天然气的储量与产量，是我国经济发展的一项战略性任务，建设"气大庆"更是四川省未来十年经济发展的重要举措。我国的天然气资源丰富，勘探潜力巨大，仅四川盆地内的元坝气田已累计获得探明地质储量 2195.82 亿立方米，含气面积 350 平方千米(据中国科学网新闻：天然气勘探进入"超深层"时代，2015 年 1 月 24 日)。近几年中国四川、塔里木和鄂尔多斯三大盆地海相油气总资源量为 356.63×10^8 吨油当量，而资源探明率仅为 13.37%(何治亮等，2016)。究其原因，主要在于储层预测能力，尤其是储层含气性评价能力不足。随着勘探目标日渐深部化、微小化，勘探环境更趋复杂化，这一瓶颈更加突出。

地震信号处理是重要的油气地球物理勘探手段。目前实践中应用的烃类检测技术方法概括起来主要有 AVO 异常检测技术方法、叠前弹性波反演和地震属性衰减技术方法等，这些方法各有优势和局限性。AVO 异常检测技术及叠前弹性波反演等是基于 Zoeppritz 方程的入射角和能量在反射透射界面变化的若干简化计算的推论，反演结果也存在多解性，且在深层条件下，因为地震射线的多次偏转，AVO 效应的准确计算几乎不可能实现。叠前弹性波反演技术面临的问题是横波数据少，成本高，对数据品质要求高。地震属性衰减技术目前主要利用时频分析方法实现，而常规时频分析方法分析时频分辨率的局限性等则限制了地震属性衰减技术的发展和应用。储层含气性评价理论与技术方法的发展和突破是天然气勘探，尤其是深层非常规天然气勘探突破的关键，也是国家的重大战略需求。

探索发展新的储层预测理论方法，应从我们可以利用的数据资料和弱信息提取技术方法入手。为此，我们从弱信号提取技术角度及地震传播衰减理论出发，引进信号领域最新处理方法，发展数据驱动的自适应局域波时频域及倒谱域高精度含气性理论方法和技术，发展基于经验模态分解(EMD)及其衍生方法(聚合 EMD、完备聚合 EMD)和同步挤压小波变换(SSWT)、变分模态分解(VMD)的高分辨率时频域储层信息提取理论和方法，同时，发展基于倒谱域(小波包倒谱)的储层信息提取技术。自适应突出反映了深埋在地震数据某些频段处的微弱地层及流体信息。

将 EMD 及其衍生算法、SSWT、VMD 算法及小波包倒谱分解等局域波分解算法优化、改造并完善为适合处理地震信号且能进行储层信息提取的算法，是一个前沿热点问题，对改进和丰富适合地震信号处理，尤其是储层流体识别方法中的有关算法，提高流体识别的精度等具有重要的科学研究意义和学术价值，将为储层流体识别提供新途径，为工程实际应用打下良好的理论基础，促进储层油气藏勘探，对我国储层油气藏勘探有着重要的现实意义。

1.2　国内外研究现状综述

1.2.1　储层烃类检测研究现状

储层信息提取算法，尤其是烃类检测技术，发端于 20 世纪 70 年代出现的"亮点"技术。随着勘探新思想、新方法和新技术的发展，已出现了很多的储层烃类检测方法，目前在实践应用中，烃类检测方法技术概括起来主要有叠前弹性波反演、流体替换技术、AVO 异常检测技术和地震属性衰减技术等。

地震属性衰减技术已经发展为描述地震记录特征的重要方法，被广泛应用于储层描述、烃类检测方面。本书主要从基于地震衰减属性进行流体识别的角度出发，讨论油气储层预测的地球物理信息提取理论方法和新的油气储层地震预测技术方法。目前，基于地震属性衰减特性的方法主要集中在以下三类。

(1) 谱分解方法。这类方法主要利用含气储层"高频衰减，低频增强"特性进行烃类检测，如瞬时谱分析方法(CASTAGNA J P et al.，2003)等。高分辨率的地震信号时频分析方法是实现谱分解技术的关键。常规的地震信号时频分析方法(如短时傅里叶变换、S 变换、连续小波变换、Wigner-Ville 分布等)各具特色和优点，但亦存在一定的局限或缺陷。窗函数的固定不变导致短时傅里叶变换在时、频域不能都有足够高的分辨率；S 变换由于小波基函数的固定不能满足实际数据处理的需求；小波变换分析方法的有效性依赖于小波函数的选取；而交叉项的存在也限制了 Wigner-Ville 分布的应用。为了提高谱分解技术的时频分辨率，基于小波变换的 TFCWT 谱分解(SINHA S et al.，2005)和广义的 S 变换(PINNEGAR C R，MANISNHA L，2003)等方法相继被提出。然而这些常规时频分析方法都受测不准原理的限制，时频分辨率不能同时最优。

(2) 衰减梯度分析方法。这类方法主要利用地震波能量高频衰减特性进行烃类检测，如能量吸收分析方法(MITCHELL J T et al.，1996)等。传统的衰减梯度分析方法采用两点斜率或线性拟合的方法。为了提高衰减梯度估计的精确性和有效性，高分辨率的时频分析方法仍然是实现这类衰减异常估计方法的关键。

(3) 基于品质因子 Q 的分析方法。这类方法主要利用地震波能量的衰减特性进行含油气性的指示,如谱比法(TONN R,1991)等。目前有多项技术用来估计品质因子 Q,但是品质因子 Q 估计的可靠性取决于真实的振幅数据和无噪音内容的可用性。谱比法被证实是没有真实的振幅数据可用时的最佳品质因子 Q 估计方法(TONN R,1991;DE CASTRO NUNES B I et al.,2011);而高分辨率的时频分析方法是提高谱比法计算精度的关键。

基于经验模态分解等局域波分解算法的时频分析方法,如联合 EMD 和 Hilbert 变换的 Hilbert-huang 变换(HHT)方法等,相比于其他常规地震信号时频分析方法(如傅里叶变换和小波变换等)具有一些独特的优点,如不受测不准原理的限制,时频分辨率更高,更适合非线性非平稳数据的处理等。

赋存在岩石的孔裂隙中的油气,其体积与质量只占储集层岩石的极小一部分,地震响应非常微弱,能用于高精度储层流体识别的方法技术有限。我们从弱信号检测的角度来发展和提高储层流体识别的方法技术。数据驱动的自适应局域波时频域及倒谱域高精度含气性理论方法和技术可以通过利用主要反映含气信息的地震特征波信号来进行油气检测,抑制地层和噪声等的影响,适合深层-超深层复杂储层流体识别。因此,吸收现代信号理论,发展适合储层高精度有效流体识别的局域波分解方法是十分必要的。

1.2.2 局域波分解算法在储层地震预测及烃类检测中的应用研究现状

局域波分解算法是从经验模态分解(EMD)方法发展完善起来的一类全新的方法。EMD方法(HUANG N E et al.,1998)可以把一个地震信号递归地分解为有限个从高频到低频再到趋势项的本征模态函数(IMF),不同的本征模态函数可以突出体现不同的地层和地质信息。目前,局域波分解算法主要包括:

(1) EMD 方法及其衍生算法聚合 EMD(EEMD)方法(WU Z,HUANG N E,2009)和完备聚合 EMD(CEEMD)方法(TORRES M E et al.,2011);

(2) 基于常规时频分析方法的同步挤压变换方法,如基于 CWT 的(即 SSWT)方法(DAUBECHIES I 2011),基于小波包变换的方法(WANG Q,GAO J,2017),基于短时傅里叶变换的方法(OBERLIN T et al.,2014),基于 S 变换的方法(HUANG Z L et al.,2016),基于广义 S 变换的方法(WANG Q et al.,2018)及其他衍生算法,如高阶同步挤压变换方法(LIU W et al.,2018)、ConceFT 方法(DAUBECHIES I,2016)、同步提取变换方法(YU G et al.,2017)等;

(3) 变分模态分解(VMD)(DRAGOMIRETSKIY K,ZOSSO D,2014)等其他方法;

(4) 基于小波包倒谱的地震数据分解方法,这种方法是我们 2016 年提出的一种倒谱域地震数据分解算法(XUE Y J et al.,2016b),它可以将地震信号在倒谱域分解为一系列具有不同带宽的特征波子信号,不同特征波子信号可以突出体现不同的地质信息。

目前,局域波分解方法在地震信号处理中的应用主要集中在噪声消除、地震属性提取、测井曲线分析及薄层分析、储层预测及烃类检测等的研究上(例如,BATTISTAB M,2007;ZHOU Y et al.,2010;陈伟等,2013;CHEN Y et al.,2014;LIU S,HAN L G,2014;GACI S,2016;LIU W,DUAN Z,2019;SUN M,2020;PENG K et al,2021;XUE Y J et al.,2016c)。

在储层预测和烃类检测方面,局域波分解算法联合分形技术、特征矩阵联合近似对角化以及聚类分析等成功应用于储层预测、储层识别和地震相分析技术(例如，WEN X，2009；刘庆敏等，2010；胥德平等，2011)，展示出局域波分解方法的优势。EEMD 和 CEEMD 方法也被证实提取的地震属性具有较高的鲁棒性，可以突出微小地质结构(例如，LI X et al.，2014；WANG T et al.，2012；HAN J，VAN DER BAAN M，2013)。基于 EMD、CEEMD、VMD、SSWT 等的谱分解技术(例如，LIU S，HAN L G，2014；XUE Y J et al.，2013a，b；XUE Y J et al.，2014a，b；HUANG Z L et al.，2015；KWIETNIAK A，2016；XUE Y J，CAO J X，2017；LIU W et al，2017)、衰减梯度估计技术(例如，XUE Y J et al.，2016a)、衰减估计(例如，TARY J B et al.，2016；TARY J B et al.，2017；XUE Y J et al.，2018)和波阻抗反演技术(例如，MOHAMMADI A K et al.，2021)、AVO 技术(例如，LIU W et al.，2017)等也被应用于烃类检测。模型验证和实例分析表明，该类方法较常规谱分解法具有更高的时空分辨率和聚集性等优良特性，可以提高烃类统计性解释结果。

　　本书中，并不是所有在实际中有用的局域波分解方法都会进行介绍。基于现存的各种文献，我们仅仅对最常应用的局域波分解算法进行介绍(XUE Y J et al.，2019)，包括 EMD 及其衍生算法 EEMD 和 CEEMD，同步挤压小波变换算法(SSWT)和 VMD，基于小波包倒谱的地震数据分解算法。

　　本书主要介绍基于局域波分解算法的储层流体识别理论方法，并更深层次地探讨各类局域波分解算法在储层流体识别中的机理和适用性。

本章参考文献

BATTISTA B M, KNAPP C, MCGEE T, et al. 2007. Application of the empirical mode decomposition and Hilbert-Huang transform to seismic reflection data [J]. Geophysics, 72(2): H29-H37.

CAO J, TIAN R, HE X. 2011. Seismic-print analysis and hydrocarbon identification [C]. AGU Fall Meeting Abstracts, S33B-01.

CASTAGNA J P, SUN S, SIEGFRIED R W. 2003. Instantaneous spectral analysis: Detection of low-frequency shadows associated with hydrocarbons [J]. The Leading Edge, 22(2): 120-127.

CHEN Y, ZHOU C, YUAN J, et al. 2014. Applications of empirical mode decomposition in random noise attenuation of seismic data [J]. Journal of seismic exploration, 23: 481-495.

DAUBECHIES, I, J LU, H T WU. 2011, Synchrosqueezed wavelet transforms: an empirical mode decomposition-like tool [J]. Applied and Computational Harmonic Analysis. 30, 243-261.

DAUBECHIES I, Y WANG, H T WU, 2016, ConceFT: Concentration of frequency and time via a multitapered synchrosqueezed transform [J]. Philosophical Transactions of the Royal Society A: Mathematical, Physical and Engineering Sciences, 374, 20150193.

DE CASTRO NUNES B I, EUGÊNIO DE MEDEIROS W, FARIAS DO NASCIMENTO A, et al. 2011. Estimating quality factor from surface seismic data [J]. A comparison of current approaches. Journal of Applied Geophysics, 75(2): 161-170.

DRAGOMIRETSKIY K, ZOSSO D. 2014. Variational mode decomposition [J]. IEEE Transactions on Signal Processing, 62(3): 531-544.

GACI S. 2016. A new ensemble empirical mode decomposition (EEMD) denoising method for seismic signals [J]. Energy Procedia, 97, 84-91.

HAN J, VAN DER BAAN M. 2013. Empirical mode decomposition for seismic time-frequency analysis [J]. Geophysics, 78(2): O9-O19.

HUANG N E, SHEN Z, LONG S R, et al. 1998. The empirical mode decomposition and the Hilbert spectrum for nonlinear and non-stationary time series analysis [J]. Proceedings of the Royal Society of London. Series A: Mathematical, Physical and Engineering Sciences, 454(1971): 903-995.

HUANG Z L, ZHANG J, ZHAO T H, et al. 2016, Synchrosqueezing S-transform and its application in seismic spectral decomposition [J]. IEEE Transactions on Geoscience and Remote Sensing, 54, 817-825.

HUANG Z L, ZHANG J, ZHAO T H, et al. 2015. Synchrosqueezing S-transform and its application in seismic spectral decomposition [J]. IEEE Transactions on Geoscience and Remote Sensing, 54(2), 817-825.

KWIETNIAK A, CICHOSTĘPSKI K, KASPERSKA M. 2016. Spectral decomposition using the CEEMD method: a case study from the Carpathian Foredeep [J]. Acta Geophysica, 64(5), 1525-1541.

LI X, CHEN W, ZHOU Y. 2014. A robust method for analyzing the instantaneous attributes of seismic data: The instantaneous frequency estimation based on ensemble empirical mode decomposition [J]. Journal of Applied Geophysics, 111: 102-109.

LIU W, CAO S, WANG Z, et al. 2017. Spectral decomposition for hydrocarbon detection based on VMD and Teager-Kaiser energy [J]. IEEE Geoscience and Remote Sensing Letters, 14(4), 539-543.

LIU W, DUAN Z. 2019. Seismic signal denoising using f-x variational mode decomposition [J]. IEEE Geoscience and Remote Sensing Letters, 17(8), 1313-1317.

LIU S, HAN L G. 2014. Study of seismic spectrum decomposition based on CEEMD [J]. Global Geology, 17(2), 120-126.

LIU W, CAO S, JIN Z, et al. 2017. A novel hydrocarbon detection approach via high-resolution frequency-dependent AVO inversion based on variational mode decomposition [J]. IEEE Transactions on Geoscience and Remote Sensing, 56(4), 2007-2024.

LIU W, CAO S, WANG Z. et al. 2018, A novel approach for seismic time-frequency analysis based on high-order synchrosqueezing transform [J]. IEEE Geoscience and Remote Sensing Letters, 15, 1159-1163.

MITCHELL J T, DERZHI N, LICHMA E. 1996. Energy absorption analysis: A case study [C]. Expanded Abstracts of 66th Annual Internat SEG Mtg.1785-1788.

MOHAMMADI A K, MOHEBIAN R, MORADZADEH A. 2021. high-resolution seismic impedance inversion using improved ceemd with adaptive noise [J]. Journal of Seismic Exploration, 30(5), 481-504.

OBERLIN T, MEIGNEN S, PERRIER V. 2014. The Fourier-based synchrosqueezing transform [C]. Proceedings on IEEE international conference on acoustics, speech and signal processing (ICASSP), Florence, Italy, May, 315-319.

PENG K, GUO H, SHANG X. 2021. EEMD and Multiscale PCA-Based Signal Denoising Method and Its Application to Seismic P-Phase Arrival Picking [J]. Sensors, 21(16), 5271.

PINNEGAR C R，MANISNHA L. 2003. The S-transform with windows of arbitrary and varying shape [J]. Geophysics, 68(1):381-385.

SINHA S, ROUTH P S, ANNO P D, et al. 2005. Spectral decomposition of seismic data with continuous-wavelet transform [J]. Geophysics, 70(6): P19-P25.

SUN M, LI Z, LI Z, et al. 2020. A noise attenuation method for weak seismic signals based on compressed sensing and CEEMD [J]. IEEE Access, 8, 71951-71964.

TARY J B, VAN DER BAAN M, HERRERA R H. 2016, December. Attenuation estimation using the peak frequency method with high-resolution time-frequency transforms [C]. AGU Fall Meeting Abstracts, 2016, S13C-06.

TARY J B, VAN DER BAAN M, HERRERA, R. H. 2017. Attenuation estimation using high resolution time-frequency transforms [J]. Digital Signal Processing, 60, 46-55.

TONN R. 1991. The determination of the seismic quality factor Q from VSP data: a comparison of different computational methods [J]. Geophysical Prospecting, 39(1): 1-27.

TORRES M E, Colominas M A, Schlotthauer G, et al. 2011. A complete ensemble empirical mode decomposition with adaptive noise [C]. 2011 IEEE International Conference on Acoustics, Speech and Signal Processing (ICASSP), 4144-4147.

WANG Q, GAO J, 2017. Application of synchrosqueezed wave packet transform in high resolution seismic time-frequency analysis [J]. Journal of Seismic Exploration, 26, 587-599.

WANG T, ZHANG M, YU Q, et al. 2012. Comparing the applications of EMD and EEMD on time-frequency analysis of seismic signal [J]. Journal of Applied Geophysics, 83, 29-34.

WANG Q, GAO J, LIU N, et al. 2018, High-resolution seismic time-frequency analysis using the synchrosqueezing generalized S-transform [J]. IEEE Geoscience and Remote Sensing Letters, 15,

374-378.

WU Z, HUANG N E. 2009. Ensemble empirical mode decomposition: a noise-assisted data analysis method [J]. Advances in Adaptive Data Analysis, 1(01): 1-41.

WEN X, HE Z, HUANG D. 2009. Reservoir detection based on EMD and correlation dimension [J]. Applied Geophysics, 6(1): 70-76.

XUE Y J, CAO J X. 2017, November. Application of CEEMD-based attenuation estimation and wavelet-based cepstrum decomposition in shale gas reservoir characterization [C]. AIP Conference Proceedings, 1906, 1:160005.

XUE Y J, CAO J X, DU H K, et al. 2016a. Seismic attenuation estimation using a complete ensemble empirical mode decomposition-based method [J]. Marine and Petroleum Geology, 71:296-309.

XUE Y J, CAO J X, TIAN R F. 2013a. A comparative study on hydrocarbon detection using three EMD-based time-frequency analysis methods [J]. Journal of Applied Geophysics, 89:108-115.

XUE Y J , CAO J X , TIAN R F . 2014a. EMD and Teager-Kaiser Energy Applied to Hydrocarbon Detection in a Carbonate Reservoir [J]. Geophysical Journal International, 197: 277-291.

XUE Y J , CAO J X , TIAN R F, et al. 2014b. Application of the empirical mode decomposition and Wavelet Transform to Frequency Attenuation Analysis [J]. Journal of Petroleum Science and Engineering, 122:360-370.

XUE Y J , CAO J X , TIAN R F , et al. 2016b. Wavelet-based cepstrum decomposition of seismic data and its application in hydrocarbon detection [J]. Geophysical Prospecting, 64 (6):1441-1453.

XUE Y J , CAO J X , WANG D X , et al. 2013b. Detection of gas and water using HHT by analyzing P- and S-wave Attenuation in Tight Sandstone Gas Reservoirs [J]. Journal of Applied Geophysics, 98:134-143.

XUE Y J , CAO J X , WANG D X , et al. 2016c. Application of the variational mode decomposition for seismic time-frequency analysis [J]. IEEE Journal of Selected Topics in Applied Earth Observations and Remote Sensing, 9(8):3821-3831.

XUE Y J, DU H K, CAO J X, et al. 2018. Application of a variational mode decomposition-based instantaneous centroid estimation method to a carbonate reservoir in China [J]. IEEE Geoscience and Remote Sensing Letters, 15(3), 364-368.

XUE Y J, CAO J X, WANG X J, et al. 2019. Recent developments in local wave decomposition methods for understanding seismic data: Application to seismic interpretation [J]. Surveys in Geophysics, 40(5):1185-1210.

YU G, YU M, XU C. 2017. Synchroextracting transform [J]. IEEE Transactions on Industrial Electronics, 64, 8042-8054.

ZHOU Y, CHEN W, GAO J, et al. 2010. Empirical mode decomposition based instantaneous frequency and seismic thin-bed analysis [J]. Journal of Seismic Exploration, 19(2): 161-172.

陈伟，王尚旭，啜晓宇. 2013. 基于经验模态分解的属性优化方法[J]. 石油地球物理勘探，1: 121-127.

何治亮，金晓辉，沃玉进，等. 2016. 中国海相超深层碳酸盐岩油气成藏特点及勘探领域[J]. 中国石油勘探，21(1): 3-14.

刘庆敏，杨午阳，田连玉，等. 2010. 基于经验模态分解的地震相分析技术[J]. 石油地球物理勘探，A01: 145-149.

胥德平，邓兴，郭科，等. 2011. 基于特征矩阵联合近似对角化和经验模态分解的储层识别[J]. 地球物理学进展，26(2): 572-578.

第 2 章　局域波分解方法

局域波分解方法是从经验模态分解(EMD)方法(HUANG N E et al.，1998)发展完善的一类全新的自适应本征特征波分析方法。EMD 方法可以把一个地震信号递归地分解为有限个具有窄带特性和局域波特征的本征模态函数(IMF)，不同的 IMF 可以突出体现不同的地层和地质信息。目前发展的地震数据局域波分解算法主要包括聚合 EMD(EEMD)方法(WU Z, HUANG N E，2009)，完备聚合 EMD(CEEMD)方法(TORRES M E et al.，2011)，同步挤压小波变换(SSWT)方法(DAUBECHIES I et al.，2011)，变分模态分解(VMD)方法(DRAGOMIRETSKIY K, ZOSSO D, 2014)及其他算法(VASUDEVAN K, COOK F A, 2000；GILLES J，2013)。

2.1　本征模态函数

作为分解工具，局域波分解方法能够将一条地震道分解成一系列呈现局部波特性的窄带子信号，即本征模态函数(IMF)。IMF 表征了数据的内在振动模式。这些固有振动模式既可以是线性的，也可以是非线性的；既可以是平稳的，也可以是非平稳的。HUANG N E et al.(1998)认为，只有 IMF 的瞬时频率具有物理意义，从原始 EMD 算法到当前发展的各种局域波分解算法，IMF 的定义略有改变，变得更加具有限制性。在 EMD 中，IMF 被定义为具有以下两个特征的振动模式(HUANG N E et al.，1998)：

(1) 在整个数据集中，极值点的数目必须等于或者至多与过零点相差一个；

(2) 在任何时间点，上包络和下包络的平均值为零。

通过这种定义，IMF 符合固定高斯过程的窄带要求，并保证瞬时频率没有由对称波形引起的波动。

在最近发展的各种局域波分解算法中，例如 SSWT 和 VMD，IMF 被定义为一种调幅调频(AM-FM)信号(DAUBECHIES I et al.，2011；DRAGOMIRETSKIY K, ZOSSO D, 2014)：

$$c(t) = A(t)\cos(\phi(t)) \tag{2-1-1}$$

其中，$A(t) \geqslant 0$，$\phi'(t) = \dfrac{\mathrm{d}\phi(t)}{\mathrm{d}t} \geqslant 0$，瞬时幅度 $A(t)$ 和瞬时频率 $\phi'(t)$ 都以比相位 $\phi(t)$ 更慢的速度变化。通过这种新定义，一个 IMF 可以被视为具有幅度 $A(t)$ 和瞬时频率 $\phi'(t)$ 的纯谐波信号。需要指出的是，满足新定义的信号也满足 EMD 中的原始 IMF 属性，但反之则不成立。

为了说明IMF的特性，这里我们使用一个合成数据进行说明。该合成数据(见图2-1-1(e))由具有最大幅度 1 的 15 Hz 余弦波(见图 2-1-1(a))构成背景信号，分别在 0.6 s 和 1.2 s 之间叠加两个不同频率的余弦波：5 Hz 具有最大幅度 0.8(见图 2-1-1(b))的余弦波，70 Hz 具有最大幅度 0.2 的余弦波(见图 2-1-1(c))。在 1.8 s 和 2.0 s 嵌入两个 30 Hz 雷克子波(见图 2-1-1(d))。

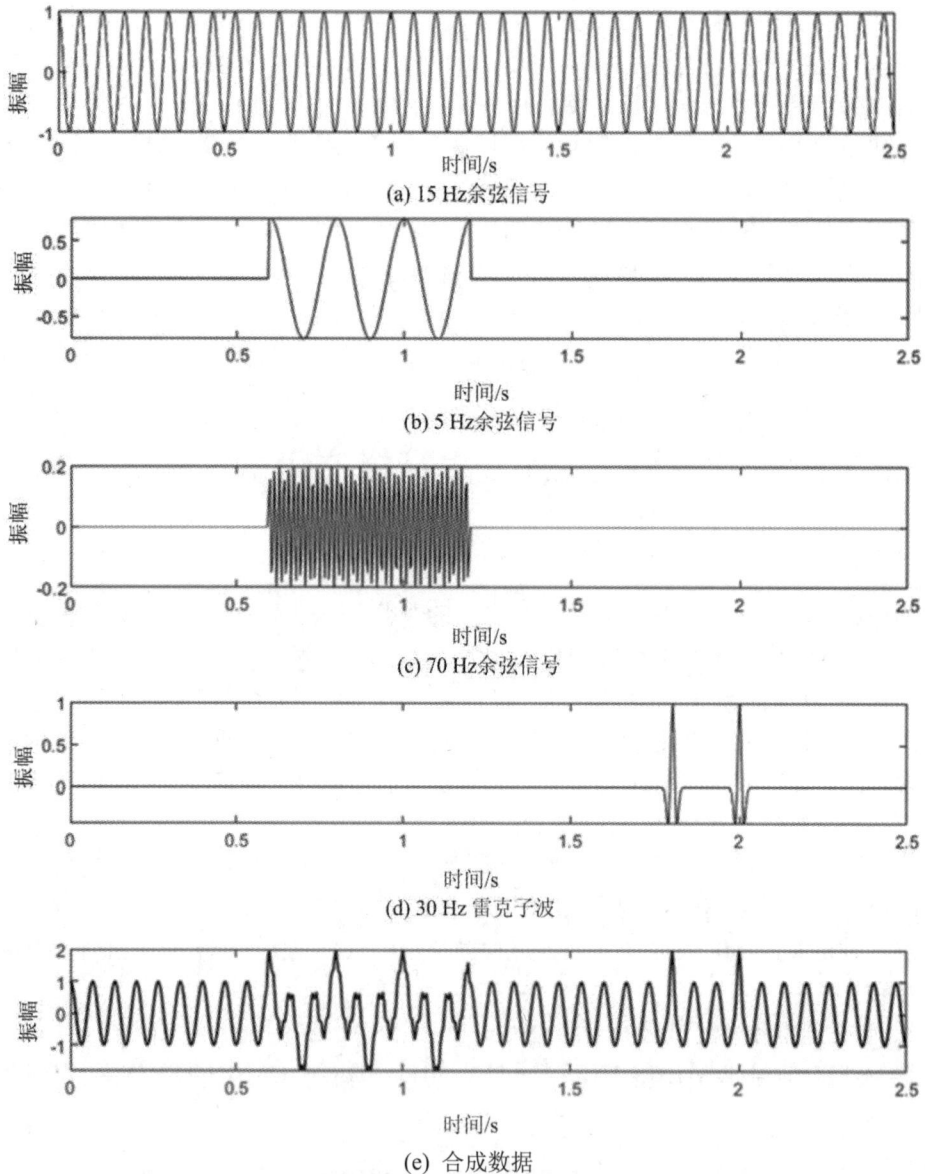

(a) 15 Hz余弦信号

(b) 5 Hz余弦信号

(c) 70 Hz余弦信号

(d) 30 Hz雷克子波

(e) 合成数据

图 2-1-1   合成信号分解

　　我们将 VMD 作为典型的 LWD 方法用于分析。图 2-1-2 显示了合成数据使用 VMD 分解之后获得的四个 IMF 信号。通过与图 2-1-1 进行比较，我们可以发现，15 Hz 的背景余弦波信号主要反映在第一个 IMF(IMF1)中；在第二个 IMF(IMF2)和第三个 IMF(IMF3)中，主要提取到的是 5 Hz 和 80 Hz 的余弦波；而两个 30 Hz 的雷克子波主要反映在第四个 IMF(IMF4)中。VMD 的强大局部分解能力使每个 IMF 主要反映原始合成数据中的一种内在振动模式，每一个 IMF 信号都具有物理意义，并且表现出明显的局部波特性。

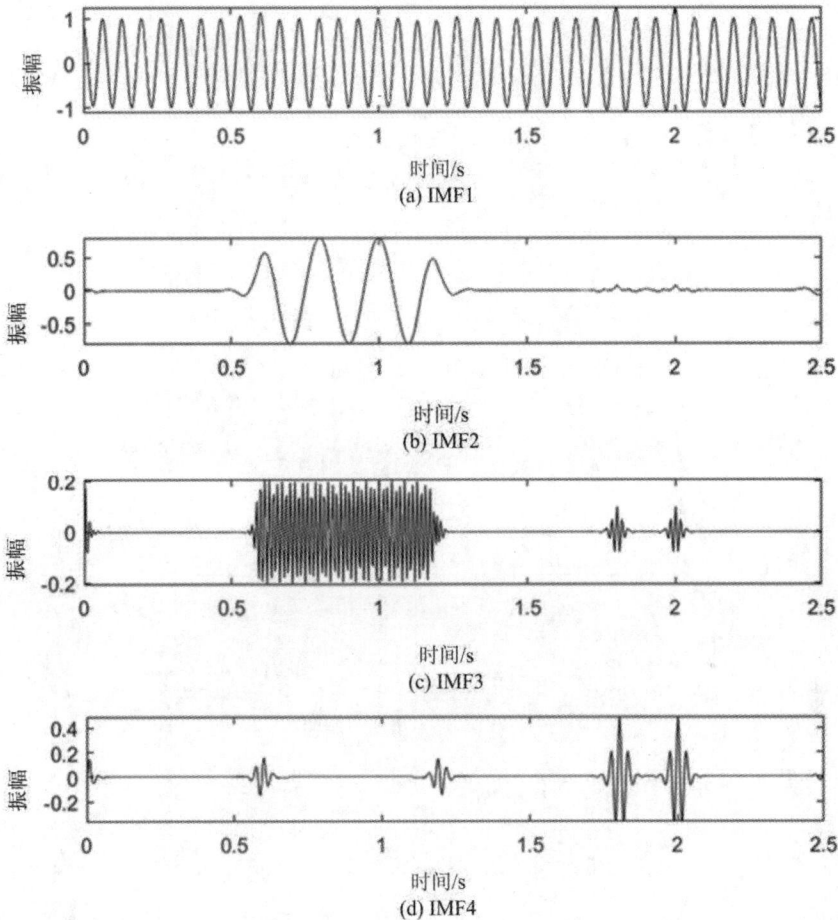

图 2-1-2　合成信号的 VMD 分解

　　对于一个地震数据体，具有不同物理含义的 IMF 会突出显示或揭示与特定频带内的地质和地层信息相关的不同细节或掩埋特征。这里以一个具有随机噪声干扰的二维叠前过含气井的地震剖面为例进行说明(见图 2-1-3(a))。仍然以 VMD 为例说明，我们将 VMD 应用于地震剖面，获得三个 IMF 剖面。可以清楚地看出，在 IMF1 地震剖面(见图 2-1-3(b))上主要反映的是粉色层位线周围呈现强反射振幅的煤层信息，而在 IMF2 地震剖面(见图 2-1-3(c))中主要提取的是由黑色矩形标记的含气储层信息。与原始地震剖面(见图 2-1-3(a))所比，图 2-1-3(c)中含气储层所在区域的反射振幅与它周围的反射振幅区分更加明显，也就是说，气层信息得到了加强。而作为最高频率分量的 IMF3 地震剖面(见图 2-1-3(d))则主要反映了原始地震剖面中的随机噪声。

(a) 原始地震剖面

(b) IMF1剖面

(c) IMF2剖面

(d) IMF3剖面

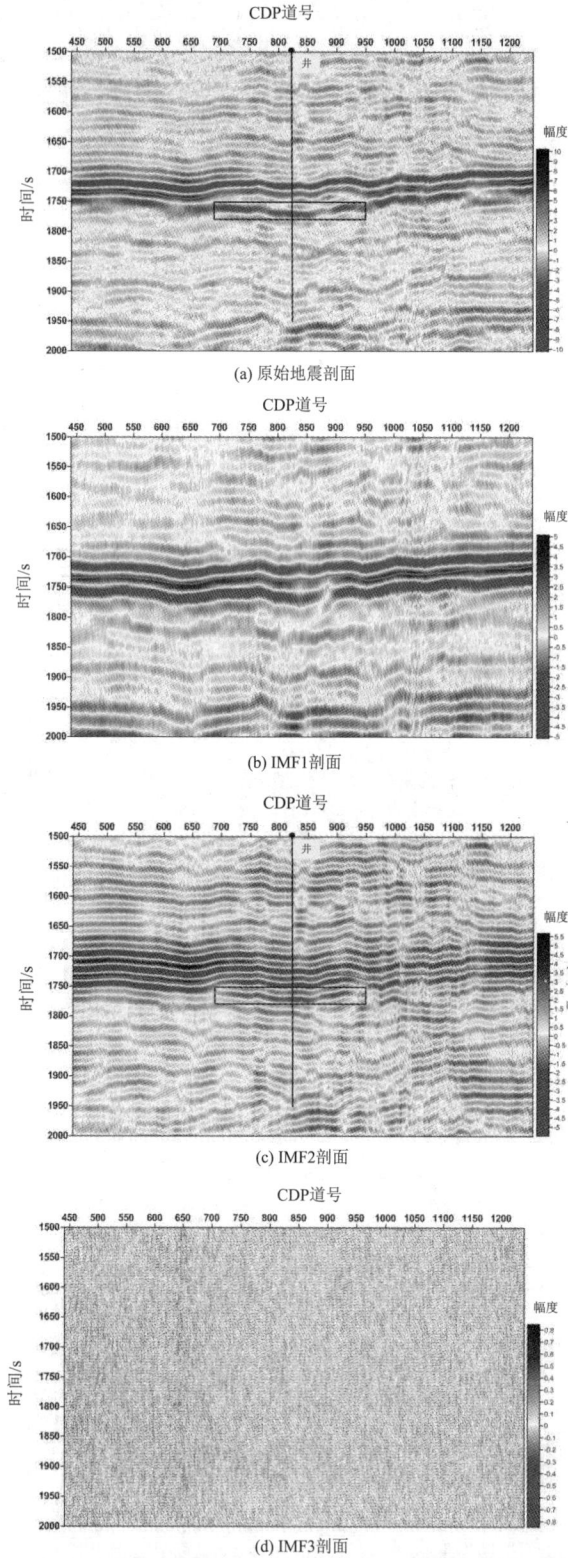

图 2-1-3　一个二维叠前地震剖面的 VMD 分解

2.2　经验模态分解及其衍生算法

2.2.1　经验模态分解算法

由 HUANG N E et al.(1998)提出的经验模态分解(EMD)方法是局域波分解方法的开始。EMD 通过筛选过程以一种局部和数据驱动的方式将一个多分量信号分解为有限多个窄带或单频 IMF 信号。EMD 算法的目的就是为了获得本征模态函数，其步骤如表 2-2-1 所示。

表 2-2-1　经验模态分解算法的步骤

步骤	步 骤 描 述
第一步	在原始信号 $x(t)$ 中查找所有的局域极大值 $M_i(i=1,2,\cdots)$ 和局域极小值 $m_k(k=1,2,\cdots)$；计算相应的上插值包络 $u(t):=f_M(M_i,t)$ 和下插值包络 $v(t):=f_m(m_k,t)$
第二步	令 $m(t):=(u(t)+v(t))/2$，从原始信号 $x(t)$ 中减去 $m(t)$，令 $h_1(t):=x(t)-m(t)$
第三步	重复步骤一，用 $h_1(t)$ 取代 $x(t)$；重复以上步骤，直到余量 $h_k(t)$ 满足 IMF 条件；第一个 IMF $c_1(t)$ 为 $c_1(t):=h_k(t)$，信号 $r_1(t)$ 的剩余部分为 $r_1(t):=x(t)-c_1(t)$
第四步	如果在信号 $x(t)$ 中有超过一个极值点(常量或者趋势项)，信号的剩余部分就可以通过 EMD 算法分解，直到产生信号的余量部分是一个趋势项或者一个小于既定值的数；最后，所有的 IMF 信号和余量为 $r_2(t):=r_1(t)-c_2(t)$，$\cdots$，$r_n(t):=r_{n-1}(t)-c_n(t)$

经过 EMD 分解后，原始信号 $x(t)$ 可以表示为

$$x(t)=\sum_{i=1}^{n}c_i(t)+r_n(t) \tag{2-2-1}$$

在 EMD 中，插值函数通常使用样条插值函数。上述过程显示了 IMF 通过基于每个步骤中的特征时间尺度从信号中移除局域模式中的最精细尺度(最高频率)，从而呈现出一种从高频到低频的分解特征。EMD 是一种具有带通滤波器特性的时频分解(FLANDRIN P et al.，2004；RATO R et al，2008)。分解得到的 IMF 分量根据信号自身相邻极值点间的时延来定义和区分，并通过筛选过程来完成。从一个 IMF 到另一个 IMF 的过程中可以看到，极值点的数目是在减少的。整个分解过程被设定为通过一些有限数目的 IMF 来完成。从上述算法中还可以看到，整个 EMD 算法很简单并且自然，并没有对信号进行任何假设，主要是平稳性好；EMD 算法可以应用于宽带信号。

EMD 通过多次移动过程，一方面消除了信号上的骑行波——小尺度波选加在大尺度波

上形成的波动；另一方面对由三次样条拟合包络线过程中产生的高低不平的振幅进行了平滑处理，使得每一个 IMF 满足它的两个必要条件。IMF 的上述两个特征就是 EMD 分解结束的收敛准则。

从表 2-2-1 可知，EMD 分离的本质是筛选。一般来说，很多信号都满足 IMF 的第一个条件，这样可以消除附加波的影响。但是，第二个条件的满足常常是难以做到的。因此，可利用经验模态分解的选择标准来确定是否终止 EMD 分离过程。HUANG N E 等人提出通过限制标准差 S 的大小来确定是否终止(HUANG H E et al.，1998)，即

$$S = \sum_{t=0}^{T} \left[\frac{\left| h_{i(k-1)}(t) - h_{ik}(t) \right|^2}{h_{i(k-1)}^2(t)} \right] \tag{2-2-2}$$

一般地，S 值定在 0.2～0.3。如果 S 小于这个门限值，筛选过程就停止，从而认为 $h_{ik}(t)$ 为第 i 阶 IMF 分量 $C_i(t)$。该标准差 S 利用两个连续的筛选结果进行计算，保证了最终获得的 IMF 分量是一个具有常量幅度的纯调频信号，也保证了 IMF 分量保留了足够的幅度和频率调制的物理意义(HUANG N E et al.，1998)。

也可以用分离结果的上包络和下包络的均值是否小于给定的小数值，来确定是否终止 EMD 分离过程。EMD 分离终止标准选取不同，分离出的 IMF 的个数和振幅也不同。

目前，EMD 算法还存在许多局限性，诸如缺乏数学基础、模态混叠、端点效应、停止准则等。对于储层含气性检测而言，我们重点关注模态混叠问题和缺乏数学基础的问题。因为这涉及我们提取出的分量是否具有明确的物理意义，进而具有清晰的实际地质意义。

模态混叠，即一个 IMF 包含不同的内在时间尺度或类似的内在时间尺度在多个 IMF 中分布，是 EMD 过程中的一个关键问题，它会导致两个相邻的 IMF 信号混叠和影响彼此(HUANG N E et al.，1999；WU Z, HUANG N E，2009；XUE Y J et al.，2016b)。模态混叠主要由 EMD 筛选过程引起，筛选过程中异常事件的存在将导致局部极值点的异常分布，并进一步影响到提取的上下包络。图 2-2-1 显示了图 2-1-1(e)中的合成信号的 EMD 结果。模态混叠现象在 IMF1 中明显呈现，其中无法识别每个组成成分的贡献，并且它导致后续 IMF 信号也发生了失真。模态混叠使得 IMF 失去其物理含义。

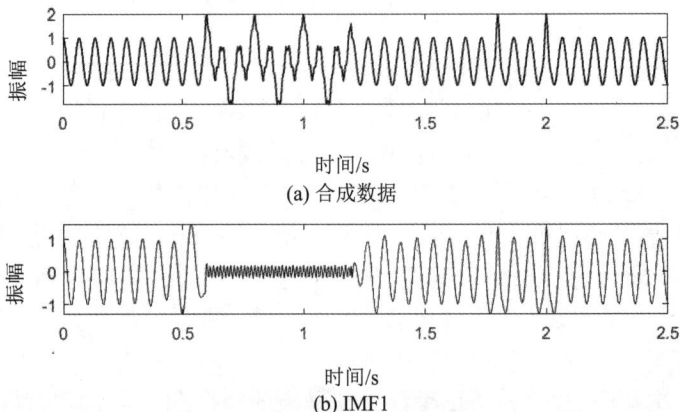

(a) 合成数据

(b) IMF1

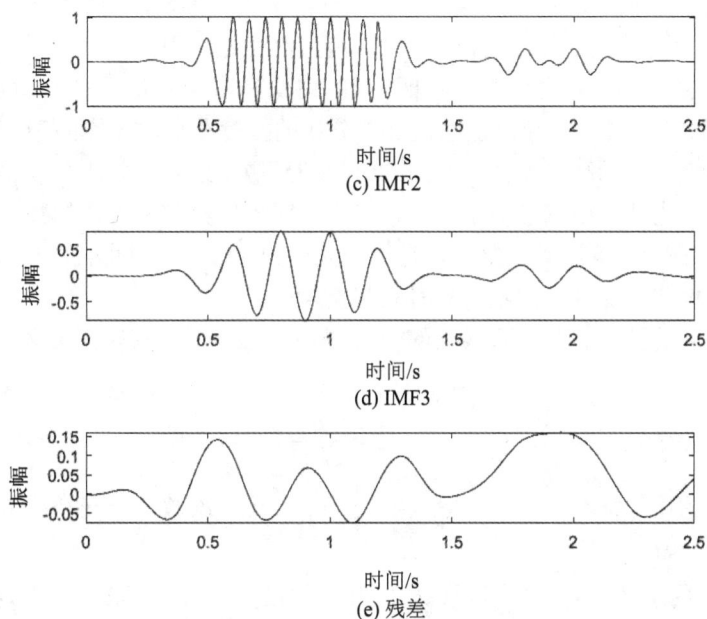

(c) IMF2

(d) IMF3

(e) 残差

图 2-2-1　合成信号的 EMD 分解

2.2.2　聚合经验模态分解算法

聚合经验模态分解算法(EEMD)是 WU Z, HUANG N E(2009)提出的，它采用一种噪声辅助分析方法来抑制 EMD 分解中产生的模态混叠现象。EEMD 方法最重要的特性是算法中添加的噪声序列会相互取消，因此最终的平均 IMF 信号保持在自然二进滤波器窗口内(WU Z, HUANG N E，2009；XUE Y J et al.，2016b)。从而获得的 IMF 分量可以明显地克服模态混叠的影响，保持 EMD 算法中的二元属性，更具有物理意义。EEMD 算法的步骤如表 2-2-2 所示。

表 2-2-2　聚合经验模态分解算法的步骤

步骤	步 骤 描 述
第一步	生成带有白噪声的信号：$x_i(t)=x(t)+w_i(t)$ $(i=1,2,\cdots,I)$，其中 $w_i(t)$ $(i=1,2,\cdots,I)$是不同的白噪声序列，$x(t)$是原始信号
第二步	使用 EMD 分解每个 $x_i(t)$ 为 IMF 分量 $c_k(t)$，其中 $k=1,2,\cdots,K$ 是模态的序号
第三步	获得分解产生的对应 IMF 分量的(集合)平均值 $\bar{c}_k(t)$ 作为最终的结果： $$\bar{c}_k(t):=\frac{1}{I}\sum_{i=1}^{I}c_k^i(t)$$

从上述算法中可以看到，由于白噪声频谱在整个时频空间中呈均匀分布，当分布一致的白噪声加入待分解信号上时，会使不同时间尺度的信号自动分布到合适的参考尺度上，从而使信号在不同尺度上更具有连续性，进而促进抗混叠分解，避免了传统 EMD 方法中

由于 IMF 的不连续性而造成的模态混叠现象；且由于噪声零均值的特性，经过多次平均后噪声会相互抵消，从而聚合均值的结果就可作为最终结果。因此，EEMD 方法中，添加噪声的幅度是该方法的一个关键因素。如果添加的白噪声幅度过大，在分解过程中就会引入虚假的 IMF 分量；相反地，如果添加的白噪声分量的幅度太小，模态混叠现象就不会消除，因为一个可能的极值点的缺失将会改变原始信号的局域极值点。WU Z, HUANG N E(2009) 建议针对高频信号为主的数据使用小幅值，反之，对于低频信号为主的数据使用大幅值。

另一个影响 EEMD 算法的主要因素是集合成员的个数。如果集合成员的个数增加，最终的误差的标准偏差会减少，但是计算时间却会增加。

添加的白噪声的幅值 a 和集合成员的个数 N 应该遵循以下规则(WU Z, HUANG N E, 2009)：

$$\varepsilon_n = \frac{a}{\sqrt{N}} \tag{2-2-3}$$

其中，ε_n 是最终的误差标准偏差。一般数据处理中，集成次数 N 一般取 100 以上(WU Z, HUANG N E，2009)。

通过 EEMD 的主要步骤可以发现，虽然其过程很简单，但是其有效性是很强大的。模态混叠被有效地降低。仍然以图 2-1-1(e)中的合成信号作为示例，图 2-2-2 中的 EEMD 结果显示了背景余弦波主要体现在 IMF2 中，0.6 s 和 1.2 s 之间的一个叠加的 5 Hz 余弦波主要反映在 IMF3 和 IMF4 中。虽然高频成分包括在 0.6 s、1.2 s 之间的 70 Hz 的一个叠加余弦波和在 1.8 s、2.0 s 之间两个 30 Hz 雷克子波，都被提取到 IMF1 信号中，但是与图 2-2-1 所示 EMD 分解结果相比，EEMD 明显减轻了模态混叠现象。EEMD 在一定程度上提高了 IMF 的物理含义。

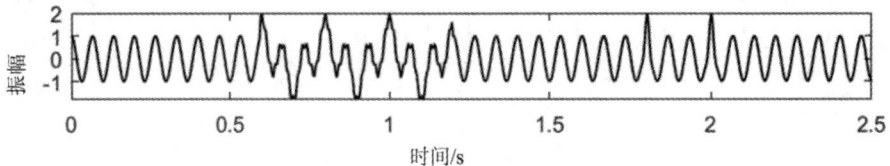

(a) 合成数据

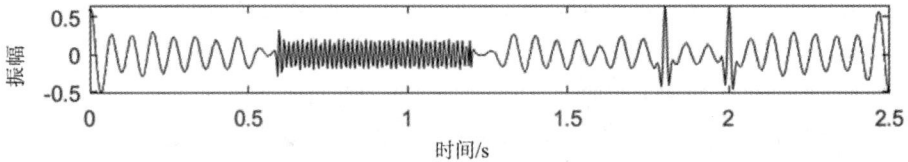

(b) IMF1

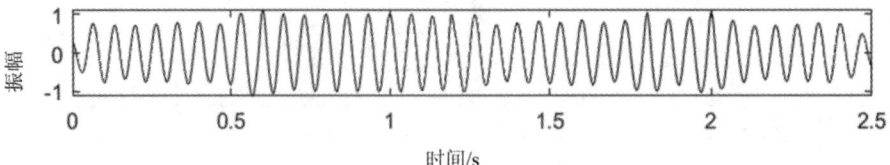

(c) IMF2

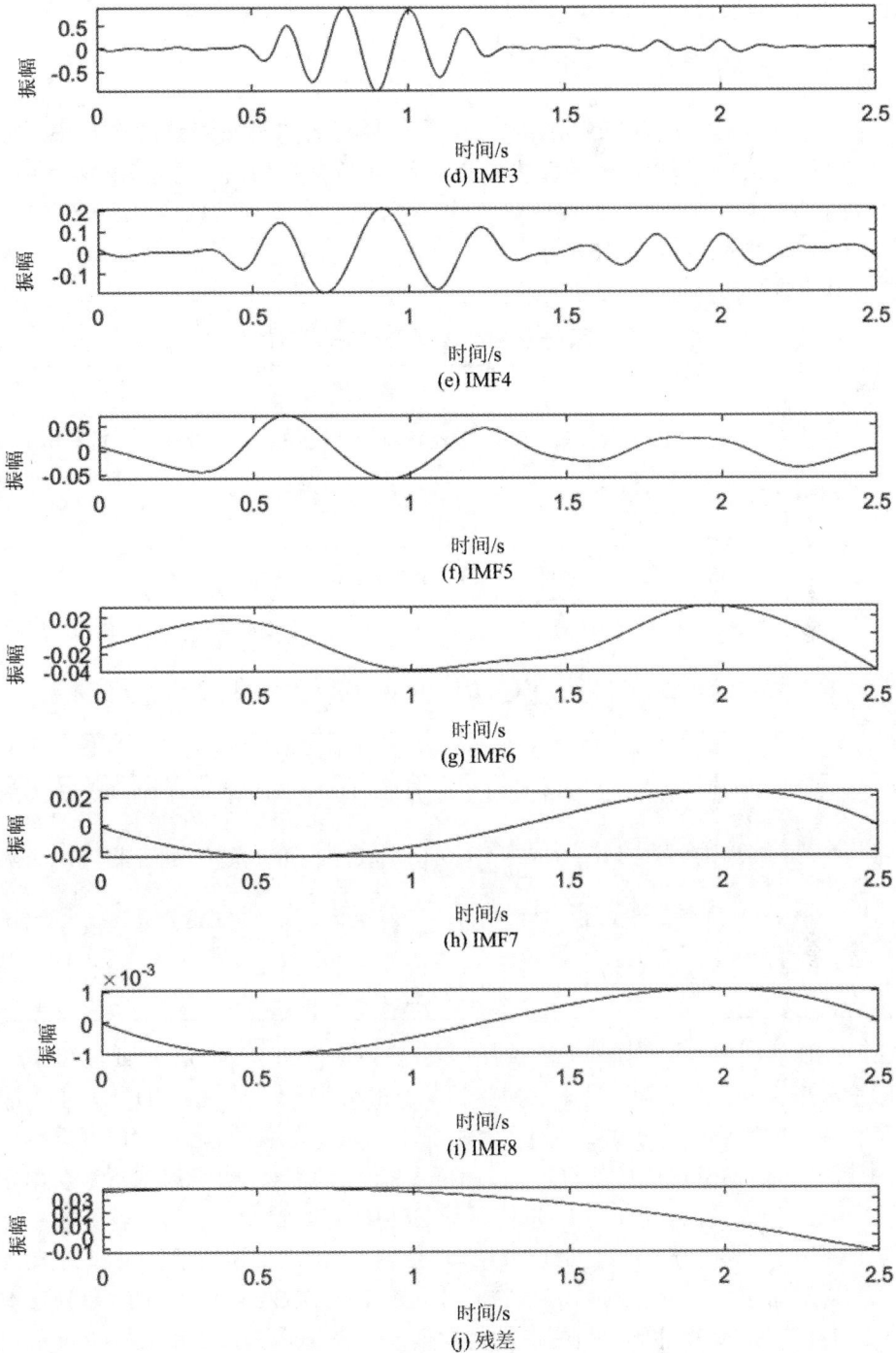

(d) IMF3

(e) IMF4

(f) IMF5

(g) IMF6

(h) IMF7

(i) IMF8

(j) 残差

图 2-2-2　合成信号的 EEMD 分解结果

　　EEMD 方法使用白噪声的特性来保持真实的 IMF 分量。这种方法虽然有效地减少了模态混叠，但是也会引入新的误差。通过求解集合平均的 IMF，原始信号并不能完全重建。另外，加到信号上的噪声的不同实现次数可能产生不同数量的 IMF 分量(TORRES M E et al.，2011；XUE Y J et al.，2016c)。

2.2.3　完备聚合经验模态分解算法

完备聚合经验模态分解(CEEMD)算法是另一种有效的模态混叠消除方法，它是由TORRES 等人于 2011 年提出的一种算法，使用特定的噪声添加在每次分解的过程中，计算唯一的剩余量以获得每个模式，最终的分解是完全的，具有数值可忽略的误差(TORRES M E et al.，2011；XUE Y J et al.，2016c)。

CEEMD 算法的步骤如表 2-2-3 所示。

表 2-2-3　完备聚合经验模态分解算法的步骤

步骤	步 骤 描 述
第一步	使用 EMD 经过 I 次分解信号 $x(t)+\varepsilon_0 w_i(t)$ $(i=1,2,\cdots,I)$获得第一个模态，并计算 $\overline{c}_1(t) := \dfrac{1}{I}\sum\limits_{i=1}^{I} c_1^i(t)$，其中，$w_i(t)$ $(i=1,2,\cdots,I)$是不同的白噪声序列，$x(t)$是原始信号
第二步	在第一阶段($k=1$)中，计算第一个余量 $r_1(t)$，　$r_1(t) := x(t)-\overline{c}_1(t)$
第三步	分解 $r_1(t)+\varepsilon_1 E_1(w_i(t))$ $(i=1,2,\cdots,I)$，直到产生它们的第一个 IMF 模态，然后定义第二个模态为 $\overline{c}_2(t) := \dfrac{1}{I}\sum\limits_{i=1}^{I} E_1(r_1(t)+\varepsilon_1 E_1(w_i(t)))$，$E_j(\cdot)$表示产生第 j 个模态
第四步	对于 $k=1,2,\cdots,K$，计算第 k 次的余量：$r_k(t) = r_{k-1}(t)-\overline{c}_k(t)$
第五步	分解 $r_k(t)+\varepsilon_k E_k(w_i(t))$ $(i=1,2,\cdots,I)$直到获得它们的第一个 EMD 模态，然后定义第$(k+1)$个模态为 $\overline{c}_{k+1}(t) := \dfrac{1}{I}\sum\limits_{i=1}^{I} E_1(r_k(t)+\varepsilon_k E_k(w_i(t)))$；重复步骤四计算第 k 个模态；进行所有上述步骤，直到获得的残余分量小于两个极值。最终残余分量满足 $r_n(t) := x(t)-\sum\limits_{k=1}^{n}\overline{c}_k(t)$

在 CEEMD 算法中，每个阶段都会选择信噪比(SNR)(TORRES M E et al.，2011)。加入噪声的幅度和集合成员的数量也是 CEEMD 的主要影响因素。在 CEEMD 中，加入噪声的幅度和集合成员的数量也遵循式(2-2-3)所示的统计规则。选择最佳且最大的筛选迭代次数可以节约计算时间。CEEMD 中的每一个 $r_k(t)+\varepsilon_k E_k(w_i(t))$都取决于其他实现，从而导致对应的残余分量依赖于其他实现，进一步使得与 EEMD 算法相比，它的分解更加完全。对于图 2-1-1(e)中的合成信号，经过 CEEMD 分解结果，如图 2-2-3 所示，IMF1 主要反映出在 0.6 s 至 1.2 s 之间的一个叠加的 70 Hz 余弦波和在 1.8 s 至 2.0 s 之间的两个 30 Hz 雷克子波；IMF2、IMF3 和 IMF4 主要分别提取的是背景余弦波，即在 0.6 s 和 1.2 s 之间的另一个叠加的 5 Hz 余弦波。与图 2-2-2 中的 EEMD 分解结果相比，合成信号被 CEEMD 分解的更加完整。CEEMD 消除模态混叠现象更加完全，大大提高了 IMF 的物理意义。

该方法显著减轻了重建问题，解决了信号加噪声的不同实现在 EEMD 中产生不同数量IMF 的问题。该方法获得的具有较少噪声和更多物理含义的 IMF 的改进版本详见相关文献资料(COLOMINAS M A et al.，2014)。

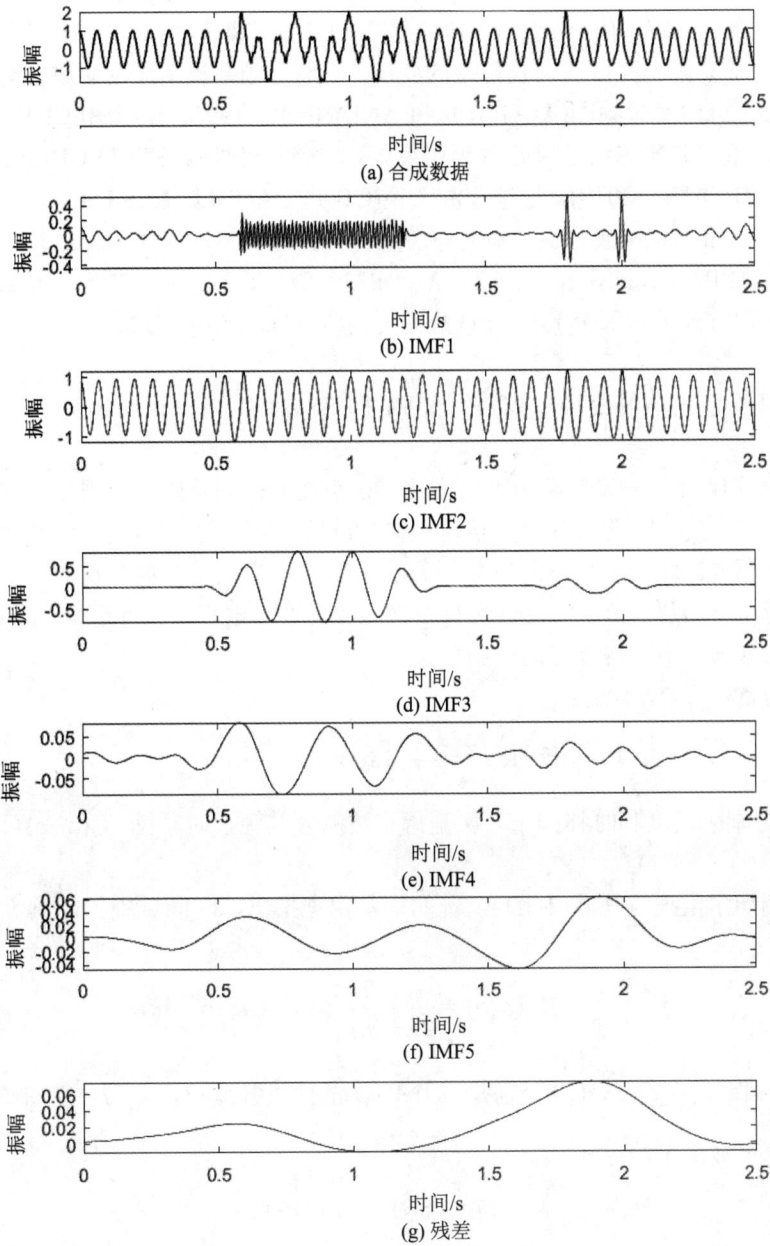

(a) 合成数据

(b) IMF1

(c) IMF2

(d) IMF3

(e) IMF4

(f) IMF5

(g) 残差

图 2-2-3　合成信号 CEEMD 的分解结果

2.3　同步挤压变换

同步挤压变换(SWT)最初是在音频信号分析中引入的(DAUBECHIESI，1996)，最近在

DAUBECHIES I et al. (2011)的研究中作为类似基于 EMD 的时频方法得到了进一步研究。不同于 EMD 方法，SWT 有一个坚实的理论基础(THAKUR G et al.，2013；HERRERA R H et al.，2014)。SWT 是一种自适应且可逆的变换，它通过频率重新分配生成含有调制振荡成分的信号及其高分辨率时频图(AUGER F, FLANDRIN P，1995；DAUBECHIES I，1996)。SWT 将后处理重新分配应用于原始时频变换如短时傅里叶变换(STFT)(OBERLIN I et al.，2014；WU G, ZHOU Y，2018)，连续小波变换(CWT)(DAUBECHIES I et al.，2011)，S 变换(HUANG Z L, et al.,2016)或其他经典时频分析方法(例如，WANG Q, GAO J，2017；WANG Q et al.，2018；LIU N et al.，2018；LIU W et al. 2018)。新生成的时频表示仅沿频率轴同步使得以实时实现方式重构每个 IMF 分量成为可能(LI C and LIANG M，2012；CHUI C K et al.，2016)。

下面以基于连续小波变换(CWT)的 SWT 即 SSWT 为例，说明同步挤压变换算法的原理。

SSWT 方法结合了小波变换和谱重排法，在小波变换的基础上，根据小波系数谱中各元素模的大小，在尺度方向对其进行挤压重排，最后通过映射，在时间-频率面上得到能量更加集中的时频谱。相比于传统时频分析方法，SSWT 提高了时频分析的分辨率，相比于经验模态分解(EMD)及其衍生方法，它有严格的数学推导过程，支持重构。因其优点显著，SSWT 已在部分领域中取得较好的应用效果。

一个信号 $s(t)$ 的 CWT 是

$$W_s(a,b) = \frac{1}{\sqrt{a}} \int s(t)\psi^*\left(\frac{t-b}{a}\right)\mathrm{d}t \tag{2-3-1}$$

其中，a、b 分别为尺度和时移因子，ψ^*是母小波的复共轭，时频图 $W_s(a, b)$可用于提取瞬时频率。

使用普朗切尔定理改写式(2-3-1)，普朗切尔定理指出，时间域中的能量等于频率域中的能量，即

$$W_s(a,b) = \frac{1}{2\pi} \int \frac{1}{\sqrt{a}} \hat{s}(\xi)\hat{\psi}^*(a\xi)\mathrm{e}^{jb\xi}\mathrm{d}\xi \tag{2-3-2}$$

其中，ξ 是角频率，$\hat{\psi}(\xi)$、$\hat{s}(\xi)$ 分别是 $\psi(t)$和 $s(t)$的傅里叶变换，$j=\sqrt{-1}$ 为虚数单位。

考虑到单谐波信号的形式：

$$s(t) = A\cos(\omega t) \tag{2-3-3}$$

它的傅里叶变换为

$$\hat{s}(\xi) = \pi A\big[\delta(\xi - \omega) + \delta(\xi + \omega)\big] \tag{2-3-4}$$

然后式(2-3-2)可以转化为

$$W_s(a,b) = \frac{A}{2} \int \frac{1}{\sqrt{a}} \big[\delta(\xi - \omega) + \delta(\xi + \omega)\big]\, \hat{\psi}^*(a\xi)\mathrm{e}^{jb\xi}\,\mathrm{d}\xi$$
$$= \frac{A}{2\sqrt{a}}\hat{\psi}^*(a\omega)\mathrm{e}^{jb\omega} \tag{2-3-5}$$

由于小波 $\hat{\psi}^*(\xi)$ 是围绕其中心频率 ω_0 进行压缩的，因此 $W_s(a, b)$ 将围绕代表小波中心频率与信号中心频率之比的水平线 $a = \omega_0/\omega$ 进行压缩。但实际上，$W_s(a, b)$ 总是围绕水平线展开，这使得时间尺度表示中的投影变得模糊。这种主要的模糊效应发生在沿时间偏移因子 b 的尺度维度中。在维度 b 中可以发现沿标度轴有少量的模糊效应。经证实，当 b 维度中的模糊效应可以忽略时，可以用式(2-3-6)计算瞬时频率 $\omega_s(a, b)$，即

$$\omega_s(a,b) = \frac{-j}{W_s(a,b)} \frac{\partial W_s(a,b)}{\partial b} \tag{2-3-6}$$

其中，对于任意点(a, b)，$W_s(a, b) \neq 0$。

然后将时间尺度平面上的信息映射到时频平面上，将每个点(b, a)转换为$(b, \omega_s(a, b))$，称为同步挤压操作。因为 a 和 b 是离散值，所以可以对任何 a_k 使用缩放步骤 $\Delta a_k = a_{k-1} - a_k$ 计算 $W_s(a, b)$。于是，一个信号的 SSWT 在频率范围 $\frac{\omega_l - \Delta\omega}{2}$，$\frac{\omega_l + \Delta\omega}{2}$ 的中心频率 ω_l 处被定义为(DAUBECHIES I 等，2011)

$$T_s(\omega_l, b) = \frac{1}{\Delta\omega} \sum_{a_k: |\omega(a_k, b) - \omega_l| \leqslant \frac{\Delta\omega}{2}} W_s(a_k, b) a_k^{-3/2} \Delta a_k \tag{2-3-7}$$

其中，$\Delta\omega = \omega_l - \omega_{l-1}$。

式(2-3-7)表明，原始信号的新时频表示 $T_s(\omega, b)$ 仅沿频率轴同步(LI C, LIANG M, 2012)。SSWT 通过对连续小波变换系数的再分配来提高时频聚集性。瞬时频率也从新的时频表示中提取。

对于原始信号 $x(t)$ 的每个 IMF，$c_j(t)$ 在一个较小频段 $l \in L_k(t_m)$ 内通过反同步加压小波变换 $T_{s_0}(\omega_l, b)$ 进行重构(THAKUR G et al.，2013)：

$$c_j(t_m) = 2C_\phi^{-1} \text{Re}(\sum_{l \in L_j(t_m)} \tilde{T}_{\tilde{s}}(\omega_l, t_m)) \tag{2-3-8}$$

其中，$C_\phi = \int_0^\infty \xi^{-1} \overline{\hat{\psi}(\xi)} d\xi$ 是常量；$\hat{\psi}(\xi)$ 表示集中在正频率轴上的 Morlet 小波；Re(•)表示取实部操作；$\tilde{T}_{\tilde{s}}(\omega_l, t_m)$ 是 $T_s(\omega_l, b)$ 的离散形式，t_m 为离散时间，$t_m = t_0 + m\Delta t$ ($m = 0, 1, \cdots, k, \cdots, n-1$)，$n$ 是离散信号 $\tilde{s}_m$ 中样点的总数量，Δt 为采样间隔。

基于 STFT、S 变换或者其他时频表示的同步挤压变换定义方式类似，可参见文献(OBERLIN T et al.，2014；HUANG Z L et al.，2016；WANG Q, GAO J，2017；LIU N et al.，2018；LIU W，et al., 2018；WANG Q et al.，2018；WU G, ZHOU Y，2018)。

对于图 2-1-1(e)的合成数据，SSWT 分解后的 IMF 如图 2-3-4 所示。通过与 EMD 分解结果(图 2-2-1)、EEMD 分解结果(图 2-2-2)、CEEMD 分解结果(图 2-2-3)比较，我们可以发现，0.6 s 和 1.2 s 之间叠加的 5 Hz 余弦波主要反映在 IMF1 中；15 Hz 的背景余弦波主要体现在 IMF2 中；IMF3 主要反映了 1.8 s 和 2.0 s 之间的两个 30 Hz 雷克子波；而 0.6 s 和 1.2 s 之间叠加的 70 Hz 的余弦波主要反映在 IMF4 中。模态混叠现象在 SSWT 算法中被高度抑制，SSWT 分解获得的 IMF 信号较 EMD 及其衍生算法具备更强的物理意义。

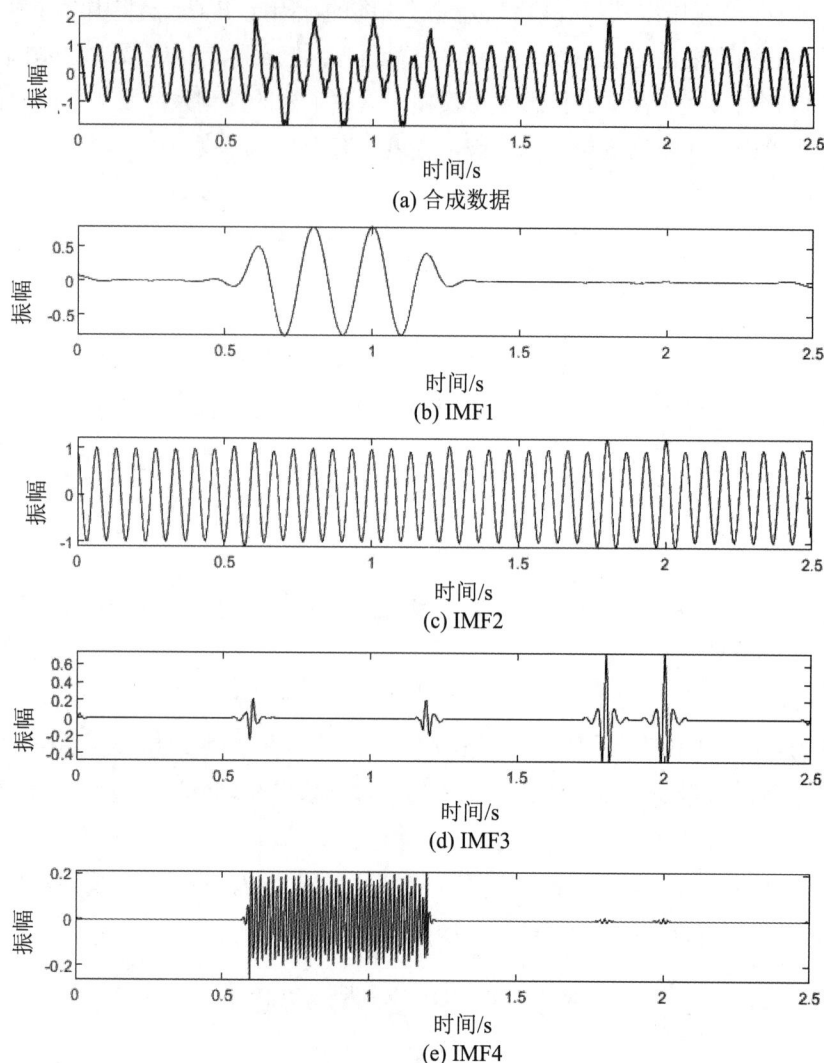

图 2-2-4　合成信号 SSWT 的分解结果

2.4　变分模态分解算法

变分模态分解(VMD)算法(DRAGOMIRETSKIY K, ZOSSO D, 2014)可以非递归地将多分量信号分解成具有特定稀疏性质的带限 IMF 的集合。VMD 比 EMD 及其衍生算法具有更强的局域分解能力。

VMD 是由式(2-4-1)表示的约束变分问题(DRAGOMIRETSKIY K, ZOSSO D, 2014):

$$\min_{\{u_k\},\{\omega_k\}}\left\{\sum_k\left\|\partial_t\left[\left(\delta(t)+\frac{\mathrm{j}}{\pi t}\right)*u_k(t)\right]\mathrm{e}^{-\mathrm{j}\omega_k t}\right\|_2^2\right\} \tag{2-4-1}$$

其中，$\sum_k u_k = f$，u_k 是第 k 个模态。ω_k 是中心频率，且 u_k 围绕中心频率呈现紧支撑。每个模态的带宽由其基带移位的希尔伯特互补分析信号的仅具有正频率的平方 H1 范数确定。引入二次惩罚和拉格朗日乘数以解决式(2-4-1)约束变分问题。使用以下等式设置增强拉格朗日：

$$L\left(u_k,\omega_k,\lambda\right) = \alpha\sum_k \left\| \partial_t\left[\left(\delta(t)+\frac{\mathrm{j}}{\pi t}\right)*u_k(t)\right]\mathrm{e}^{-\mathrm{j}\omega_k t} \right\|_2^2 + \left\|f-\sum u_k\right\|_2^2 + \left\langle\lambda, f-\sum u_k\right\rangle \tag{2-4-2}$$

其中，α 是数据保真度约束的平衡参数。

乘法器的交替方向法(ADMM)用于解决式(2-4-2)中的变分问题，并且在每个筛选过程中产生不同的分解模态和中心频率。从频谱域中由解决方案获得的每个模态可以表示为

$$\hat{u}_k(\omega) = \frac{\hat{f}(\omega)-\sum_{i\neq k}\hat{u}_i(\omega)+\left(\dfrac{\hat{\lambda}(\omega)}{2}\right)}{1+2\alpha\left(\omega-\omega_k\right)^2} \tag{2-4-3}$$

VMD 主要包括以下步骤。

(1) 模态更新。模态 $\hat{u}_k^{n+1}(\omega)$ 如式(2-4-4)所示进行更新。维纳滤波被嵌入以用于在具有调谐到当前中心频率 ω_k^n 的滤波器的傅里叶域中直接更新模态。

$$\hat{u}_k^{n+1}(\omega) = \frac{\hat{f}(\omega)-\sum_{i<k}\hat{u}_i^{n+1}(\omega)-\sum_{i>k}\hat{u}_i^n(\omega)+\left(\hat{\lambda}^n(\omega)/2\right)}{1+2\alpha\left(\omega-\omega_k^n\right)^2} \tag{2-4-4}$$

(2) 中心频率更新。中心频率 ω_k^{n+1} 被更新为相应模态的功率谱的重心，如式(2-4-5)所示。

$$\omega_k^{n+1} = \frac{\int_0^\infty \omega\left|\hat{u}_k^{n+1}(\omega)\right|^2 d\omega}{\int_0^\infty \left|\hat{u}_k^{n+1}(\omega)\right|^2 d\omega} \tag{2-4-5}$$

(3) 双提升更新。对于所有的 $\omega\geqslant0$，拉格朗日乘数 $\hat{\lambda}^{n+1}$ 通过式(2-4-6)作为双提升来更新，以强制进行精确的信号重建，直到

$$\sum_k \frac{\left\|\hat{u}_k^{n+1}-\hat{u}_k^n\right\|_2^2}{\left\|\hat{u}_k^n\right\|_2^2} < \varepsilon$$

$$\hat{\lambda}^{n+1} = \hat{\lambda}^n + \tau\left(\hat{f}-\sum_k\hat{u}_k^{n+1}\right) \tag{2-4-6}$$

VMD 的详细完整算法见相关文献资料(DRAGOMIRETSKIY K, ZOSSO D，2014)。嵌入用于模态更新的维纳滤波的事实使得 VMD 算法对噪声更具鲁棒性。

将图 2-1-2 所示合成信号的 VMD 分解结果与 EMD 分解结果(见图 2-2-1)、EEMD 分解结果(见图 2-2-2)、CEEMD 分解结果(见图 2-2-3)相比较可以看到，VMD 分解产生的 IMF

也提供了比 EMD 及其衍生算法更多的物理含义。图 2-4-1 进一步显示了 EMD、EEMD、CEEMD、SSWT 和 VMD 获得的主要 IMF 的频谱对比特征。如图 2-4-1 所示，IMF1 和 IMF2 的带宽在 EMD 中重叠(见图 2-4-1(a))。由于模态混叠的影响，IMF1 的带宽变大。尽管在 EEMD 中减轻了模态混叠现象(见图 2-4-1(b))，但仍然可以清楚地发现 IMF1 和 IMF2 的带宽的重叠。与 EMD 和 EEMD 相比，CEEMD 提供了更完整的分解并提供了更好的显示(见图 2-4-1(c))，将 IMF1 和 IMF2 的带宽重叠抑制到最小。与 EMD 及其衍生算法相比(见图 2-4-1a～图 2-4-1c)，从 SSWT(见图 2-4-1d)和 VMD(见图 2-4-1(e))获得的主要 IMF 的频谱清楚地显示了四个隔离的本征振动模式没有任何重叠。将 EMD、EEMD、CEEMD、SSWT 和 VMD 获得的主要 IMF 频谱进行比较，进一步说明了 SSWT 和 VMD 具有更强的局部分解能力，并且通过这两种方法获得的 IMF 具有更明显的物理意义。

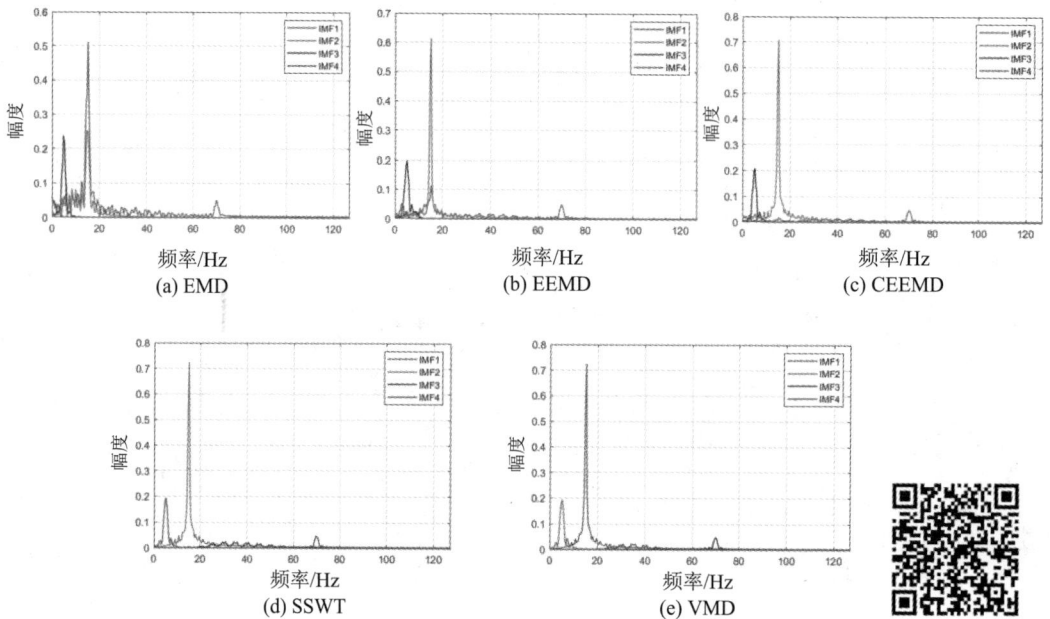

图 2-4-1　合成信号主要 IMF 分量的频谱对比

2.5　EMD 类局域波分解算法性能对比分析

在本节中，首先使用合成数据比较 EMD 与 SSWT 和 VMD 方法。然后分别研究 EMD、SSWT 和 VMD 的等效带限滤波器特性。最后，为了评价这三种方法的噪声鲁棒性，对加噪声的合成数据进行了分析。

仿真信号如图 2-5-1 所示。它由一个初始的 20 Hz 余弦波组成，其中分别叠加了 0.2 s 处 90 Hz 雷克子波、0.4 s 处的 75 Hz 雷克子波及 0.68 s 和 0.72 s 处的两个 40 Hz 雷克子波。

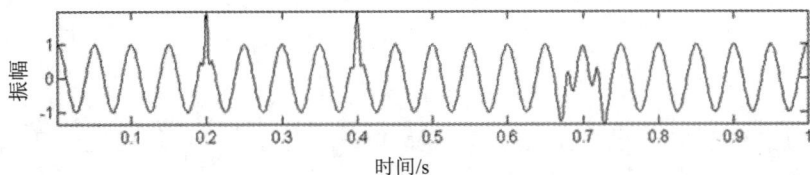

图 2-5-1　仿真信号

当 EMD 应用于合成信号时，获得三个 IMF 和一个剩余量(见图 2-5-2)。很明显，IMF1 不能单独代表背景余弦波或雷克子波。IMF1 中存在严重的模态混叠现象。因此，IMF1 缺乏物理意义。此外，受 IMF1 的影响，后续 IMF 都发生了变形。

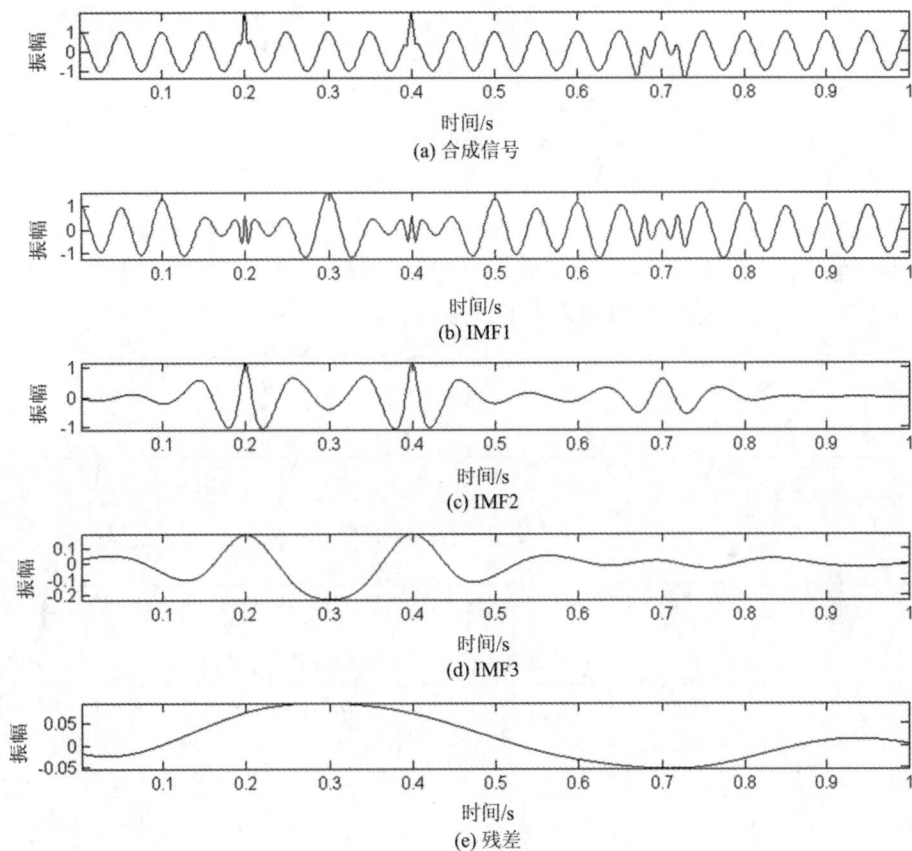

(a) 合成信号

(b) IMF1

(c) IMF2

(d) IMF3

(e) 残差

图 2-5-2　EMD 分解结果

SSWT 分解结果如图 2-5-3 所示。我们可以发现，SSWT 的重构分量能较好地表征背景余弦波和雷克子波。模态混叠现象比在 EMD 中得到了更好的抑制。

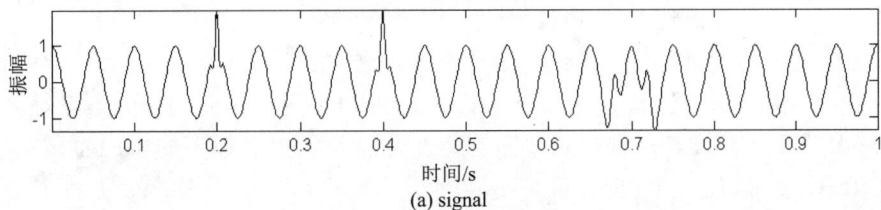

(a) signal

(b) IMF1

(c) IMF2

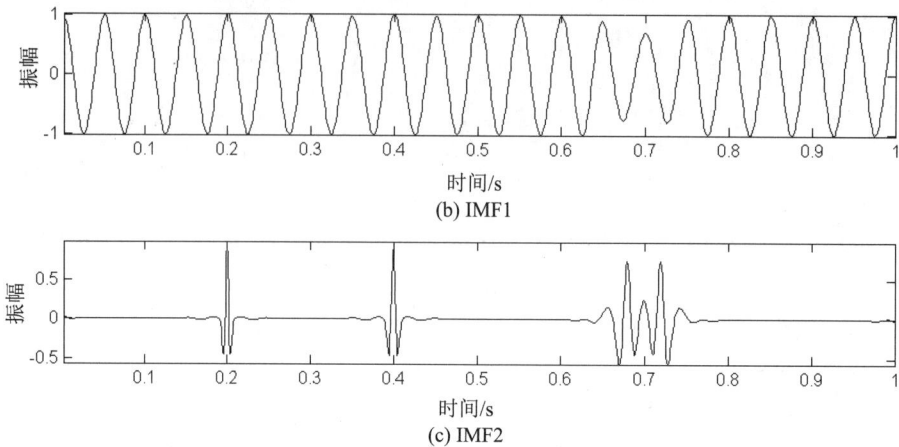

图 2-5-3　SSWT 分解结果

图 2-5-4 显示了合成信号的 VMD 分解结果。如图 2-5-4 所示，背景余弦波首先在 IMF1 中提取出来。然后 IMF2 主要反映了 0.2 s 时的 90 Hz 雷克子波、0.4 s 时的 75 Hz 雷克子波、0.68 s 和 0.72 s 时的两个 40 Hz 雷克子波。与 EMD 相比，VMD 的 IMF 能更好地表示原始信号的单个分量，这使得 IMF 具有更多的物理意义。

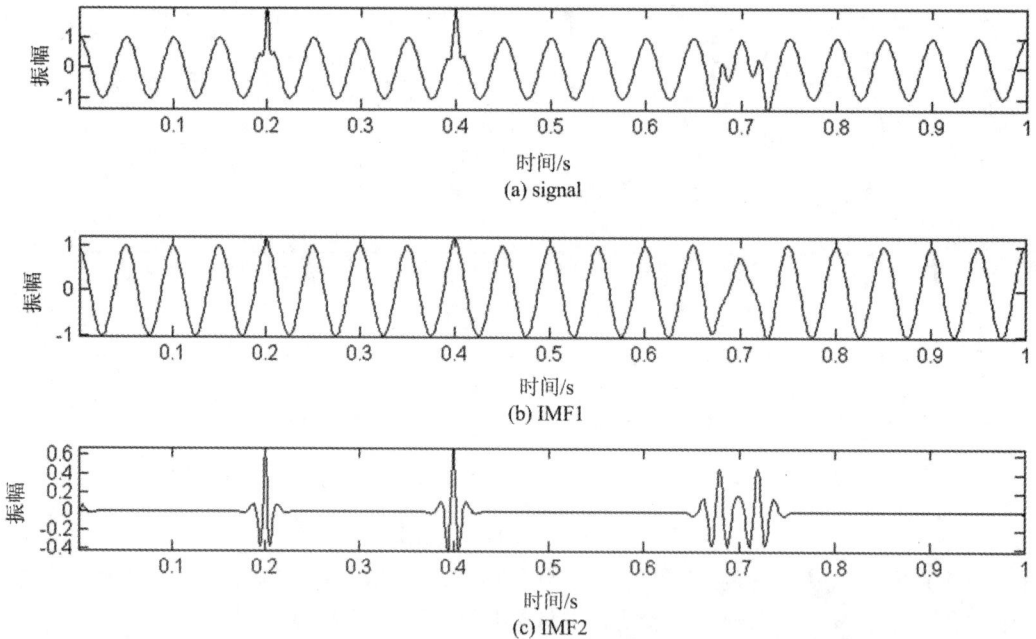

(a) signal

(b) IMF1

(c) IMF2

图 2-5-4　VMD 分解结果

EMD、SSWT 和 VMD 分解产生的 IMF 的频谱如图 2-5-5 所示。我们可以发现，EMD 中 IMF 的两个相邻 IMF 之间出现了一半带宽的重叠(见图 2-5-5(a))。但是，对于 SSWT 输出和 VMD 输出的频谱，带通滤波器的特性是随着主中心频率的增加而显示的(见图 2-5-5(b)、(c))。

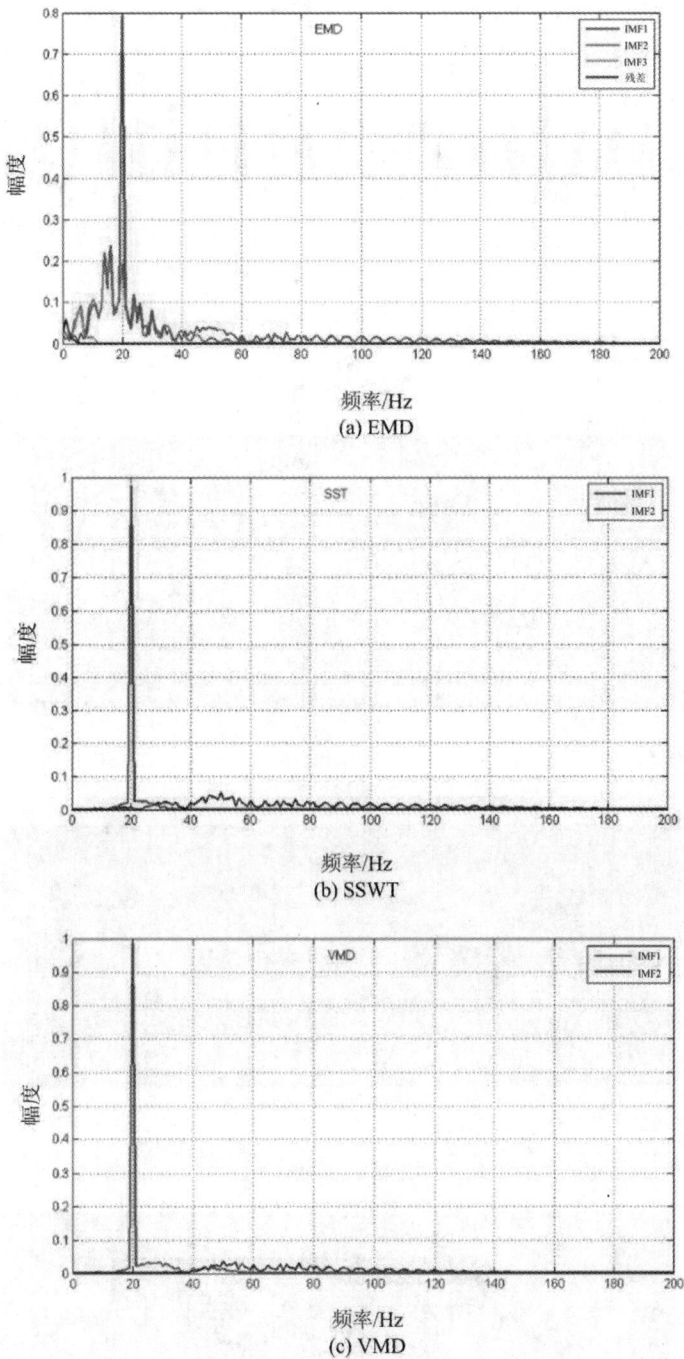

图 2-5-5　IMF 频谱图

利用短时傅里叶变换(STFT)和小波变换，对基于 EMD、SSWT、VMD 的方法进行时频谱比较，结果如图 2-5-6 所示。这里，基于 EMD、SSWT、VMD 的方法分别采用 EMD、SSWT 和 VMD 结合希尔伯特变换来提供时频分布；基于 EMD、SSWT、VMD 的方法比基于 STFT 和小波变换的方法具有更高的时空分辨率。我们还发现，基于 SSWT 和 VMD 的方法比基于 EMD 的方法能给出更精确的时频分布。

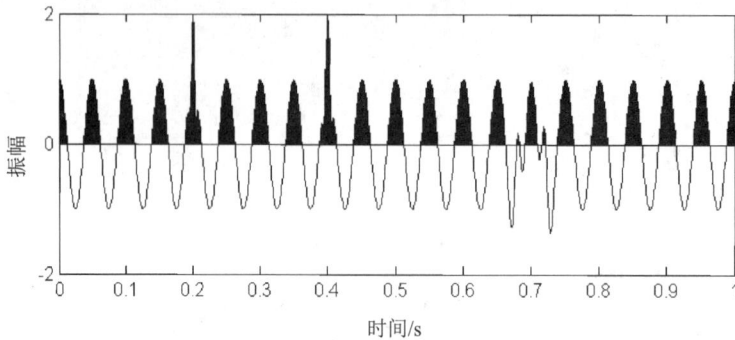

(a) 合成信号

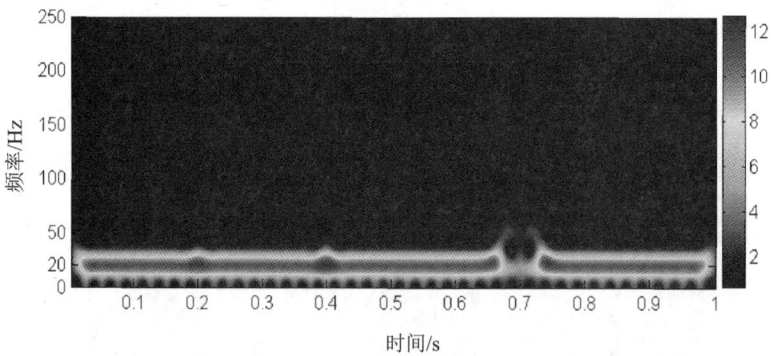

(b) STFT

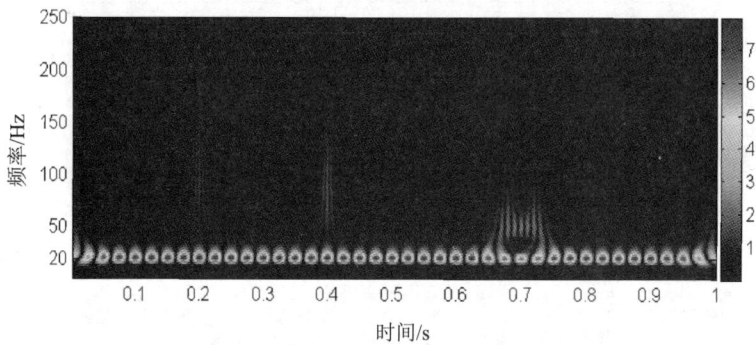

(c) 小波变换

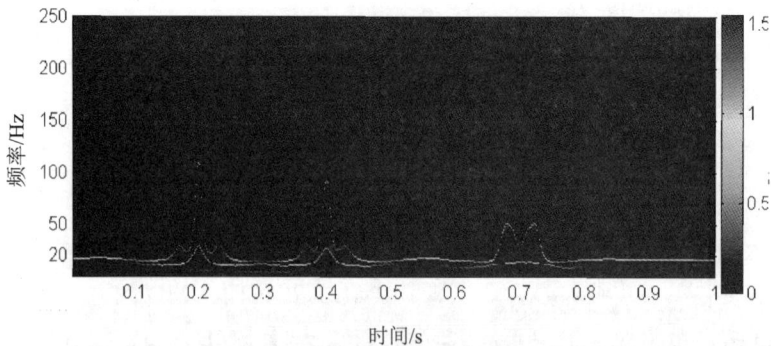

(d) 基于 EMD 的时频分布

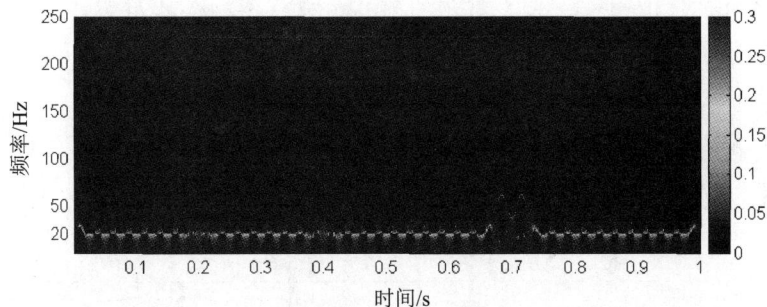

(e) 基于 SSWT 的时频分布

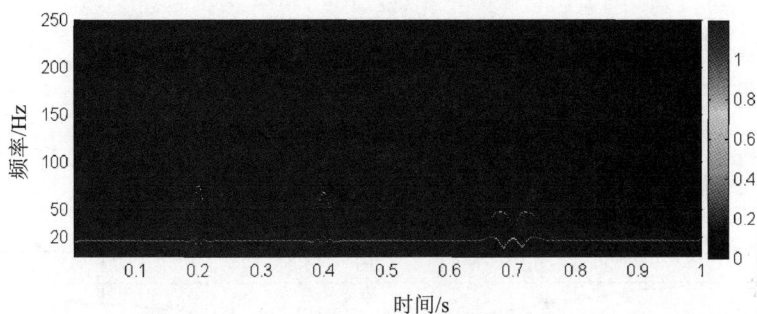

(f) 基于 VMD 的时频分布

图 2-5-6　时频分布图

　　为了评估 EMD、SSWT 和 VMD 方法的噪声鲁棒性，我们使用噪声信号(见图 2-5-7(b))，将仅在 0.45 s～0.55 s(见图 2-5-7(a))时间内分布的高斯噪声添加到图 2-5-1 中的合成信号中。

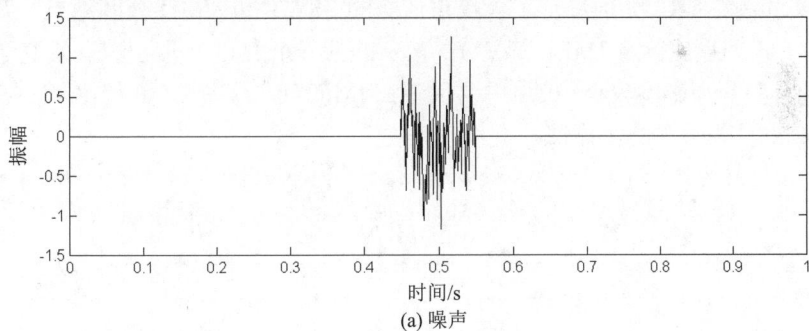

(a) 噪声

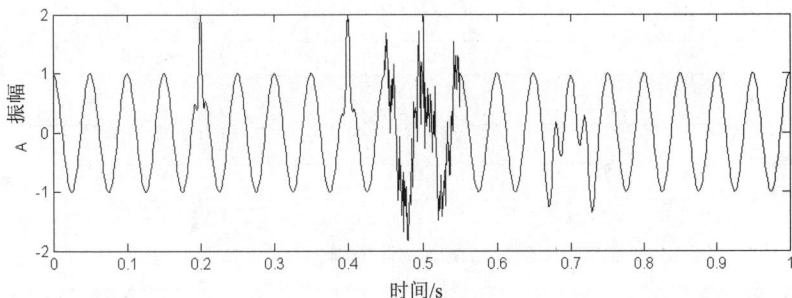

(b) 含噪声后的合成信号

图 2-5-7　含噪信号

当 EMD 应用于该噪声信号时，获得七个 IMF 和一个剩余量(残差)，如图 2-5-8 所示。第一个 IMF 显示了模态混叠现象，它不代表信号的任何一个分量。受第一个 IMF 信号的影响，后续 IMF 信号都受到干扰，失去了它们的物理意义。

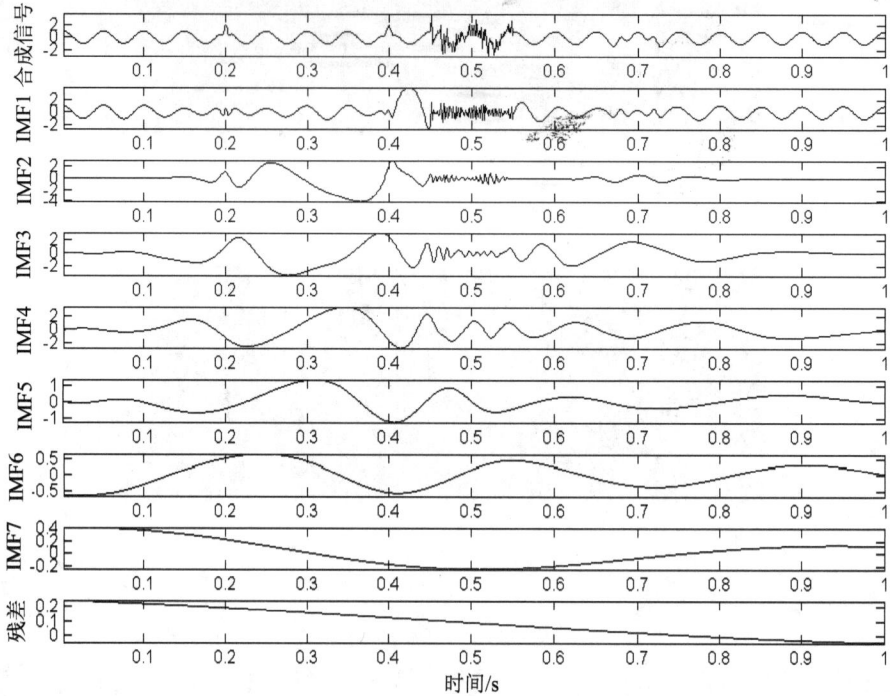

图 2-5-8　含噪信号的 EMD 分解结果

图 2-5-9 和图 2-5-10 分别显示了含噪声信号的 SSWT 和 VMD 分解结果。背景余弦波分别被 SSWT 第一重建分量 IMF1 和 VMD 输出的第一个 IMF 提取出来。雷克子波主要反映在 IMF2 中，受噪声影响较小。噪声主要反映在 IMF3 上。与图 2-5-8 相比，SSWT 和 VMD 比 EMD 方法更具备噪声的鲁棒性。

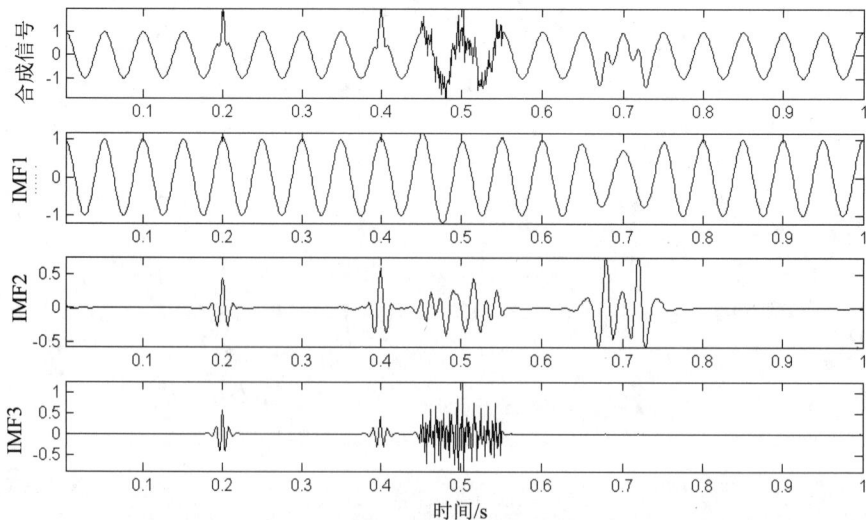

图 2-5-9　含噪信号的 SSWT 分解结果

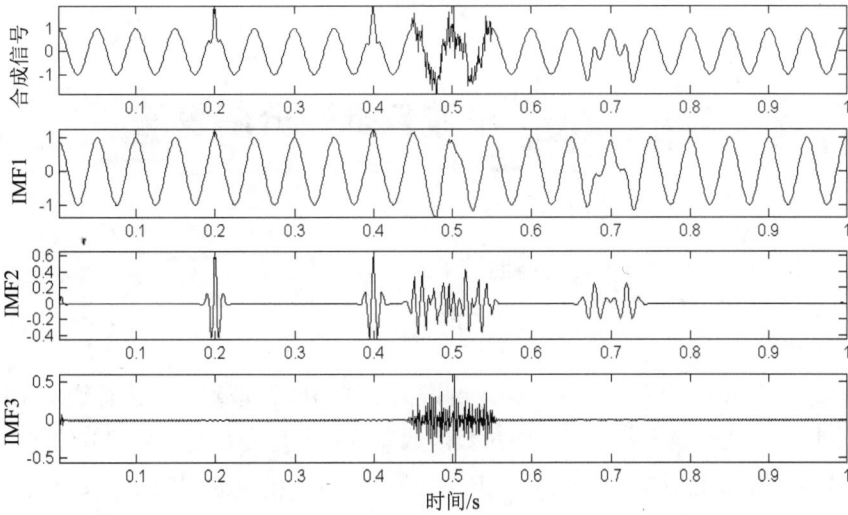

图 2-5-10　含噪信号的 VMD 分解结果

图 2-5-11 显示了含噪声信号的 EMD 输出、SSWT 输出和 VMD 输出的频谱。注意，EMD 中仅显示前三个 IMF 的频谱(见图 2-5-11(a))。如图 2-5-11(a)所示，EMD 输出中 IMF 的带宽是重叠的。由于噪声的影响，IMF1 的带宽变大。但是对于 SSWT 输出和 VMD 输出的频谱(见图 2-5-11(b)、(c))，IMF1 到 IMF2 的带宽与图 2-5-5(b)、(c)的带宽相似。对于 SSWT 输出和 VMD 输出的频谱，噪声被分离，主要反映在 IMF3 中。图 2-5-11(b)、(c)和图 2-5-11(a) 中的 EMD 输出相比，SSWT 和 VMD 具有更好的噪声鲁棒性。

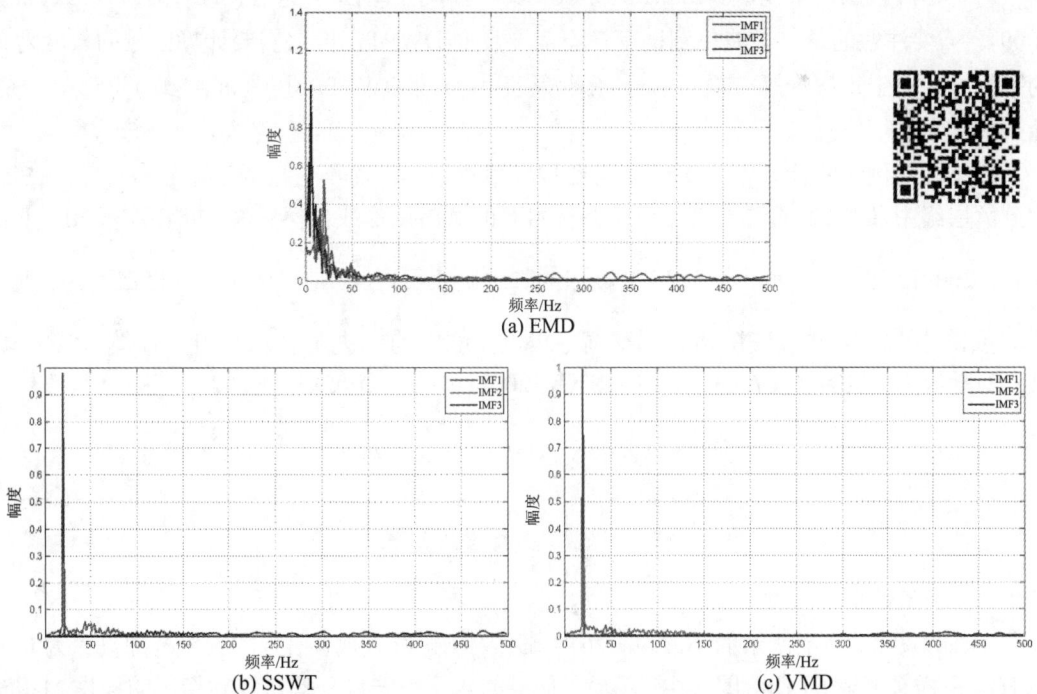

(a) EMD

(b) SSWT

(c) VMD

图 2-5-11　含噪信号的分解产生的 IMF 的频谱

2.6　小波包倒谱分解算法

传统上，时间序列信号 $s(t)$ 的倒谱通过下式计算：

$$C_r(q) = F^{-1}\{\lg(|F\{s(t)\}|)\} \tag{2-6-1}$$

其中，$F(\cdot)$ 表示傅里叶变换，q 为倒频。倒谱需要在对数谱基础上再进行逆傅里叶变换。它将输入信号从时域转换为频域，使用对数函数缩放输入信号，然后将缩放信号返回时域。倒谱 $C_r(q)$ 中的倒频 q 是时间样本编号，但它与原始信号 $s(t)$ 中的时间变量 t 不同。

由 SANCHEZ F L et al.(2009)提出的小波包倒谱如式(2-6-2)所示，是对信号首先进行离散小波包变换(DWPT)，然后取实对数，再进行 DWPT 变换，即

$$C_w(q) = \text{DWPT}\{\lg(|\text{DWPT}\{s(t)\}|)\} \tag{2-6-2}$$

其中，DWPT($\cdot$)表示离散小波包变换。小波包倒谱过滤输入信号，使用对数函数进行缩放，再次过滤，然后计算每个子带的能量。小波包倒谱中的参数 q 也是一个时间变量，它仍然与原始信号中的时间变量 t 不同。

对于小波包倒谱来说，Symmlets 或 Coiflets 是母小波的最佳选择(SANCHEZ F L et al.，2009)。需要注意的是，小波包倒谱变换不需要反向 DWPT，但它需要计算信号的长度为 2 的幂次方。对于每次分解，输入信号 $s(t)$ 被转变为 m 阶 DWPT，其中 $m = \lg(L)/\lg(2)$，L 是输入信号 $s(t)$ 的长度。

在小波包倒谱的计算中，DWPT 需要按自然频率排序而不是按滤波器顺序排序。在每次分解层级中，DWPT 的结果需要交换滤波器对的顺序以形成自然频率排序(SANCHEZ F L et al.，2009)。设 $k = \sum_{i=0}^{n-1} k_i 2^i$ 是 DWPT 顺序的二进制表示，$g(k)$ 是对应于 k 的格雷码。于是，自然频率排序可以通过使用格雷码交替 DWPT 顺序的二进制表示获得，计算方式如式(2-6-3)所示(JENSEN A, LA COUR-HARBO，2001；JI Y，2005)：

$$\begin{cases} g_i = k_i \oplus k_{i+1}(i = 0,1,\cdots,n-2) \\ g_{n-1} = k_{n-1} \\ g(k) = (g_{n-1}g_{n-2}\cdots g_1 g_0)_B \end{cases} \tag{2-6-3}$$

其中，B 表示结果为二进制形式，$\oplus$ 为异或操作。

下面以图 2-6-1 中所示的小波包分析的频率为例进行说明。信号的频率范围设置为 0～32 Hz。采样频率为 64 Hz。图 2-6-1 显示了信号的 4 阶小波包分解树及其相应的根据 Mallat 算法的频带。图 2-6-1 中的 LP 和 HP 分别表示低通和高通滤波器。通过低通滤波器的信号

记为"0"，通过高通滤波器的信号记为"1"；然后，我们可以获得与每个节点的滤波器路径相对应的二进制数，即指示小波包的序号。如图 2-6-1 所示，发生小波包的频率排列失序问题。在每个节点中，如果高频子带进一步分解，则频带将产生错开，并且下层的交错将引入更高层以产生进一步的错开。通过应用格雷码来编码小波包序号，可以获得频带分布和滤波器路径之间的关系，并且其值表示自然频率顺序中的频带的序号。因此，可以调整小波分组分解之后的频带以对应于实际频带。

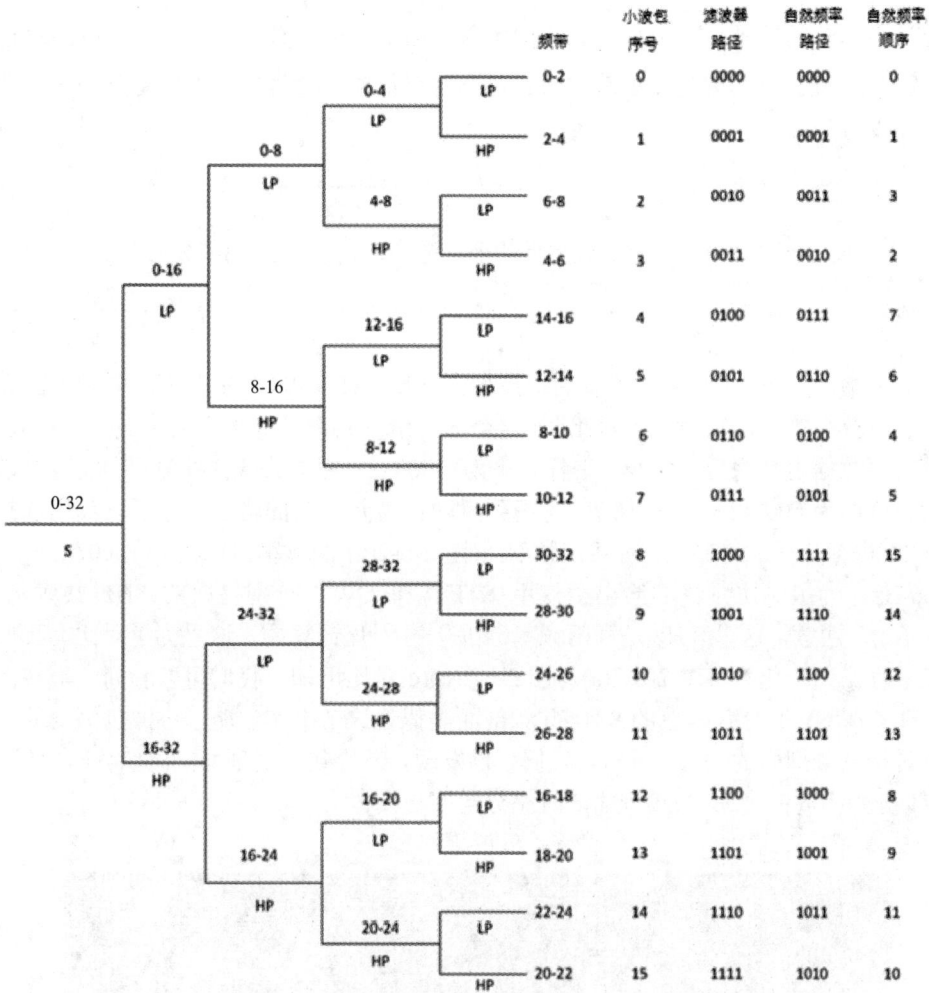

频带	小波包序号	滤波器路径	自然频率路径	自然频率顺序
0-2	0	0000	0000	0
2-4	1	0001	0001	1
6-8	2	0010	0011	3
4-6	3	0011	0010	2
14-16	4	0100	0111	7
12-14	5	0101	0110	6
8-10	6	0110	0100	4
10-12	7	0111	0101	5
30-32	8	1000	1111	15
28-30	9	1001	1110	14
24-26	10	1010	1100	12
26-28	11	1011	1101	13
16-18	12	1100	1000	8
18-20	13	1101	1001	9
22-24	14	1110	1011	11
20-22	15	1111	1010	10

图 2-6-1　小波包分解树及其相应频率的示意图

地震数据的小波包倒谱分解方法由 XUE Y J et al.(2016a)提出。对于地震数据的小波包倒谱自适应分解，我们采用长度为 N 的滑动窗沿地震道逐点计算。对一条地震道 $s(t)$，首先添加 $N-1$ 个零，得到的信号 $f(t)$ 具有如下形式：

$$f(t) = \left[\text{zeros}\left(1, \frac{N}{2}-1\right), s(t), \text{zeros}\left(1, \frac{N}{2}\right) \right] \tag{2-6-4}$$

此过程不会改变倒谱的结果，但可以使地震道分解产生的共频率数据体与原始数据保持相同的时间长度。信号 $f(t)$ 被滑动窗逐点移动划分为段。然后，将小波包倒谱应用到地震道的每个加窗段中。请注意，每个段都转变为完整的 m 级 DWPT，其中，$m = \lg(N)/\lg(2)$。由于每个完整的 DWPT 采用自然频率顺序，分解树的叶子仅包含一个样本，并且可以确定每个样本的频率范围。假设地震数据的采样频率是 f_s，在完整的 m 级 DWPT 之后，小波包倒谱的第一点将在 $(0, \frac{f_s}{2N})$ 的频率范围内，第二个点将在频率范围 $(\frac{f_s}{2N}, \frac{f_s}{N})$ 内，第 $k(k = 1, 2, 3, 4\cdots)$ 个点将在频率范围 $(\frac{(k-1)f_s}{2N}, \frac{kf_s}{2N})$ 内。对一个地震数据体，小波包倒谱每个段的第一个点用于产生一阶共倒谱剖面，每个段的第二个点用于产生二阶共倒谱剖面，以此类推。注意滑动窗口的长度 N 需要为 2 的幂次方。对于地震数据，滑动窗口的长度 N 满足下式(Xue Y J et al.，2016a)：

$$N = 2^i \approx \frac{f_s}{2 \times f_{\text{dominant}}} \tag{2-6-5}$$

其中，i 是整数，$i = 1, 2, \cdots$。f_s 为地震数据的采样频率，f_{dominant} 为地震数据的主频。从而，一阶共倒频剖面的频率范围为 $(0, \frac{f_s}{2f_{\text{dominant}}})$，二阶共倒频剖面的频率范围为 $(\frac{f_s}{2f_{\text{dominant}}}, \frac{f_s}{f_{\text{dominant}}})$。

图 2-6-2 所示为一个实际二维叠后地震剖面利用 STFT 和 CWT 获得的共频剖面和利用小波包倒谱获得的共倒频剖面的对比图。这个图展示了共倒频剖面与共频剖面的对应关系。该地震剖面数据主频约为 15 Hz，采样频率为 500 Hz。根据公式(2-6-5)，小波包倒谱中滑动窗的长度约为 500/(2×15)≈16.7，考虑到滑动窗需要为 2 的幂次方，所以我们选择滑动窗长度 16 进行计算。此时，一阶共倒频剖面(图 2-6-2(a))的频率范围为 0~500/(2×16)，即 0~15.6 Hz。为了对比，我们给出了使用 STFT 和 CWT 分别提取的 8Hz 共频剖面(图 2-6-2(b)(c))，注意，这里 8 Hz 是利用频率范围 0~16 Hz 计算的。这里为了对比，我们对所有结果进行了归一化。将图 2-6-2(a)与图 2-6-2(b)(c)对比可知，我们可以看到一阶共倒谱剖面与 STFT 和 CWT 分别提取的 8 Hz 共频剖面类似。这个事实说明了小波包倒谱的有效性及其与传统共频剖面的关系。同时，我们可以发现，一阶共倒谱剖面的时空分辨率较 STFT 和 CWT 分别提取的 8 Hz 共频剖面的时空分辨率更高。

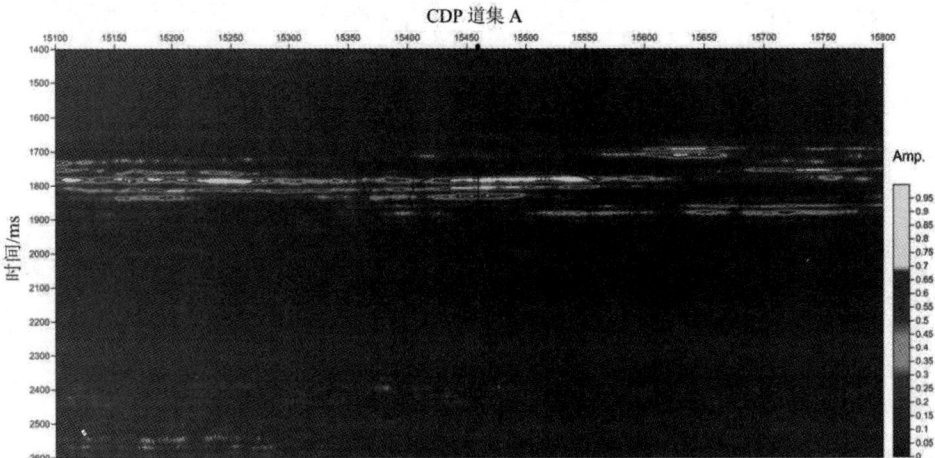

(a) 小波包倒谱获得的一阶共倒频剖面

CDP 道集 A

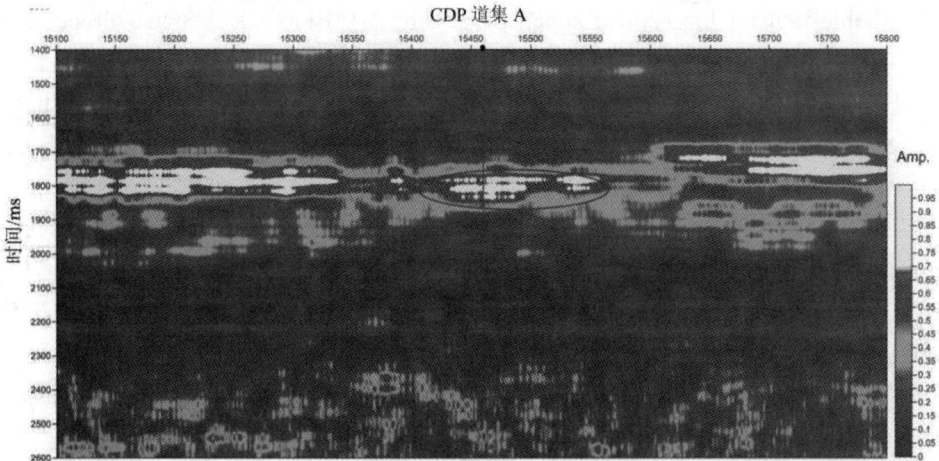

(b) STFT 获得的 8 Hz 共频剖面

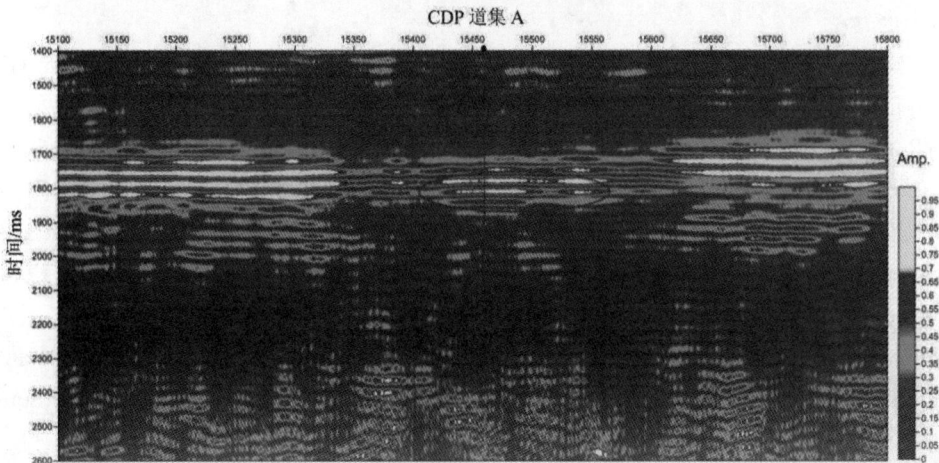

CDP 道集 A

(c) CWT 获得的 8 Hz 共频剖面

图 2-6-2　一个实际二维叠后地震剖面共倒频部面和共频剖面的对比

注：图(c)中，小波包倒谱中滑动窗长度为 16，STFT 中汉明窗长度为 41，
小波变换中使用 Morlet 小波。

本章参考文献

AUGER F, FLANDRIN P. 1995. Improving the readability of time-frequency and time-scale representations by the reassignment method [J]. IEEE Transactions on Signal Processing, 43(5): 1068-1089.

CHUI C K, LIN Y T, WU H T. 2016. Real-time dynamics acquisition from irregular samples: with application to anesthesia evaluation [J]. Analysis and Applications, 14(04): 537-590.

COLOMINAS M A, SCHLOTTHAUER G, TORRES M E. 2014. Improved complete ensemble

EMD: A suitable tool for biomedical signal processing [J]. Biomedical Signal Processing and Control, 14:19-29.

DAUBECHIES I. 1996. A nonlinear squeezing of the continuous wavelet transform based on auditory nerve models [M]. In Wavelets in medicine and biology (des A. Aldroubi, M. Unser), Boca Raton, FL: CRC Press, 527-546.

DAUBECHIES I, LU J, WU H T. 2011. Synchrosqueezed wavelet transforms: an empirical mode decomposition-like tool [J]. Applied and Computational Harmonic Analysis, 30 (2): 243-261.

DRAGOMIRETSKIY K, ZOSSO D. 2014. Variational mode decomposition [J]. IEEE T Signal Proces, 62(3):531-544.

FLANDRIN P, RILLING G, GONCALVES P. 2004. Empirical mode decomposition as a filter bank [J]. IEEE signal processing letters, 11(2):112-114.

GILLES J. 2013. Empirical wavelet transform [J]. IEEE Trans. Signal Process., 61(16): 3999-4010.

HUANG N E, SHEN Z, LONG S R. 1999. A new view of nonlinear water waves: The Hilbert Spectrum [J]. Annual review of fluid mechanics, 31(1):417-457.

HERRERA R H, HAN J, VAN DER BAAN M. 2014. Applications of the synchrosqueezing transform in seismic time-frequency analysis [J]. Geophysics, 79(3): V55-V64.

HUANG N E, SHEN Z, LONG S R. et al. 1998. The empirical mode decomposition and the Hilbert spectrum for nonlinear and non-stationary time series analysis [J]. Proc. R. Soc. Lond. A: Mathematical, Physical and Engineering Sciences, 454(1971):903-995.

HUANG Z L, ZHANG J, ZHAO T H. et al. 2016. Synchrosqueezing S-transform and its application in seismic spectral decomposition [J]. IEEE Trans. Geoscience and Remote Sensing, 54(2):817-825.

JENSEN A, LA COUR-HARBO A. 2001. Ripples in mathematics: the discrete wavelet transform [J]. Springer Science & Business Media, Berlin, Germany, pp.107-111.

JI Y, 2005. Frequency-order of wavelet packet [J]. Journal of vibration and shock, 24(3), 96-98. (in Chinese)

LI C, LIANG M, 2012. A generalized synchrosqueezing transform for enhancing signal time-frequency representation, Signal Processing, 92(9): 2264-2274.

LIU N, GAO J, JIANG X, et al. 2018. Seismic instantaneous frequency extraction based on the SSWT-MAW [J]. Journal of Geophysics and Engineering, 15(3): 995-1007.

LIU W, CAO S, WANG Z, et al. 2018. A Novel Approach for Seismic Time-Frequency Analysis Based on High-Order Synchrosqueezing Transform [J]. IEEE Geoscience and Remote Sensing Letters, 99:1-5.

VASUDEVAN K, COOK F A. 2000. Empirical mode skeletonization of deep crustal seismic data: Theory and applications [J]. Journal of Geophysical Research: Solid Earth, 105 (B4):7845-7856.

OBERLIN T, MEIGNEN S, PERRIER V. 2014. The Fourier-based synchrosqueezing transform [C]. in Proc. IEEE Int. Conf. Acoust., Speech Signal Process. (ICASSP), Florence, Italy, May 2014: 315-319.

RATO R T, ORTIGUEIRA M D, BATISTA A G. 2008. On the HHT, its problems, and some solutions [J]. Mechanical Systems and Signal Processing, 22(6):1374-1394.

SANCHEZ F L, BARBON JÚNIOR S, VIEIRA L S, et al. 2009. Wavelet-based cepstrum calculation [J]. Journal of Computational and Applied Mathematics, 227(2): 288-293.

THAKUR G, BREVDO E, FUČKAR N S, WU H T, 2013. The synchrosqueezing algorithm for time-varying spectral analysis: Robustness properties and new paleoclimate applications[J]. Signal Processing, 93(5):1079-1094.

TORRES M E, COLOMINAS M A, SCHLOTTHAUER G, et al. 2011. A complete ensemble empirical mode decomposition with adaptive noise [C], 2011 IEEE International Conference on Acoustics, Speech and Signal Processing (ICASSP), 4144-4147.

WANG Q, GAO J. 2017. Application of synchrosqueezed wave packet transform in high resolution seismic time-frequency analysis [J]. Journal of seismic exploration, 26(6): 587-599.

WANG Q, GAO J, LIU N. 2018. High-Resolution Seismic Time-Frequency Analysis Using the Synchrosqueezing Generalized S-Transform [J]. IEEE Geoscience and Remote Sensing Letters, 15(3): 374-378.

WU Z, HUANG N E. 2009. Ensemble empirical mode decomposition: a noise-assisted data analysis method [J]. Advances in adaptive data analysis, 1(1):1-41.

WU G, ZHOU Y. 2018. Seismic data analysis using synchrosqueezing short time Fourier transform [J]. Journal of Geophysics and Engineering, 15(4):1663-1672.

XUE Y J, CAO J X, TIAN R F, et al. 2016a. Wavelet-based cepstrum decomposition of seismic data and its application in hydrocarbon detection[J]. Geophysical Prospecting. 64 (6):1441-1453.

XUE Y J, CAO J X, WANG D X, et al. 2016b. Application of the Variational-mode decomposition for seismic time-frequency analysis [J]. IEEE Journal of Selected Topics in Applied Earth Observations and Remote Sensing, 9(8): 3821-3831.

XUE Y J, CAO J X, DU H K, et al. 2016c. Seismic attenuation estimation using a complete ensemble empirical mode decomposition-based method [J]. Marine and Petroleum Geology, 71: 296-309.

第 3 章　基于经验模态分解的烃类检测方法

本章系统研究并拓展了基于 EMD 的时频分析方法的原理及其在储层含气性检测中的应用，探索提取高灵敏度且对油气反映容错性好的时频域地震属性，从而实现直接烃类检测的目的。这里，基于 EMD 的时频分析方法包括：HHT 方法、NHT 方法、HU 方法、EMD/TK 方法以及 EMDWave 方法。基于 EMD 的时频分析方法进行直接烃类检测主要利用了谱分解分析及衰减梯度分析技术。

3.1　HHT 方法的基本理论

3.1.1　瞬时频率的概念

瞬时频率的概念是非常矛盾的。目前存在的观点是：从认为它不存在(SHEKEL J，1953)到认为它只对特别的"单分量(monocomponent)"信号才有意义(BOASHASH B，1992；COHEN I，1995)。HHT 方法中使用的瞬时频率公式是由 Ville 在 1948 年定义的，这个公式也是目前学术界常使用的并且被大众认可的。

设 $s(t)$ 是时域中的连续信号，通常可以表示为

$$s(t) = a(t)\cos\varphi(t) \tag{3-1-1}$$

其中，$a(t)$ 表示信号的幅度信息，$\varphi(t)$ 表示信号的相位信息。

对式(3-1-1)作希尔伯特(Hilbert)变换，可以得到：

$$s_H(t) = H[s(t)] = \text{P.V} \int_{-\infty}^{+\infty} \frac{s(t-\tau)}{\pi\tau}\mathrm{d}\tau \tag{3-1-2}$$

其中，P.V 表示柯西主值。然后我们可以通过 $s(t)$ 和 $s_H(t)$ 得到解析信号，即

$$z(t) = s(t) + \mathrm{j}s_H(t) = a(t)\mathrm{e}^{\mathrm{j}\varphi(t)} \tag{3-1-3}$$

Ville 给出的瞬时频率定义为

$$f(t) = \frac{1}{2\pi} \frac{\mathrm{d}\varphi(t)}{\mathrm{d}t} \tag{3-1-4}$$

从上面式子我们可以看到，瞬时频率是通过 Hilbert 变换构建的复解析信号的相位的导数来定义的。并且，这个经典的定义具有清晰的物理意义，可以满足大多数情况下人们的直观感觉。解析信号的频谱与原始真实信号的频谱相同。因此，这个定义被广泛认可并使用。从物理角度来看，式(3-1-4)的定义是不明确的。根据信号的物理意义，信号可分为单分量信号和多分量信号。单分量信号在任何一个时间点上只存在一个频率值，而多分量信号则具有一个以上的频率值。正如我们从式(3-1-4)中所见，对于任意的信号我们只能获得一个频率值。因此，式(3-1-4)的定义只适用于单分量信号。

对于多分量信号中单个频率的讨论是没有任何物理意义的。为了解决这个问题，HHT 方法假设任何信号都是由一些基本的信号——本征模态信号(IMF)组成的，并且一个复杂的信号可以通过 IMF 的重叠来构成。只有 IMF 的瞬时频率才有意义。EMD 是一种将一个给定信号分解为一系列 IMF 分量的技术，EMD 是 HHT 分析的基础。只有获得了 IMF 分量，才能对各个 IMF 进行希尔伯特谱分析，从而得到有意义的瞬时属性。HHT 方法包括 EMD 方法和希尔伯特谱分析(HSA)两部分。EMD 方法的基本原理如 2.2.1 小节所述，下面我们介绍希尔伯特谱分析原理。

3.1.2　Hilbert 谱分析的基本原理

1. 核心算法

获得了 IMF 分量后，我们才能对各个 IMF 分量进行希尔伯特谱分析，得到瞬时频率、幅度和相位。具体求解结果如下。

对固有模态函数 $c_i(t)(i = 1 \sim n)$ 作 Hilbert 变换得：

$$H[c_i(t)] = c_i(t) * \frac{1}{\pi t} = \mathrm{P.V} \int_{-\infty}^{+\infty} \frac{c_i(t-\tau)}{\pi \tau} \mathrm{d}\tau \tag{3-1-5}$$

式中，P.V 表示柯西主值。从而我们可以得到解析信号 $z_i(t)$

$$z_i(t) = c_i(t) + \mathrm{j}H[c_i(t)] \tag{3-1-6}$$

根据解析信号，每一个固有模态函数 $c_i(t)(i = 1 \sim n)$ 可以表示为

$$c_i(t) = a_i(t)\cos\phi_i(t) \tag{3-1-7}$$

其中，$a_i(t)$ 为瞬时幅度，$\theta_i(t)$ 为瞬时相位。且有

$$a_i(t) = \sqrt{c_i^2(t) + H^2[c_i(t)]} \tag{3-1-8}$$

$$\phi_i(t) = \arctan\left(\frac{H[c_i(t)]}{c_i(t)}\right) \tag{3-1-9}$$

则瞬时频率 $f_i(t)$ 为

$$f_i(t) = \frac{1}{2\pi} \frac{\mathrm{d}[\phi_i(t)]}{\mathrm{d}t} \tag{3-1-10}$$

则原始信号 $x(t)$ 也可表示为

$$x(t) = c_1(t) + c_2(t) + \cdots + c_n(t) + r_n(t) = \sum_{i=1}^{n} \mathrm{Re}[a_i(t)\mathrm{e}^{\mathrm{j}\phi_i(t)}] + r_n(t) \qquad (3\text{-}1\text{-}11)$$

2. 存在的问题及解决方法探讨

根据上述的瞬时频率的计算过程我们可以看到，任何一个 IMF 必须表示成式(3-1-7)的形式，并且在局部时间内 $a(t)$ 的波动频率必须小于 $\varphi(t)$ 的波动频率。因此，瞬时频率有物理意义就仅仅取决于相位函数 $\varphi(t)$，即

$$H[a(t)\cos\phi(t)] = a(t)H[\cos\phi(t)] \qquad (3\text{-}1\text{-}12)$$

式(3-1-12)并不是无条件成立的，因为两个函数乘积的 Hilbert 变换受 Bedrosian 定理的约束。

根据 Bedrosian 定理(BEDROSIAN，1963)：设 $f(x)$, $g(x) \in L^2(-\infty, +\infty)$，$x$ 是一个实变量，$F(u)$ 是 $f(x)$ 的傅里叶变换，$G(u)$ 是 $g(x)$ 的傅里叶变换。如果 $f(x)$ 和 $g(x)$ 是实函数，有 $F(u) = 0$ $(|u| > a)$, $G(u) = 0$ $(|u| < b)$, $b \geqslant a > 0$；如果 $f(x)$ 和 $g(x)$ 是复函数，有 $F(u) = 0$ $(u < -a)$, $G(u) = 0$ $(u < b)$, $b \geqslant a > 0$。那么：$H[f(x)g(x)] = f(x)H[g(x)]$。

因此，式(3-1-12)的成立条件是 $a(t)$ 和 $\cos\varphi(t)$ 必须是单分量信号，并且在频域中 $a(t)$ 的傅里叶频谱必须与 $\cos\varphi(t)$ 的傅里叶频谱完全分离，同时 $\cos\varphi(t)$ 的频谱要大于 $a(t)$ 的频谱。

然而，通常函数很少能满足这些条件。因此，对于直接由 IMF 的 Hilbert 变换获得的解析函数，求得的相位函数必然不是真正的相位函数。因此，由瞬时相位决定的瞬时频率必然不是信号的真实频率。也就是说，由 HHT 计算的瞬时频率和真实频率值之间存在相对较大的误差，尤其是对于复杂调制信号。从而对一些信号利用 HHT 方法计算瞬时频率会产生无法解释的现象。

式(3-1-12)给出了 Hilbert 变换的一个必要条件。事实上，为了使式(3-1-10)计算的瞬时频率等于信号的真实瞬时频率，式(3-1-8)中的解析信号的虚部 $H[c(t)]$ 必须等于原始信号 $c(t)$ 的正交信号 $c_q(t)$。$c_q(t)$ 和 $c(t)$ 之间存在 90 度的相位差。但是，NUTTALL A H(1966)指出了 $c(t)$ 的 Hilbert 变换，即 $H[c(t)]$ 信号仅仅是 $c_q(t)$ 的一个近似。只在 $c(t)$ 相对简单的情况下，$H[c(t)]$ 等于 $c_q(t)$；当 $c(t)$ 变得复杂，这两者之间差别渐大。它们之间的差别可以通过以下的能量误差指标来测定(NUTTALL A H，1966)：

$$\Delta E = \int_{-\infty}^{+\infty} [H[c(t)] - c_q(t)]^2 \, \mathrm{d}t = 2\int_{-\infty}^{+\infty} F_q(\omega) \mathrm{d}\omega \qquad (3\text{-}1\text{-}13)$$

其中，$F_q(t)$ 是 $c_q(t)$ 的傅里叶变换。

Bedrosian 定理和 Nuttall 定理表明，利用 Hilbert 变换提取信号的瞬时属性受到限制。对于复杂的调制信号，我们需要寻找更有效的方法来计算信号的瞬时属性。

此外，Hilbert 变换理论上利用全部的信号值进行计算(从负无穷大到正无穷大)；而信号为有限长度，窗口效应会影响到它的谱，从而使得瞬时频率估计变差。常规的 HHT 方法中的 Hilbert 变换计算的瞬时频率存在负值，这是没有意义的。并且对于地震信号来说，瞬时参数计算的精度有待提高。

　　因为这些问题的存在，所以大量学者研究瞬时频率的计算。HUANG 等人也在此后提出了 NHT 算法等来提高瞬时频率的计算。

　　尽管存在这些问题，HHT 方法仍然在地球物理领域和其他领域取得了很好的成绩。HUANG 等人(HUANG N E et al.，1998；HUANG N E et al.，2008)确定 HHT 方法比傅里叶变换和小波变换在瞬时频率的计算及其他方面具有优越性，尤其是对于非线性和非平稳信号的分析。对于地震信号来说，我们可以通过改进瞬时频率计算方法或是利用基于真实的地震数据和测井参数的模型以及井旁地震道来检测利用 HHT 方法获得的瞬时属性是否合理，从而保证我们获得的瞬时属性更具物理意义。

3.1.3　HHT 方法的时频谱

　　从上面的计算过程我们可以看到，瞬时幅度和瞬时频率都是时间的函数，因此，我们可以定义一个三维空间$[t, \omega(t), a(t)]$。令

$$H(\omega,t) = \mathrm{Re}\left\{ \sum_{i=1}^{n} a_i(t) \mathrm{e}^{i\int \omega_i(t)\mathrm{d}t} \right\} \tag{3-1-14}$$

其中，Re 表示取结果的实部，n 表示 IMF 的个数。然后，三维空间可以通过将两个变量的函数 $H(\omega, t)$ 转换到三个变量的函数 $[t, \omega, H(\omega, t)]$，其中 $a(t) = H[\omega(t), t]$。从而，我们可以获得基于 HHT 的联合时频分布。对于地震信号来说，为了更好地表征特征分量，获得类似小波变换等方法的时频图，通常对 HHT 的时频分布使用了 Gaussian 平滑。

　　设总数据长度为 T，采样速率为 Δt。于是，从数据中提取的最低频率是 $1/T$ Hz，这也是数据频率分辨率的限制。从数据中可以提取的最高频率是 $1/(n\Delta t)$ Hz，其中 n 表示精确定义频率所需的 Δt 的最小数目。由于 Hibert 变换通过差分定义瞬时频率，因此我们需要更多的数据点定义一个振动模式。Hilbert 谱的频率单元的最大值 N 应为

$$N = \frac{(1/n\Delta t)}{(1/T)} = \frac{T}{n\Delta t} \tag{3-1-15}$$

　　Hibert 谱是直接通过计算 IMF 的瞬时频率和瞬时幅值得到的，因此，对于所有的频率成分都具有相同的频率分辨率，它的时间、频率分辨率是相互独立的，从而能够更好地表征信号的局部特性。

3.2　谱分解分析法烃类检测的物理基础

3.2.1　烃类检测的物理基础

　　地震波的衰减主要来源于散射和吸收(DUCHESNE M J et al.，2011)。ANDERSON A，HAMPTON L(1980a)发现，散射是导致含气地质介质衰减的主要机制，并且，气体的数量

和气泡大小是在这样的地质介质中衰减的主要因素。在多孔介质中，即使很少数量的气体(5%或更少)，都会主导沉积物的声学特性，并显著增加反射振幅；而储层中气体数量的增加(超过5%)不会导致显著地震反射振幅的增加(DOMENICO S N，1974；ANDERSON A，HAMPTON L，1980a)。气泡的大小与气泡的谐振频率有关，气泡的谐振频率是气泡半径的函数 (ANDERSON A，HAMPTON L，1980a)。地震波散射必须考虑三个频率区域，即在储气介质中低于气泡的谐振频率、接近气泡的谐振频率和高于气泡的谐振频率的频率区域(ANDERSON A，HAMPTON L，1980a，b)。低于气泡的谐振频率，散射正比于频率的四次方，非常小；接近气泡的谐振频率，散射是一个尖锐最大值；而高于气泡的谐振频率时，散射等于气泡物理横截面的四倍，是恒定的。

含气介质往往呈现低频阴影特性(例如，CASTAGNA J P et al.，2003；DUCHESNE M J，2011)。 到目前为止，尽管低频阴影作为烃类指示已经存在了近三个世纪，但是低频阴影的本质仍然是个令人困惑的问题(CASTAGNA J P et al.，2003；DUCHESNE M J et al.，2011；EBROM D，2004；TANER M T et al.，1979)。TANER M T 等人(1979)提出了两种解释低频阴影出现的机制，一种是在储气介质中较高频率由气体的频率依赖性吸收过滤；另一种是由于含气介质中低速导致的这些层中双向旅行时的增大，使得位于含气介质层下方的反射叠加不足。然而，TANER M T 等人(1979)判断他们的一些观点的解释是不够的，例如，与脆性岩石断裂带相关联的低频阴影。在 1996 年的勘探地球物理学家协会暑期研究研讨会上，EBROM D 总结了至少十种机制来解释这些低频阴影。除了固有衰减，CASTAGNA J P 等人(2003)认为，用于解释低频阴影的这些机制中的一个或多个可能在任何给定时间都会奏效，即局部转换横波和短程层间多次波的误叠加，不当时差校正和叠加时的高频损失，动校正拉伸的远偏移信息以及随时间变化的反卷积处理给子波增加了低频尾波。

谱分解技术作为从地震反射数据进行地质解释的有效技术，将地震记录从时间域转换到时频域，将局域频率信息表示为时间的函数，利用不同频率可以体现不同尺度的地质体的频率特征来认识地质体(例如，PARTYKA G et al.，1999)。从而，单个地震数据体被转化为能够优先提高和最大化显示特定频段内的地球物理响应的多个频率数据体。而谱分解技术所用到的主要方法就是时频分析方法。

3.2.2　谱分解算法选择

不同的谱分解算法会导致同一地震道计算所得的结果不同。那么，在地震信号谱分解算法中，如何评价各种谱分解算法呢？一般地，谱分解算法需要满足以下的原则(CASTAGNA J P et al.，2003)：

(1) 时频分析在频率上的总和应该近似为地震道的瞬时幅度；

(2) 时频分析在时间上的总和应该近似为地震道的频谱；

(3) 时频分析中应该会出现明显的地震反射同相轴；

(4) 地震记录中子波的旁瓣在时频分析中不能以独立的同相轴出现；

(5) 一个单独的反射波的谱分解应当不能失真，它的频谱不能是与窗函数频谱的卷积；

(6) 在时间上能够分辨的反射同相轴应当不能出现谱陷频。

　　谱分解不当的一个肯定标志是，对于应用了低截止滤波器的数据，应该具有一些低频能量；但是，数据的谱分解中的既定事件存在大量的直流(零频率)分量，这通常是由加窗引起的。

　　在烃类检测中，面对众多的地震信号谱分解方法，如何选择合适的时频分析方法进行最有效的烃类检测呢？一般来说，最重要的是这种方法能更好地捕获解释中的主要特征。在烃类检测中，为了估计反射波的高频能量衰减，要求谱分解方法能够准确地剥离出该反射波的频谱特征，这时，时频分辨率比较高的谱分解方法会捕获到更多的解释中的主要特征。

　　构造一个含多种频率成分子波的合成信号。该信号由频率分别为 20 Hz、40 Hz、70 Hz 的零相位雷克子波构成，由三个地震事件合成；采样频率为 1 ms；时间持续 0.61 s。第一个地震事件发生在 0.1 s 处，有一个子波(中心频率为 20 Hz)；第二个地震事件发生 0.3 s 处，有一个子波(中心频率为 70 Hz)；第三个地震事件在 0.5 s 处叠加了两个子波(中心频率均为 40 Hz，第二个子波比第一个子波延时了 0.02 s)。

　　合成信号及对应的各种方法的时频分析结果如图 3-2-1～图 3-2-3 所示。

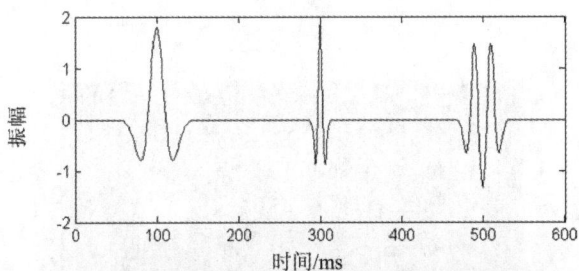

(a) 合成地震道

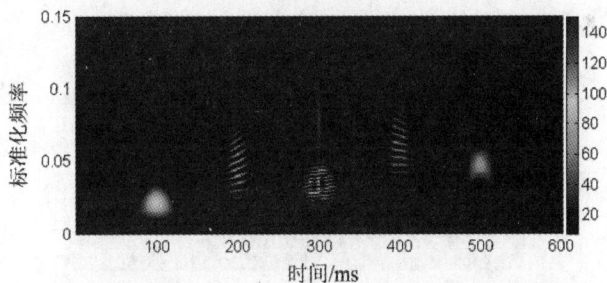

(b) WVD

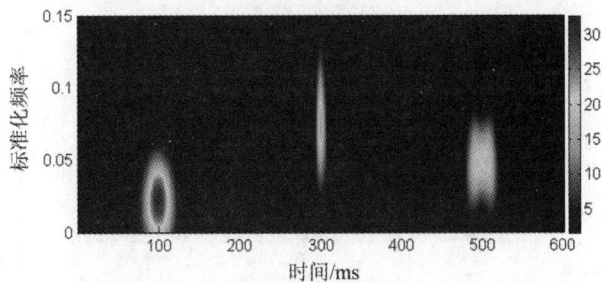

(c) SPWVD

(d) RSPWVD

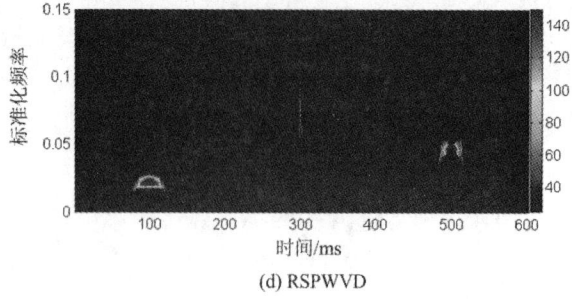

图 3-2-1   合成信号及 WVD 系列分析结果

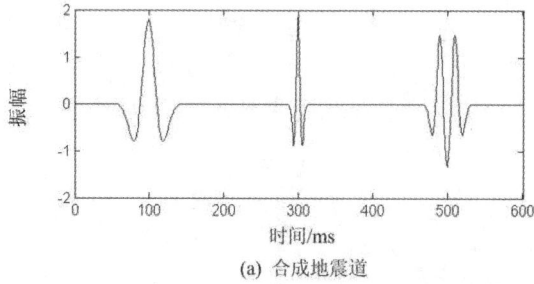

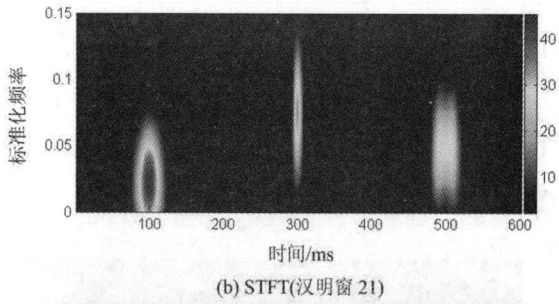

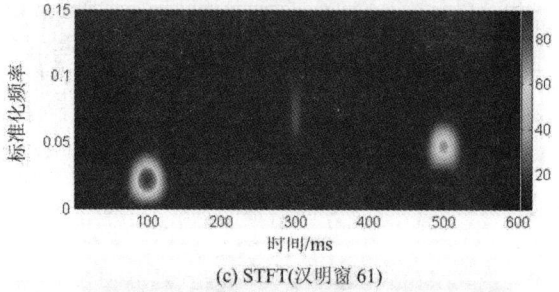

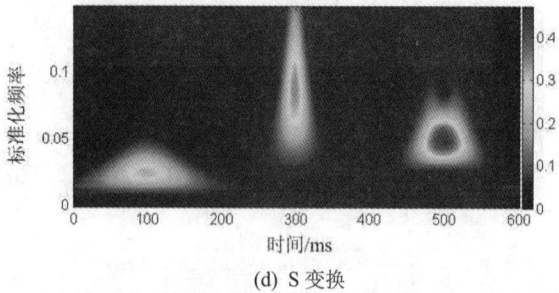

(a) 合成地震道

(b) STFT(汉明窗 21)

(c) STFT(汉明窗 61)

(d) S 变换

图 3-2-2   合成信号及 STFT、S 变换分析结果

(a) 合成地震道

(b) CWT(粗糙尺度)

(c) CWT(精细尺度)

(d) HHT

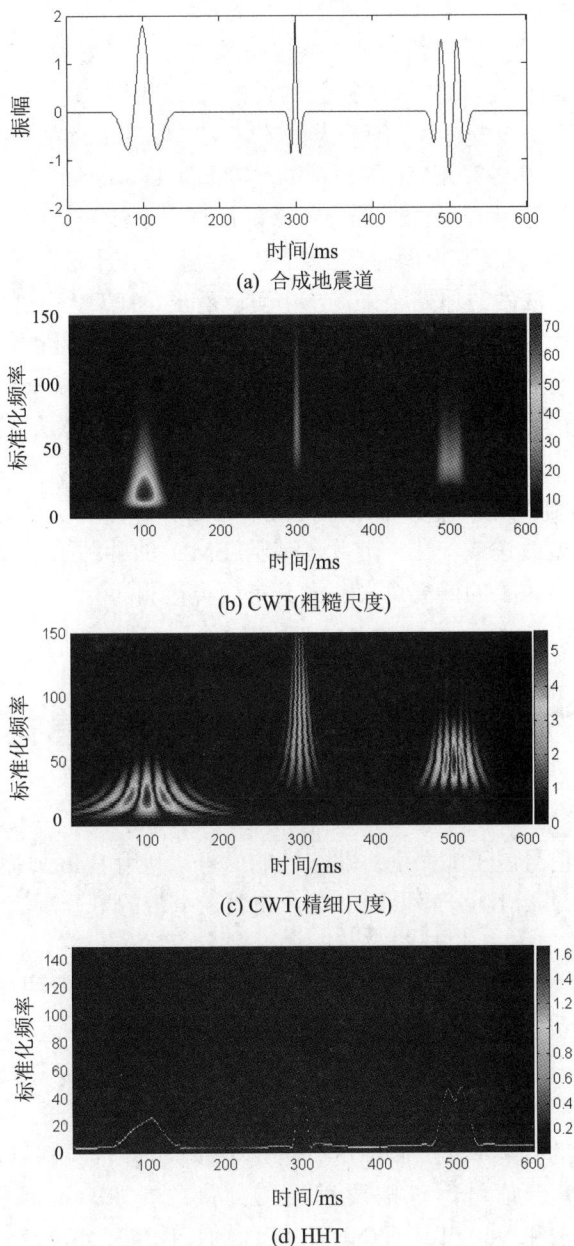

图 3-2-3 合成信号及小波变换系列分析结果与 HHT 分析结果

从图 3-2-1 可以看出，图(b)中，利用原始 Wigner-ville 分布分析的结果图中，在 0.2 s 和 0.4 s 处产生了交叉项，从而导致图中在 0.2 s 和 0.4 s 处有虚假的能量分布。图(c)中，虽然平滑伪 Wigner-ville 分布(SPWVD)对交叉项干扰有抑制作用，去除了虚假能量分布，但是时间和频率分辨率相对原始 Wigner-ville 分布有所下降。图(d)中为采用重排平滑伪 Wigner-ville 分布(RSPWVD)算法的结果，可以看到交叉项得到了抑制，没有虚假能量分布，时间和频率分辨率在整个 WVD 系列中是最高的，但是，计算耗时是这种方法的缺点，不适合大批量地震信号的处理。

图 3-2-2 中为采用短时傅里叶变换和 S 变换方法的结果。从图 3-2-2(b)、(c)中可以看到，采用不同长度的汉明窗时，短时傅里叶变换的时频特性：当增加了频率分辨率，时间分辨率则降低。图 3-2-2(d)所示为原始 S 变换的结果，可以看到，S 变换时频分辨率较高。

图 3-2-3 中为采用小波变换和 HHT 方法的结果。图 3-2-3(b)为采用较粗糙尺度的实数 Morlet 小波的结果，图 3-2-3(c)为采用较精细尺度的实数 Morlet 小波的结果，体现了较多细节信息。可以看到，小波变换的时频分辨率都很高，小波变换中，小波基函数的选择直接影响最终结果，利用小波变换做时频分析的难点主要在于选择合适的小波基函数。图 3-2-3(d)为利用 HHT 方法做的原始结果，从中可以看出，HHT 变换的时间分辨率和频率分辨率都是很高的，在对应的 0.1 s、0.3 s、0.5 s 处都显示了强能量。

通过上面的理论分析及利用单道地震记录结果的对比中可以看到，相比于其他基于傅里叶变换或小波变换的方法，基于 EMD 的 HT 方法(即 HHT 方法)具有很高的时频分辨率和时频聚集性。HHT 方法具有良好的计算效率，不涉及频率分辨率和时间分辨率的概念，不受测不准原理的限制，是一种适合于非线性非平稳信号的处理方式，但是，如前所述，它也存在一些问题需要改进或优化。因此，基于 EMD 的各种拓展或改进时频方法对于地震信号分析和处理具有重要的研究意义，尤其是烃类检测。

3.3 HHT 方法及其拓展方法在储层信息提取中的应用

通常情况，地震信号属于非平稳、非线性的信号，利用 Hilbert 变换得到的瞬时频率只是一个近似值。而通过 EMD 分解得到 IMF，它属于窄带的单分量信号，满足 Hilbert 变换的要求。

HHT 方法是一种新的适用于地震信号的非线性和非平稳信号的分析方法，相对于其他任何基于傅里叶分析和小波变换的时频分析方法等，它有一些独特的优势(HUANG Y P et al.，2011；HASSAN H，2005；MAGRIN-CHAGNOLLEAU I, BARANIUK R G，1999)。

尽管基于 EMD 的 Hilbert 变换时频分析方法在理论上是可行的，并且 Hilbert 变换在时域上和频域上有较高的分辨率，然而，并不是所有的单分量信号都可以通过 Hilbert 变换获得有意义的瞬时频率。信号不仅需要满足单分量的要求，而且受到 Bedrosian 原理(BEDROSIAN E, 1963)和 Nuttall 原理(NUTTALL A H, BEDROSIAN E, 1966)的限制。此外，计算瞬时频率的解析信号在应用和数值上都存在缺陷。

局域均值分解(LMD)算法是 SMITH 在 2005 年提出的一种算法(SMITH J S，2005)。该算法得到的乘积函数(PF)较 EMD 的固有模态函数 IMF，可以保存更多的频率和包络信息，它将信号分解为一系列乘积函数的和。但是，由于局域均值分解(LMD)算法的第一个 PF 函数频带较宽，处理地震信号不理想，需要对地震信号进行预滤波，然后才能适用该方法，而 EMD 可以认为是一种较好的自适应的滤波器，因此将 EMD 算法思想和 LMD 算法思想相结合，这种处理方法对于处理地震信号也具有重要的意义。这里，我们将结合 EMD 算法和 LMD 算法的谱分解方法命名为 HU 方法。

针对 Hilbert 变换受 Bedrosian 原理和 Nuttall 原理的限制，2009 年，Huang 等人提出了归一化 Hilbert 变换(Normalized Hilbert Transform，NHT)，这种方法采用经验 AM-FM 解调和归一化方案(HUANG N E，et al.，2009)。

本节将系统研究 NHT 方法和 HU 方法的原理，并将这两种算法引入地球物理领域并拓展为地震属性参数提取及储层含气性检测方法(XUE Y J，2013；薛雅娟，2014)，对比分析 HHT 方法、NHT 方法和 HU 方法在储层烃类检测中的效果。

3.3.1　基于 HHT 的谱分解算法

1. 基于 HHT 方法提取地震属性参数

地震信号基于 HHT 方法的瞬时幅度和瞬时相位以及瞬时频率的提取见式(3-1-8)～式(3-1-10)。一般地，在实际地震信号的计算中，瞬时频率可以采用以下改进方法计算：

$$f(t) = \frac{1}{4\pi T} \times \frac{[y(t+T) - y(t-T)]c(t) - [c(t+T) - c(t-T)]y(t)}{c^2(t) + y^2(t)} \tag{3-3-1}$$

其中，$c(t)$为 IMF 信号，$y(t) = H[c(t)]$。

2. 基于 HHT 的谱分解算法

基于 HHT 的谱分解算法流程图如图 3-3-1 所示。地震信号经过 EMD 方法分解后，将产生一系列从高频到低频的 IMF 分量数据体。每一个 IMF 分量数据体都相当于一个基于信号特性的自适应的带通滤波器的输出结果。然后，选择合适的反映储层信息最多的 IMF 分量数据体进行后续的谱分解分析。这里，IMF 的选择，我们可以通过利用地震数据体中的过井地震道信号进行判断。将过井地震道进行 EMD 分解后，计算各个 IMF 分量与原地震道信号的相关系数，相关系数最大的 IMF 分量，就是我们要选择的 IMF 分量，然后整个地震数据体的处理中，我们也选择类似的 IMF 分量进行处理。对于选定的 IMF 分量数据体，进行 Hilbert 谱分析，获得该 IMF 分量数据体的瞬时属性，进而得到其时频谱，分析该 IMF 分量数据体的频谱范围，确定接下来谱分解选择的低频和高频的频率值或频率范围。一般为了获得类似小波变换等其他常规地震信号时频谱分解的时频图及瞬时谱，我们往往对利用 HHT 得到的时频谱和瞬时谱进行高斯平滑。

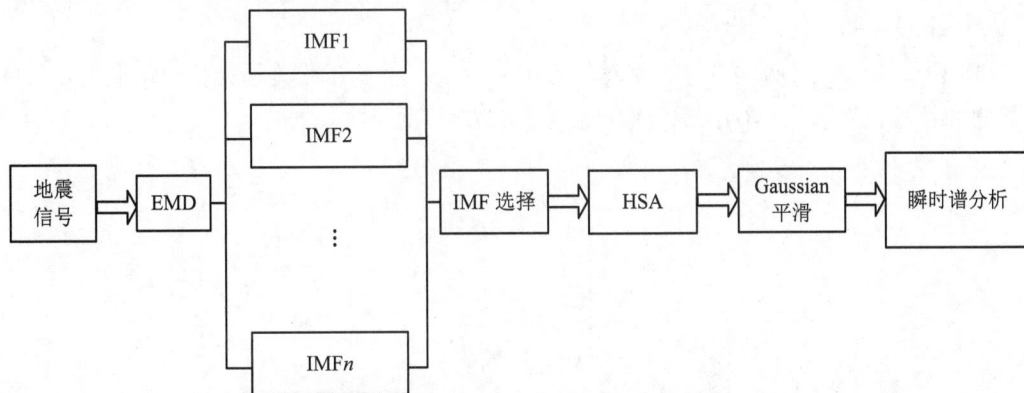

图 3-3-1　基于 HHT 的谱分解算法流程图

整个算法中决定瞬时谱性能的几个关键步骤如下。

(1) 用于储层含气性检测的 IMF 分量的选择。基于 EMD 的时频分析方法进行储层含气性检测，主要利用最能反映储层含气特征的 IMF 分量进行后续的谱分析处理。包含噪声以及其他地层信息较多的 IMF 分量将被舍弃。选择合适的反映储层含气信息最多的 IMF 分量是储层含气性检测的关键。这里，我们采用相关分析法结合地质、测井等信息进行 IMF 分量的选择。

(2) 端点效应的处理。这里的端点效应来自于两个地方，一个是 EMD 分解产生的，另一个是 Hilbert 变换带来的。对于 EMD 分解产生的端点效应，尽管有许多方法可以抑制端点效应，但是，由于烃类检测往往要处理海量的地震数据体，计算速度是很重要的一个问题，因此，在本章的应用中我们选择 HUANG 等人采用的简单的小波串方法来避免端点效应的影响(HUANG N E et al.，1998)。而 Hilbert 变换带来的端点效应是我们无法避免的，一般地，我们可以在处理的时候，对每个地震道选取较大的时间范围数据，处理后，将两端的数据切除掉。

3.3.2 基于 NHT 的谱分解算法

1. 基于 NHT 方法提取地震属性参数

根据 HUANG 等人的研究(2009)，NHT 方法本质上是一种将 IMF 分离成幅度调制(AM)和频率调制(FM)部分的经验方法。通过这种分离，我们可以只对调频部分进行 Hilbert 变换，从而避免了 Bedrosian 定理中存在的困难。

首先，NHT 方法是用一个经验归一化过程，将一个本征模态函数 $C(t)$ 分解成幅度信号 $a_i(t)$ 和幅度为 1 的载波信号 $\cos\theta(t)$。然后，它利用 Hilbert 变换计算信号的瞬时相位和瞬时频率。经过这样的处理，改善了瞬时频率含有负值的情况。算法步骤如下。

(1) 对一个本征模态函数 $C(t)$，计算它的绝对值；确定 $|C(t)|$ 的所有局域极大值。三次样条插值算法被用来连接所有的局域极大值形成经验包络信号 $e_1(t)$。

(2) 利用 $e_1(t)$ 将 $C(t)$ 归一化：

$$y_1(t) = \frac{C(t)}{e_1(t)}, \tag{3-3-2}$$

当 $y_1(t) \leqslant 1$ 时，归一化过程结束。

(3) 相反地，如果 $y_1(t)$ 中存在绝对值大于 1 的点，将 $y_1(t)$ 作为原始信号，利用步骤(1)计算它的经验包络信号 $e_2(t)$；重复归一化步骤(2)，以此类推：

$$\begin{cases} y_2(t) = \dfrac{y_1(t)}{e_2(t)} \\ \vdots \\ y_n(t) = \dfrac{y_{n-1}(t)}{e_n(t)} \end{cases} \tag{3-3-3}$$

经过 n 个循环，当 $y_n(t)$ 中所有的点满足 $|y_n(t) \leqslant 1|$ 时，归一化过程结束。然后，$y_n(t)$ 就是信

号 $C(t)$ 的调频部分。

信号 $C(t)$ 的调幅部分可以表示为

$$a_e(t) = e_1(t)e_2(t)\cdots e_n(t) \tag{3-3-4}$$

其中，$a_e(t)$ 就是信号 $C(t)$ 的瞬时幅度。

根据归一化分解过程，信号 $C(t)$ 可以表示为

$$C(t) = a_e(t)y_n(t) \tag{3-3-5}$$

其中，$a_e(t)$ 是调幅部分，$y_n(t)$ 是调频部分。

(4) 进一步地，利用调频部分 $y_n(t)$ 计算瞬时频率。对 $y_n(t)$ 进行 Hilbert 变换：

$$y(t) = \frac{1}{\pi} \text{P.V} \int_{-\infty}^{\infty} \frac{y_n(\tau)}{t-\tau} d\tau \tag{3-3-6}$$

其中，P.V 表示柯西主值。

于是，瞬时相位 $\theta(t)$ 可以表示为

$$\theta(t) = \arctan \frac{y(t)}{y_n(t)} \tag{3-3-7}$$

$y_n(t)$ 的瞬时频率，也即信号 $C(t)$ 的瞬时频率可以表示为

$$f(t) = \frac{1}{2\pi} \frac{d\theta(t)}{dt} \tag{3-3-8}$$

2. 基于 NHT 方法的谱分解算法

基于 NHT 的谱分解算法流程图如图 3-3-2 所示。

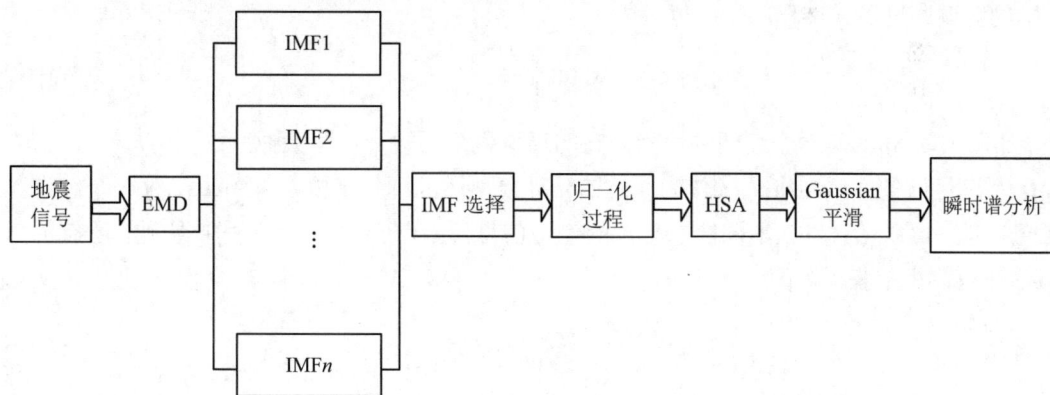

图 3-3-2　基于 NHT 的谱分解算法流程图

地震信号经过 EMD 方法分解后，产生一系列从高频到低频的 IMF 分量数据体。选择合适的反映储层信息最多的 IMF 分量数据体进行后续的分析。对选择的 IMF 分量数据体进行归一化处理，分离出该剖面的纯调幅分量和纯调频分量，对纯调频分量利用 Hilbert 变换计算瞬时频率，瞬时幅度由纯幅度调制分量中获得，进而得到其时间谱。然后，分析该 IMF 剖面的频率范围，选取合适的低频和高频数据体，进行瞬时谱分析，检测储层的含气性。

同样，为了获得类似小波变换等其他常规地震信号时频谱分解的时频图及瞬时谱，对利用 NHT 得到的时频谱和瞬时谱进行高斯平滑。

3.3.3 基于 HU 的谱分解算法

1. 基于 HU 方法提取地震属性参数

将 EMD 算法思想和 LMD 算法思想相结合来解决 LMD 分解后产生的第一个分量带宽太宽的问题，这种思想于 2008 年首先被胡劲松等人用于机械振动信号的分析(胡劲松等，2008)。HU 算法如下：

(1) 将原始信号利用 EMD 分解为一系列本征模态函数；

(2) 将每一个本征模态函数分解为一个纯包络信号和一个纯调频信号。利用纯调频信号计算瞬时频率，利用纯包络信号计算瞬时幅度。

为了有效地将一个本征模态函数分解为纯包络信号和纯调频信号，首先，需要确定所有的极值点，计算均值函数 $m_i(t)$ 和包络函数 $a_{i1}(t)$。利用三次样条插值算法将所有的极大值点和极小值点分别连接形成上包络函数 $env_{max}(t)$ 和下包络函数 $env_{min}(t)$。于是，局域均值函数 $m_i(t)$ 和局域包络函数 $a_{i1}(t)$ 为

$$m_i(t) = \frac{env_{max}(t) + env_{min}(t)}{2} \tag{3-3-9}$$

$$a_{i1}(t) = \left| \frac{env_{max}(t) - env_{min}(t)}{2} \right| \tag{3-3-10}$$

然后，从本征模态函数 $IMF(t)$ 中分离出均值函数 $m_i(t)$：

$$h_i(t) = IMF(t) - m_i(t) \tag{3-3-11}$$

$h_i(t)$ 的解调通过下式实现：

$$s_{i1}(t) = \frac{h_i(t)}{a_{i1}(t)} \tag{3-3-12}$$

理想情况下，$s_{i1}(t)$ 是一个纯调频信号，它的局域包络函数 $a_{i2}(t)$ 满足关系式 $a_{i2}(t) = 1$。如果 $s_{i1}(t)$ 不满足该条件，则将 $s_{i1}(t)$ 作为原始信号重复上述的迭代步骤，直到 $s_{in}(t)$ 为一个纯调频信号，即 $-1 \leqslant s_{in}(t) \leqslant 1$。本征模态函数的包络信号 $a_i(t)$ 通过将迭代过程中得到的所有的包络估计函数相乘获得，即

$$a_i(t) = a_{i1}(t) a_{i2}(t) \cdots a_{in}(t) = \prod_{q=1}^{n} a_{iq}(t) \tag{3-3-13}$$

本征模态函数的瞬时频率 $f_i(t)$ 可以通过纯调频信号 $s_{in}(t)$ 求得：

$$\phi_i(t) = \arccos(s_{in}(t)) \tag{3-3-14}$$

$$f_i(t) = \frac{1}{2\pi} \frac{d\phi_i(t)}{dt} \tag{3-3-15}$$

从以上算法中可以看到，该算法借鉴了 LMD 算法的思想(SMITH J S，2005)。

2. 基于 HU 方法的谱分解算法

基于 HU 的谱分解算法流程图如图 3-3-3 所示。

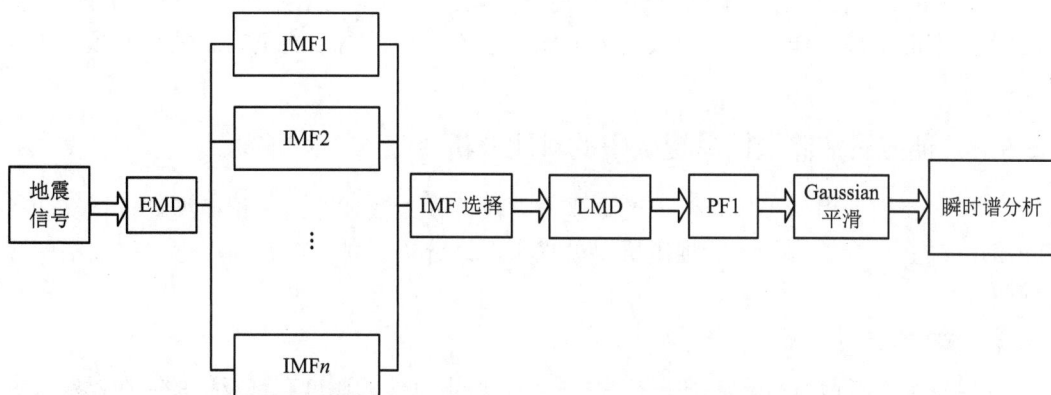

图 3-3-3　基于 HU 的谱分解算法流程图

首先，对地震信号进行 EMD 预处理，选择合适的反映储层信息最多的 IMF 分量数据体进行分析。对选择的 IMF 分量进行 LMD 分解，并对产生的第一个乘积函数(PF1)进行后续的分析。计算出该 PF1 数据体的瞬时频率和瞬时幅度，进而获得其联合时频分布。然后，根据该 PF1 数据体的频率范围选取合适的低频和高频数据体，进行瞬时谱分析，检测储层的含气性。同样，为了获得类似小波变换等其他常规地震信号时频谱分解的时频图及瞬时谱，对利用 NHT 得到的时频谱和瞬时谱进行高斯平滑。

3.3.4　基于 EMD 的瞬时谱分析方法的地层吸收剖面

这里，为了更直观地显示瞬时谱分析的结果，并利于对各种基于 EMD 方法提取的属性进行融合，特定义地层吸收剖面的概念。

一般地，在瞬时谱分析中，我们往往利用"低频能量增强，高频能量衰减"的特性进行储层含气性检测。这时，需要选择对应的低频分频剖面和高频分频剖面进行对比分析，确定有利的含气性区域。这种方法由于要对比图形，看起来比较繁琐，从而，我们引入地层吸收剖面来计算低频分频剖面和高频分频剖面的异常差异值。

Hilbert 谱定义为(HUANG N E，et al.，1998)：

$$H(\omega,t) = \text{Re} \sum_{i=1}^{n} [a_i(t) \exp(j \int \omega_i(t) \mathrm{d}t)] \tag{3-3-16}$$

其中，Re 表示取结果的实部；n 表示 IMF 的个数，其中去除了趋势项。

地层吸收剖面 A 可以定义为(薛雅娟，2014)

$$A = \{\text{Norm}(H(\omega_{\text{LOW}}, t)) - \text{Norm}(H(\omega_{\text{HIGH}}, t))\}|_{[0,1]} \tag{3-3-17}$$

其中，Norm 表示对 $H[\omega_i(t), t]$ 的结果进行归一化；ω_{LOW}、ω_{HIGH} 分别为对应的低频频率和高频频率。

从上述定义中可以看到，地层吸收剖面的提取步骤是：

(1) 分别提取合适的低频分频剖面和高频分频剖面。利用各个分频剖面的最大值将各个分频剖面归一化到区间[0，-1]；

(2) 计算归一化后的低频分频剖面和高频分频剖面的差。结果在区间[-1，-1]内变化。选取大于零的结果值作为地层吸收剖面的值，它们表示了高频能量的衰减和低频能量的增强。

3.3.5 三种方法在储层信息提取中的对比分析

这里，我们利用基于××气田的地震数据及测井参数建立的理论模型进行试算和该气田的二维叠后数据进行实际地震资料处理来对比分析三种方法在储层信息提取中的应用效果。

1. 模型测试

利用基于岩石物理实验基础上考虑了多孔介质中流体的黏度和漫反射的弥散黏滞性波动方程(KORNEEV V A et al., 2004)，建模来验证三种基于 EMD 的谱分解方法进行储层含气性检测的有效性。

地质模型包括 6 层，每个层的参数如表 3-1 中所示。标记为③的层为干层(不包括气体)，标记为④的层是含气层。

根据××地区地震资料及测井数据，模型设计如下：

含气层④的厚度为 30 m，子波频率为 40 Hz，采样频率为 512 Hz。

表 3-3-1　地质模型的岩石属性

层号	$V_P/(\text{m} \cdot \text{s}^{-1})$	$\rho/(\text{g} \cdot \text{cm}^{-3})$	ζ/Hz	$\eta/(\text{m}^2 \cdot \text{s}^{-1})$	Q
①	4300	1.2	1.0	1.0	200
②	4500	1.25	1.0	1.0	200
③	4600	1.3	1.0	1.0	200
④	4400	1.2	10	500	5
⑤	4700	1.35	1.0	1.0	200
⑥	4800	1.4	1.0	1.0	200

注：ζ 是扩散系数，η 是粘性系数。

地质模型及其地震响应如图 3-3-4 所示。经过 EMD 分解后，生成相应的 IMF 剖面，如图 3-3-5 所示。由图 3-3-5 可见，IMF2 分量主要体现了原始地震信号含气层更多的特征信息。因此，利用 IMF2 剖面进行后续的谱分解分析。

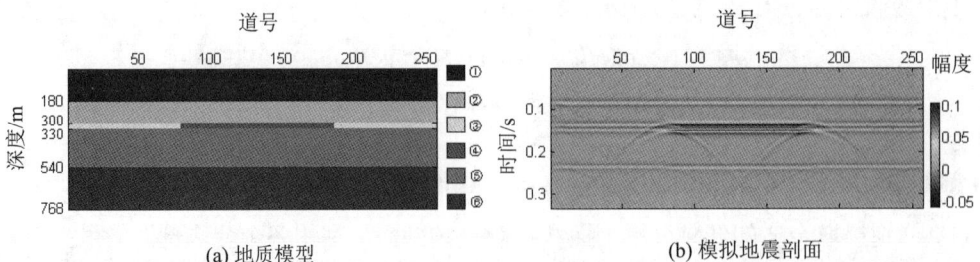

(a) 地质模型　　　　　　　　(b) 模拟地震剖面

图 3-3-4　地质模型及其地震响应

(a) IMF1

(b) IMF2

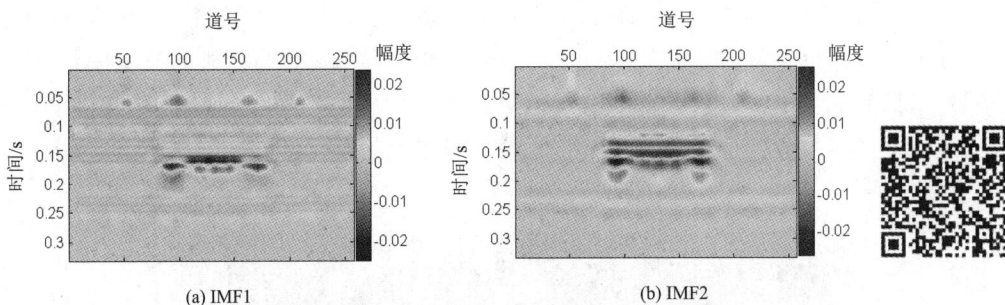

图 3-3-5　EMD 分解生成的前两个 IMF 剖面

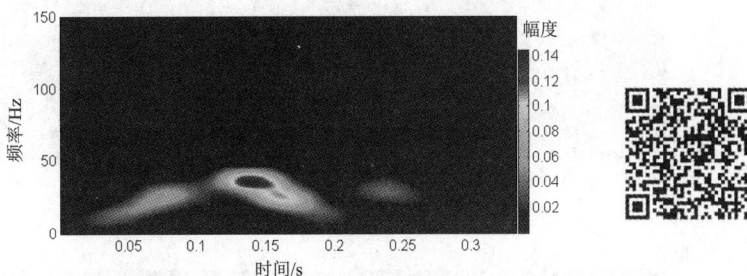

图 3-3-6　IMF2 剖面的 HHT 时频图

图 3-3-6 所示为 IMF2 剖面的 HHT 时频图。从图中可见，含气层具有强能量(红色)，含气层在时间上的分布与模型的地震相应图形一致。从频率上的分布可以看出，IMF2 频谱分布范围主要在 16~45 Hz。强能量(红色)分布在 30~42 Hz。

对 IMF2 剖面分别使用 HHT、NHT 和 HU 方法的处理结果如图 3-3-7 所示。

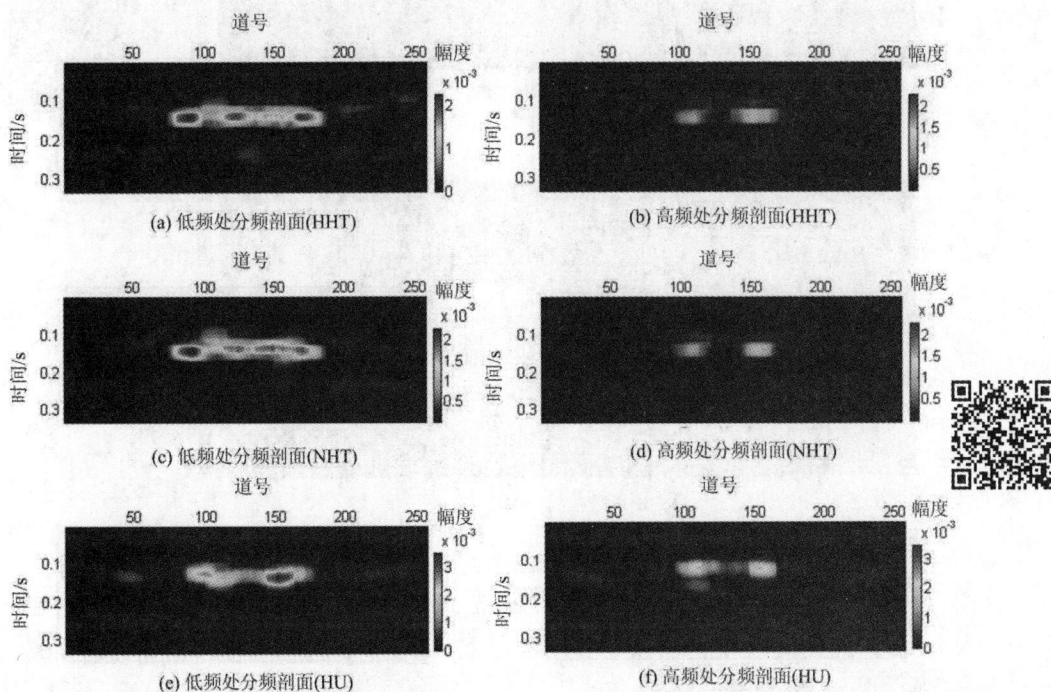

(a) 低频处分频剖面(HHT)

(b) 高频处分频剖面(HHT)

(c) 低频处分频剖面(NHT)

(d) 高频处分频剖面(NHT)

(e) 低频处分频剖面(HU)

(f) 高频处分频剖面(HU)

图 3-3-7　模型的瞬时频谱分解(低频为 30 Hz，高频为 42 Hz)

从图 3-3-7 中可以看出，三种方法都可以检测含气储层，含气储层具有较强的能量。在低频的分频剖面中(见图(a)、(c)和(e))，可以看到在储层位置有较强的能量，对应图中表现为红色能量团；但是，在高频的分频剖面中(见图(b)、(d)和(f))，储层能量减弱。

对该模型提取对应的地层吸收剖面，结果如图 3-3-8 所示。

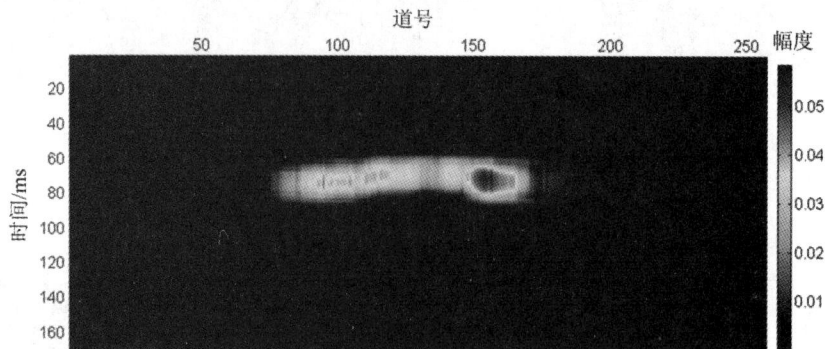

(a) 地层吸收剖面(HHT)

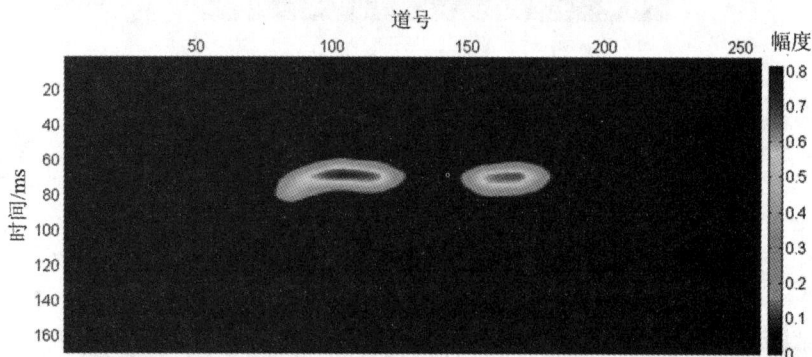

(b) 地层吸收剖面(NHT)

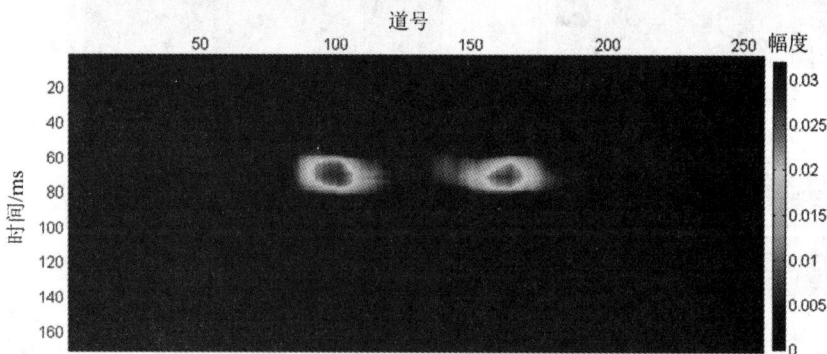

(c) 地层吸收剖面(HU)

图 3-3-8　模型的地层吸收剖面

从图 3-3-8 中可以看出，三种方法都可以检测含气储层。含气储层具有较强的能量，对应图中表现为黄色到红色能量团(见图 3-3-8(a～c))。综合图 3-3-7 和图 3-3-8 可以看出，地层吸收剖面和瞬时谱分析的结果一致。

由以上分析认为，基于经验模态分解的谱分解方法进行储层预测是可行的，通过"高频能量衰减，低频能量增加"的特征可以体现含气层特征；通过"高频能量衰减，低频能量增加"的特征计算的地层吸收剖面可以体现含气层特征。在实际应用中应尽可能地利用已知井或地质等资料进行标定，寻求最佳的储层预测方案。下面，进一步利用蓬莱×××组井区的地震资料检测该项目研究中提出的储层预测方法。

2. 实际地震资料处理

为了进一步验证引入 NHT、HU 方法进行烃类检测的有效性以及对比 HHT、NHT 及 HU 这三种方法，这里，我们利用××气田的一个二维叠后偏移地震数据进行分析。该气田主要是海相碳酸盐岩储层，储集空间是典型的低孔、低渗、低丰度岩性圈闭气藏。因此，储层预测和含气性检测更加困难。研究的目标区域见图 3-3-8(a)的黑色椭圆所示。该二维地震剖面包含一个产气井 A，该井的无阻流量为 $34.9133 \times 10^4 \, \mathrm{m}^3/\mathrm{d}$。该数据采样频率为 1000 Hz。

1) 三种方法的瞬时属性对比分析

首先，从原始地震剖面中提取一条地震道分析这三种方法的差异。这里，我们选取过井道 CDP409 的叠后地震道数据，该地震道信号及其 EMD 分解结果如图 3-3-9 所示。经过 EMD 分解，该地震道信号被分解为 5 个 IMF 信号和一个剩余项(残差)。表 3-3-2 所示为该地震道各个 IMF 分量与原始地震道的相关性分析，从该表中可以看出，第一个到第三个 IMF 分量(IMF1～IMF3)与原始地震道存在强相关性。因此，在后面的二维地震剖面分析中，我们主要关注前三个 IMF 分量。

表 3-3-2　CDP409 地震道及其 IMF 分量的相关性分析

IMF 分量	IMF1	IMF2	IMF3	IMF4	IMF5	IMF6
相关系数	0.3569	0.8911	0.3049	−0.0208	−0.0106	−0.0063

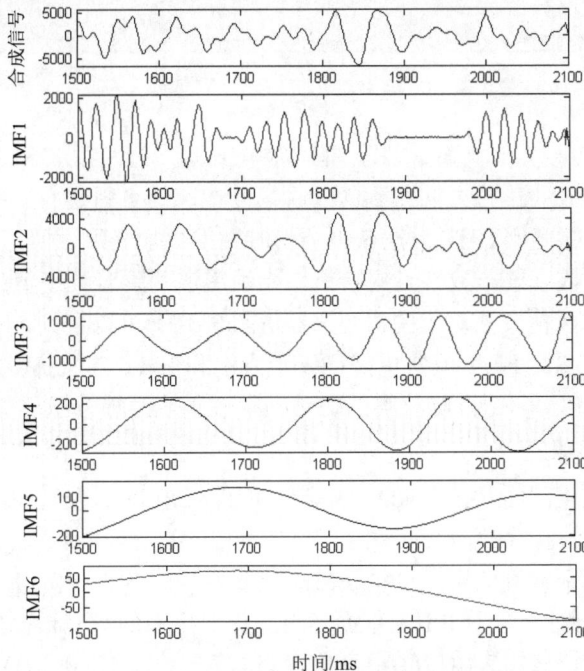

图 3-3-9　CDP409 地震道及其 EMD 分解结果

这里，以相关性最强的第二个 IMF 分量(IMF2)进行对比，分析 HHT、NHT 和 HU 方法提取的瞬时幅度和瞬时频率。瞬时幅度和瞬时频率对比图如图 3-3-10 和图 3-3-11 所示。其中，瞬时频率采用了归一化的瞬时频率进行对比。

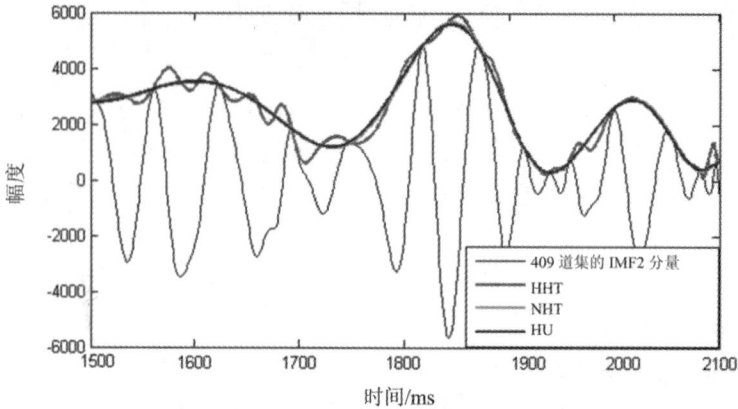

图 3-3-10　瞬时幅度对比图

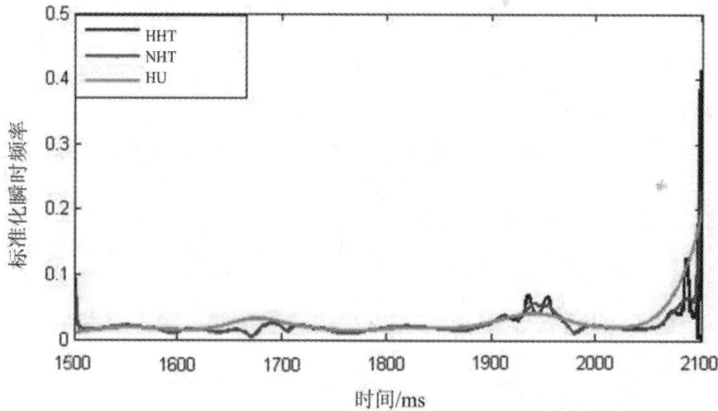

图 3-3-11　瞬时频率对比图

从图 3-3-10 可以看出，三种方法得到的瞬时幅度在起始点附近有一些差异。NHT 方法和 HU 方法获得的瞬时幅度比 HHT 方法获得的瞬时幅度更加光滑，并且几乎所有的由 NHT 和 HU 方法获得的瞬时幅度值一致并且更接近原始地震道的瞬时幅度值；HHT 方法获得的瞬时幅度在末端比其他两种方法对应的值更大。从图 3-3-11 可以看到，NHT 方法和 HU 方法获得的瞬时频率在末端比 HHT 方法更好；NHT 方法和 HHT 方法获得的大部分的瞬时频率的前段有较好的一致性；HU 方法获得的瞬时频率较其他两种方法更加平滑。

2) 含气性检测和结果分析

该原始二维叠合地震剖面及其 EMD 分解产生的前三个 IMF 分量如图 3-3-12 所示。

从图 3-3-12 可以看到，在原始剖面中(见图 3-3-12(a))，椭圆所示目标区域和它周围的幅值差异不大，很难识别含气储层。经过 EMD 分解后，图 3-3-12(b)所示为原始剖面的第一个 IMF 分量(IMF1)剖面。由于 IMF1 剖面是首先提取出来的具有最高频率的分量，因此它包含了一些高斯噪声。从图 3-3-12(c)中可以看到，第二个 IMF 分量(IMF2)剖面突出了原始地震剖面中的主要反射层，相对原始剖面包含了更少的干扰，目标区(黑色椭圆)清晰并且它的幅值与周围幅值的差异清晰。随着尺度的加大，IMF3 分量剖面中主要反射层逐渐变得模糊，并且它们的反射能量减弱(见图 3-3-12(d))。因此，我们可以认为 IMF2 分量剖面能更好地表征储层的分布，含气储层的信息主要体现在 IMF2 分量剖面中。也因此，对于含气性检测，我们只考虑 IMF2 剖面。图 3-3-13 所示为第二个 IMF 分量剖面的 Hilbert 谱，从图中可以看出，频率范围主要分布在 12～30 Hz，强能量在时间上主要分布在 1800～1900 ms，时间域的强能量分布与储层位置一致。

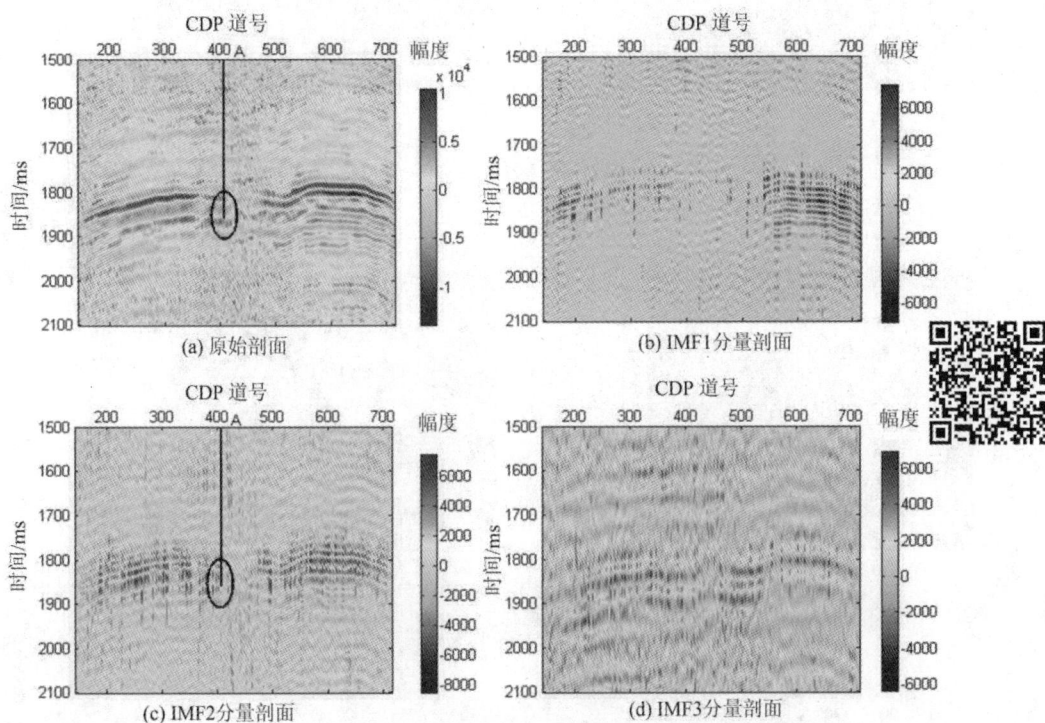

图 3-3-12　二维地震剖面及其 EMD 分解的前三个 IMF 分量

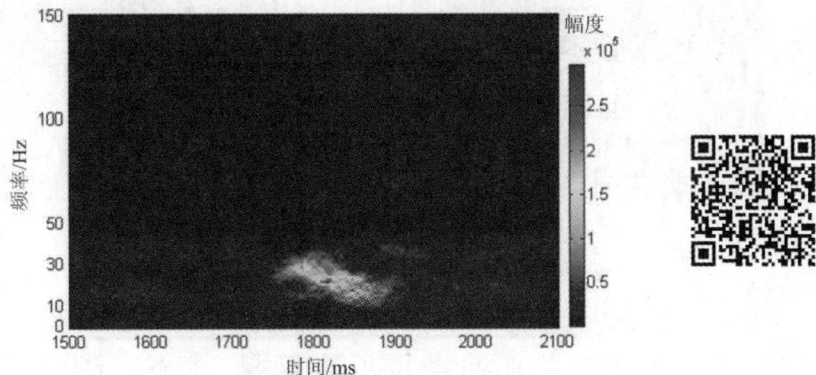

图 3-3-13　IMF2 剖面的 HHT 时频谱

利用 HHT、NHT 和 HU 方法提取的 IMF2 分量剖面的 12～15 Hz 和 25～30 Hz 的分频剖面分别如图 3-3-14～图 3-3-16 所示。

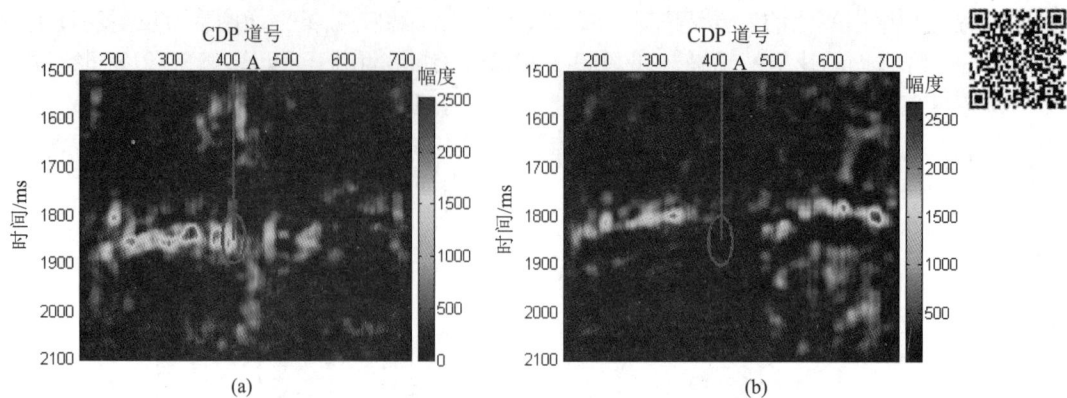

图 3-3-14　利用 HHT 方法提取的分频剖面

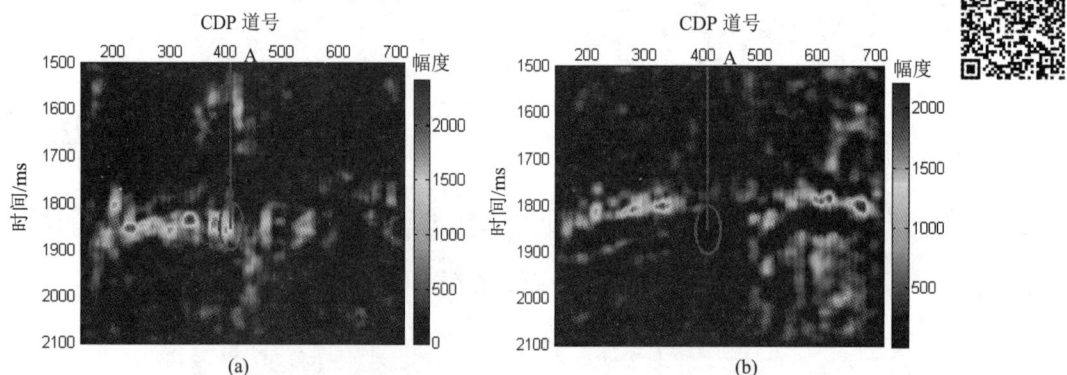

图 3-3-15　利用 NHT 方法提取的分频剖面

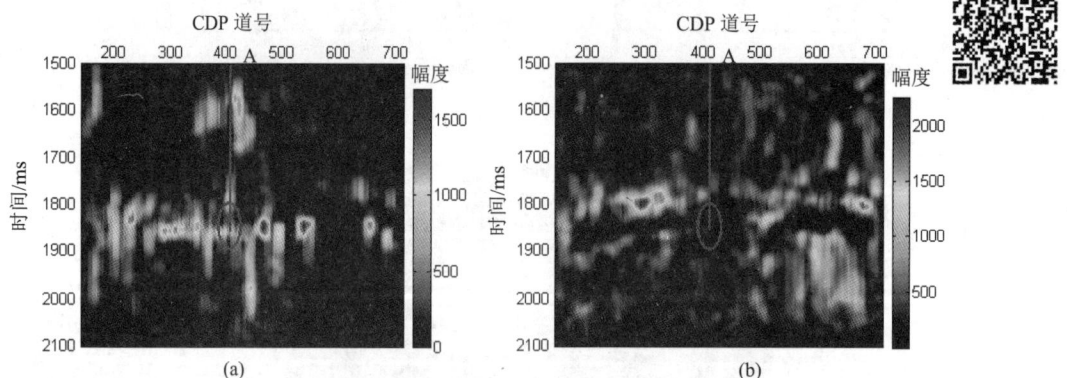

图 3-3-16　利用 HU 方法提取的分频剖面

从不同分频剖面的能量分布图中可以看到，在 12～15 Hz 的低频分频剖面中，目标区域(红色椭圆)存在强能量，而在 25～30 Hz 的高频分频剖面中，目标区域中能量明显吸收。图 3-3-14～图 3-3-16 说明三种基于 EMD 的方法对于××气田都有一定的烃类检测能力。图 3-3-17 所示为基于 HHT、NHT、HU 三种方法计算的地层吸收剖面，从图中可以看出，在井位置所示含气区域都存在较强能量。同时我们也可以发现，使用 HHT 方法和 NHT 方法获得的目标区域的能量比 HHT 方法获得的能量较大；这主要由这三种方法的分解过程造成的。我们同样可以从单条地震道(如 CDP409 地震道)观察到这些频率差异。图 3-3-16 和图 3-3-17 同时表明，地层吸收剖面分析与分频剖面分析结果一致，三种方法都具有一定的烃类检测能力。

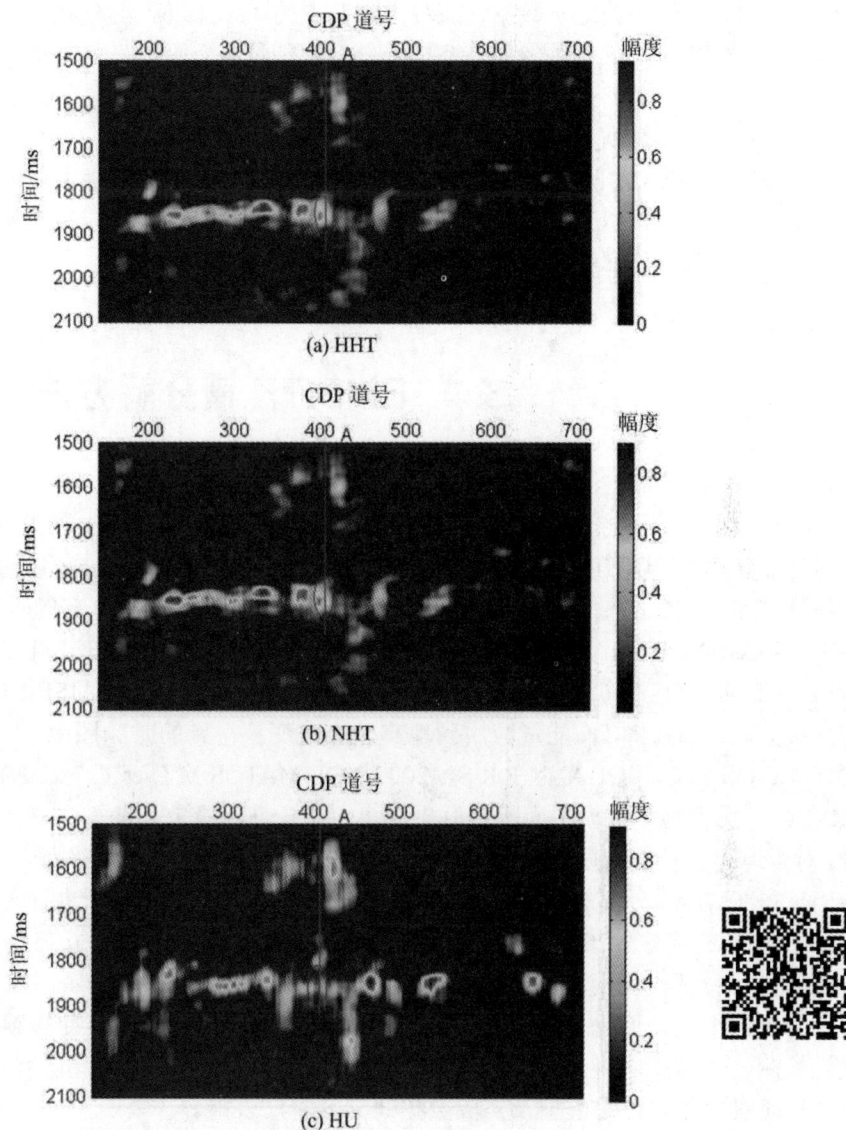

图 3-3-17　地层吸收剖面

通过上面的模型测试和实际资料应用，我们可以得到以下结论：

(1) 这三种方法都适合处理海量的地震信号。HHT 方法的执行时间最短，HU 方法的执行时间最长。对于××气田地震数据来说，NHT 方法和 HU 方法获得的瞬时幅度和瞬时频率比 HHT 方法较好，NHT 方法和 HU 方法的端点偏离比 HHT 方法较小。综合考虑各个方面，我们认为对于××气田的地震数据来说，NHT 方法比其他两个方法具有更好的效果。

(2) 经过 EMD 分解，地震信号被分解为从高频到低频的一系列 IMF 分量。在实际应用中，我们需要确定哪一个 IMF 分量更好地揭示了主要反射层的特征、储层的特征，更好地体现了气层的信息。对于××气田的地震数据来说，IMF2 剖面比其他 IMF 剖面更好地体现了含气层的特征。

(3) 模型分析表明这三种基于 EMD 的方法都适用于××气田并且可以很好地检测到含气储层。对于该气田的地震数据，三种方法获得的 12～15 Hz 的分频剖面和 25～30 Hz 的分频剖面都体现了"低频强能量，高频弱能量或能量完全吸收"的特征。这表明三种方法对于烃类检测都有效。正如我们从单条 CDP409 地震道中分析中看到的一样，NHT 方法对于××气田的地震数据效果最好。

(4) 模型分析和实际地震数据处理表明，地层吸收剖面与瞬时谱分析所得的分频剖面分析的结果一致，可以更有效、更直观地检测储层含气层。同时，采用地层吸收剖面提取的属性更易于与其他属性相互融合，可以综合反映储层特性。

3.4 EMD/TK 谱分解方法

EMD/TK 谱分解方法是基于改善 HHT 方法中 Hilbert 谱分析中存在的限制而研究的一种新的谱分解方法(XUE Y J，2014a；薛雅娟，2014)。TK 能量算法可以估计单频信号局域非线性能量。TK 能量分离算法已被证实具有比 Hilbert 变换更高的时间分辨率等优点(POTAMIANOS A，MARAGOS P，1994)，并且在语音信号处理以及机械故障诊断等中有应用。DE MATOS M C 等(2007)通过研究，证实地震波能量与 KAISER J F 建立的物理模型直接关联，并且将 TK 能量应用到地震波小波变换得到的时频图中，即 WAVE TK 方法(DE MATOS M C，JOHANN P R S，2007；DE MATOS M C et al.，2009)。这里，我们将TK 能量应用到地震数据中而不是时频图上。由于 TK 能量分离算法只能适用于单分量信号，对于地震信号不能直接应用，而 EMD 方法可以将地震信号分解为一系列单分量信号，从而使得 TK 能量分离算法能够适用。联合 EMD 和 TK 能量算子进行时频分析的方法首次被 HUANG 等人于 2009 年进行了论证(HUANG N E et al.，2009)，该方法能够较好地表征瞬时参数特征，瞬变跟踪能力强，对于较短的地震数据提取的瞬时属性，较常规复地震道分析法更佳，而且计算速度更快。因此，这里将其引入地震勘探领域，用于储层含气性检测。在这里，将详细论述 EMD/TK 谱分解方法进行储层含气性检测的理论基础及方法思路等，结合理论模型及实际数据研究该算法性能。

3.4.1 EMD/TK 谱分解算法

1. 基于 EMD/TK 提取地震属性参数

TK 能量算子是基于牛顿动力学定律提出的一种只利用差分运算计算瞬时频率的非线性算子。能量算子最明显的优势是良好的局域特性，这是基于差分运算的结果带来的特性。它利用最近的五个邻近点来估计中心点的频率，不包含类似 Hilbert 变换或 Fourier 变换中含有的积分变换。TK 算子还具有其他一些的特性，如简单性，有效性，具有跟踪瞬时变化的特殊模式的能力等(HAMILA R et al.，2000)。

该算法基于具有以下形式的信号：

$$x(t) = a \cos\omega t \tag{3-4-1}$$

然后，能量算子 ψ 定义为

$$\psi(x) = [\dot{x}(t)^2] - x(t)\ddot{x}(t) \tag{3-4-2}$$

其中，$\dot{x}(t)$ 表示 $x(t)$ 关于时间的一阶差分，$\ddot{x}(t)$ 表示 $x(t)$ 关于时间的二阶差分。

对于式(3-4-1)中具有长振幅和频率的简单信号，有

$$\psi(x) = a^2(t)\omega^2(t) \tag{3-4-3}$$

$$\psi(\dot{x}) = a^2(t)\omega^4(t) \tag{3-4-4}$$

式(3-4-3)和式(3-4-4)通过简单的运算，可以得到

$$\omega = \sqrt{\frac{\psi(\dot{x})}{\psi(x)}} \tag{3-4-5}$$

$$a = \frac{\psi(x)}{\sqrt{\psi(\dot{x})}} \tag{3-4-6}$$

从式(3-4-5)和式(3-4-6)可以看到，幅度和频率取决于 $\psi(x)$ 和 $\psi(\dot{x})$。

TK 能量算子被 KAISER J F(1990)和 MARAGOS P 等(1993a, b)拓展应用到幅度和频率都是时间的函数的 AM-FM 信号中。

对于一个离散的具有时变幅度 $a(n)$ 和时变相位 $\phi(n)$ 的 AM-FM 信号，通常具有以下的表达式：

$$x(n) = a(n) \cos[\phi(n)] \tag{3-4-7}$$

对式(3-4-7)定义非线性信号算子 ψ_d：

$$\psi_d(x(n)) = x^2(n) - x(n-1)x(n+1) \tag{3-4-8}$$

TK 能量算子可用于将单分量的 AM-FM 信号 $x(n)$ 分离成瞬时频率信号 $f(n)$ 和瞬时幅度信号 $|a(n)|$ (MARAGOS P, et al., 1992; MARAGOS P, et al., 1993a,b)。通过三点对称差分运算，我们可以获得 AM-FM 信号的瞬时幅度和瞬时频率(MARAGOS P et al.,1992; MARAGOS P et al., 1993a,b)，即

$$\omega(n) \approx \frac{\arccos\left\{1 - \dfrac{\psi_d\left[x(n+1) - x(n-1)\right]}{2\psi_d\left[x(n)\right]}\right\}}{2} \tag{3-4-9}$$

$$|a(n)| \approx \frac{2\psi_d\left[x(n)\right]}{\sqrt{\psi_d\left[x(n+1) - x(n-1)\right]}} \tag{3-4-10}$$

对于 AM-FM 信号，我们可以发现，能量分离法(ESA)只能提供一个近似。从频率和幅度的定义中可以看到算法只适应于单分量函数。此外，当幅度是一个时变函数或者波形具

有波内调制、谐波失真之时，ESA 提供的近似估计将变差甚至失效(HUANG N E et al.，2009)。

在没有一个有效的分解方法可以应用之前，ESA 只能应用于傅里叶带通信号。非线性造成的波形失真带来的困难根本不能评价。通过使用 EMD 产生 IMF 分量，HUANG 等人首次尝试了将 TK 算子用于非平稳和非线性数据(HUANG N E et al.，2009)。他们发现，联合 EMD 和 TK 算子的方法对于非线性波形失真造成的缺点和失效是一个比较好的解决办法，并且 EMD 使得 TK 算子可以很好地应用于非平稳信号的分析中。

作为一个例子，这里，利用以下的模拟信号进行检验：

$$x(t) = 5\cos\frac{\pi t}{100}\cos(3\pi t) + \sin\frac{\pi t^2}{6} \tag{3-4-11}$$

其中，$t \in [0, 200/10]$。

EMD 首先被应用于仿真信号。仿真信号及其 EMD 分解后得到的两个 IMF 分量(IMF1 和 IMF2)，如图 3-4-1 所示。图 3-4-2 所示为对每一个 IMF 信号利用能量分离算法计算的瞬时幅度和瞬时频率。图 3-4-3 所示为对每一个 IMF 信号利用 Hilbert 变换计算的瞬时幅度和瞬时频率。从图 3-4-3 可见，利用 Hilbert 变换计算的瞬时属性可以看到明显的端点效应。由于 Hilbert 变换不可避免窗口效应，因此计算的瞬时属性具有非瞬时响应特性。如图 3-4-3 所示，在最终的属性信号两端以及突变点的中间部分产生调制。幅度按指数规律衰减，这将导致调制误差增大。由此可知，能量分离算法比 Hilbert 变换更具优越性。

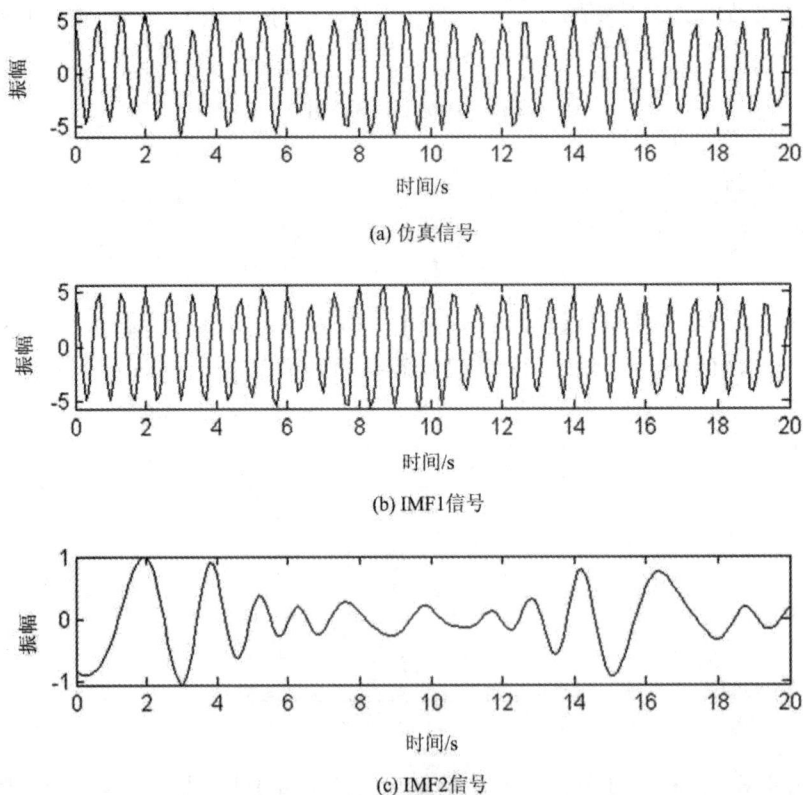

(a) 仿真信号

(b) IMF1信号

(c) IMF2信号

图 3-4-1   仿真信号及其 EMD 分解结果

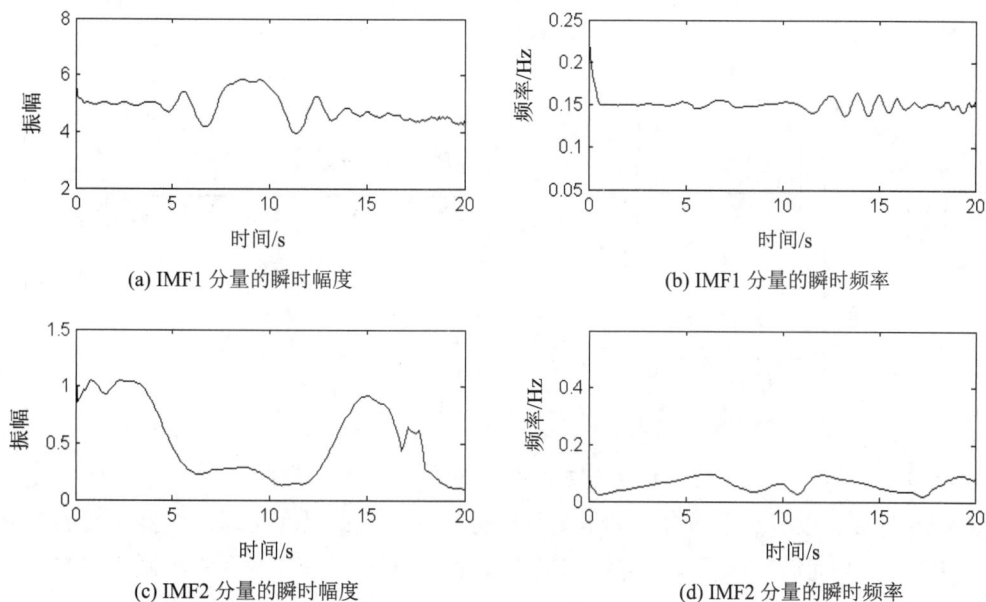

(a) IMF1 分量的瞬时幅度

(b) IMF1 分量的瞬时频率

(c) IMF2 分量的瞬时幅度

(d) IMF2 分量的瞬时频率

图 3-4-2　EMD/TK 方法提取的瞬时属性

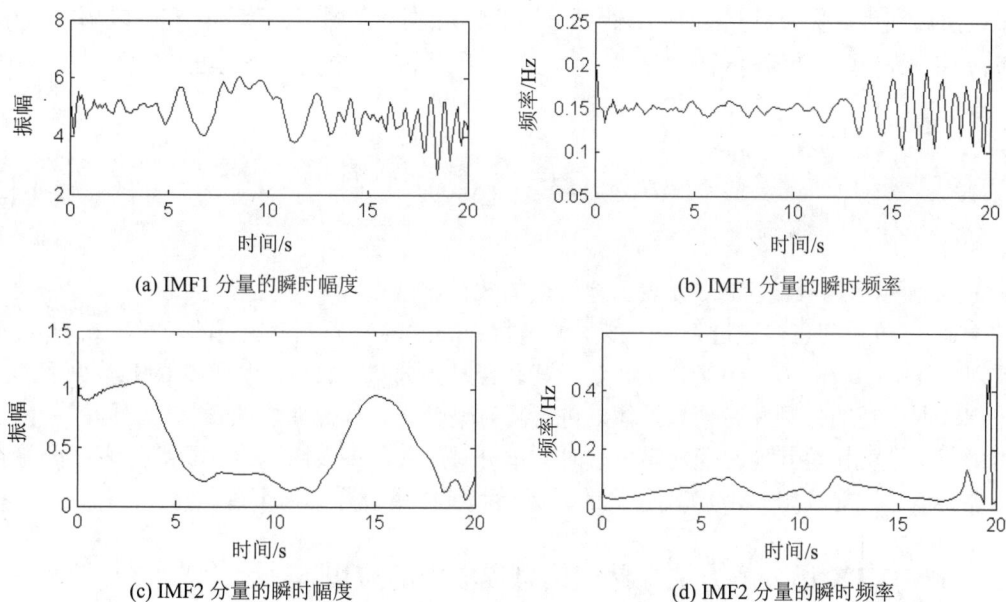

(a) IMF1 分量的瞬时幅度

(b) IMF1 分量的瞬时频率

(c) IMF2 分量的瞬时幅度

(d) IMF2 分量的瞬时频率

图 3-4-3　Hilbert 方法提取的瞬时属性

　　地震信号作为非平稳和非线性信号，具有多个频率成分，这决定了单独的能量分离算法应用于地震信号时将失效。从而，我们需要引入 EMD 方法，将 EMD 方法联合能量分离算法(即 EMD/TK 方法)来处理地震信号。这里，我们将 EMD/TK 算法拓展作为一种谱分解方法用于储层含气性检测。

2. 基于 EMD/TK 的谱分解算法

　　基于 EMD/TK 的谱分解算法流程图如图 3-4-4 所示。

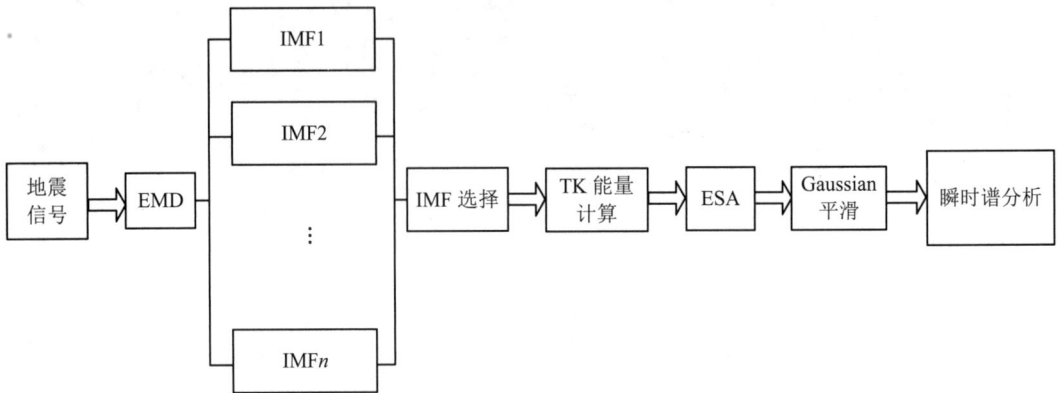

图 3-4-4　基于 EMD/TK 的谱分解算法流程图

　　EMD 方法可以将一个多分量的地震信号分解为一系列具有带通滤波器特性的单分量 AM-FM 信号，从而满足能量分离算法的适用条件。这里，首先对地震信号进行 EMD 处理，经过 EMD 分解后，原始信号中的烃类信息将主要反映在一个或几个 IMF 分量数据体中。选择合适的反映储层信息最多的 IMF 分量数据体进行分析。对选择的 IMF 分量计算其 TK 能量，然后利用能量分离算法(ESA)计算出该 IMF 数据体的瞬时频率 $\omega(t)$ 和瞬时幅度 $a(t)$，这里，由于瞬时幅度和瞬时频率都是时间的函数，因此，可以定义一个三维空间 $[t, \omega(t), a(t)]$。

　　令

$$H(\omega, t) = \mathrm{Re}\left\{ \sum_{i=1}^{n} a_i(t) \mathrm{e}^{\mathrm{i}\int \omega_i(t)\mathrm{d}t} \right\} \tag{3-4-12}$$

其中，Re 表示取结果的实部，n 表示地震道的数目。

　　于是，三维空间可以通过将两个变量的函数 $H(\omega, t)$ 转变成三个变量的函数 $[t, \omega, H(\omega, t)]$ 来实现，其中，$a(t) = H[\omega(t), t]$，从而获得其联合时频分布。然后，根据该 IMF 数据体的频率范围选取合适的低频和高频数据体，进行瞬时谱分析，检测储层的含气性。同样，为了获得类似小波变换等其他常规地震信号时频谱分解的时频图及瞬时谱，更好地表征分量特性及烃类信息，对利用 EMD/TK 得到的时频谱和瞬时谱进行高斯平滑。

3.4.2　EMD/TK 谱分解方法在储层信息提取中的应用

1. 模型测试

　　为了验证 EMD/TK 方法烃类检测的有效性，采用表 3-3-1 的岩石属性，利用弥散黏滞方程建立模型。其中，含气层④的厚度分别设置为 30 m 和 75 m，子波频率为 40 Hz，采样频率为 512 Hz。

　　经过 EMD 分解后，IMF2 分量主要体现了原始地震信号含气层更多的特征信息。因此，利用 IMF2 数据体进行后续的谱分解分析。不同含气层厚度的地质模型和地震响应及对 IMF2 数据体使用 EMD/TK 方法的处理结果分别如图 3-4-5 和图 3-4-6 所示。

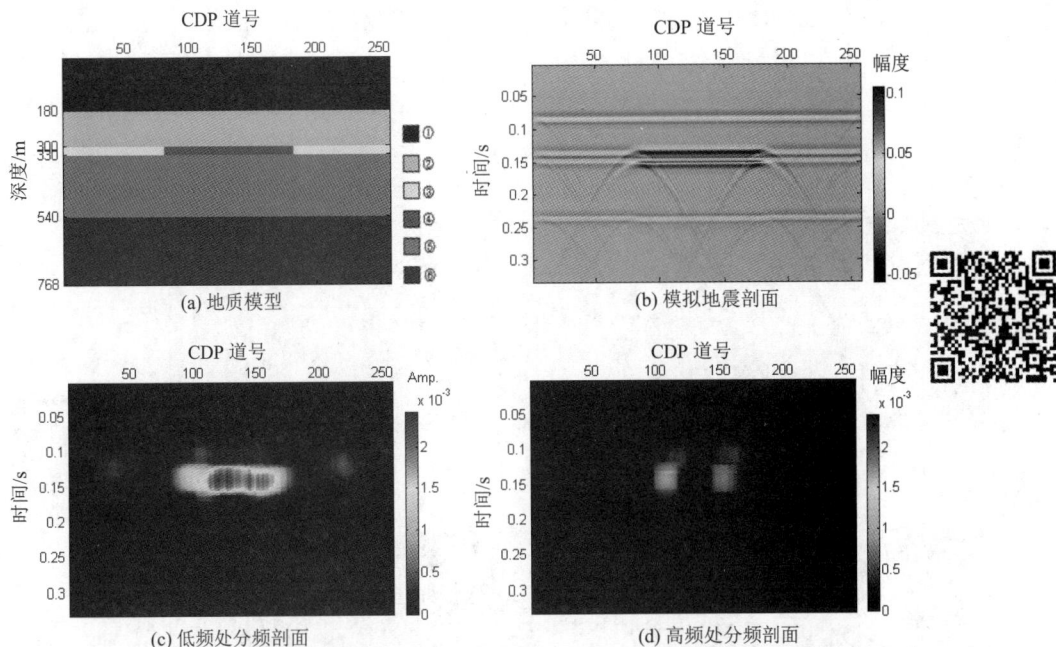

图 3-4-5　含气层厚 30 m 的模型瞬时频谱分解

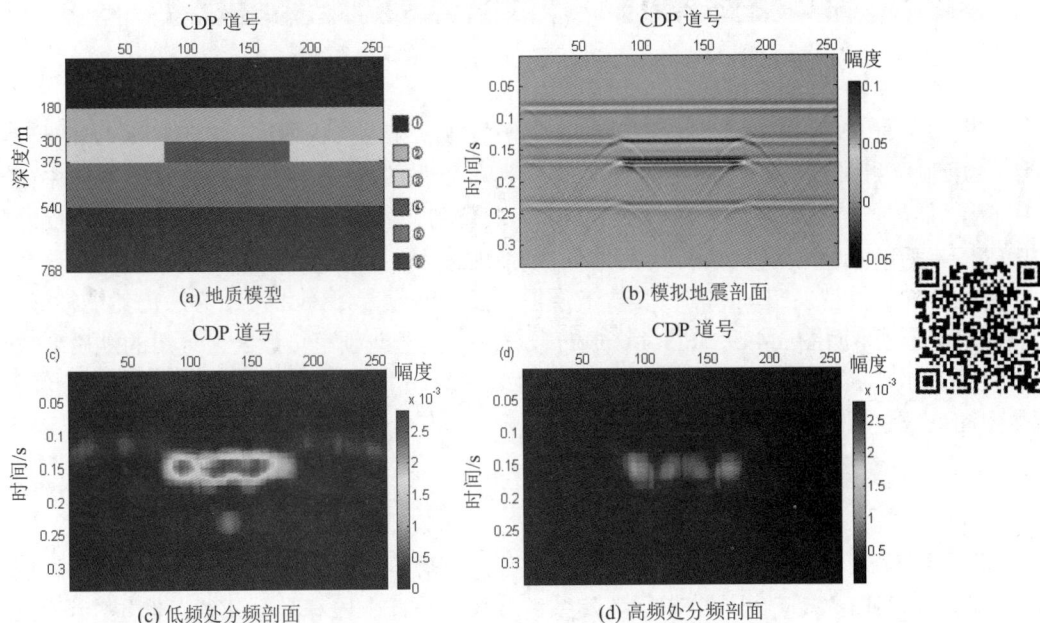

图 3-4-6　含气层厚 75 m 的模型瞬时频谱分解

从图 3-4-5 中可以看出，EMD/TK 方法可以检测出含气储层。含气储层具有较强的能量(见图 3-4-5(c)、(d))。在低频的分频剖面中(见图 3-4-5(c))，可以看到在储层位置有较强的能量，对应图中表现为红色的能量团；但是，在高频的分频剖面中(见图 3-4-5(d))，储层能量减弱，表现出"低频强能量，高频弱能量"的特征。

改变含气层厚度后，如图 3-4-6 所示，EMD/TK 方法仍然可以很好地检测出含气储层。

图 3-4-6(c)、(d)仍然很好地体现出"低频强能量，高频弱能量"的特征。

进一步，改变含气层厚度和子波频率，将子波频率改变为 60 Hz，含气层厚度改变为 60 m，地质模型和地震响应及对 IMF2 数据体使用 EMD/TK 方法的处理结果如图 3-4-7 所示。

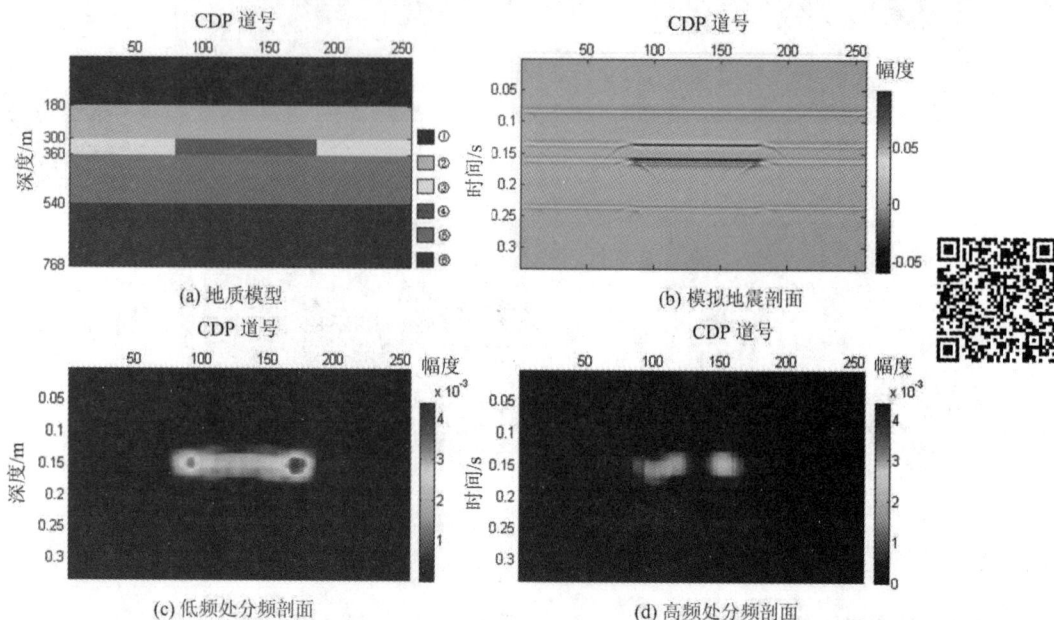

(a) 地质模型

(b) 模拟地震剖面

(c) 低频处分频剖面

(d) 高频处分频剖面

图 3-4-7 含气层厚 60 m、子波频率 60 Hz 的模型瞬时频谱分解

从图 3-4-7(c)、(d)可以看到，即使改变了子波频率和含气层厚度，EMD/TK 方法仍然可以很好地检测出含气层；同样，含气储层具有较强的能量。在低频的分频剖面中(图 3-4-7(c))，储层位置有较强的能量，图中表现为黄色到红色能量团；但是，在高频的分频剖面中(图 3-4-7(d))，储层能量减弱，表现出"低频强能量，高频弱能量"的特征。

通过上面的模型表明，即使改变含气层厚度及子波频率，EMD/TK 方法仍然能很好地检测含气层厚度。而图 3-4-5、图 3-4-6 中的岩石参数及子波频率接近××气田的地质参数，也表明了 EMD/TK 方法对于××气田的适用性。下面，进一步地，利用××气田的二维叠后数据和三维叠后数据进行烃类检测验证和分析。

2. 实际地震资料处理

1) 地震数据

利用鄂尔多斯盆地东部××气田的宽带叠后偏移数据进行分析。该气田主要是海相碳酸盐岩储层。气田主要产气层分布于奥陶系×××组马五 1 段和马五 4 段，储层空间由岩溶孔隙、裂缝、溶洞组成，属于典型的低孔隙度、低渗透率和低丰度岩性含气储层圈闭。这里，主要分析其中的马五 4 段，其孔隙度范围为 0.22%～15.91%，平均孔隙度约为 4%，平均渗透率为 1.518×10^{-3} μm^2。

首先，从该地区三维数据中提取一条过井测线(inline 77)进行分析。该数据(inline 77)的地震剖面的图形如图 3-4-10(a)所示。图中黑色曲线代表层位。储层在层位下方。研究区域如图中黑色椭圆所示。该二维剖面含有一口高产气井 A，该井的无通流量为 34.9133×10^4 m^3/d。

该地震数据时间采样率为 1 ms。然后，将 EMD/TK 方法应用于三维数据。在整个三维数据中，包含三口产气井：井 A、井 B 和井 C。井 B 的无通流量为 $25 \times 10^4 \, \text{m}^3/\text{d}$，井 C 的无通流量为 $46.6567 \times 10^4 \, \text{m}^3/\text{d}$。可以看到，这三口井中，井 C 含气量最大，井 A 含气量次之，井 B 最少。

2) EMD/TK 方法应用结果及讨论

(1) EMD/TK 方法应用结果。

三条地震道及其 EMD 分解结果如图 3-4-8 所示。其中，CDP409 地震道过井 A。三条地震道及其产生的 6 个 IMF 分量的相关性分析如表 3-4-1 所示。

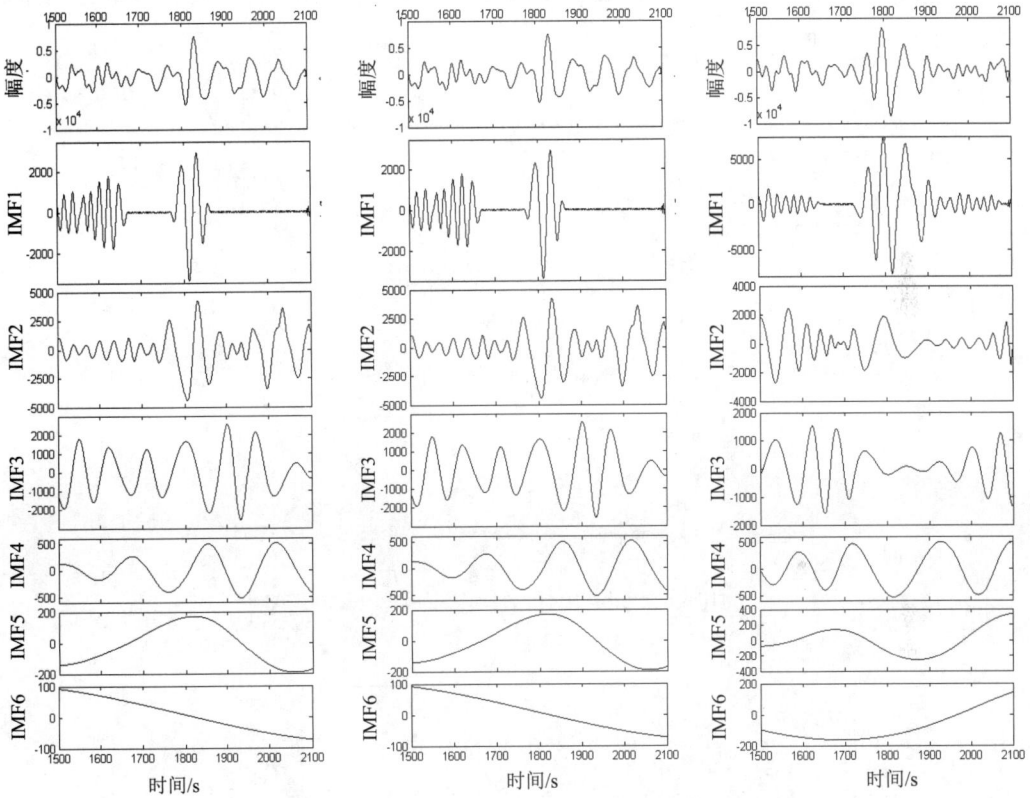

(a) CDP 242地震道及其EMD分解结果　　(b) CDP 409地震道及其EMD分解结果　　(c) CDP 542地震道及其EMD分解结果

图 3-4-8　三条地震道及其 EMD 分解结果

表 3-4-1　三条地震道及其 IMF 分量的相关性分析

地震道名称	IMF 分量相关系数					
	IMF1	IMF2	IMF3	IMF4	IMF5	IMF6
CDP 242	0.5065	0.7457	0.5035	0.0153	0.0291	−0.0238
CDP 409	0.3569	0.8911	0.3049	−0.0208	−0.0106	−0.0063
CDP 542	0.8818	0.3000	0.1944	0.0648	0.0383	0.0400

以 CDP409 地震道 IMF2 分量为例，对比利用 Hilbert 变换和 TK 能量分离法提取的瞬时幅度和瞬时频率。图 3-4-9(a)、(b)所示为 Hilbert 变换计算的 CDP409 地震道 IMF2 分量

的瞬时属性，图 3-4-9(c)、(d)所示为 TK 能量分离法(ESA)计算的 CDP409 地震道 IMF2 分量的瞬时属性。从图 3-4-9(a)、(c)中局部放大图中可以看到，Hilbert 变换计算的瞬时幅度和瞬时频率存在明显的端点效应。Hilbert 变换提取的瞬时属性由于窗口效应表现出明显的非瞬时响应特征。能量分离法在瞬时幅度和瞬时频率的前、中和后段都显示出了较好的瞬时自适应特性。然后，EMD 方法应用于整个二维剖面。二维剖面产生的前三个 IMF 分量剖面如图 3-4-10(b)、(c)和(d)所示。图 3-4-11 所示为 IMF2 剖面利用 EMD/TK 方法产生的时频图。图 3-4-12 所示为 IMF2 分量剖面的低频(14～18 Hz，见图 3-4-12(a))和高频(26～30 Hz，见图 3-4-12(b))分频剖面。(另外，图 3-4-18 所示为过井 A、井 B 和井 C 三口井的过井地震道及它们相应的基于 EMD/TK 的时频图。气田马五 4 段沿层的分频切片如图 3-4-19 所示。)

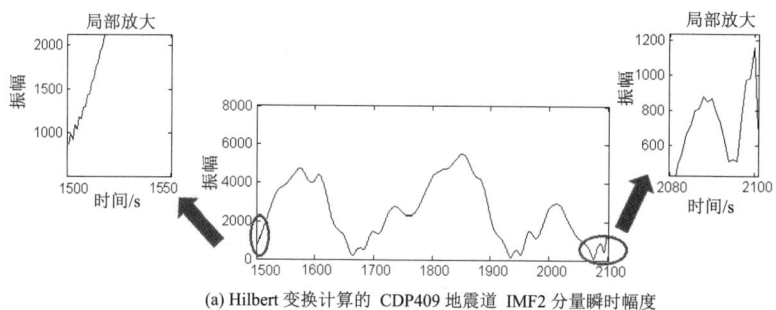

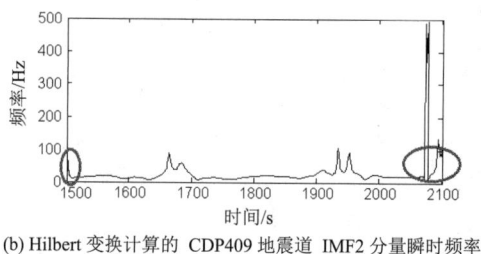

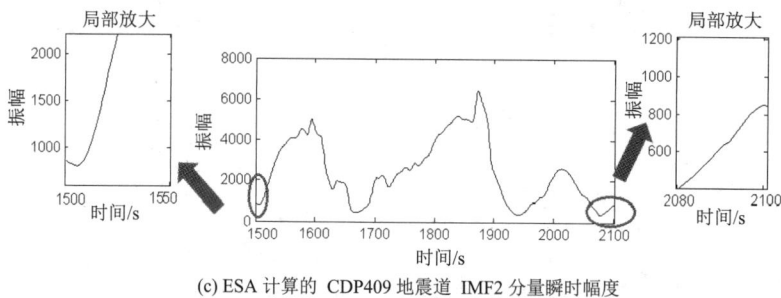

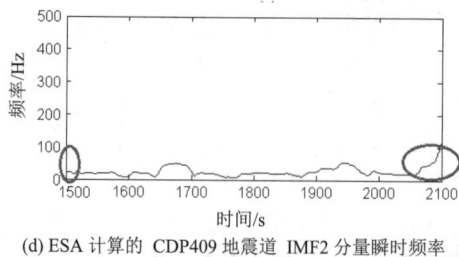

(a) Hilbert 变换计算的 CDP409 地震道 IMF2 分量瞬时幅度

(b) Hilbert 变换计算的 CDP409 地震道 IMF2 分量瞬时频率

(c) ESA 计算的 CDP409 地震道 IMF2 分量瞬时幅度

(d) ESA 计算的 CDP409 地震道 IMF2 分量瞬时频率

图 3-4-9　分别利用 Hilbert 变换和 ESA 提取 CDP409 地震道 IMF2 分量瞬时属性

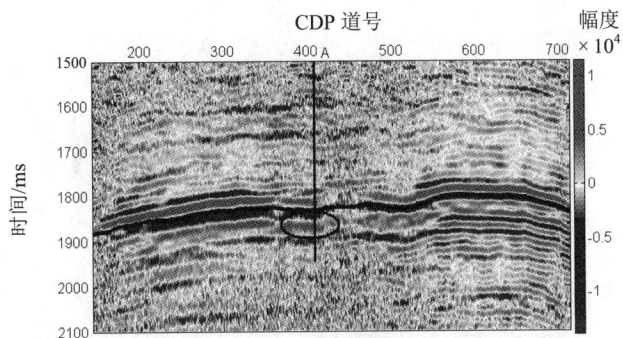

(a) 原始地震剖面

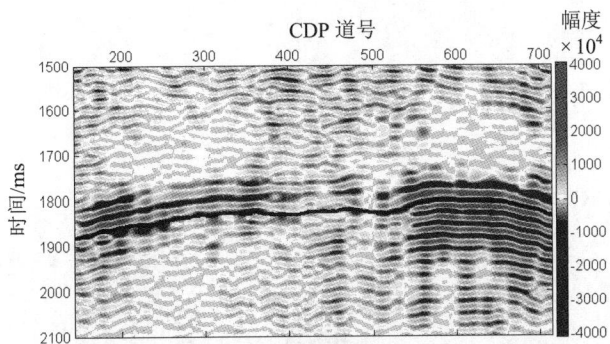

(b) IMF1 分量剖面

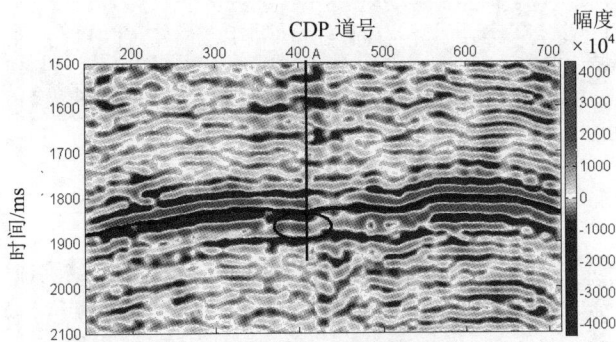

(c) IMF2 分量剖面

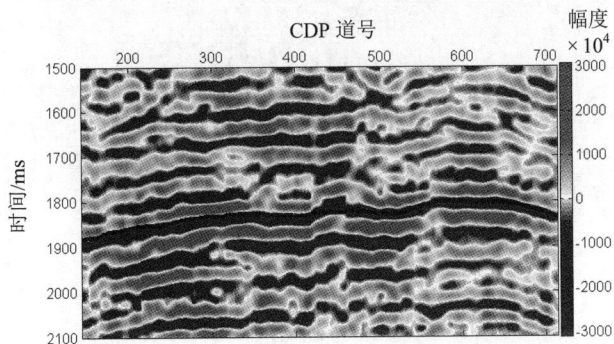

(d) IMF3 分量剖面

图 3-4-10　二维地震剖面(inline77)及其 EMD 分解结果

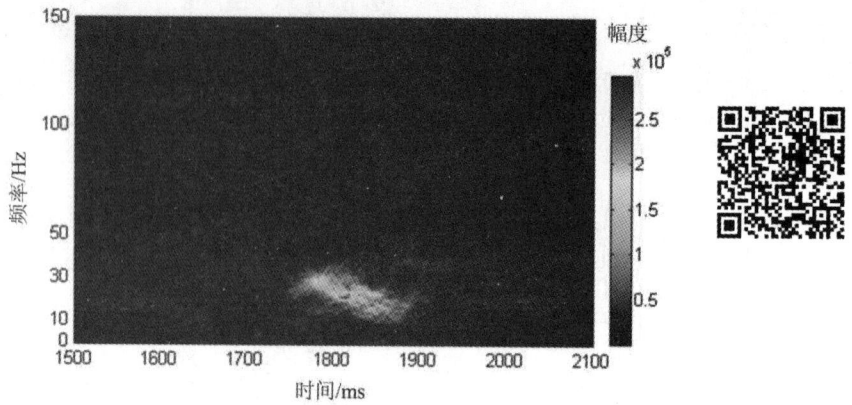

图 3-4-11　IMF2 分量剖面的 Hilbert 谱

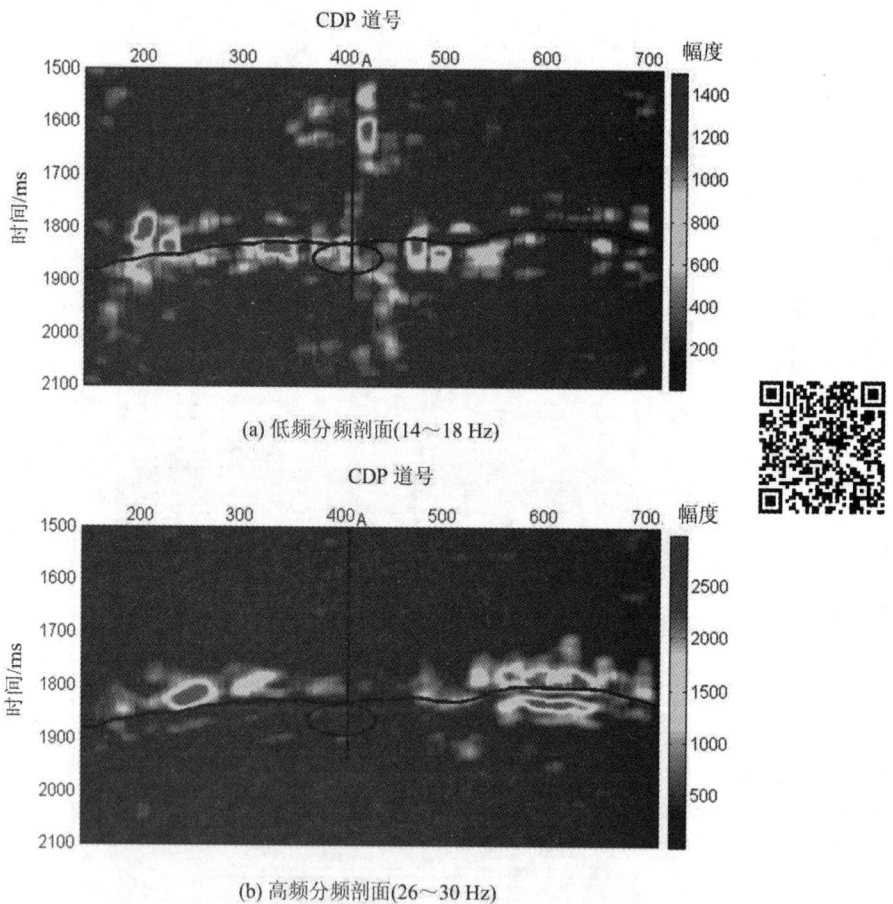

(a) 低频分频剖面(14～18 Hz)

(b) 高频分频剖面(26～30 Hz)

图 3-4-12　IMF2 分量剖面的分频剖面

(2) 其他时频分析方法应用结果。

对二维剖面(inline77)分别应用 STFT、S 变换、小波变换及 WAVE TK 方法、WVD 和 HHT 方法进行谱分解提取的分频剖面，结果分别如图 3-4-13～图 3-4-17 所示。

CDP 道号

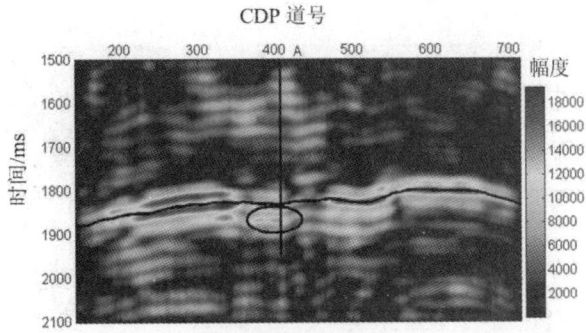

(a) 低频分频剖面(16Hz)

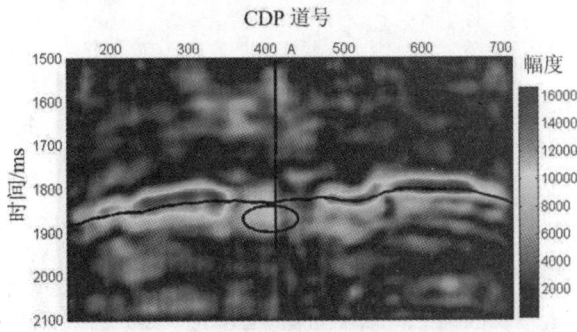

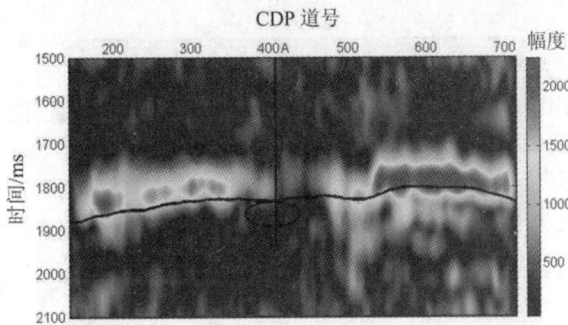

CDP 道号

(b) 高频分频剖面(28 Hz)

图 3-4-13　STFT 方法提取的分频剖面

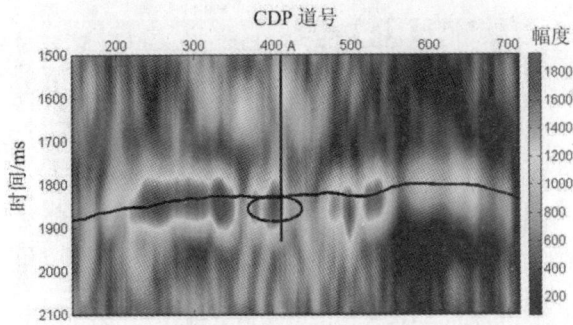

CDP 道号

(a) 低频分频剖面(16 Hz)

CDP 道号

(b) 高频分频剖面(28 Hz)

图 3-4-14　S 变换方法提取的分频剖面

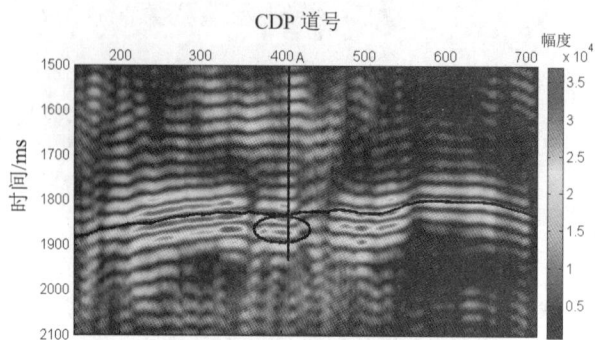

(a) 小波变换提取的低频分频剖面(16 Hz)

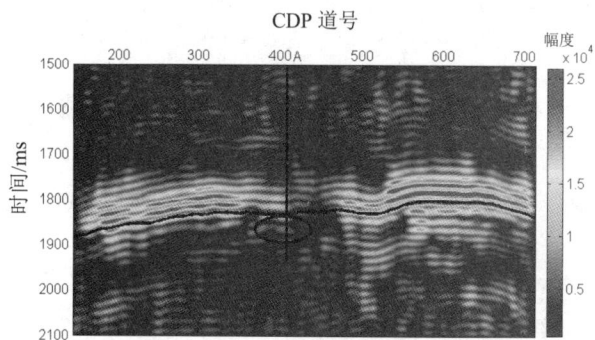

(b) 小波变换提取的高频分频剖面(28 Hz)

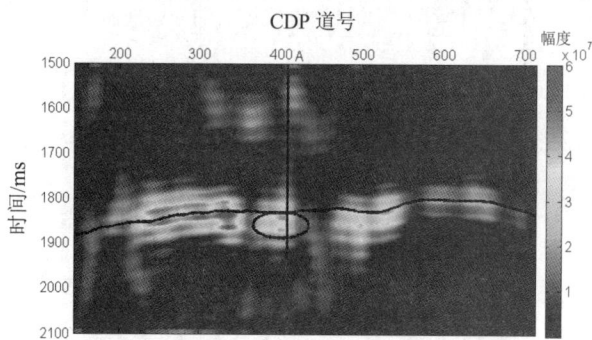

(c) WAVE TK方法提取的低频分频剖面(16 Hz)

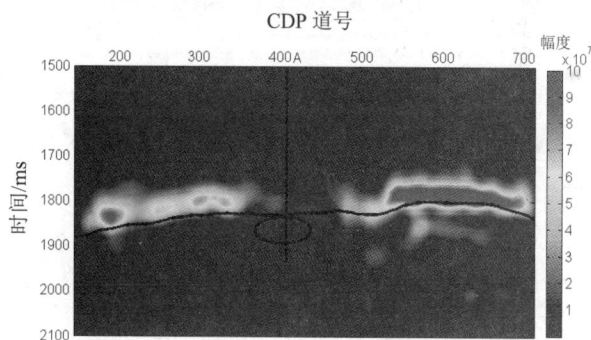

(d) WAVE TK方法提取的高频分频剖面(28 Hz)

图 3-4-15　小波变换及 WAVE TK 方法提取的分频剖面

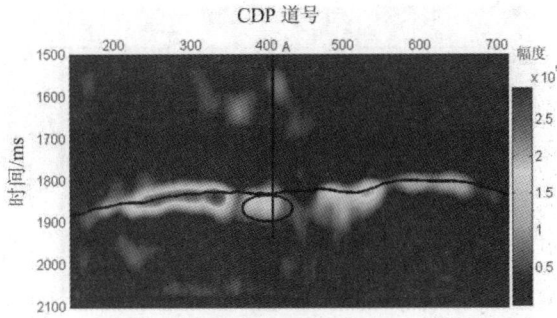

(a) 低频分频剖面(16 Hz)

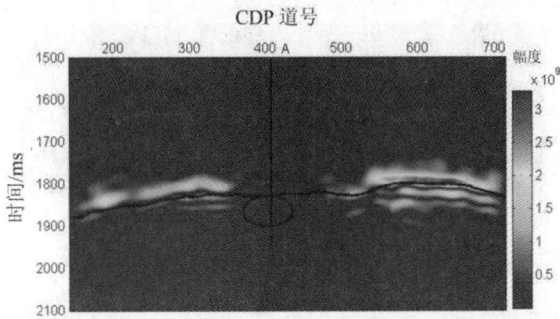

(b) 高频分频剖面(28 Hz)

图 3-4-16　平滑 WVD 提取的分频剖面

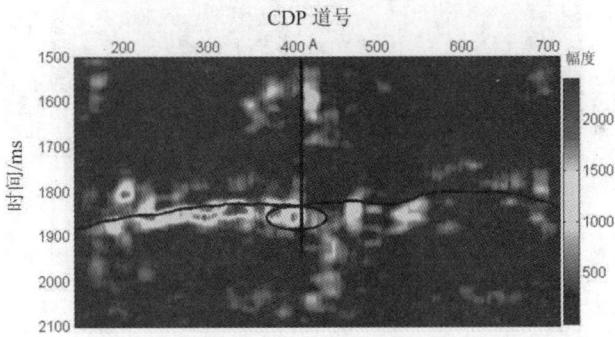

(a) 低频分频剖面(14～18 Hz)

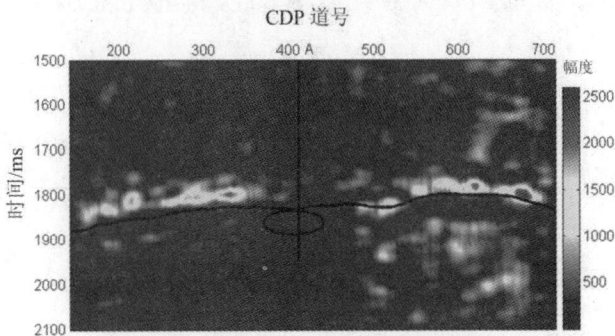

(b) 高频分频剖面(26～30 Hz)

图 3-4-17　HHT 方法提取的 IMF2 分量剖面的分频剖面

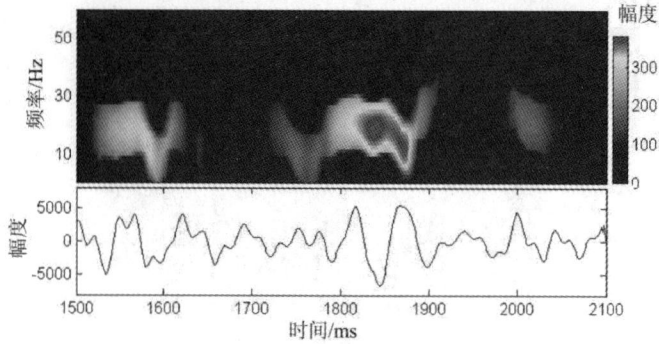

(a) 过井 A 地震道及其相应 EMD/TK 时频图

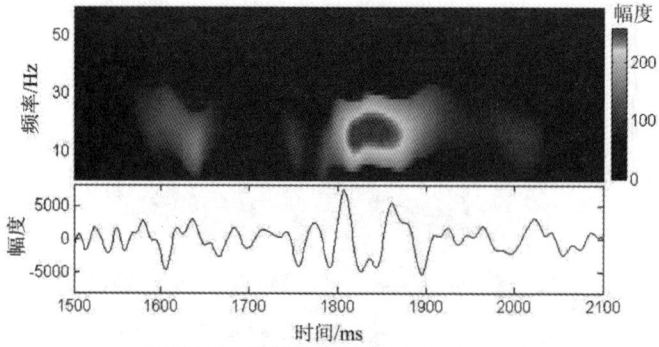

(b) 过井 B 地震道及其相应 EMD/TK 时频图

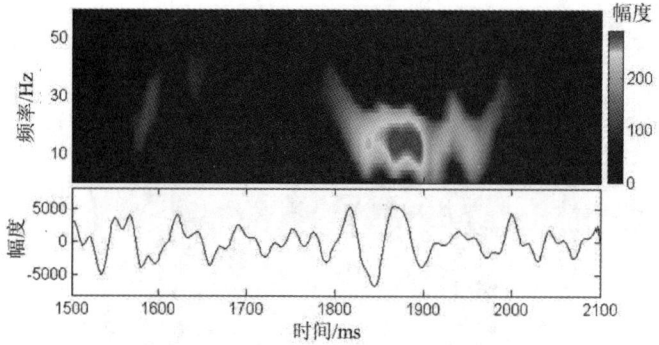

(c) 过井 C 地震道及其相应 EMD/TK 时频图

图 3-4-18　过井 A、井 B 和井 C 地震道及其相应 EMD/TK 时频图

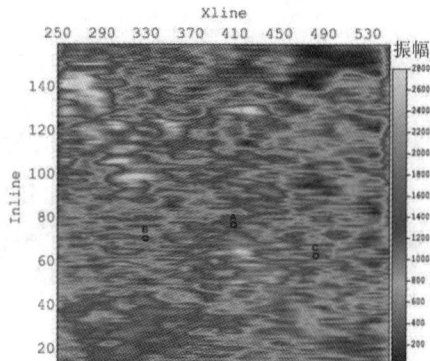

(a) 低频分频切片(14～18 Hz)

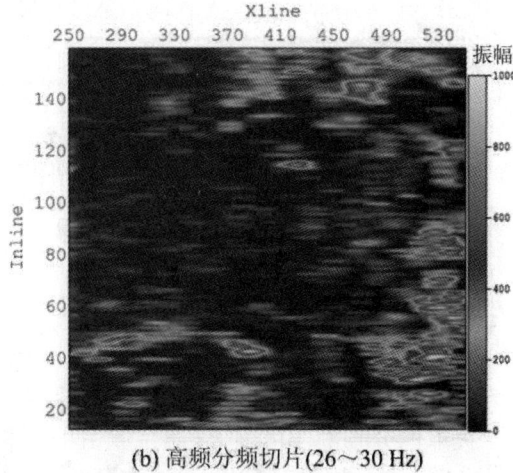

(b) 高频分频切片(26~30 Hz)

图 3-4-19 EMD/TK 方法提取的马五 4 段的分频沿层切片

(3) 讨论。

A. IMF 选择

从图 3-4-8 可以看到，每个地震道分解后产生 6 个 IMF 分量。从表 3-4-1 可知，强的相关性存在于前三个 IMF 分量与原始地震道之间，前三个 IMF 分量(即 IMF1~IMF3)包含了原始地震信号的主要成分。因此，后面对整个剖面的分析，我们只分析前三个 IMF 分量剖面。

图 3-4-10 (a)所示为二维原始地震剖面(inline77)，从中可以看到目标区域及其周围差异很小。IMF1 分量剖面由于频率高，首先被提取出来，如图 3-4-10 (b)所示。较小 CDP 的地震数据和较大 CDP 的地震数据在 IMF1 分量剖面中有体现，这一点我们也可以从表 3-4-1 中看到：CDP 242 和 CDP 542 地震道及其相应的 IMF1 分量相关系数比 CDP 409 地震道及其 IMF1 分量的相关系数大；而 CDP 409 地震道及其 IMF2 分量的相关系数是最大的，该地震道为过井地震道。IMF1 分量剖面中，气层信息体现的较少。图 3-4-10 (c)中，IMF2 分量剖面体现的气层信息最多，包含的干扰最少，从图中也可以看到，目标区域和周围差异较大。原始地震信号的细节信息较多并且在 IMF2 中得到了加强，主要揭示了气层的信息。因此，可以认为，气层信息主要反映在 IMF2 分量剖面中。而对于图 3-4-10 (d)，IMF3 分量剖面中，尺度增大，主要反射层能量减弱。这里我们选择 IMF2 分量剖面进行后面的含气性检测。

B. 含气性检测

从图 3-4-11 中可以看到，IMF2 分量剖面的主要频率范围在 12~30 Hz，在已知的含气储层处，强能量分布特征很明显。

图 3-4-12(a) 14~18 Hz 的分频剖面中，可以看到在目标区域(黑色椭圆)处存在强能量分布，而在图 3-4-12(b) 26~30 Hz 的分频剖面中，目标区域处能量完全吸收。瞬时谱体现了"低频强能量，高频弱能量"的特征。从而表明 EMD/TK 方法可以给出一个很好的统计解释。

图 3-4-18 所示为过井 A、B 和 C 的过井地震道及其相应的基于 EMD/TK 的时频图。从

图中可以看到，在时频图中三口含气井储层位置处表现为强红色能量，表明 EMD/TK 具有跟踪地震道中主要地震事件时频能量的能力。

图 3-4-19 所示为将 EMD/TK 方法应用到三维数据中的瞬时谱分析结果。图 3-4-19(a) 低频分频切片(14～18 Hz)中显示，三口含气井都位于较强能量处；而在 3-4-19(b)高频分频切片(26～30 Hz)中，三口井都位于能量较弱区域。对比这两张图可以认为，低频强能量、高频弱能量的区域为可能含气性分布区域。可以看到 EMD/TK 方法能够给出一个很好的储层初步预测。

C. 与其他时频分析方法的对比结果分析

对二维原始地震剖面(inline77)，我们同时利用其他时频分析方法进行了谱分解。图 3-4-13 所示为利用 STFT 方法提取的瞬时谱，这里使用了长度为 41 的汉明窗函数；从图中可以看到，利用 STFT 方法提取的分频剖面可以分辨出高频细节，但是它会忽略低频细节。尽管剖面给出了很好的细节信息，但是我们可以看到，在图 3-4-13(a)和(b)中，高频能量衰减和低频能量增强特性并不是体现得很清晰，它的统计解释不是很好。这是因为 STFT 使用一个固定的窗函数，所以它使用了一个固定的分辨率。它的窗函数的时间、频率分辨率不能同时最佳。

利用原始 S 变换方法提取的分频剖面如图 3-4-14 所示。可以看到，"低频强能量，高频弱能量"的特性清晰地体现出来了。S 变换计算获得的分频剖面也可以给出一个很好的统计解释，但是时间分辨率较差。这种方法中，时间窗函数的长度取决于频率，S 变换的小波基函数是固定的。而在实际地震信号处理中，时频分布的特性与信号本身及地震子波都有关系。因此，S 变换中利用固定小波基函数的做法难以满足实际地震数据处理的需求。

图 3-4-15 所示为利用小波变换(见图 3-4-15(a)、(b))和 WAVE TK 方法(图 3-4-15(c)、(d))提取的分频剖面。这里，使用了 Morlet 小波。在图 3-4-15(a)、(b)中，可以很清楚地看到分频剖面的细节，利用小波变换计算的分频剖面可以给出比 STFT 更好的细节信息；并且图中体现的"低频强能量，高频弱能量"的特性更清晰。小波变换使用了一个可变尺度的时间窗函数，从而它的效果比 STFT 好。然而，小波函数的选择决定了小波变换的效果。有时，当尺度增大时，相关的正交基函数的部分谱会变差。

从图 3-4-15(c)、(d)所示可以看到，WAVE TK 方法可以给出一个清晰的统计解释，"低频强能量，高频弱能量"的特性体现得很好。同时，该方法忽略了部分细节信息，突出了含气性特征。该方法是在小波变换获得的尺度图的基础上计算 TK 能量获得的，它优越的统计解释依赖于小波变换获得的尺度图的效果。因此，小波函数的选择也将直接影响到结果的效果。

图 3-4-16 所示为利用平滑 WVD 方法提取的分频剖面，在这种方法中，交叉项的干扰得到了较好的抑制，但是并没有完全消除。交叉项的引入也导致时频平面中产生虚假频率，从而影响到分辨率。

图 3-4-17 所示为利用 HHT 方法提取的分频剖面。图 3-4-17(a)低频分频剖面中，可以看到目标区域存在强能量，而在图 3-4-17(b)高频分频剖面中，目标区域中的能量衰减。但是对于直接由 IMF 的 Hilbert 变换形成的解析函数，由于 Bedrosian 定理(BEDROSIAN E,

1963)和 Nuttall 定理(NUTTALL A H，1966)的限制，利用 Hilbert 变换计算信号瞬时参数的范围受到了限制，尤其是复杂的调制信号。因此，对于一些信号利用 HHT 方法计算的瞬时属性会产生无法解释的现象。

综上所述，与其他方法对比，可以看到 EMD/TK 方法能够有效地进行储层含气性检测。EMD/TK 方法只分析在一定频率范围内含气信息较多的地震剖面而不是整个地震剖面数据；该方法的时间分辨率和频率分辨率较高，可以给出一个较好的统计性解释。

3.5　基于 EMDWave 的含气性检测方法

谱分解技术和衰减梯度技术是基于高频衰减信息利用时频分析方法进行直接含气性检测的两种重要方法。这里，我们结合 EMD 的特性和小波变换的优势，提出了一种能给出更多储层细节信息的 EMDWave 含气性检测方法(XUE Y J et al.，2014b)。实际地震资料处理显示所提方法能够给出很好的含气性统计解释结果。

3.5.1　基于 EMDWave 的谱分解方法

小波变换由于它的自适应性等很多优点被广泛应用于烃类检测中。但是，基于小波变换提取宽带非平稳信号的瞬时属性时会造成一些频率成分丢失，因为尺度分布在一个较大的范围内，尺度的离散间隔对分析结果有很大的影响。如果尺度的离散间隔过大，则计算的准确度不够高。为了避免这种情况，我们使用 EMD 对时域中的地震信号进行预滤波。

地震信号经过 EMD 分解后，结合相关性分析从 EMD 分解结果中选择主要反映原始地震信号油气信息的 IMF 分量。由于所选择的 IMF 分量是一个渐进的单频信号，它的频率分布在一个相对窄的范围内，因此可避免小波变换中因为尺度较大引起的频率损失。此外，选择的最能反映油气信息的 IMF 分量能够更好地反映衰减效果，减少干扰成分的存在。EMDWave 谱分解方法的计算流程图如图 3-5-1 所示。

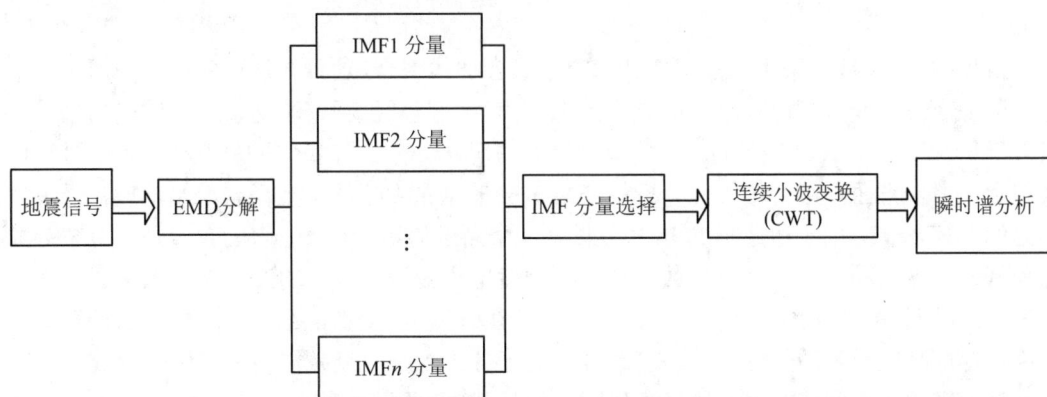

图 3-5-1　基于 EMDWave 的谱分解计算流程图

3.5.2　基于 EMDWave 的衰减梯度算法

为了有效地利用高频衰减的信息，Mitchell 等人提出了通过计算吸收系数参数估计所吸收的高频能量的 EAA 方法(MITCHELL J T et al.，1996)。近年来，EAA 方法已被广泛应用。

基于 EAA 的定义(MITCHELL J T et al.，1996)，受吸收影响的频谱具有 $\exp(-a\omega)$ 函数的形式，其中 a 是吸收系数参数。小波变换经常用来计算衰减梯度，因为它有较强的抗噪性能，可以分析不同尺度的瞬时性质。在小波变换域中地震信号的时频分布 y 和衰减梯度 a 可以表示为

$$y = c\,\exp(-af) \tag{3-5-1}$$

其中，c 是常数。

对上述等式两边取对数，可以得到能量衰减梯度拟合公式：

$$\ln(y) = c_{mod} - af \tag{3-5-2}$$

在传统的方法中，吸收系数 a 是通过两个点(总能量的 65% 和 85% 的点)拟合的线性曲线的斜率。图 3-5-2 所示为 EAA 方法的示意图。

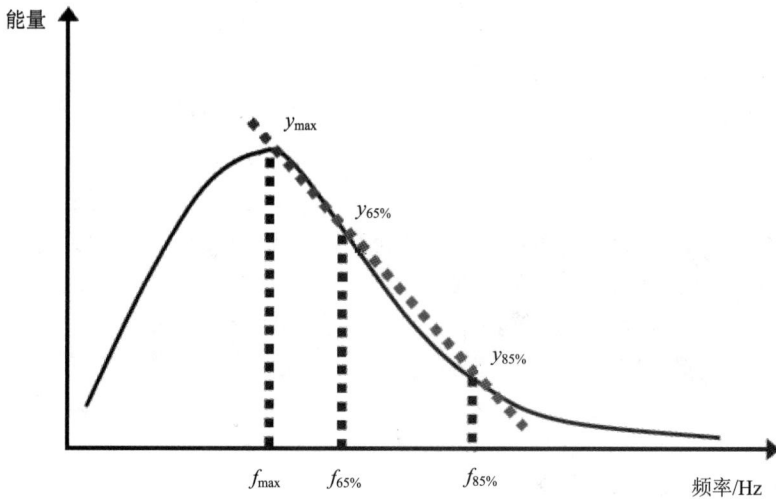

图 3-5-2　EAA 方法的示意图

常规的 EAA 技术采用两点斜率计算方法进行曲线拟合，这种方法仅能很好地用于高信噪比的地震信号或具有比较平滑的频谱的地震信号，而对于频谱波动较大的地震信号效果较差(XIONG X J，et al.，2011)。为了改善这种情况，一方面，我们采用最小二乘法进行曲线拟合；另一方面，结合相关性分析从 EMD 分解结果中选择主要反映原始地震信号油气信息的 IMF 分量。由于所选择的 IMF 分量是一个渐进的单频信号，它的频谱是具有窄旁瓣的单峰谱，这有利于计算吸收系数，在很大程度上也减少了频谱的波动性，保证了频率衰减梯度的准确性。因此，这里我们采用基于 EMD 的小波变换，结合最小二乘法计算衰减梯度，提取最能反映油气信息的地震道分量进行分析，减少衰减梯度图形中干扰成分的存在。对地震信号应用该方法的计算流程图，如图 3-5-3 所示。

这里，我们将基于 EMD 和小波变换的谱分解算法和衰减梯度算法统称为 EMDWave 方法。

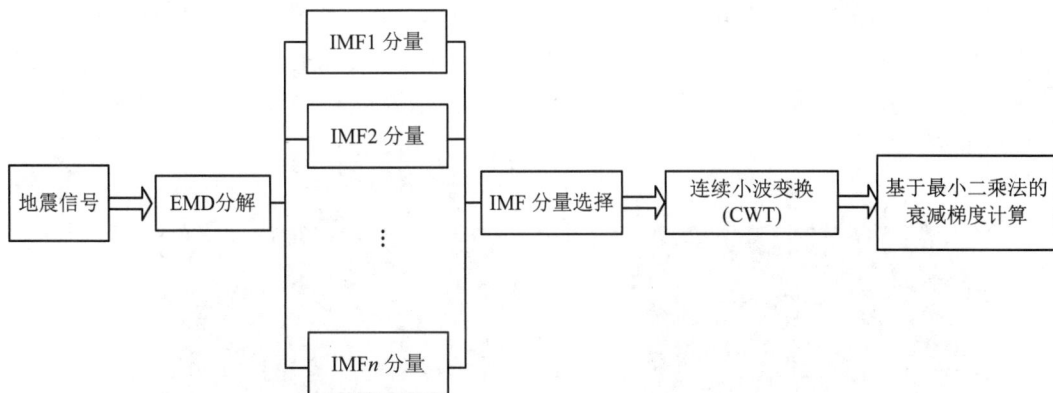

图 3-5-3　基于 EMDWave 的衰减梯度计算流程图

3.5.3　实际地震资料处理

为了验证所提方法的效果,我们使用川西坳陷某气田的一条二维叠后偏移过井地震剖面进行分析。目标区域以海相碳酸盐岩为主,气藏主要是裂缝-孔隙型储层,地震信号以 2 ms 进行采样。

图 3-5-4(a)所示为过含气井 A 的地震剖面。研究区域在两条黑色的层位线之间。EMD 分解后产生的前三个 IMF 分量剖面如图 3-5-4(b)~(d)所示。从图中可见,IMF1 分量剖面突出了主要反射层的信息,目标区域(黑色椭圆)与它周围的幅值差别较大,更好地反映了含气层的信息。因此,后面我们利用 IMF1 分量剖面进行含气性检测。经过分析,IMF1 分量剖面的频谱范围为 18~35 Hz。

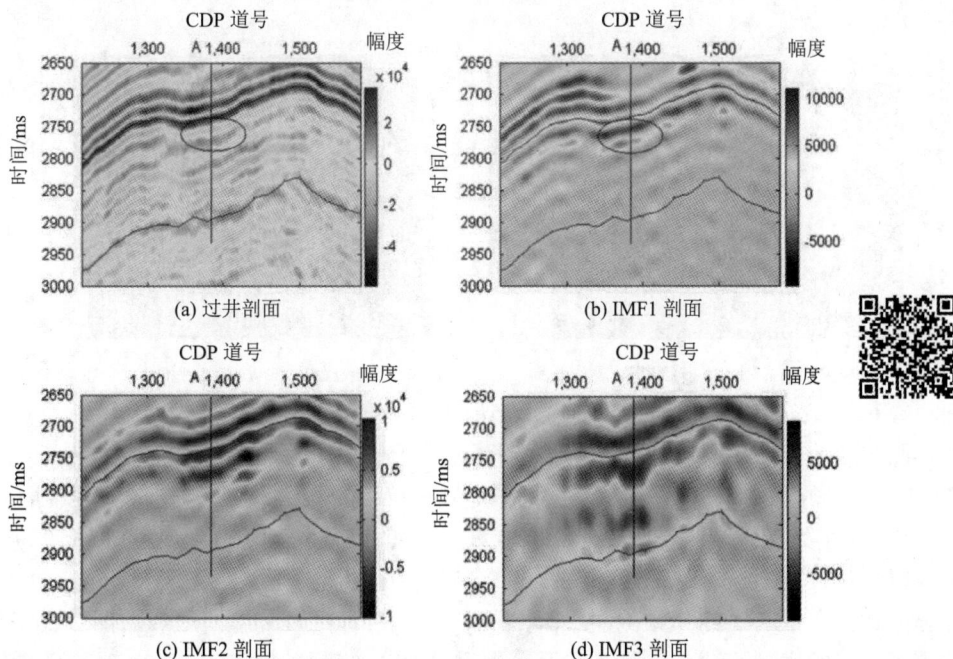

图 3-5-4　过含气井 A 的地震剖面及其 EMD 分解的剖面

图3-5-5所示为利用不同的方法提取的25 Hz和35 Hz的分频剖面。连续小波变换(CWT)计算的分频剖面如图 3-5-5(a)、(b)所示。这里，使用了实数 Morlet 小波。图 3-5-5(c)、(d)所示为 HHT 方法计算的分频剖面。图 3-5-5(e)、(f)所示为基于 EMD 和小波变换所计算的分频剖面。

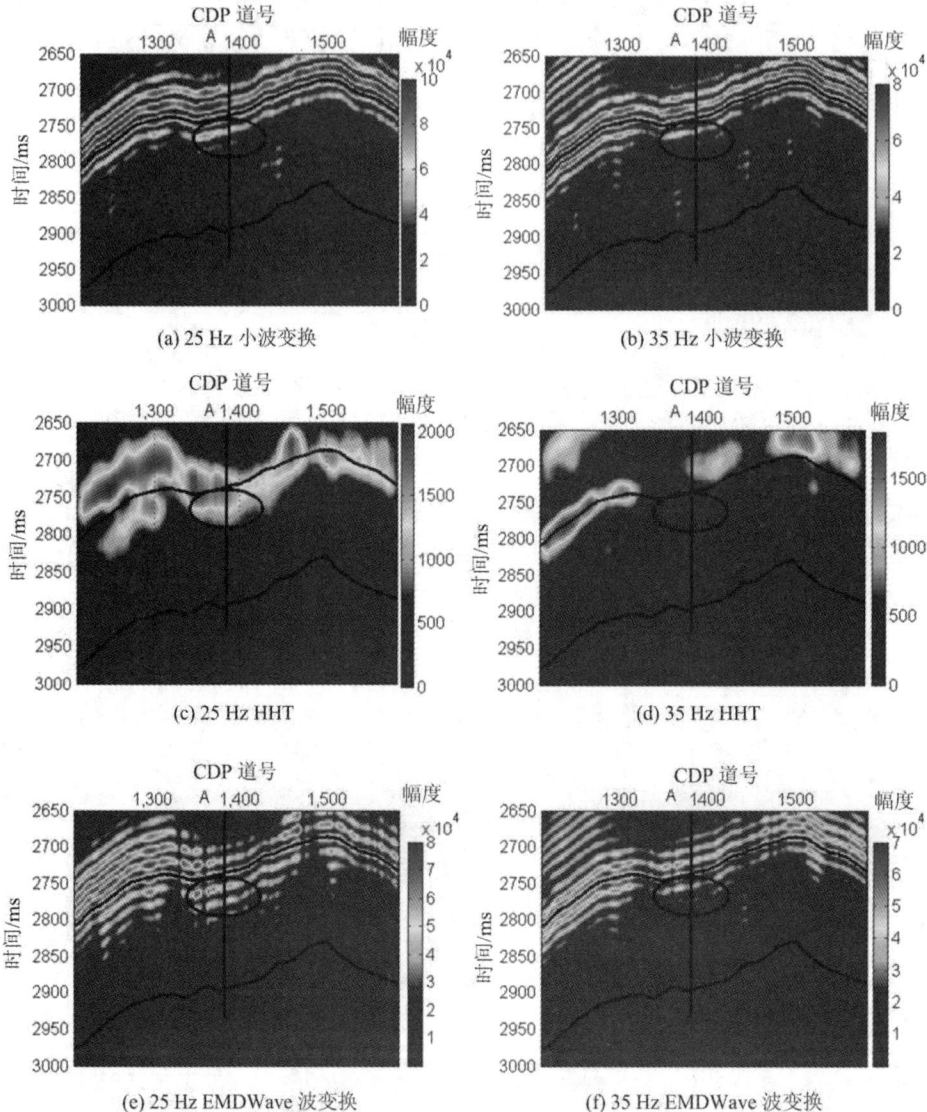

(a) 25 Hz 小波变换

(b) 35 Hz 小波变换

(c) 25 Hz HHT

(d) 35 Hz HHT

(e) 25 Hz EMDWave 波变换

(f) 35 Hz EMDWave 波变换

图 3-5-5　不同方法计算的分频剖面

从图 3-5-5(a)、(b)可以看到，小波变换计算的分频剖面提供了更精细的细节。但是，在 25 Hz 的分频剖面中目标区域(黑色椭圆)处只有较强的能量，在 35 Hz 的分频剖面中目标区域(黑色椭圆)处能量减弱不明显。高频能量衰减和低频能量增强的特性在图 3-5-5(a)、(b)中体现得不是很清晰。对于 HHT 方法，在 25 Hz 的分频剖面中(见图 3-5-5(c))目标区域处存在强能量，在 35 Hz 的分频剖面中(见图 3-5-5(d))目标区域处能量吸收。图 3-5-5(c)、(d)显示出了较好的衰减特性，但是不能区分不同的分频部分中的细节。对于改进的方法，在25Hz 的分频剖面中(见图 3-5-5(e))目标区域处存在较强的能量，在 35 Hz 的分频剖面中(见

图 3-5-5(f))目标区域处能量明显减弱。同时，分频剖面也提供了细节信息。改进后的方法给出了一个更清晰的统计学解释。与其他方法比较，改进的方法对于含气性检测更有效。所提方法只分析一定频率范围内含气信息的地震信号，而不是整个地震剖面。它的时间分辨率和频率分辨率较高，可以给出一个很好的统计解释。

图 3-5-6 所示为基于 EMDWave 变换的衰减梯度(见图(a))和常规基于两点斜率的小波变换计算的衰减梯度(见图(b))。从图中可以看到，基于 EMDWave 变换的衰减梯度较常规方法给出了一个更好的解释，并且干扰信号较少。

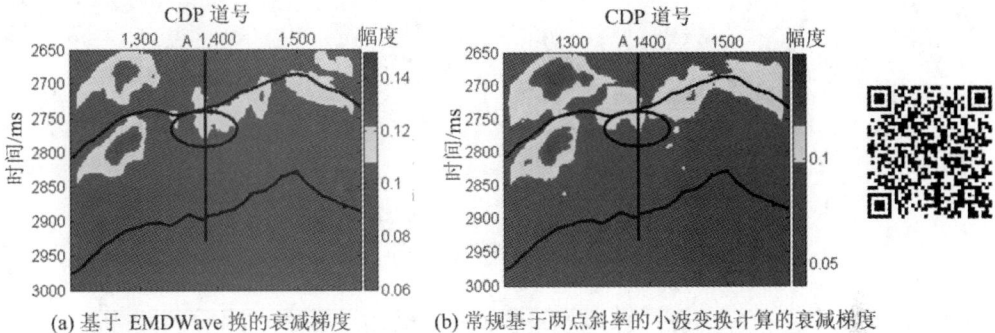

(a) 基于 EMDWave 换的衰减梯度　　(b) 常规基于两点斜率的小波变换计算的衰减梯度

图 3-5-6　衰减梯度对比图

3.6　苏里格气田砂岩储层含气性检测应用实例

提高有效储层或储层含气性判识率是提高钻探成功率的重要手段。苏里格气田有效储层分布零散、AVO 分析技术的应用受到一定限制，这里，直接从地震记录入手，研究发展基于 EMD 的时频分析方法的有效储层含气性检测方法技术，给出研究工区的储层特征。本节首先将基于 EMD 的时频域地震属性应用于苏里格气田的二维地震数据中；再次，利用这些地震属性对三维井区含气性进行了预测，给出基于 EMD 的时频分析方法的有利含气分布，为该地区今后的油气勘探提供一些有益的建议。这里，仅以基于 EMD 的时频分析系列方法提取的属性研究为主，实际生产应用中，应当尽可能结合测井、地质以及常规地震属性分析等综合判断。

3.6.1　苏里格气田砂岩储层研究工区地质概况

研究工区的二维测线位于鄂尔多斯盆地西北部(见图 3-6-1)。鄂尔多斯盆地是一个多构造体系、多旋回演化及多沉积类型的大型克拉通叠合盆地。在大地构造单元上，位于华北板块的西缘。整个盆地的构造演化史，经历了太古代—元古代的基底形成阶段、中晚元古代的大陆裂谷发育阶段、早古生代的陆缘海盆地形成阶段、晚石炭世—中三叠世的内克拉通形成阶段、晚三叠世—早白垩世的前陆盆地发育阶段、新生代周缘断陷盆地形成阶段等六大构造演化阶段。主要产气层在二叠系石盒子组和山西组。

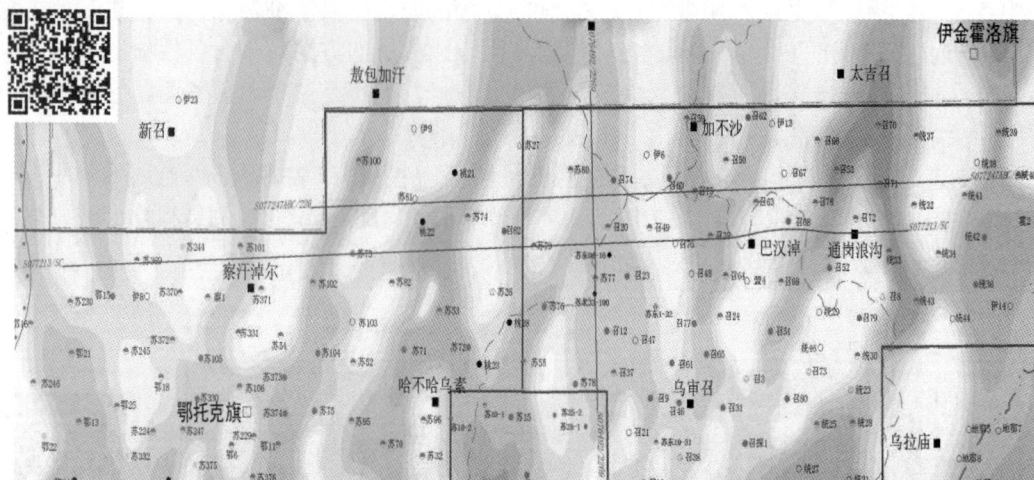

图 3-6-1　研究工区二维测线示意图

研究工区三维井区位于召 30 井区，如图 3-6-2 所示。

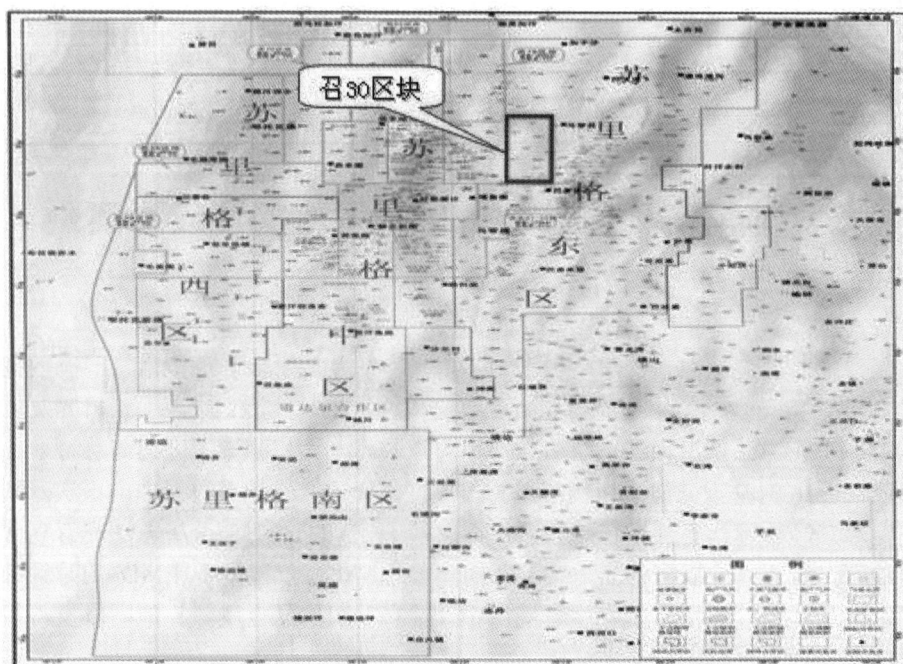

图 3-6-2　研究工区三维测线示意图

研究地区山 1、盒 8 气层组上古生界盒 8、山 1 段储集层主要有 3 种岩石类型：石英砂岩、岩屑石英砂岩、岩屑砂岩，总体上以岩屑石英砂岩、石英砂岩为主，岩屑砂岩较少。大多数砂岩中石英普遍很高，以高含量石英、极低长石含量为特点，含量普遍占岩石总量的 60%～85%，最高达 95%。东部轻矿物展布特征显示，岩屑含量较高，岩性主要为岩屑石英砂岩和石英砂岩。苏里格气田盒 8 砂体厚度一般为 15～49 m，山 1 段砂体厚度一般为 10～20 m，储集岩主要发育有原生粒间隙孔、次生溶孔、高岭石晶间微孔和收缩孔四类孔隙类型。其中主要为次生溶孔和高岭石晶间微孔，原生粒间隙孔在孔隙构成中居于次要地位，含少量收缩孔和微裂隙。砂岩孔隙大小不一，平均孔隙直径主要分布在 0.0～50 μm 之间，最大可超过 1000 μm；孔隙度主要分布在 4%～14%，平均孔隙度 8.8%；渗透率主要分布在 (0.05～5.0)mD，平均值为 0.872 mD。储层埋深在 3500～4200 m 之间，有效储层分布零散，AVO 分析技术的应用受到一定限制，含气性检测较为困难。

3.6.2　基于 EMD 的时频分析方法的可行性分析

1. 模型分析

根据苏×井测井数据，并结合地质、试气等资料，模型设计如下：

① $V_p = 3908$，$den = 2.340$；干层。

② $V_p = 3913$，$den = 2.293$；干层。

③ $V_p = 5223$，$den = 3.059$；干层。

④ $V_p = 4477$，$den = 2.556$，气层。

⑤ $V_p = 4287$，$den = 2.496$，干层。

子波频率为 30 Hz，采样频率为 1000 Hz。地质模型及其地震响应如图 3-6-3 所示。

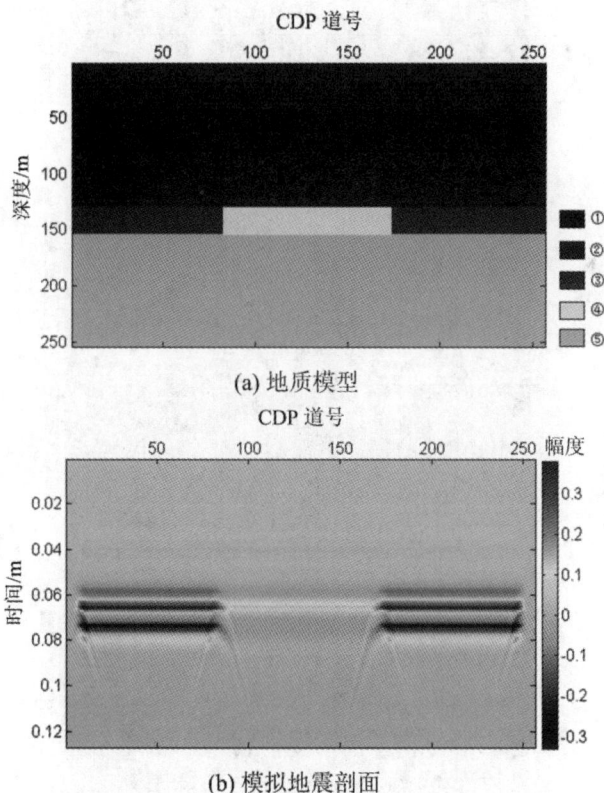

图 3-6-3　地质模型及其地震响应图

利用基于 EMD 的时频分析方法：HHT、NHT、HU、EMD/TK 以及 EMDWave 分析法进行谱分解分析，得到的结果如图 3-6-4～图 3-6-6 所示。

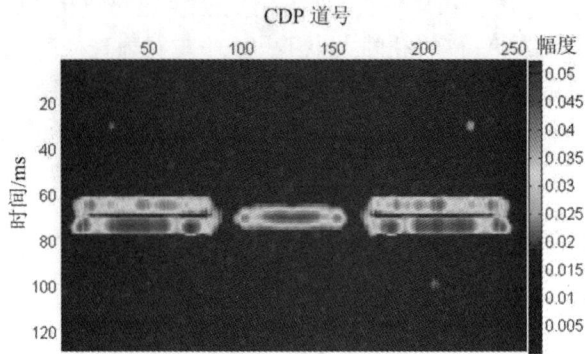

(a) 低频处分频剖面(HHT)

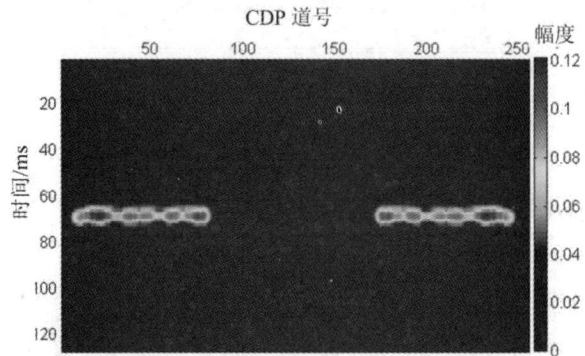

(b) 高频处分频剖面(HHT)

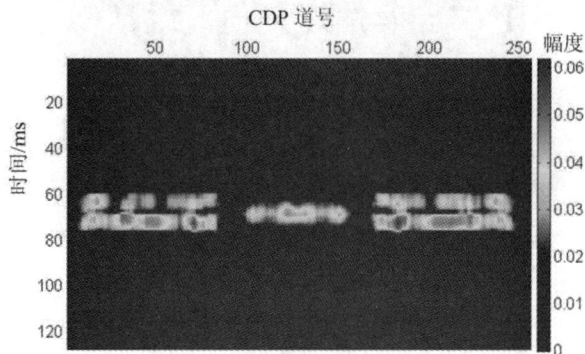

(c) 低频处分频剖面(NHT)

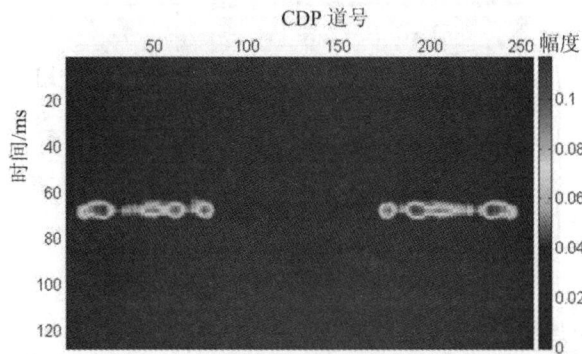

(d) 高频处分频剖面(NHT)

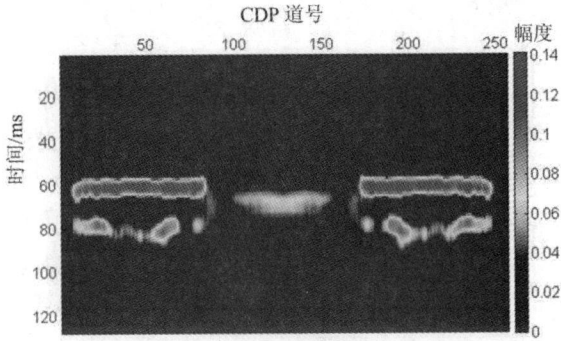

(e) 低频处分频剖面(HU)

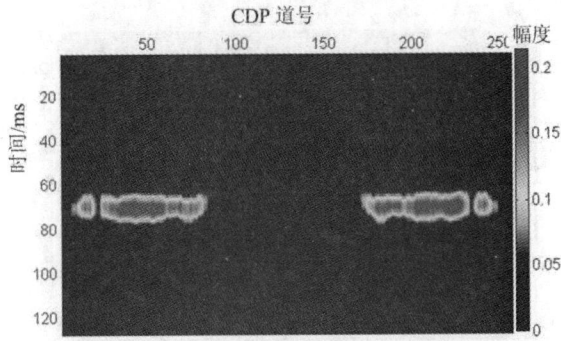

(f) 高频处分频剖面(HU)

图 3-6-4　模型的瞬时频谱分解

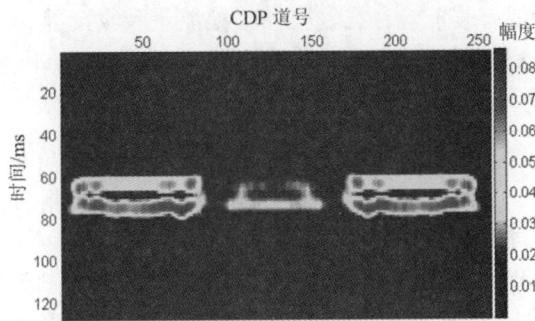

(a) 低频处分频剖面(EMD/TK)

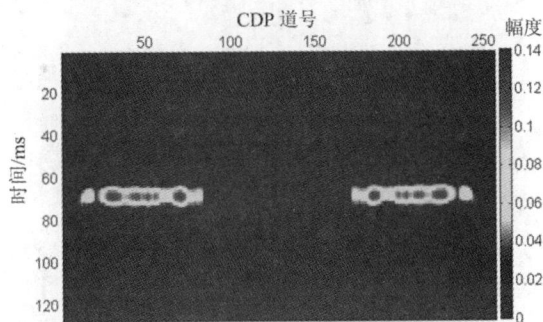

(b) 高频处分频剖面(EMD/TK)

图 3-6-5　模型的瞬时频谱分解

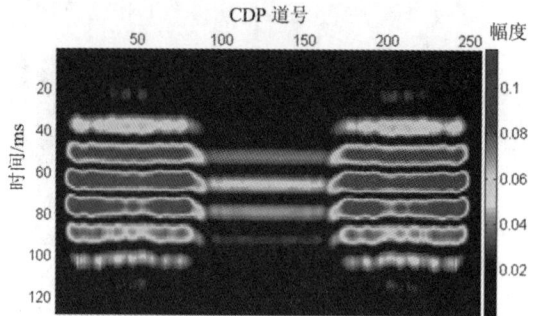

(a) 低频处分频剖面(EMDWave)

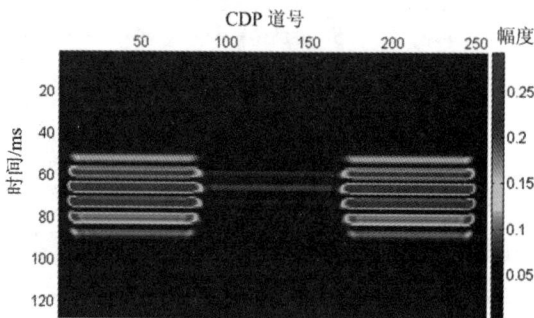

(b) 高频处分频剖面(EMDWave)

图 3-6-6   模型的瞬时频谱分解

　　从图 3-6-4～图 3-6-6 可以看出，利用基于 EMD 的时频分析方法进行谱分解分析，在低频处，气层所在位置都有强能量存在，在高频处能量吸收，都表现出了"低频强能量，高频弱能量"的特征，都可以进行含气性检测。其中，EMDWave 分析方法给出了更多的细节信息。

2. 实际地震资料分析

　　为了进一步验证基于 EMD 的时频分析方法进行含气性检测的有效性以及对比各种方法，这里，我们利用含气井召×井旁 PP 波进行分析。

　　召×井旁地震剖面及其 EMD 分解产生的前三个 IMF 分量剖面如图 3-6-7 所示。从图 3-6-7 中可以看出，原始地震剖面的 IMF1 剖面分量反映了储层更多的信息，含气层信息主要体现在 IMF1 分量剖面中。因此，选取 EMD 分解后的 IMF1 做后续处理。

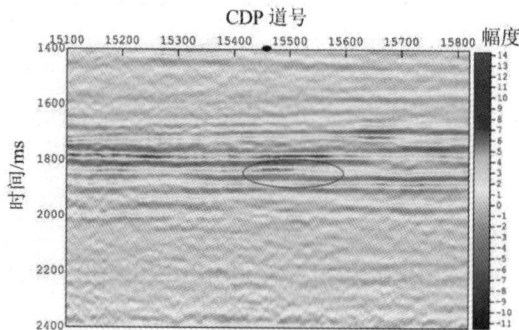

(a) 原始地震剖面

(b) IMF1 分量剖面

(c) IMF2 分量剖面

(d) IMF3 分量剖面

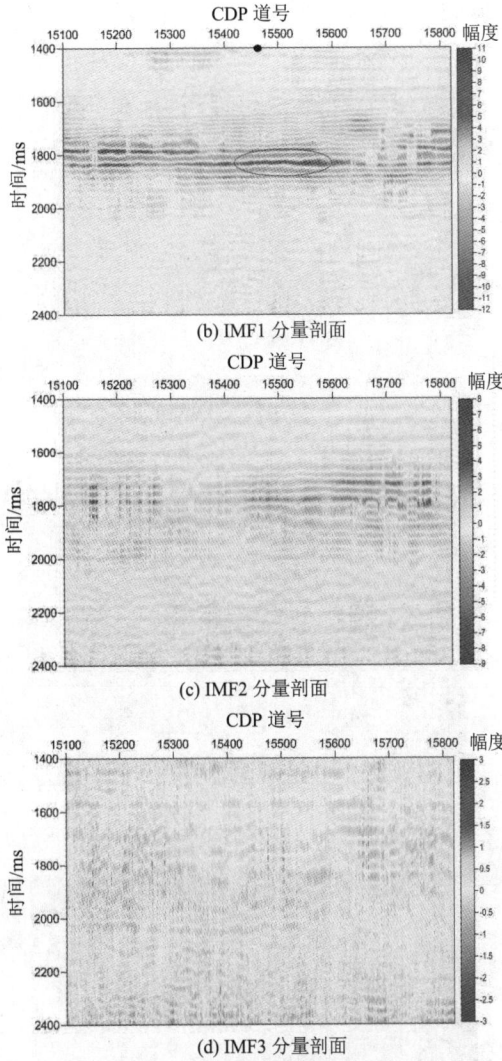

图 3-6-7　召×井旁 PP 波原始地震剖面及其 EMD 分解结果

IMF1 剖面的时频图如图 3-6-8 所示。从图中可以看到，主要频谱范围为 9～32 Hz；强能量主要分布在 13～30 Hz 范围内。

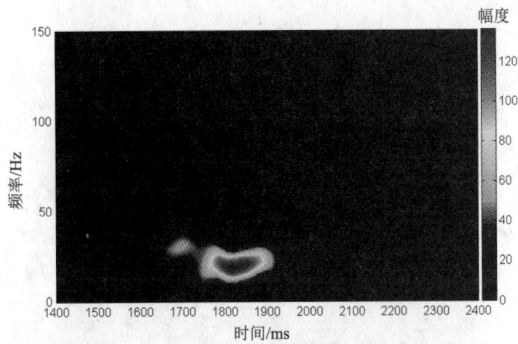

图 3-6-8　召×井旁 PP 波 IMF1 剖面的时频图

基于 EMD 的时频属性如图 3-6-9～图 3-6-11 所示。

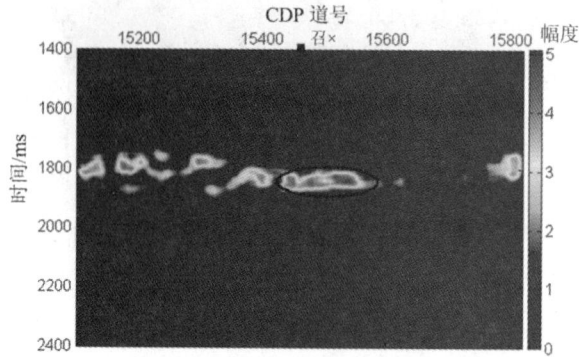

(a) 15～20 Hz 处分频剖面(HHT)

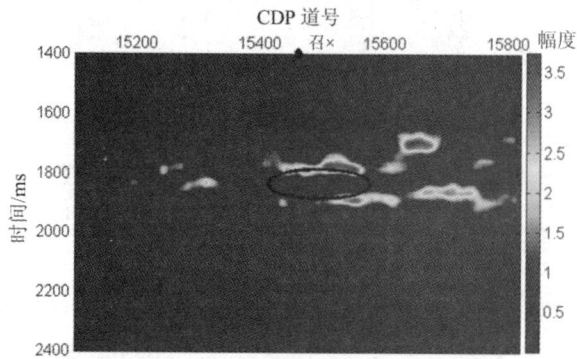

(b) 25～30 Hz 处分频剖面(HHT)

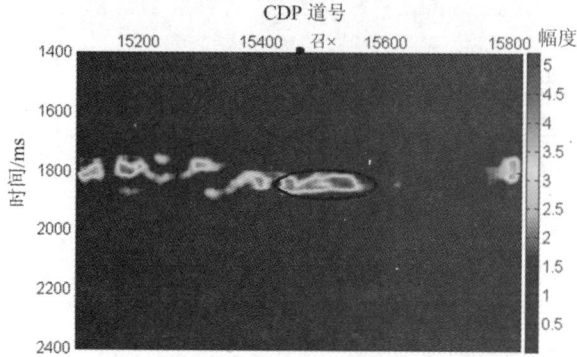

(c) 15～20 Hz 处分频剖面(NHT)

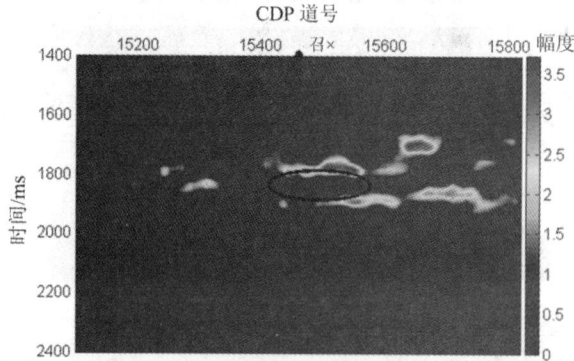

(d) 25～30 Hz 处分频剖面(NHT)

(e) 15～20 Hz 处分频剖面(HU)

(f) 25～30 Hz 处分频剖面(HU)

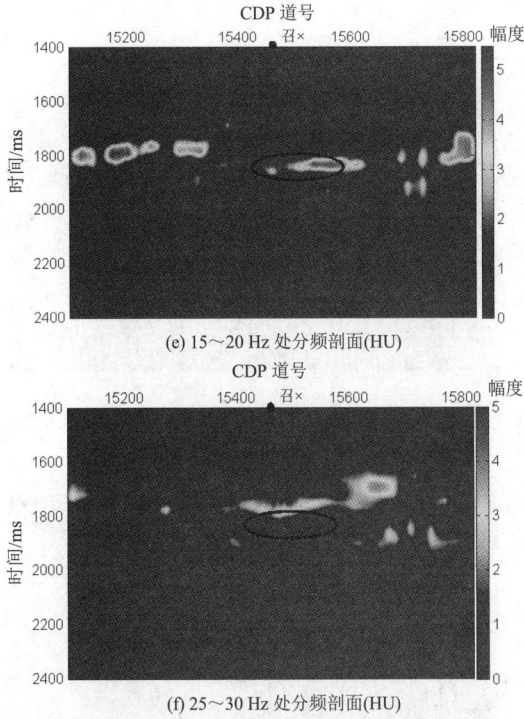

图 3-6-9　召×井旁 PP 波 IMF1 分频剖面

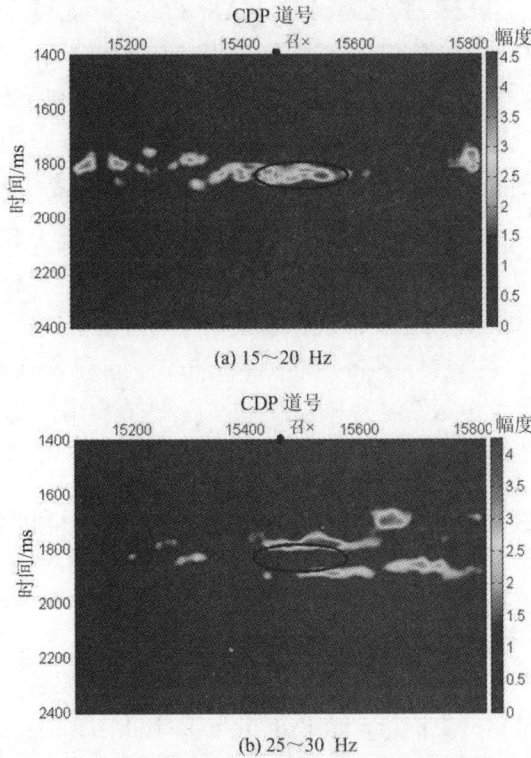

(a) 15～20 Hz

(b) 25～30 Hz

图 3-6-10　基于 EMD/TK 算法提取的召×井旁 PP 波 IMF1 分频剖面

(a) 18 Hz

(b) 27 Hz

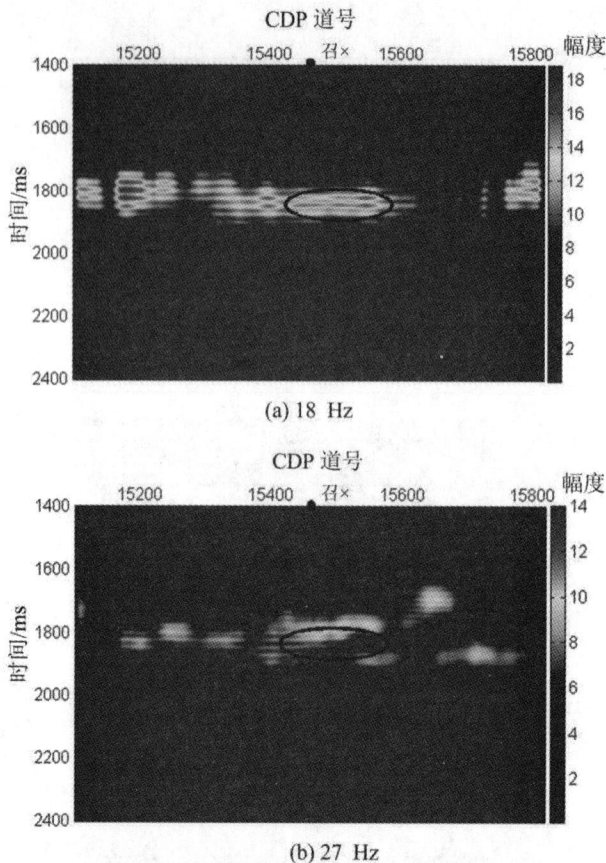

图 3-6-11   基于 EMDWave 谱分解算法提取的召×井旁 PP 波 IMF1 分频剖面

从图 3-6-9～图 3-6-10 中可以明显看出，在频段 15-20 Hz 上，椭圆形区域处存在高能量，在频段 25～30 Hz 的分频图中，能量减弱。图 3-6-11 中，在 18 Hz 的分频图中，椭圆形区域处存在高能量，在 27 Hz 的分频图中，能量减弱。各种基于 EMD 的时频分析方法都表现了"低频强能量，高频弱能量"的特征，都可以很好地体现含气储层特征，各种方法体现的能量特征基本一致，差别主要体现在细微处。

通过上述理论合成地震记录和实际地震记录分析认为，基于 EMD 的谱分解方法进行储层预测是可行的。综合考虑运算时间和效果，本项目主要利用 HHT、EMD/TK、EMDWave 的含气性检测方法进行储层含气性检测。

3.6.3   基于 EMD 的时频分析方法在 2D 地震储层含气性评价中的应用

根据收集的气测结果，这里重点对比研究含气井召×的井旁地震剖面和差气井×79 的井旁地震剖面以及含水井×73 的井旁地震剖面的分频特征。

含气井召×井旁 PP 波在 3.6.2 节已经分析过，这里不再赘述。差气井×79 井旁 PP 波的地震剖面及其 EMD 分解产生的第一个 IMF 分量(IMF1)剖面，如图 3-6-12 所示。×79 井旁 PP 波 IMF1 剖面的时频图，如图 3-6-13 所示。

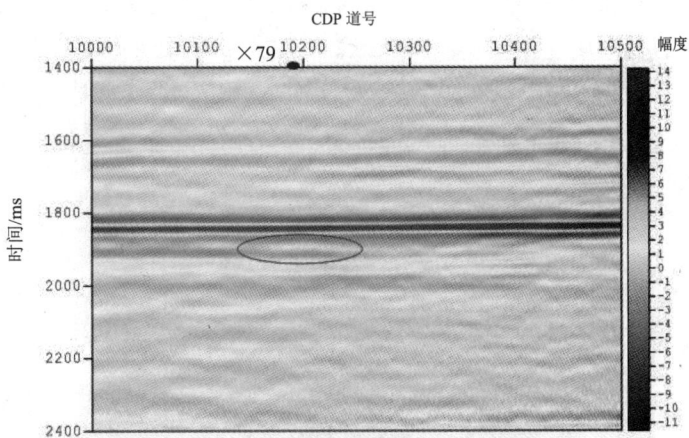

(a) 原始地震剖面

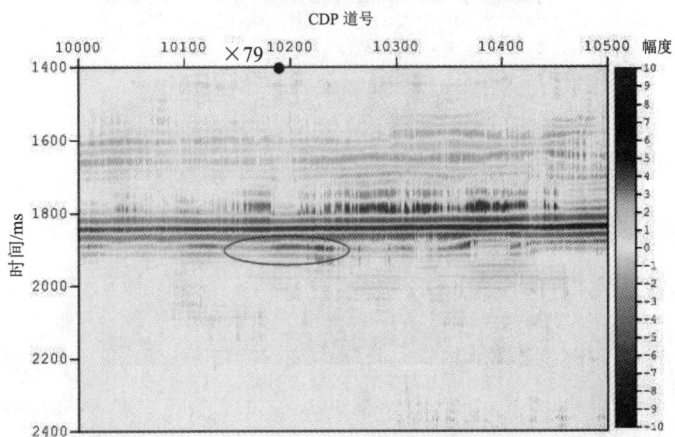

(b) IMF1 分量剖面

图 3-6-12　×79 井旁 PP 波原始地震剖面及其 IMF1 分量剖面

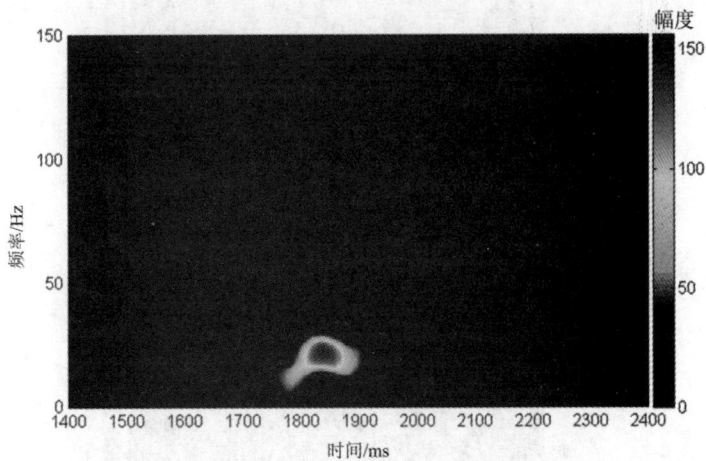

图 3-6-13　×79 井旁 PP 波 IMF1 剖面的时频图

从图 3-6-13 中可以看到，主要频谱范围为 6～30 Hz；强能量主要分布在 15～30 Hz 范围内。基于 EMD 的时频属性如图 3-6-14 所示。从图 3-6-14 中可以明显看出，在 15～20 Hz 的分频剖面中，能量较强，在频段 20～25 Hz 的分频图中，能量吸收。该频段对含气性有较好的特征体现。

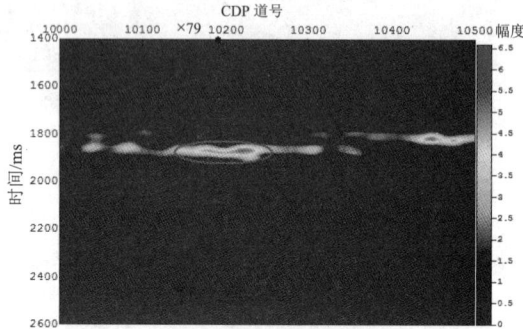

(a) 15～20 Hz 处分频剖面(HHT)

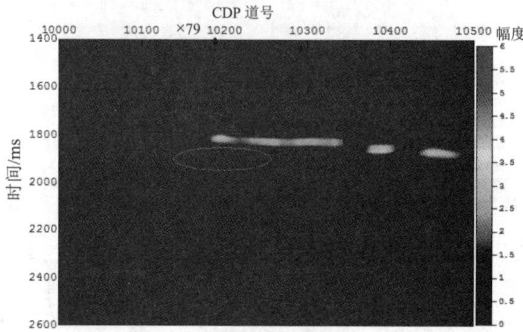

(b) 25～30 Hz 处分频剖面(HHT)

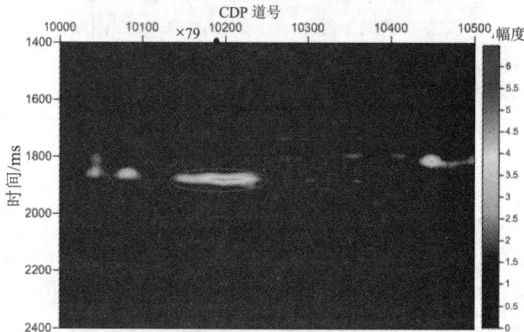

(c) 15～20 Hz 处分频剖面(EMD/TK)

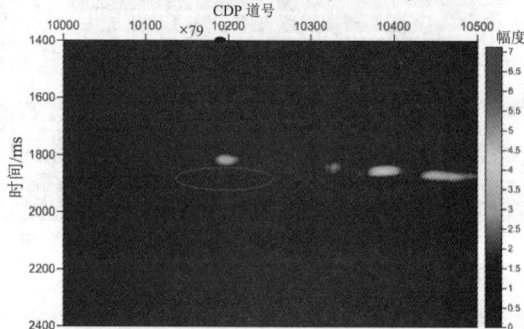

(d) 25～30 Hz 处分频剖面(EMD/TK)

(e) 18 Hz 处分频剖面(EMDWave)

(f) 27 Hz 处分频剖面(EMDWave)

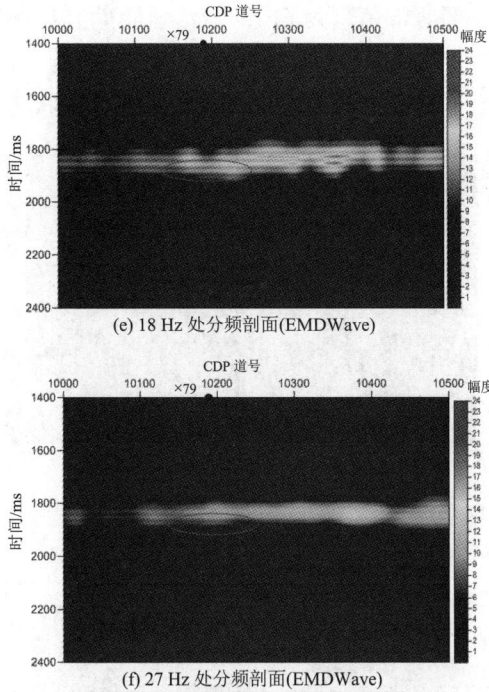

图 3-6-14　×79 井旁 PP 波 IMF1 分频剖面

×73 井是含水井，其过井旁地震剖面及其 EMD 分解后产生的 IMF1 分量剖面，如图 3-6-15 所示。

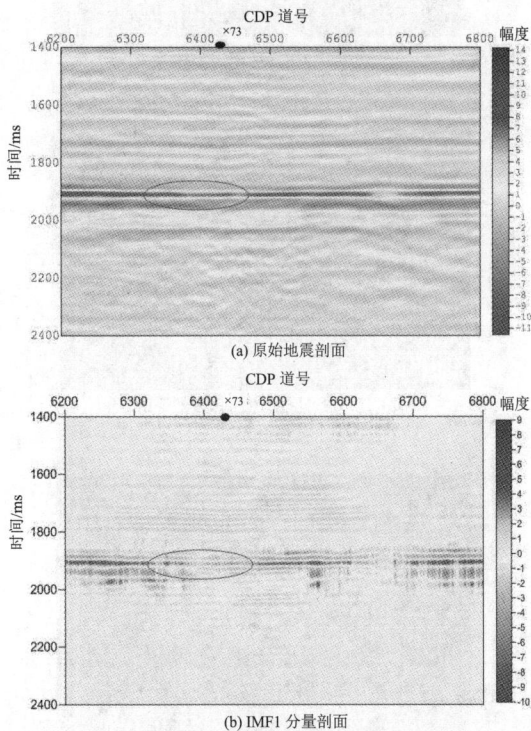

(a) 原始地震剖面

(b) IMF1 分量剖面

图 3-6-15　×73 井旁 PP 波原始地震剖面及其 IMF1 分量剖面

　　从图 3-6-16 中可知,主要频谱范围为 6～33 Hz;强能量主要分布在 9～30 Hz 范围内(图中黄色和红色)。基于 EMD 的时频属性如图 3-6-17 所示,从图 3-6-17 中可以看出,对于×73 井旁 PP 波 IMF1 剖面,该频段对含水层没有特征体现,即含水层体现在更高频段上。

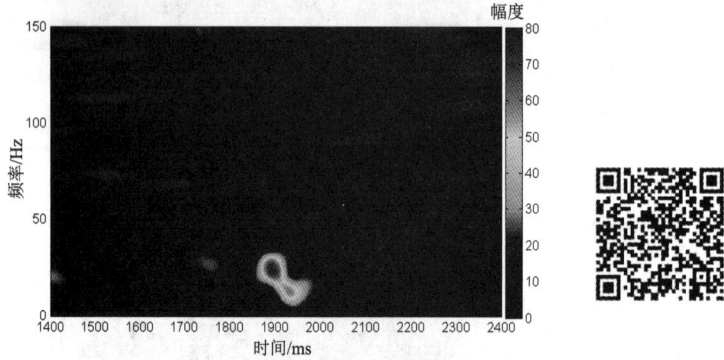

图 3-6-16　×73 井旁 PP 波 IMF 剖面的时频图

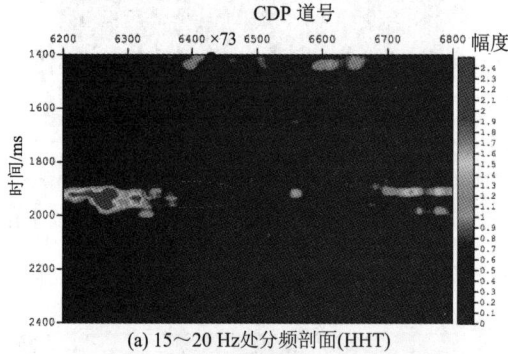

(a) 15～20 Hz处分频剖面(HHT)

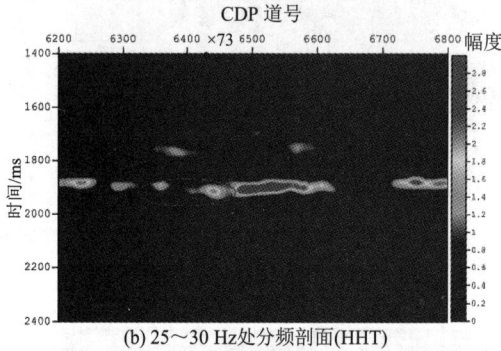

(b) 25～30 Hz处分频剖面(HHT)

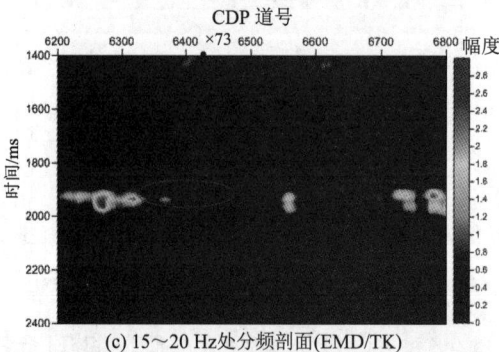

(c) 15～20 Hz处分频剖面(EMD/TK)

(d) 25～30 Hz 处分频剖面(EMD/TK)

(e) 18 Hz 处分频剖面(EMDWave)

(f) 27 Hz 处分频剖面(EMDWave)

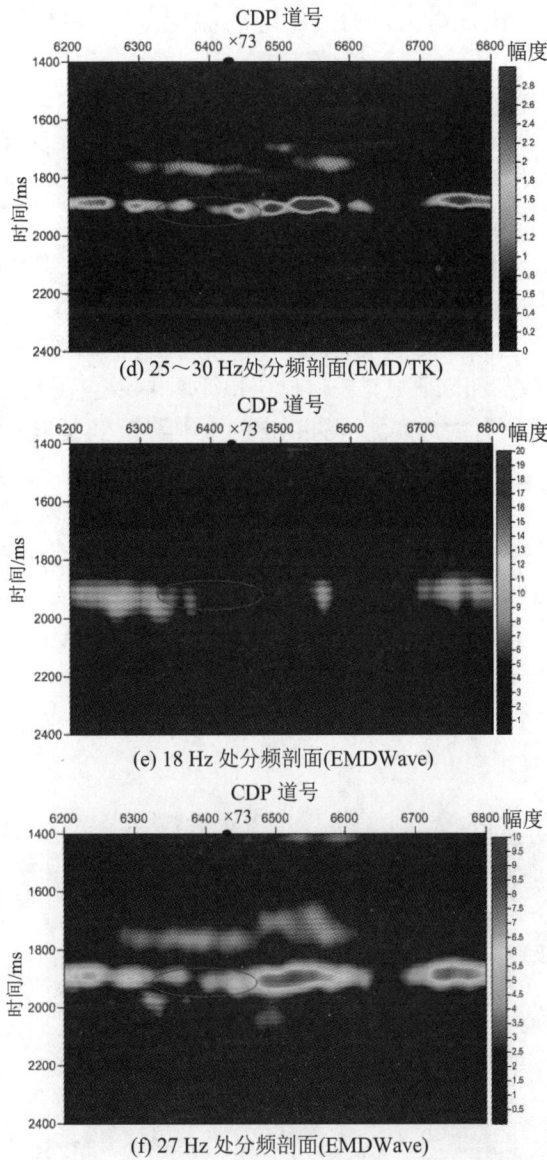

图 3-6-17　×73 井旁 PP 波 IMF1 分频剖面

前面讨论了召×井、×79 井和×73 井三口井的不同类型的井旁地震测线的 IMF1 分量的特点及在相应频段上的分频剖面特性。该频率段体现的特征在高产气井、产气水井都有特征体现，该部分的分析为进一步厘清各种类型井的特征，为目标工区二维测线的储层预测提供参考资料。

综上分析，并结合理论计算，我们认为 IMF1 重构信号主要体现了 PP 波储层特征信息，频率范围 20～25 Hz 和 30～35 Hz 的分频剖面对含气层具有较好地体现，更适合用于实际地震资料的计算。不过，在实际应用中，需要尽可能地结合已知井进行标定，结合地质、测井等资料综合分析。

3.6.4　基于 EMD 的时频分析方法在 3D 地震储层含气性评价中的应用

1. 召 30 井区时频域地震属性特征

重点研究盒 8 段。这里我们首先利用基于 EMD 的时频分析方法分析召 30 井区三维地震资料的特征，然后利用基于 EMD 的分频技术和衰减梯度技术并结合井区已知钻井、测井、试气等资料对该井区储层含气性进行初步评价。

经过 Hilbert 谱算法分析，该区域主要频谱范围 18～62 Hz，IMF1 分量主要反映了储层含气性特征，利用 EMD 分解后的 IMF1 分量进行储层预测。经过分析可知，储层特征在低频 35 Hz 和高频 60 Hz 的分频剖面上体现较好，因此，这里利用频率 35 Hz 和 60 Hz 的 IMF1 分频数据体计算地层吸收剖面来研究该工区储层特征，并找出有利的储层区域。具体的实现过程是：分别计算出工区所有的地震测线的 IMF1 重构信号，再提取出整个工区的频率 35 Hz 和 60 Hz 的分频数据体，计算出相应的地层吸收剖面，在此基础上提取沿层切片并绘制沿层横向分布图，通过对比寻找有利储层分布。这里，为了加强储层响应特征，频率 35 Hz 的分频剖面利用了频段 32～38 Hz 计算，频率 60 Hz 的分频剖面利用了频段 57～63 Hz 计算。

1) 地层吸收数据体归一化振幅切片分析

图 3-6-18～图 3-6-20 所示分别为基于 HHT、EMD/TK 和 EMDWave 方法该工区盒 8 段储层处 IMF1 分量地层吸收数据体归一化振幅横向分布图。

图 3-6-18～图 3-6-22 中，●表示 1 类含气井；■表示 2 类含气井；▲表示 3 类含气井。

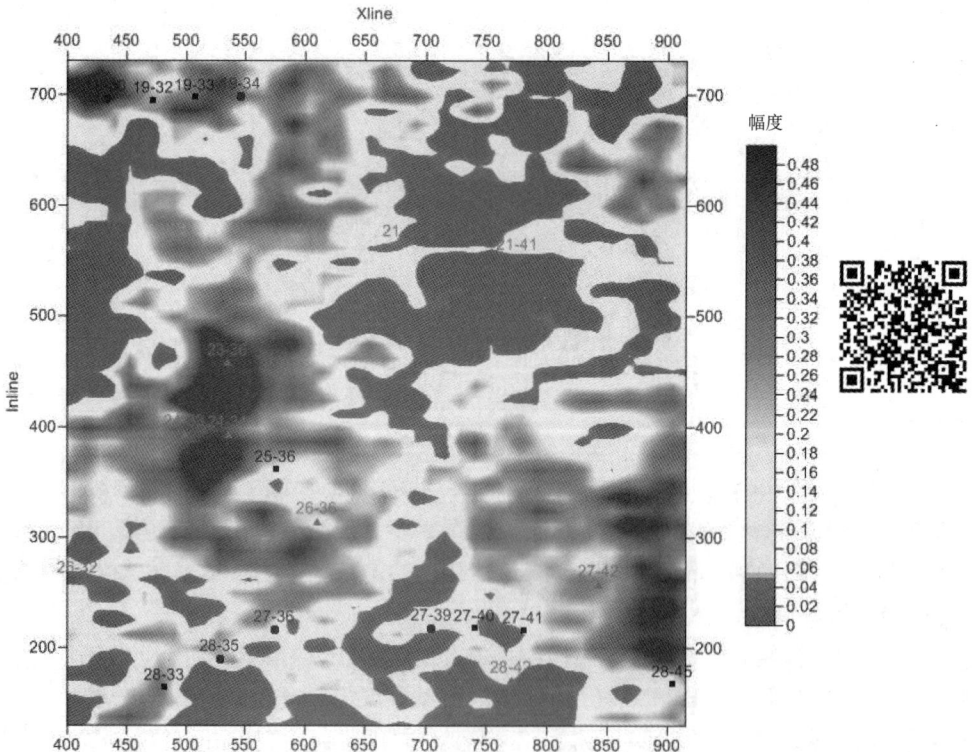

图 3-6-18　盒 8 段储层处 IMF1 分量地层吸收数据体归一化振幅横向分布图(HHT)

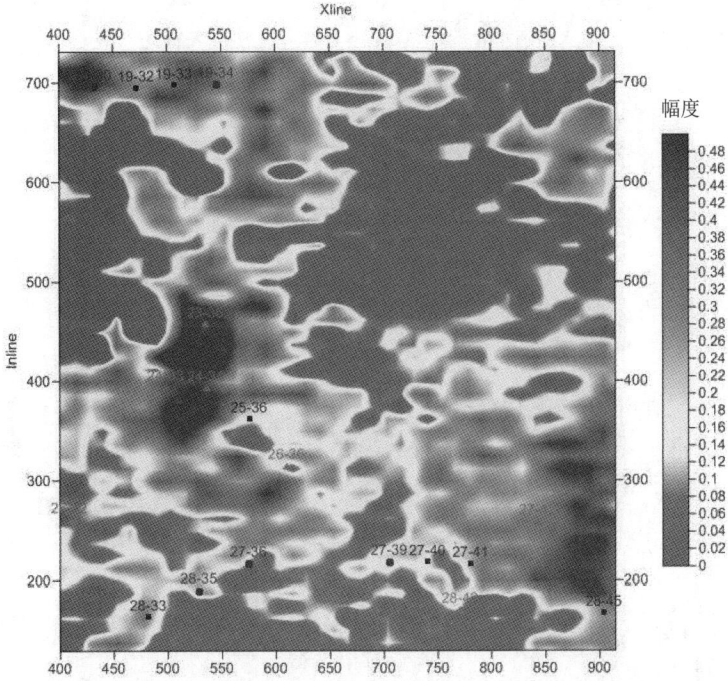

图 3-6-19　盒 8 段储层处 IMF1 分量地层吸收数据体归一化振幅横向分布图(EMD/TK)

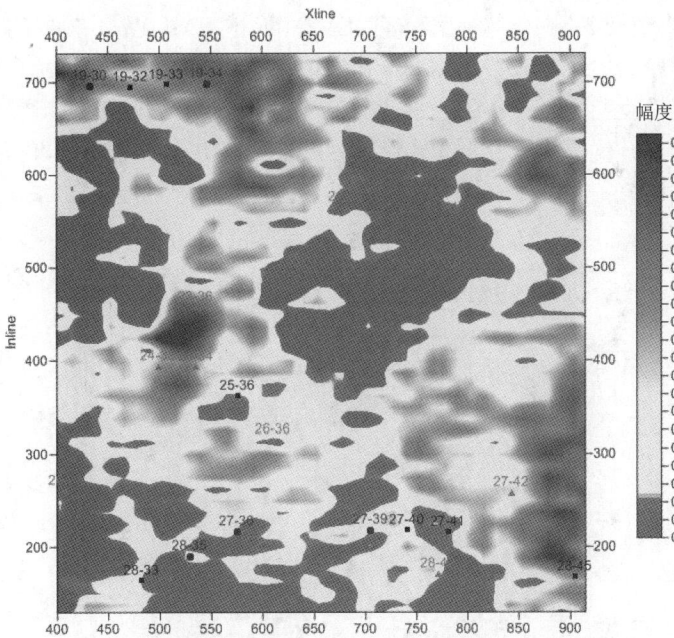

图 3-6-20　盒 8 段储层处 IMF1 分量地层吸收数据体归一化振幅横向分布图(EMDWave)

从图 3-6-18～图 3-6-20 可以看到，一类井和二类井都处于较强能量处(图中黄色到红色所示区域)，大部分三类井处于较强能量处，个别三类井处于弱能量处。

2) 基于 EMDWave 方法提取的衰减梯度分布特征

图 3-6-21 为基于 EMDWave 算法提取的盒 8 段储层处的衰减梯度。

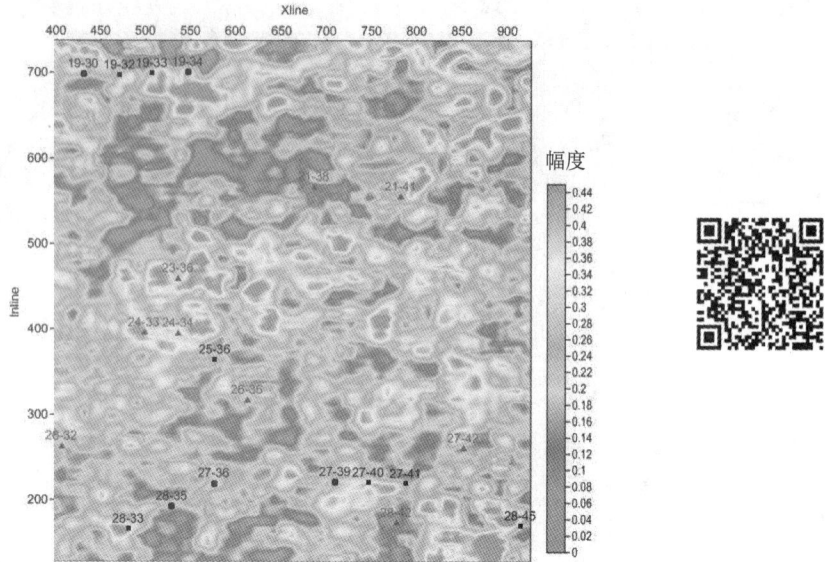

图 3-6-21   盒 8 段储层处的衰减梯度

由图 3-6-21 可知，一类井和二类井处于强衰减区，大部分三类井也处于衰减较强区，说明多数井是较好的储层。

2. 盒 8 段有利储层综合预测及评价

通过对 3.6.3 小节及 3.6.4 小节利用 HHT、EMD/TK 和 EMDWave 提取的分频属性和在分频数据体基础上提取的地层吸收数据体归一化幅值以及衰减梯度属性的综合研究，认为这几个属性对储层含气性反应是很灵敏的。将 3.6.4 小节利用 HHT、EMD/TK 和 EMDWave 提取的地层吸收数据体归一化幅值以及衰减梯度属性归一化到 0 至 1 之间后再相加，并经过插值和平滑处理，得到研究工区基于 EMD 时频分析方法的有利含气性分布，如图 3-6-22 所示。

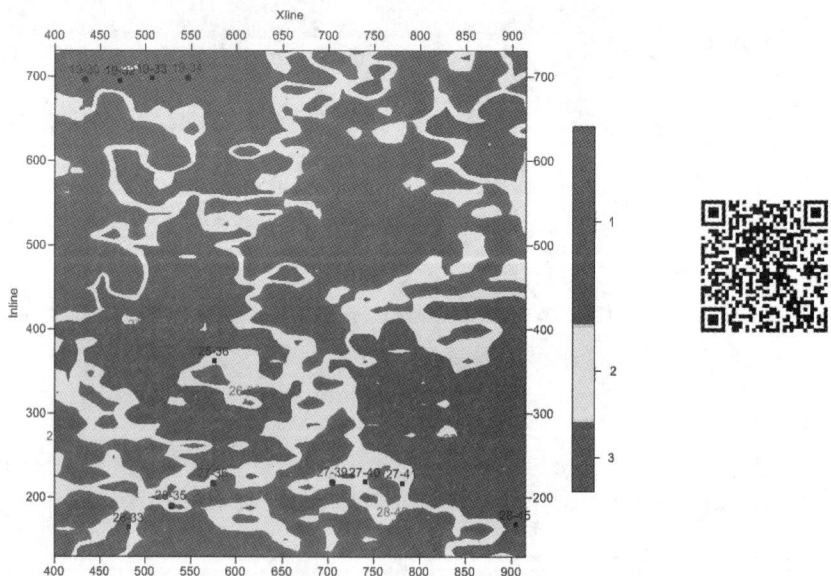

图 3-6-22   盒 8 段基于 EMD 时频分析方法的有利含气性分布图

从图 3-6-22 可以看出，一类井和二类井均位于较好储层处(图中黄色和红色所示区域)，大部分三类井位于较好储层处。

本章参考文献

ANDERSON A L, HAMPTON L D. 1980a. Acoustics of gas‐bearing sediments I. Background [J]. The Journal of the Acoustical Society of America, 67(6): 1865-1889.

ANDERSON A L, HAMPTON L D. 1980b. Acoustics of gas‐bearing sediments. II. Measurements and models [J]. The journal of the acoustical society of America, 67(6): 1890-1903.

BEDROSIAN E. 1963. A product theorem for Hilbert transforms [J]. Proceedings of the IEEE, 51(5): 868-869.

BOASHASH B. 1992. Estimating and interpreting the instantaneous frequency of a signal. I. Fundamentals [J]. Proceedings of the IEEE, 80(4): 520-538.

CASTAGNA J P, SUN S, SIEGFRIED R W. 2003. Instantaneous spectral analysis: Detection of low-frequency shadows associated with hydrocarbons [J]. The Leading Edge, 22(2): 120-127.

COHEN I. 1995. Time-frequency analysis: theory and application [M]. Eaglewood Cliffs: Prentice Hall, 25-27.

DE MATOS M C, Johann P R S. 2007. Revealing geological features through seismic attributes extracted from the wavelet transform Teager-Kaiser energy [C]. 2007 SEG Annual Meeting.

DE MATOS M C, Marfurt K J, Johann P R S, et al. 2009. Wavelet transform Teager-Kaiser energy applied to a carbonate field in Brazil [J]. The Leading Edge, 28(6): 708-713.

DOMENICO S N. 1974. Effect of water saturation on seismic reflectivity of sand reservoirs encased in shale [J]. Geophysics,39(6): 759-769.

DUCHESNE M J, HALLIDAY E J, BARRIE J V. 2011. Analyzing seismic imagery in the time-amplitude and time-frequency domains to determine fluid nature and migration pathways: A case study from the Queen Charlotte Basin, offshore British Columbia [J]. Journal of Applied Geophysics,73(2): 111-120.

EBROM D. 2004. The low-frequency gas shadow on seismic sections [J]. The Leading Edge, 23(8): 772-772.

HAMILA R, RENFORS M, HAVERINEN T, et al. 2000. Teager-kaiser operator based filtering [C]. European signal processing conference: 1545-1548.

HASSAN H. 2005. Empirical Mode Decomposition (EMD) of potential field data: airborne gravity data as an example [C]. SEG/ Houston 2005 Annual Meeting: 704-706.

HUANG N E, WU Z, LONG S R, et al. 2009. On instantaneous frequency [J]. Advances in

Adaptive Data Analysis 1 (2): 177-229.

HUANG N E, SHEN Z, LONG S R, et al. 1998. The empirical mode decomposition and the Hilbert spectrum for nonlinear and non-stationary time series analysis [J]. Proceedings of the Royal Society of London. Series A: Mathematical, Physical and Engineering Sciences, 454(1971): 903-995.

HUANG N E, WU Z. 2008. A review on Hilbert-Huang transform: Method and its applications to geophysical studies [J]. Reviews of Geophysics, 46(2): RG2006.

HUANG Y P, GENG J H, ZHONG G F, et al. 2011. Seismic attribute extraction based on HHT and its application in a marine carbonate area [J]. Applied Geophysics, 8(2): 125-133.

KAISER J F. 1990. On Teager's energy algorithm and its generalization to continuous signals [C]. Proc. 4th IEEE digital signal processing workshop.

KORNEEV V A, GOLOSHUBIN G M, DALEY T M, et al. 2004. Seismic low-frequency effects in monitoring fluid-saturated reservoirs [J]. Geophysics, 69(2): 522-532.

MAGRIN-CHAGNOLLEAU I, BARANIUK R G.1999. Empirical mode decomposition based time-frequency attributes [C]. SEG Technical Program Expanded Abstracts, 1949-1952.

MARAGOS P, KAISER J F, QUATIERI T F. 1992. On separating amplitude from frequency modulations using energy operators [C]. IEEE International Conference on Acoustics, Speech, and Signal Processing, 1-4.

MARAGOS P, KAISER J F, QUATIERI T F. 1993a. Energy separation in signal modulations with application to speech analysis [J]. IEEE Transactions on Signal Processing, 41(10): 3024-3051.

MARAGOS P, KAISER J F, QUATIERI T F. 1993b. On amplitude and frequency demodulation using energy operators [J]. IEEE Transactions on Signal Processing, 41(4): 1532-1550.

MITCHELL J T, DERZHI N, LICHMA E. 1996. Energy absorption analysis: A case study [C]. Expanded Abstracts of 66th Annual Internat SEG Mtg. 1785-1788.

NUTTALL A H, BEDROSIAN E. 1966. On the quadrature approximation to the Hilbert transform of modulated signals [J]. Proceedings of the IEEE, 54(10): 1458-1459.

PARTYKA G, GRIDLEY J, LOPEZ J. 1999. Interpretational applications of spectral decomposition in reservoir characterization [J]. The Leading Edge, 18(3): 353-360.

POTAMIANOS A, MARAGOS P. 1994. A comparison of the energy operator and the Hilbert transform approach to signal and speech demodulation [J]. Signal Processing, 37(1): 95-120.

SHEKEL J. 1953. Instantaneous frequency [J]. Proceedings of the IRE, 41(548): 426.

SMITH J S. 2005. The local mean decomposition and its application to EEG perception data [J]. Journal of the Royal Society Interface, 2(5): 443:454.

TANER, M T, KOEHLER F, SHERIFF R E. 1979. Complex seismic trace [J]. Geophysics, 44 (6):1041-1063.

XIONG X J, HE X L, PU Y, et al. 2011. High-precision frequency attenuation analysis and its application [J]. Applied Geophysics, 8(4): 337-343.

XUE Y J, CAO J X, TIAN, R F 2013. A comparative study on hydrocarbon detection using three EMD-based time-frequency analysis methods [J]. Journal of Applied Geophysics, 89:108-115.

XUE Y J, CAO J X, TIAN R F. 2014a. EMD and Teager-Kaiser energy applied to hydrocarbon detection in a carbonate reservoir [J]. Geophysical Journal International, 197(1): 277-291.

XUE Y J, CAO J X, TIAN R F, et al. 2014b. Application of the empirical mode decomposition and wavelet transform to seismic reflection frequency attenuation analysis [J]. Journal of Petroleum Science and Engineering, 122: 360-370.

薛雅娟. 2014. 地震信号时频分析及其在储层含气性检测中的应用研究[D]. 成都理工大学.

第 4 章 基于经验模态分解衍生算法的烃类检测方法

本章在分析 EMD 及其衍生算法(EEMD、CEEMD 算法)的基础上，结合地震属性提取和储层含气性检测的实际需求，研究了在弱含气储层响应情况下，如何利用基于 EEMD 和 CEEMD 的自适应随机信号处理算法提取地球物理信息，并在此基础上发展了基于 EEMD 和 CEEMD 的油气储层地震预测和含气性检测方法技术。

4.1 模态混叠及其对储层含气信息提取的影响

4.1.1 EMD 方法存在的问题及解决方法探讨

EMD 算法是简单的，在很多其他方法不能解决的情况下可以给出很好的结果；但是，它也有一些与算法中的假设相关的缺陷，从而导致可能一些意外的结果。

从 EMD 分解步骤中我们可以看到，该算法中几个主要的步骤是：

(1) 极值点的位置；

(2) 极值点插值方法；

(3) 端点效应；

(4) 筛选停止准则；

(5) IMF 移除。

EMD 算法中的每一关键步骤算法的不同，都将导致最终结果的不同。

对于极值点位置确定问题，尽管大多数数据来源于连续时间过程，但实际上算法中操作的是量化的离散时间信号。当处理这种类型信号的时候，为了保证正确识别极值点位置，一些特殊的关注是必须的。大部分的连续波形的真实极值将落在抽样值之间，并不会被正确识别出来。为了避免这种困难，RILLING G et al.(2003)提出应用过采样来解决。

插值函数的选择对 IMF 估计的影响也是非常大的。不过，即使我们做了一个正确的选择，近似效应很大程度上还是取决于极值点的计算并且也将导致一些不必要的结果。比如，包络线样条逼近的过冲和俯冲作用将导致产生新的极值，从而影响原来极值的位置和大小。

端点效应决定了如何处理样值点的第一个和最后一个点，并将影响到最终的分解，通常有以下做法：

(1) 我们可以将它们同时作为最大值和最小值(这将迫使所有的 IMF 在这些点处为 0)；

(2) 我们可以根据最近的极值点将它们作为最大值或最小值，旨在保证最大值和最小值之间的交替性。

停止准则是保证一个完整的信号移除来获得一个"真正的"IMF。如果一个 IMF 没有正确计算到，我们将给剩下的信号分量"增加"分量，从而在随后的 IMF 中表现出该分量。因此，停止准则的选择也是至关重要的一个问题。

EMD 分解没有解析公式，它是一个基于计算的算法。其执行将遵照算法的细节。算法中每个步骤的不同都将导致结果的不同。当相同的信号用不同的 EMD 方法分解时，我们可能获得不同的结果。为了保证一致性和可以对不同的结果进行比较，不同的算法应该是等效的。各种改进方法的目标是建立 EMD 的算法框架，尽量减少频谱混叠、IMF 分解个数的差异和在已有 IMF 分量中产生了新的添加分量等问题。因此，一般为了检验各种 EMD 算法及其改进方法的效果，有以下的指导性原则(RATO R T et al.，2008)：

(1) 一个信号中所有样值点乘以一个常数值后获得的 IMF 集应该等于原始信号的 IMF 集乘以相同的常数值；

(2) 改变信号的均值，应当只会改变最后一个 IMF 的趋势，其他 IMF 不会改变；

(3) 一个 IMF 分量的 EMD 分解过程应该是它本身。

基于 EMD 的谱分解算法已经被成功应用于烃类检测。然而，出现在 EMD 算法筛选过程中的模态混叠，会导致"真正的"本征模态函数(IMF)被错误地提取出来，从而导致 IMF 的物理意义模糊。本章重点讨论模态混叠对基于经验模态分解的烃类检测算法的影响，同时，引入克服模态混叠的算法：聚合经验模态分解算法(EEMD)和完备聚合经验模态分解算法(CEEMD)，作为识别超过平均振幅的最大振幅属性体和峰值频率属性体的有效工具。在基于经验模态分解的高亮体属性中将采用三种 IMF 优选方案：使用所有的 IMF 分量，使用相关性优选的 IMF 分量和使用相关性加权的 IMF 分量。

4.1.2　基于 EMD、EEMD 和 CEEMD 的有效 IMF 优选算法研究

1. 模态混叠

EMD 的筛选过程可以很好地基于时间尺度特性从信号中隔离出局域模态的最好尺度或最高频率。然而，由于信号中极值点的存在和分布决定了信号包络，且 EMD 分解产生的每个 IMF 信号依赖于上包络和下包络，异常事件的存在会导致局域极值点的异常分布且会进一步导致模态混叠。模态混叠意味着一个 IMF 信号包含多个时间尺度，或者相似的内在时间尺度出现在不同的 IMF 分量中，这会导致相邻的两个 IMF 波形混叠从而影响彼此，使得相邻的 IMF 分量很难区分。模态混叠是传统 EMD 方法中存在的一个明显问题，相关研究表明，模态混叠现象主要由间歇现象引起(HUANG N E et al.，2003)，而引起间歇现象的往往是异常事件，如间断信号、脉冲干扰和噪声等。

在储层含气性检测中，模态混叠会致使分解产生的原始地震信号的 IMF 分量物理意义模糊，地质意义不明确。那么，在基于经验模态分解类的算法中采用什么方案会减少模态混叠的影响以及模态混叠主要会影响到地震属性的哪种属性体，是我们需要深入研究和进

一步明确的(XUE Y J et al.，2016a)。

2. EEMD 算法、CEEMD 算法和 EMD 算法的比较

这里，首先以一个包含三个高频中断事件的低频正弦信号(见图 4-1-1(c))为例来比较分析三种方法。该合成记录经过 EMD 分解后得到的结果如图 4-1-1 所示。

从图 4-1-2 中可以看到，经过 EMD 分解后产生的第一个 IMF 信号既不能表征低频正弦信号，也不能表示高频中断信号，该 IMF 信号发生了严重的模态混叠情况，从而导致该 IMF 信号的物理意义不明确，也导致后续的 IMF 信号失真，物理意义不清晰。该合成记录经过 EEMD 和 CEEMD 分解后得到的结果分别如图 4-1-3 和图 4-1-4 所示。

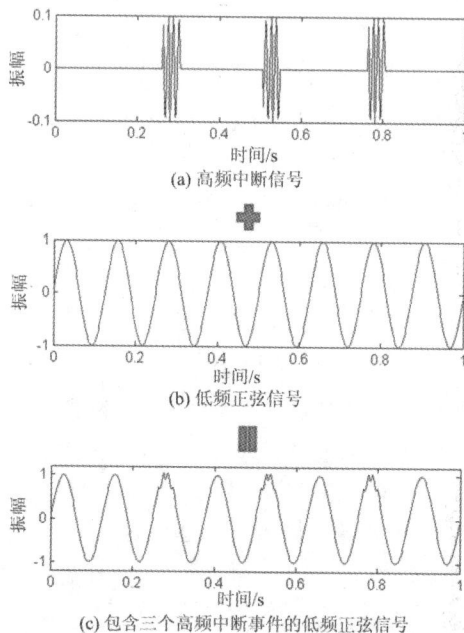

(a) 高频中断信号

(b) 低频正弦信号

(c) 包含三个高频中断事件的低频正弦信号

图 4-1-1   合成记录

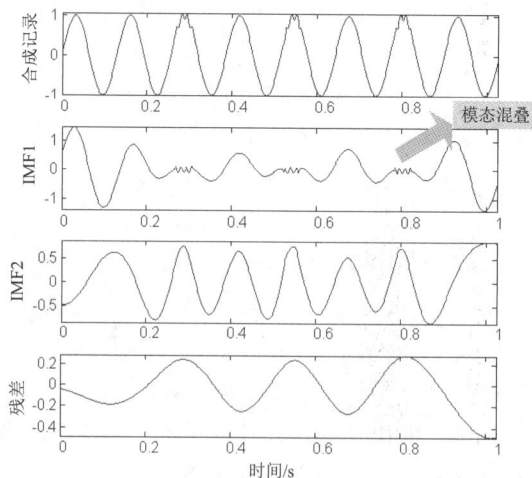

图 4-1-2   经过 EMD 分解后得到的结果

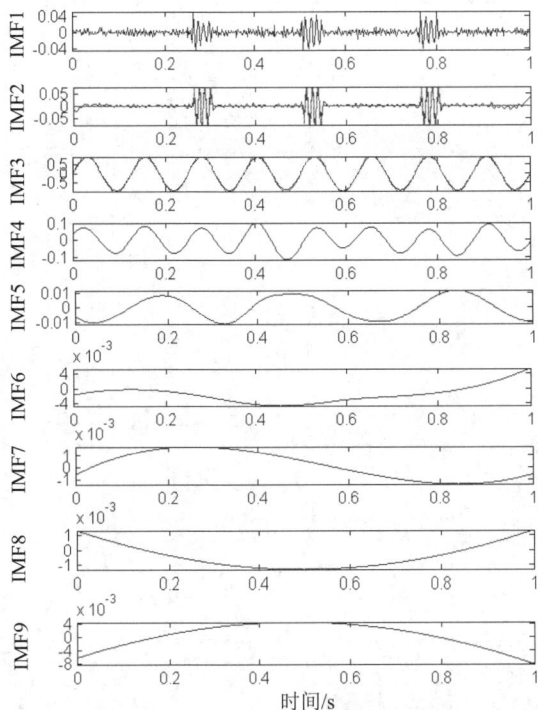

图 4-1-3　经过 EEMD 分解后得到的结果　　　图 4-1-4　经过 CEEMD 分解后得到的结果

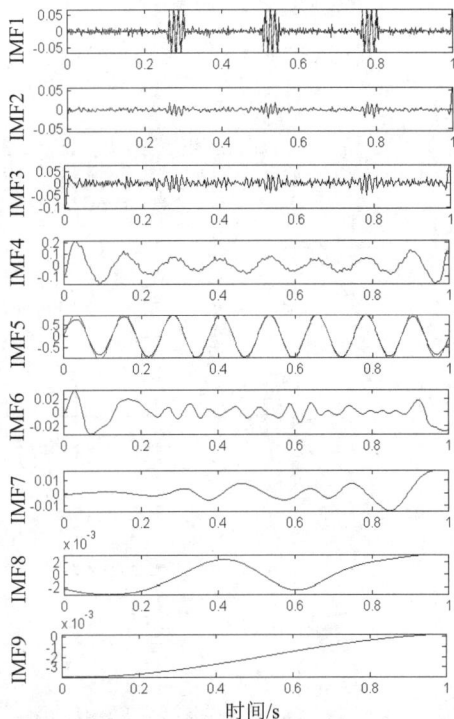

从图 4-1-3 中可以看到，EEMD 方法首先将高频中断信号提取出来(IMF2)，然后将低频正弦信号提取出来(IMF3)，克服了模态混叠现象，使得提取出来的 IMF 信号物理意义更明确、清晰。在图 4-1-4 的 CEEMD 方法中，可以看到 IMF1 主要体现了高频中断信号，而 IMF5 主要体现了低频正弦信号，同样 CEEMD 方法分解出了物理意义清晰的 IMF 信号。从以上实例中可以看到，EEMD 算法和 CEEMD 算法很好地克服了 EMD 算法中的模态混叠现象，可以使得分解得到的 IMF 信号物理意义更为明确、清晰。

接下来，以图 4-1-5 所示合成记录进行分析。图 4-1-5 所示为一个低频正弦信号中在 0.1 s、0.3 s 和 0.5 s 处叠加了不同频率的雷克子波后合成的地震记录。

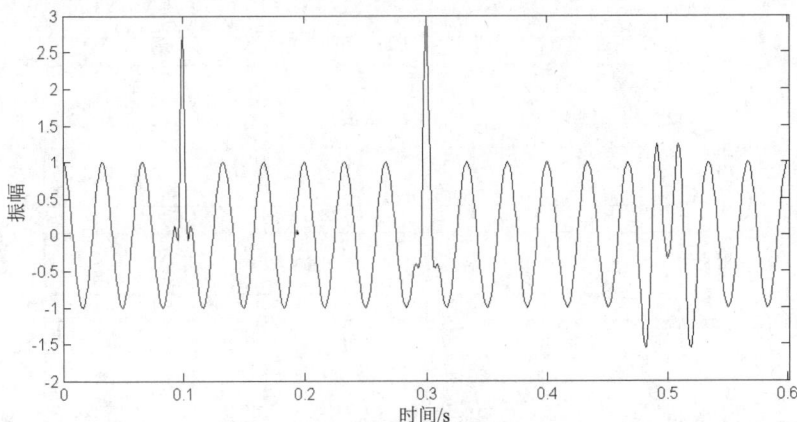

图 4-1-5　合成的地震记录

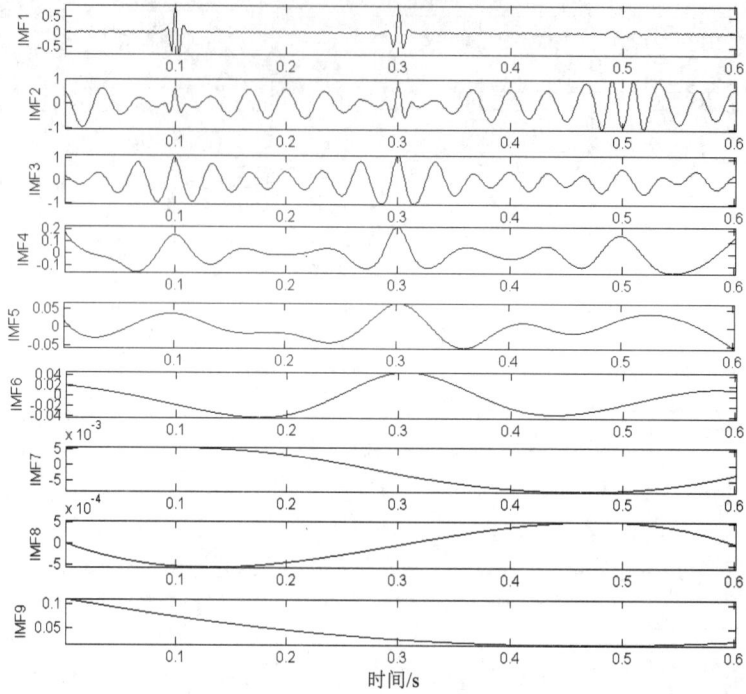

图 4-1-6   EEMD 分解结果

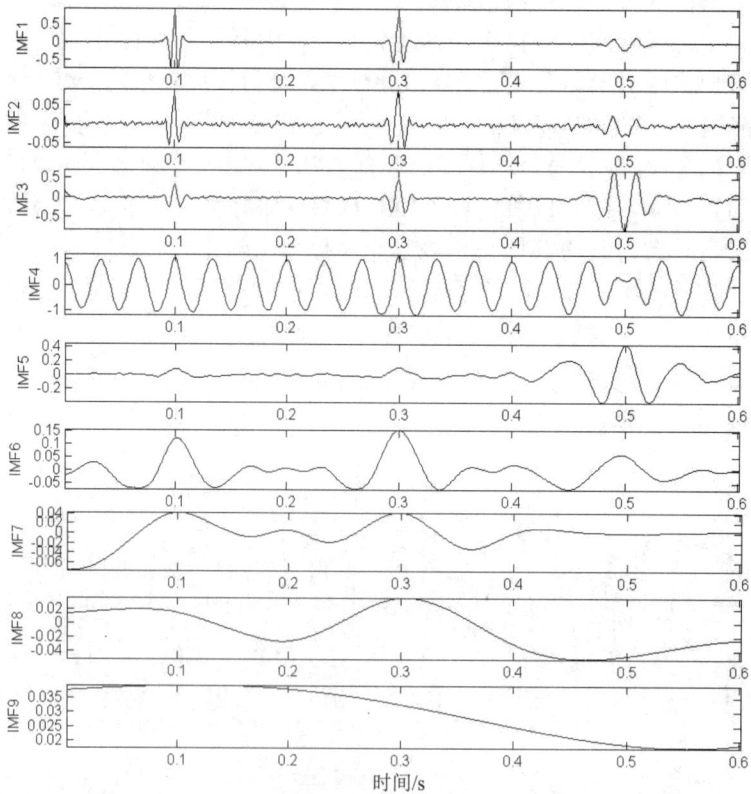

图 4-1-7   CEEMD 分解结果

图 4-1-6 和图 4-1-7 所示为该合成的地震记录经过 EEMD 和 CEEMD 分解后的结果，从中可以看到，雷克子波被单独提取出来作为一个独立的 IMF 分量了，这一点可以认为是 EEMD 和 CEEMD 方法的超分辨率的表现。同时可以看到，雷克子波被单独提取出来作为一个独立 IMF 分量会掩盖真实地震子信号的带宽。这一事实也会导致我们在发展基于 EEMD 和 CEEMD 的含气性检测方法时必须选择多个 IMF 信号。而在 EMD 方法中，一般我们只需要优选出最能反映含气信息和细节信息的一个 IMF 分量进行储层预测就足够了。因此，我们可以看到基于 EMD 的含气性检测方法不能照搬到基于 EEMD 和 CEEMD 的方法中来。

3. 基于 EEMD 和 CEEMD 的有效 IMF 优选算法

不同 IMF 选择方案各有侧重。这里采用三种 IMF 选择方案进行分析。

(1) 使用所有的 IMF 分量。当使用所有的 IMF 分量进行储层预测时，由于包含了所有频率成分的 IMF 信号，因此，EMD 的模态混叠效应的影响不明显，EMD 方法与 EEMD 和 CEEMD 方法得到的地震属性类似。这种方案提供了 EEMD 和 CEEMD 应用于含气性检测的一种方案，同时这种 IMF 选择方案将弱化经验模态分解方法含气信息和细节信息的突显能力。

(2) 使用基于相关性选择的 IMF 分量。该方法优选出相关性大于 0.6 的、与原始地震信号具有强相关性的 IMF 分量进行分析。当使用基于相关性选择的 IMF 分量时，由于优选了部分强相关性的 IMF 分量，因此该方案具有突出含气信息和细节信息的能力；同时，由于使用了部分频段的信号，模态混叠现象将在 EMD 方法中有所体现，克服模态混叠的方法根据其算法和克服模态混叠的程度将影响相应地震属性的提取，从而影响储层厚度的检测等。

(3) 使用基于相关性加权的 IMF 分量。

该方法采用式(4-1-1)所示的加权方案：

$$W_c = \begin{cases} 1, |R| \geqslant 0.6 \\ 10^{-1}, 0.2 \leqslant |R| < 0.6 \\ 10^{-2}, |R| \leqslant 0.2 \end{cases} \tag{4-1-1}$$

地震道与 IMF 分量的相关系数不小于 0.6 时，保留原 IMF 分量，当地震道与 IMF 分量的相关系数小于 0.6 时，采用对数加权方式。这种方案的优点在于使用了全部频段的信号，通过加权方式凸显了原始地震信号的主要成分。

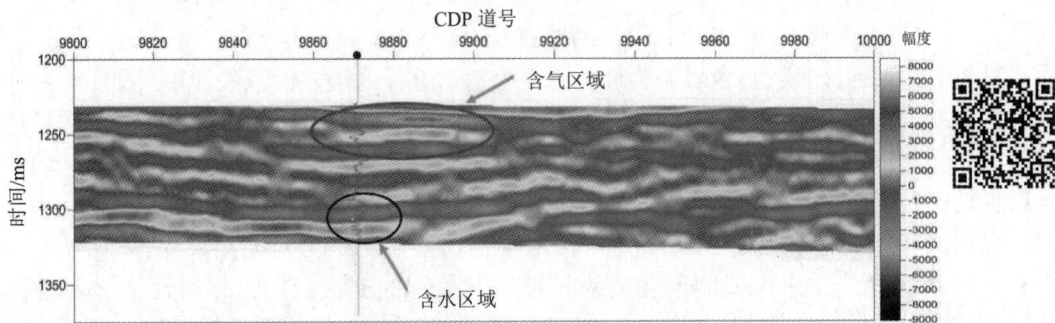

图 4-1-8　川中蓬莱地区某致密砂岩储层目标层段过井剖面图

(a) EMD

(b) EEMD

(c) CEEMD

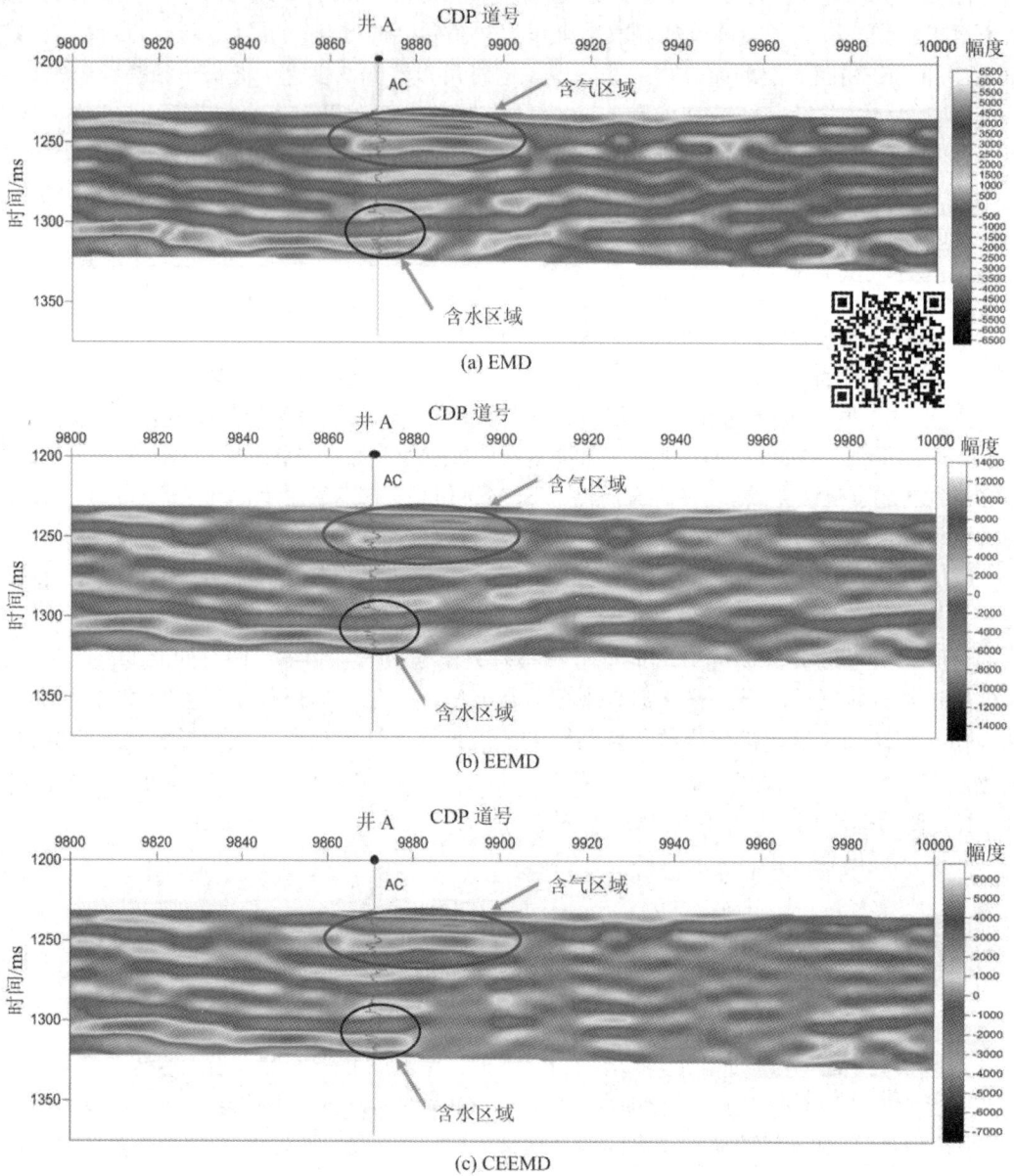

图 4-1-9 经过基于相关性选择的 IMF 分量重构子信号比较

以川中蓬莱地区某致密砂岩储层过井剖面为例,进行处理分析。该过井剖面中,井所处位置上部含气、下部含水。目标层段原始地震剖面如图 4-1-8 所示。采用基于相关性选择的 IMF 优选方法,结果如图 4-1-9 所示。从图中可以看到,经过优选后含气、水区域的反射特征得到了加强。

采用基于相关性加权的 IMF 优选方法后不同方法重构信号对比结果图,如图 4-1-10 所示,井所在含气、水区域的地震反射特征与它周围的地震反射振幅对比明显,与图 4-1-8 中含气、水区域反射特征相比,图 4-1-10 中各种方法都加强了含气、水区域的反射特征。

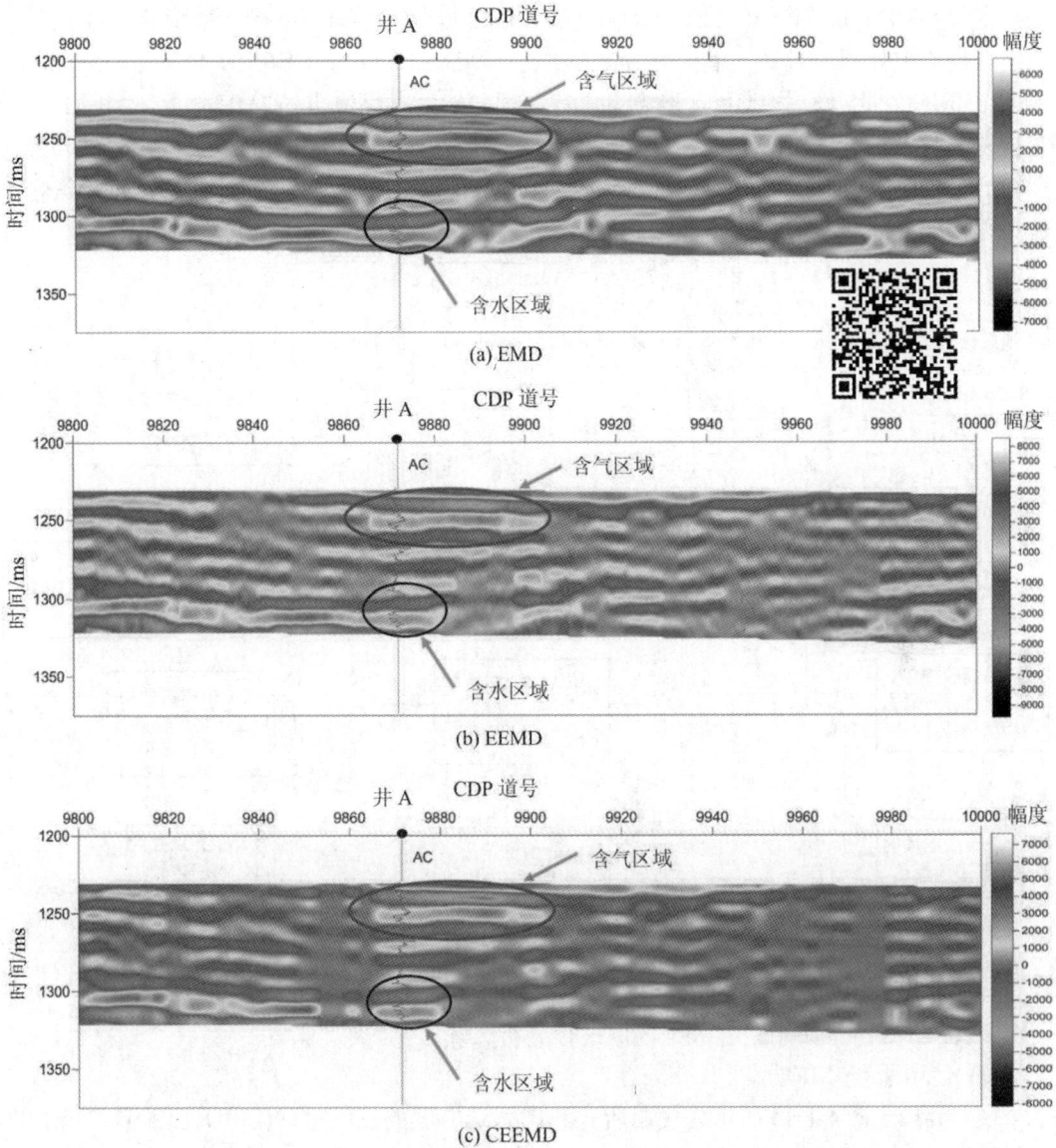

图 4-1-10　经过基于相关性加权的 IMF 分量重构子信号比较

EEMD 和 CEEMD 的特征体现需要进一步结合属性分析进行深入研究，以此探讨基于相关性选择和相关性加权的 IMF 优选方法对油气检测和储层厚度的影响。

4.1.3　不同 IMF 优选方案对基于 EMD、EEMD 和 CEEMD 的高亮体属性的影响

1. 基于 EMD、EEMD 和 CEEMD 的高亮体属性提取方法

高亮体(Highlight volumes)分析技术是 BLUMENTRITT C H 于 2008 年提出的一种储层分析技术。它通过计算两个属性体，分析超过平均振幅值的峰值振幅体和最大振幅处的频率体。超过平均振幅值的峰值振幅体可以有效地表征幅值异常情况，最大振幅处的频率体可以反映地层厚度。

基于 EMD、EEMD 和 CEEMD 的高亮体属性提取方法原理框图，如图 4-1-11 所示。地震数据逐道处理，对每一道地震数据，经过 EMD、EEMD、CEEMD 分解后，对于产生的多个 IMF 分量，采用 IMF 优选方案进行处理，然后对优选出的 IMF 分量，利用 Hilbert 变换生成时频谱。在时频谱中，逐点提取频谱，计算超过平均振幅的最大振幅属性和最大振幅处对应的峰值频率属性。这样逐道逐点处理，最终生成整个数据体的超过平均振幅的最大振幅属性体和峰值频率属性体。

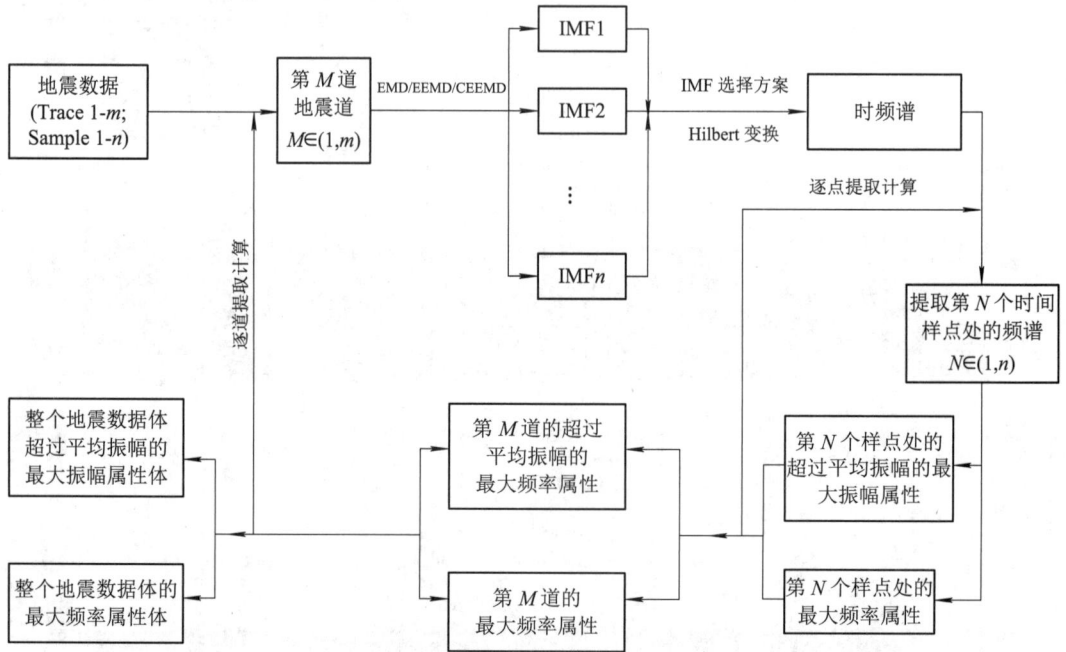

图 4-1-11 基于 EMD、EEMD 和 CEEMD 的高亮体属性提取方法原理框图

2. 不同 IMF 优选方案下高亮体属性对比

以图 4-1-8 所示原始地震数据为例进行分析。

(1) 使用所有 IMF 分量。

图 4-1-12～图 4-1-14 所示为使用所有 IMF 优选方案的三种方法(EMD、EEMD、CEEMD)的结果。

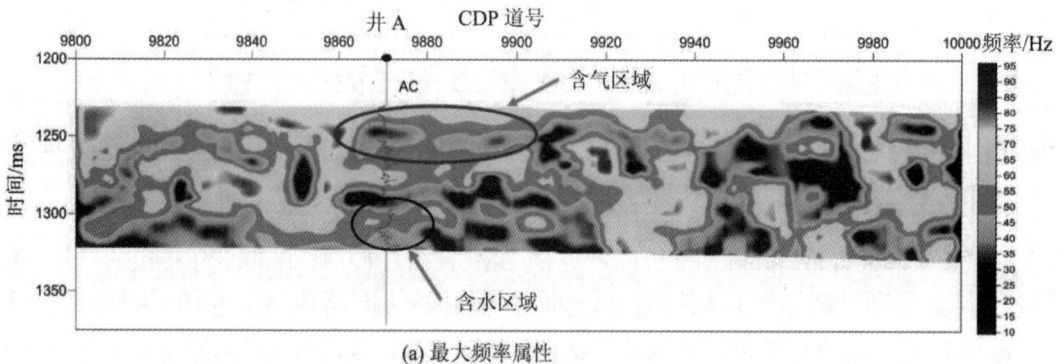

(a) 最大频率属性

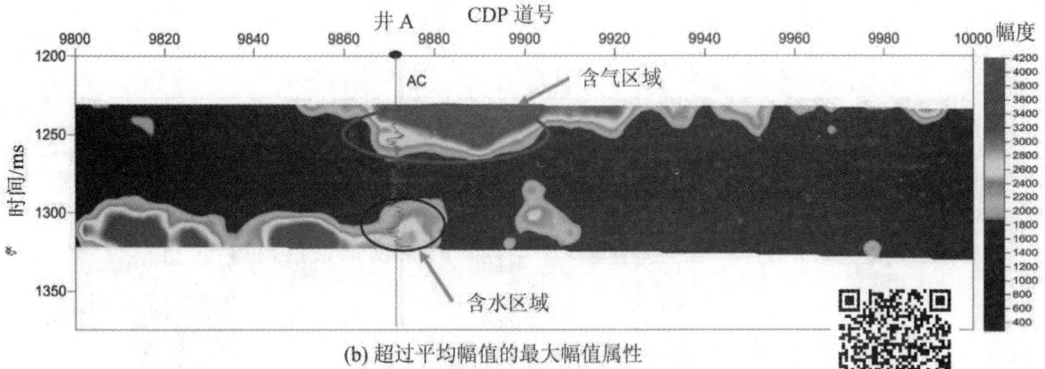

(b) 超过平均幅值的最大幅值属性

图 4-1-12　高亮体属性(EMD 方法)

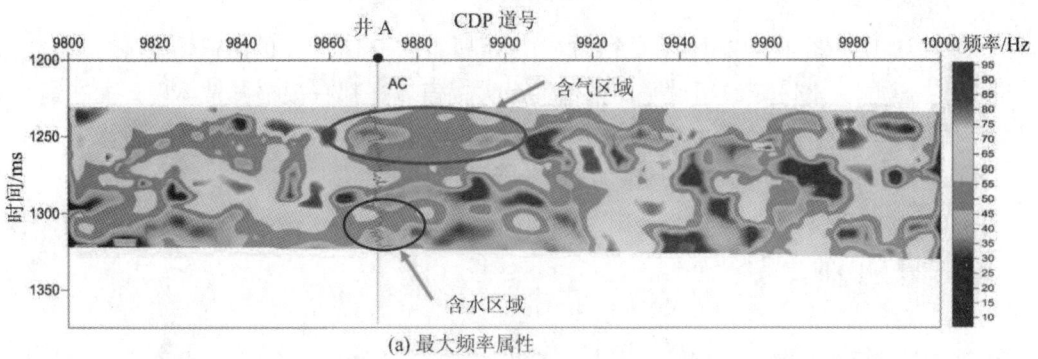

(a) 最大频率属性

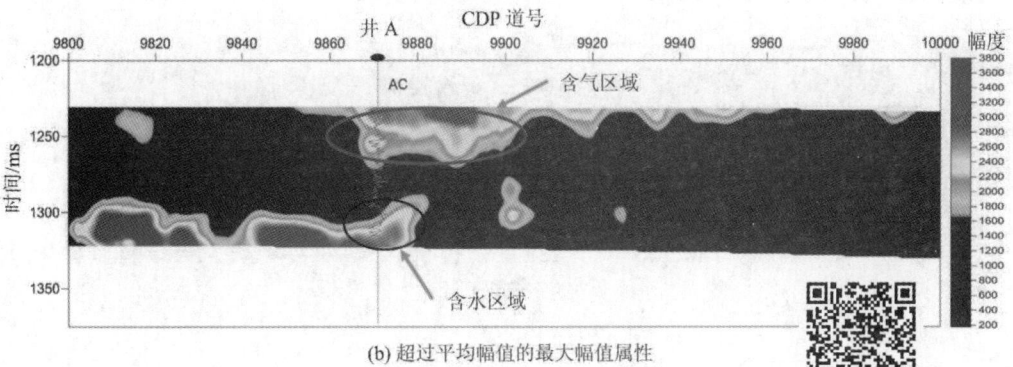

(b) 超过平均幅值的最大幅值属性

图 4-1-13　高亮体属性(EEMD 方法)

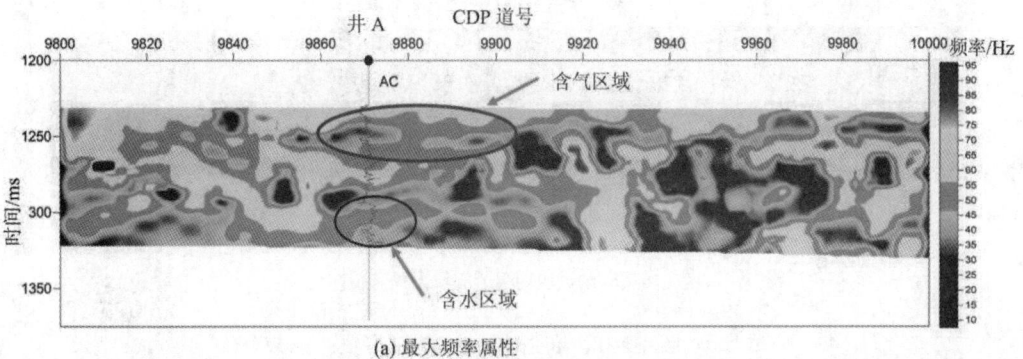

(a) 最大频率属性

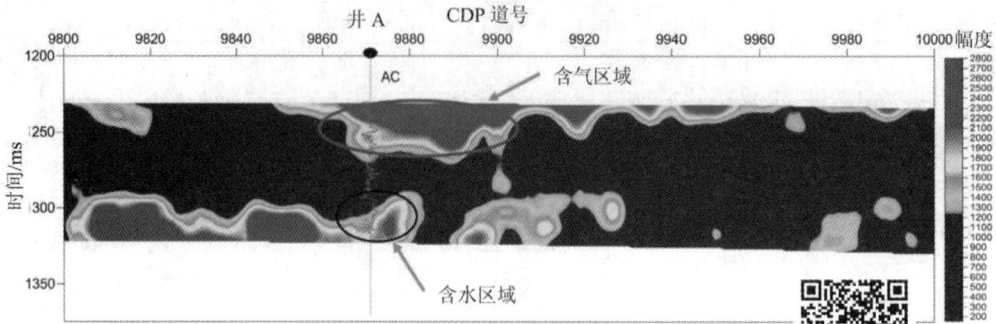

(b) 超过平均幅值的最大幅值属性

图 4-1-14   高亮体属性(CEEMD 方法)

从图 4-1-12～图 4-1-14 中可以看到，当使用所有的 IMF 分量的时候，三种方法给出的结果一致。含气、水区域的超过平均幅值的最大幅值属性都有振幅异常体现，而在最大频率属性体上，含气、水区域位于较低频率段，给出了含气、水区域储层较厚的解释。

(2) 使用基于相关性选择的 IMF 分量。

图 4-1-15～图 4-1-17 所示为使用基于相关性选择的 IMF 优选方案的三种方法(EMD、EEMD、CEEMD)的结果。

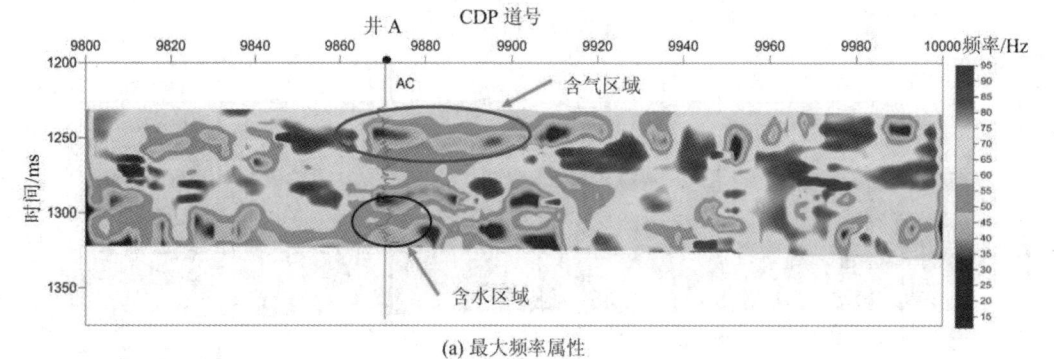

(a) 最大频率属性

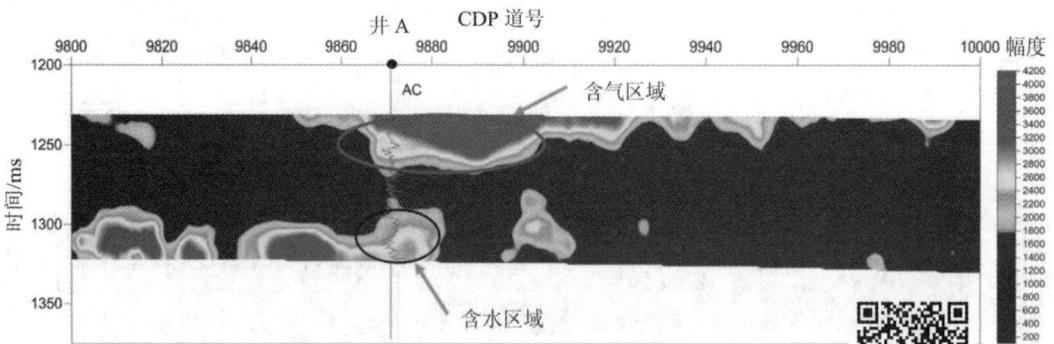

(b) 超过平均幅值的最大幅值属性

图 4-1-15   高亮体属性(EMD 方法)

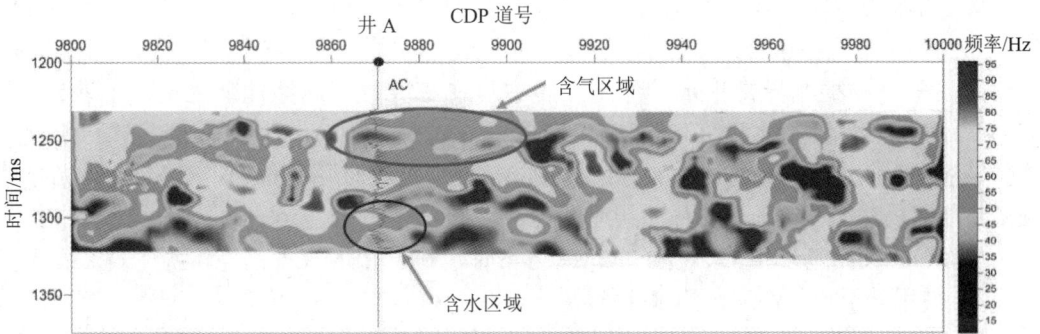

(a) 最大频率属性

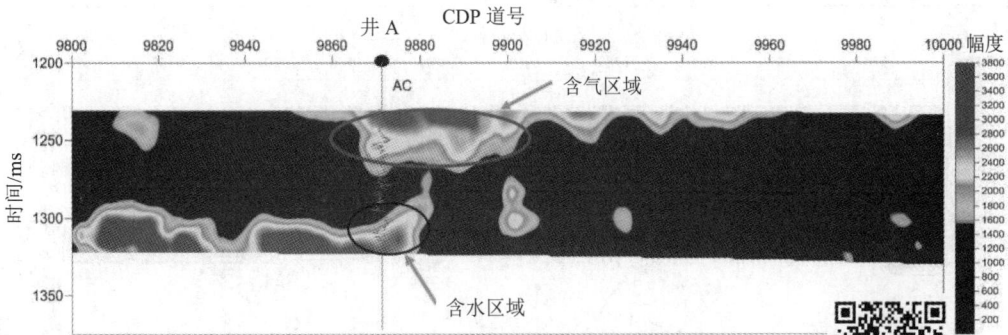

(b) 超过平均幅值的最大幅值属性

图 4-1-16　高亮体属性(EEMD 方法)

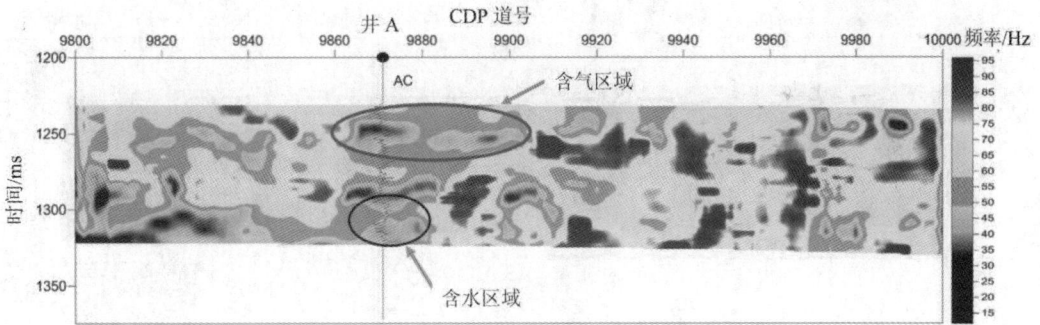

(a) 最大频率属性

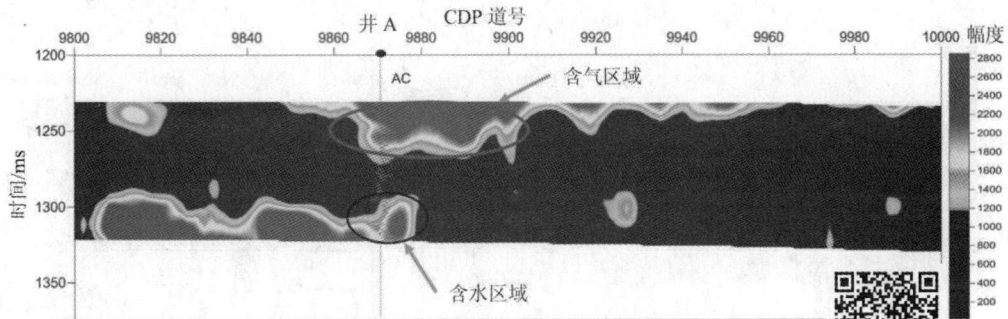

(b) 超过平均幅值的最大幅值属性

图 4-1-17　高亮体属性(CEEMD 方法)

　　从图 4-1-15～图 4-1-17 中可以看到，当使用基于相关性选择的 IMF 方案时，利用优选 IMF 重构的子信号在含气、水区域的地震反射特征更明显，超过平均幅值的最大幅值属性可以给出更好的振幅异常指示，但是三种方法在最大频率属性体上表现出了差异。图 4-1-15(a)和图 4-1-17(a)显示，EMD 和 CEEMD 方法的最大频率属性体中存在强频率(红色)，这些异常频率的存在，使得最大频率属性不能很好地指示储层厚度。而 EEMD 方法的最大频率属性体仍然能够给出较好的储层厚度指示。

　　从而，当使用基于相关性选择的 IMF 方案时，基于 EEMD 的高亮体属性效果最佳。

　　(3) 使用基于相关性加权的 IMF 分量。

　　图 4-1-18～图 4-1-20 所示为使用基于相关性加权 IMF 优选方案的三种方法(EMD、EEMD、CEEMD)的结果。

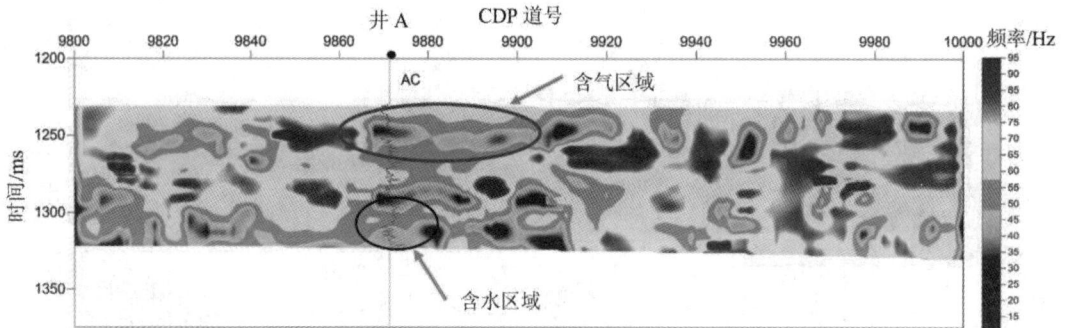

(a) 最大频率属性

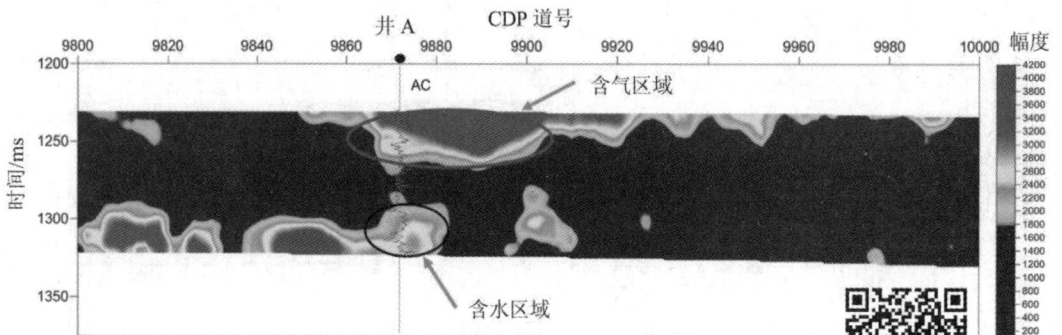

(b) 超过平均幅值的最大幅值属性

图 4-1-18　高亮体属性(EMD 方法)

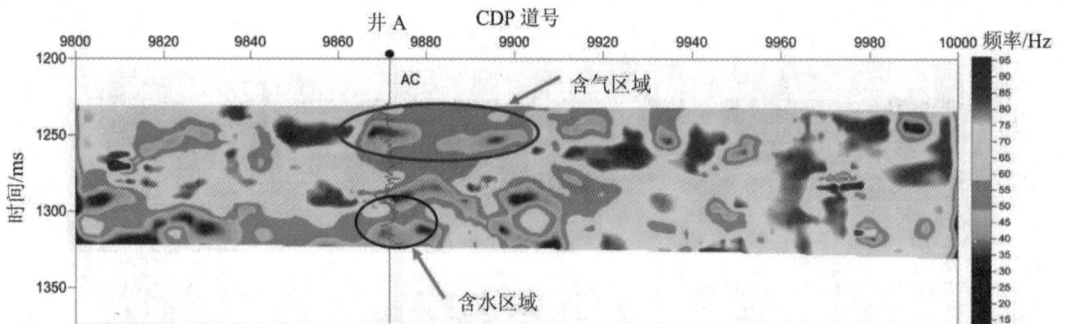

(a) 最大频率属性

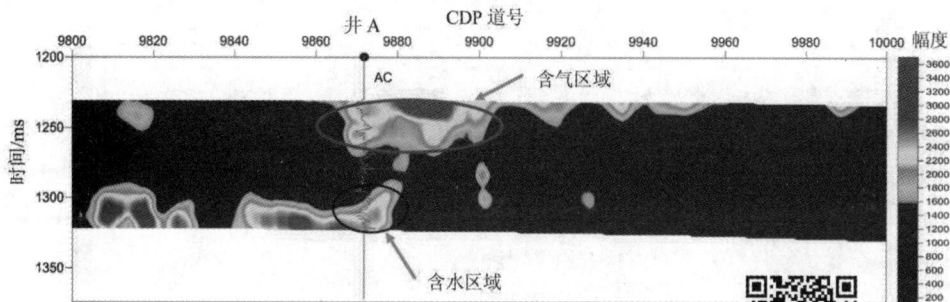

(b) 超过平均幅值的最大幅值属性

图 4-1-19　高亮体属性(EEMD 方法)

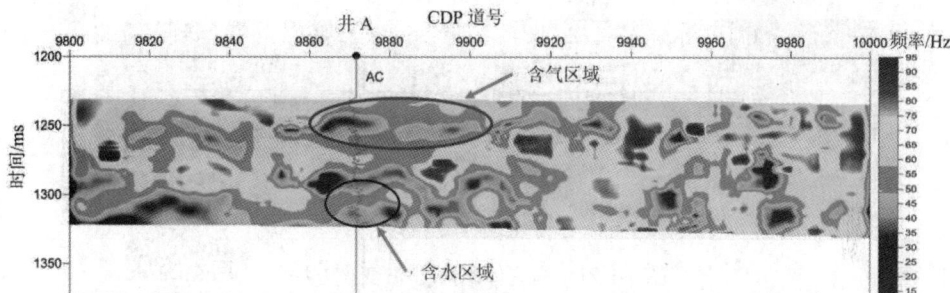

(a) 最大频率属性

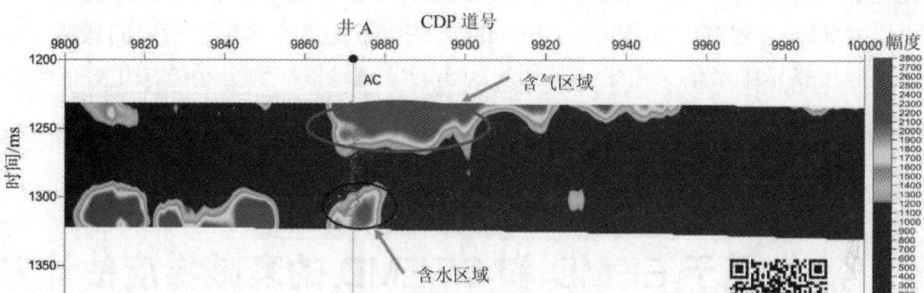

(b) 超过平均幅值的最大幅值属性

图 4-1-20　高亮体属性(CEEMD 方法)

从图 4-1-18～图 4-1-20 可以看到,当使用基于相关性加权的 IMF 方案时,利用加权 IMF 重构的子信号在含气、水区域的地震反射特征更明显,超过平均振幅的最大振幅属性也可以给出更好的振幅异常指示,但是这三种方法同样在最大频率属性体上表现出了差异。图 4-1-18(a)和图 4-1-19(a)显示,EMD 和 EEMD 方法的最大频率属性体中存在强频率(红色),这些异常频率的存在,使得最大频率属性不能很好地指示储层厚度。而 CEEMD 方法的最大频率属性体能够给出较好的储层厚度指示。对比图 4-1-20(b)与图 4-1-12(b)、图 4-1-13(b)、图 4-1-14(b),可以看到,当使用基于相关性加权的 IMF 方案时,幅值异常的指示效果更佳。

从而,当使用基于相关性加权的 IMF 方案时,基于 CEEMD 的高亮体属性效果最佳。

4. 基于经验模态分解的高亮体分析法与传统高亮体分析方法在实际地震数据处理中的对比分析

图 4-1-21 所示为利用小波变换提取的高亮体属性。

(a) 最大频率属性

(b) 超过平均幅值的最大幅值属性

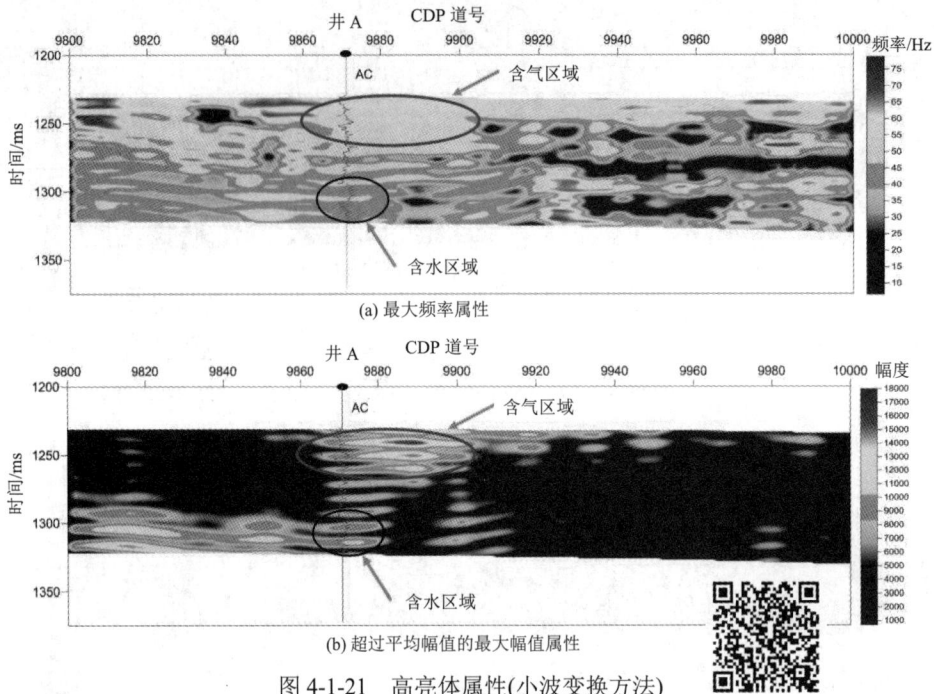

图 4-1-21 高亮体属性(小波变换方法)

对比图 4-1-21 与图 4-1-12～图 4-1-14 使用 EMD、EEMD、CEEMD 方法提取的高亮体属性,可以看到基于 EMD、EEMD、CEEMD 方法提取的高亮体属性给出的振幅异常指示更强,储层厚度指示细节信息更多,从而表现出较常规地震时频分析方法更好的地震属性提取能力。

4.2 基于 EEMD 和 CEEMD 的衰减梯度估计方法

在天然气勘探中,如何从地震信号的瞬时属性中提取更多的有用信息,尤其是利用频率异常信息,并结合地质、测井等资料,来寻找有意义的天然气储集带,是石油物探研究人员一直以来的追求目标,同时也是难点问题。含流体的岩石地层会造成地震波在传播过程中发生能量损失,在含气层的内部及其下部,地震波的能量会发生明显的高频衰减。地震属性衰减估计技术是目前利用地震信号高频衰减异常从地震反射数据进行地质解释及油气指示的一种常用的、有效的含气性预测技术。

衰减梯度分析方法是一类重要的地震属性衰减估计技术,这类方法主要利用地震波能量高频衰减特性进行烃类检测,如能量吸收分析方法(MITCHELL J T, et al., 1996)等。近年来,能量吸收分析方法已被广泛使用(如 MARTÍN N W, et al., 1998; XIONG X J et al., 2011; XUE Y J et al., 2016b; 张景业等, 2010; 张固澜等, 2011; 付勋勋等, 2012; 薛雅娟, 曹俊兴, 2015, 2016),常规的能量吸收分析方法采用两点斜率或线性拟合的方法。为了提高吸收衰减梯度指示油气的有效性，目前大量学者进行了研究。一方面，集中在采用具有更高时频分辨率和聚集性的时频分析方法(如张景业等，2010；XIONG X J et al.，2011；张固澜等，2011；付勋勋等，2012；薛雅娟，曹俊兴，2015，2016)，另一方面，集中在改进线性拟合方法上(如 XIONG X J et al.，2011)。

　　本节主要探讨基于 EEMD 和 CEEMD 的衰减梯度估计算法。由于 EEMD 和 CEEMD 算法的不同，分别采用不同的 IMF 优选方案，结合小波变换、希尔伯特变换、最小二乘法等算法进行衰减梯度估计算法创新以提高精度和准确性。

4.2.1　基于 EEMD 和小波变换的衰减梯度估计算法

1. 基于小波变换的衰减梯度估计方法

　　基于频率衰减属性的能量吸收分析技术是目前利用地震信号的衰减异常进行储层描述、烃类检测的主要解释技术。能量吸收分析技术中用到的主要方法是时频分析方法。这类技术的发展方向是寻求时间分辨率和频率分辨率更高的时频分析方法。小波变换是一种加时变窗的方法，更有利于描述信号的局部特性，相对于其他时频分析方法(如短时傅里叶变换、S 变换等)，在时间定位和频谱分辨率方面都有明显提高。

　　传统的能量吸收分析(EAA)方法(MITCHELL J T et al.，1996)中使用了指数衰减函数 e^{-af} 来估计高频能量吸收的数量，其中 a 为衰减梯度或称作吸收系数，f 为频率。即对于地震信号 $x(t)$ 的小波变换时频分布 $X_w(\tau,f)$，它与衰减梯度 a 的拟合关系可以表示为(MITCHELL J T et al.，1996)

$$X_w(\tau,f) = ce^{-af} \tag{4-2-1}$$

其中，c 为常数。对式(4-2-1)两边取对数有

$$\ln(X_w(\tau,f)) = \ln c - af \tag{4-2-2}$$

然后利用两点斜率计算法(总能量的 65%和 85%)对式(4-2-2)变换后可得衰减梯度为

$$a = \left| \frac{\ln(X_w(\tau,f))_{85\%} - \ln(X_w(\tau,f))_{65\%}}{f_{85\%} - f_{65\%}} \right| \tag{4-2-3}$$

其中，$\ln(X_w(\tau,f))_{85\%}$ 和 $f_{85\%}$ 为总能量 85%处的能量和频率；$\ln(X_w(\tau,f))_{65\%}$ 和 $f_{65\%}$ 为总能量 65%处的能量和频率。EAA 示意图如图 4-2-1 所示。

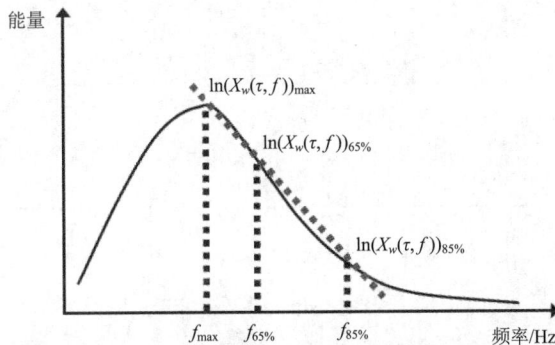

图 4-2-1　EAA 示意图

2. 基于 EEMD 和小波变换的衰减梯度估计方法

为了克服常规经验模态分解(EMD)方法存在的模态混叠的问题,减少由于 EMD 方法模态混叠引起更多的多解性对含气层弱信号识别的影响,这里,利用改进模态混叠处理的聚合 EMD(EEMD)方法,结合小波变换进一步优化地震信号衰减分析技术(薛雅娟,曹俊兴,2016),提取反映碳酸盐岩储层含气特征更多细节信息、更具地质意义的子信号,提高烃类解释的统计意义,实现储层精细描述。

常规的 EAA 技术采用两点斜率计算方法对总能量 65%和总能量 85%的地震波能量及其对应的频率进行曲线拟合,这种方法仅能应用于高信噪比的地震信号或具有比较平滑的频谱的地震信号,对于频谱波动较大的地震信号效果较差,为了改善这种情况,我们采用最小二乘法进行高频段曲线拟合。最小二乘法是对于给定的数据 $y = s(x)$ 的数据点 (x_i, y_i) 求近似曲线 $\phi(x)$ 且使得近似曲线与原曲线 $y = s(x)$ 偏差最小,可以表示为(刘钦圣,1989)

$$\min_{\phi} \sum_{i=1}^{m} \delta_i^2 = \sum_{i=1}^{m} [y_i - \phi(x_i)]^2 \tag{4-2-4}$$

其中,$\delta_i = \phi(x_i) - y \ (i = 1, 2, \cdots, m)$ 是近似曲线在点 (x_i, y_i) 处的偏差。设拟合多项式为

$$\phi(x) = a_0 + a_1 x + \cdots + a_n x^n \quad (n < m)$$

则各点到曲线 $y = s(x)$ 的距离之和(即偏差平方和)为

$$R^2 = \sum_{i=1}^{m} (y_i - \phi(x_i))^2 = \sum_{i=1}^{m} [y_i - (a_0 + a_1 x + \cdots + a_n x^n)]^2 \tag{4-2-5}$$

对式(4-2-5)右边求对于 a_i 的偏导数,列出系数矩阵进行求解,确定拟合系数 a_i 的值,同时,可以生成拟合曲线。图 4-2-2 所示为对于地震波对数谱波动较大的高频部分不同拟合法的拟合效果。

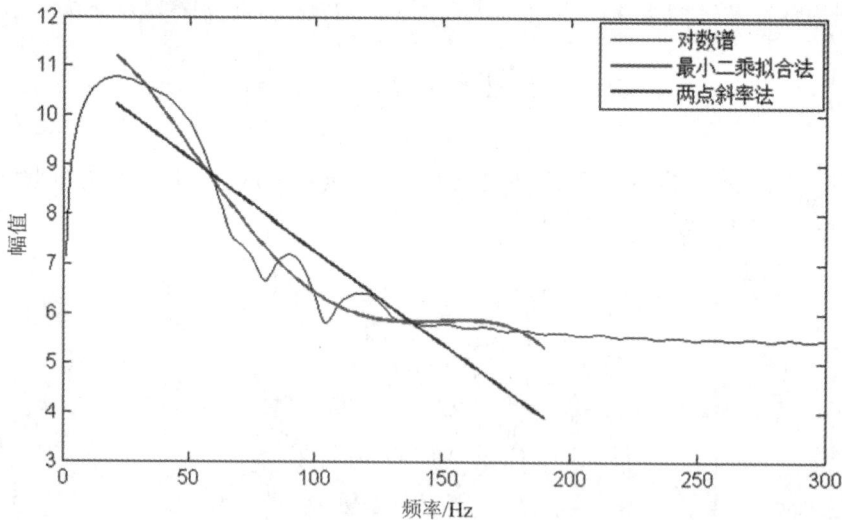

图 4-2-2　不同拟合法对比结果示意图

对地震信号应用结合 EEMD 和小波变换的衰减分析方法的处理流程如图 4-2-3 所示。

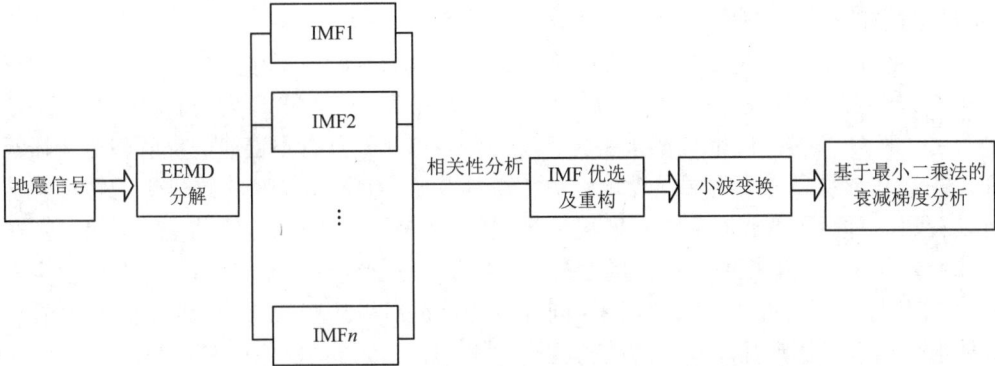

图 4-2-3　基于 EEMD 和小波变换的地震信号衰减分析示意图

基于 EEMD 和小波变换的衰减分析的实现步骤如下。

(1) 对地震信号进行 EEMD 分解。利用相关系数检测生成的各个 IMF 函数与原始地震道之间的相关性，这里选取相关系数大于 0.6，即具有强相关性的 IMF 函数进行重构生成地震道的特征子信号，需要注意的是，这里我们优选的是高频 IMF 成分。基于 EMD 的含气性检测技术主要利用体现细节信息的高频子信号进行弱烃类信息的检测和识别(XUE Y J et al，2014a,b)。

(2) 衰减梯度计算。针对 EEMD 分解后 IMF 信号的特征，采用改进的动态频率域窗函数选取处理方式。逐点计算地震道特征子信号小波时频图中各点处的对数能量，在对数谱中，首先检测该时刻最大能量处的频率 $f_{\max}$ 作为初始衰减频率。由于每个 IMF 信号都是一个窄带信号，优选后的 IMF 特征子信号也是一个带限信号，存在上截止频率，因此，这里我们从初始频率开始，检测对数谱中大于初始衰减频率后的第一个过零点 f_{zero}，计算该时刻的频率值和初始衰减频率的差值 Δf，如果 $\Delta f > 40$ Hz，则计算 $f_{\max} + 40$ 处的频率和对应的对数能量，利用最小二乘法拟合 $[f_{\max}, f_{\max} + 40]$ 区间内的斜率，其绝对值即为该时刻处的衰减梯度；如果 $\Delta f < 40$ Hz，则利用最小二乘法拟合 $[f_{\max}, f_{\text{zero}}]$ 区间内的斜率，其绝对值即为该时刻处的衰减梯度；如果 $\Delta f < 20$ Hz，则利用最小二乘法拟合 $[f_{\max}, f_{\max} + 20]$ 区间内的斜率，其绝对值即为该时刻处的衰减梯度。逐道逐点计算地震数据体的衰减梯度。这里的频率域窗口长度 20 和 40 都为经验值，根据实际情况可调节。

利用经过相关性分析从 EEMD 分解结果中选择出的主要反映原始地震信号主要信息的 IMF 分量信号重构的地震子信号进行衰减分析，减少了噪声，降低了一些变化缓慢、在同一分析层段较为稳定的地层信息等的影响，提高了频率衰减梯度对弱含气信息反映的灵敏度；而最小二乘法在小波衰减梯度估计方法中的使用，可以提高地震信号高频衰减梯度估计的精度。

3. 实际地震资料处理

这里，主要分析川西坳陷深层三叠系××坡组的海相碳酸盐岩储层。据钻井揭露和地震预测，××坡组顶部不整合面风化壳发育有优质碳酸盐岩储层，其厚度较大、分布较广。××坡组顶部储层岩性为灰质粉晶白云岩、含砂屑粉晶白云岩，储集空间为晶间溶孔、粒间溶孔、溶缝，测井解释孔隙度在 4.6%～8.0% 之间，渗透率在 0.13×10^{-3} μm～0.52×10^{-3} μm 之间，地震数据采样率为 2 ms，储层深度约为 5000 m，地震响应微弱，测井资料稀少，储层预测和油气检测较为困难。

图 4-2-4 所示为研究区内一条连井剖面。目标区域位于上下层位之间，该剖面中有三口已知井，储层位置如图中椭圆区域所示。井 A 为强含气井，井 B 为较弱含气井，井 C 为气水同层。其中，井 A 和井 C 在该层段表现为台内滩相，具有不连续的反射和可变振幅的特征；井 B 在该层段表现为局限台地潮坪相，具有低频且较好的横向连续性的特征。从图中可以看到，目标层地震响应微弱，椭圆区域地震信号与周围地震信号差异不明显。在目标区域上方存在强反射振幅，该强反射振幅主要是由于上方地层岩性(砂岩、灰黑色页岩为主)和下方目标区域岩性(白云岩为主)不同导致的，在后续的衰减梯度分析中，可以看到该位置处也会出现"低频强能量，高频弱能量"的特征。

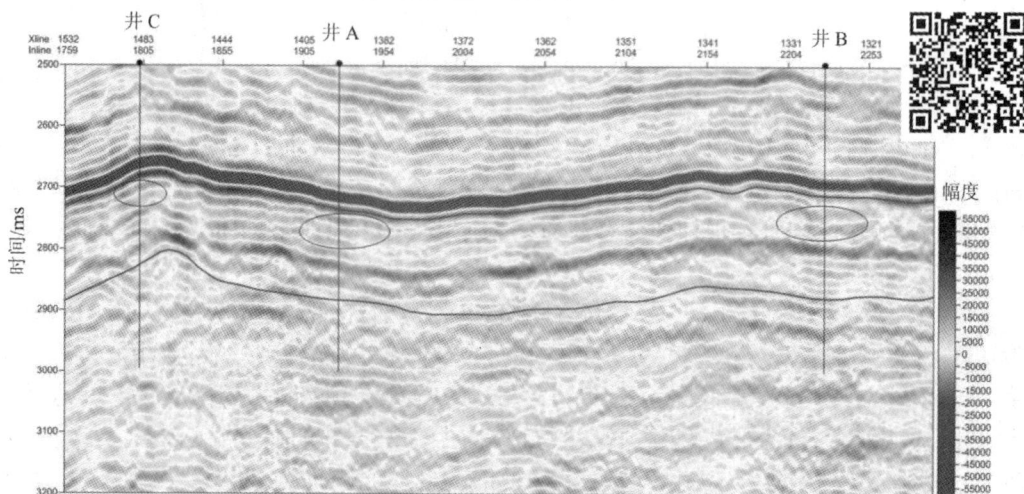

图 4-2-4　川西连井剖面

经过 EEMD 逐道分解，优选出相关系数大于 0.6 的 IMF 信号进行重构的特征剖面如图 4-2-5 所示，从图中可以看到，经过 EEMD 优选出的反映各条地震道主要细节信息的由 IMF 信号重构的特征子信号，加强了目标区域弱地震响应，椭圆区域地震信号与周围差异增大，界限明显，特征剖面相比于图 4-2-4 的原始地震剖面减少了噪声的影响，提高了信噪比。

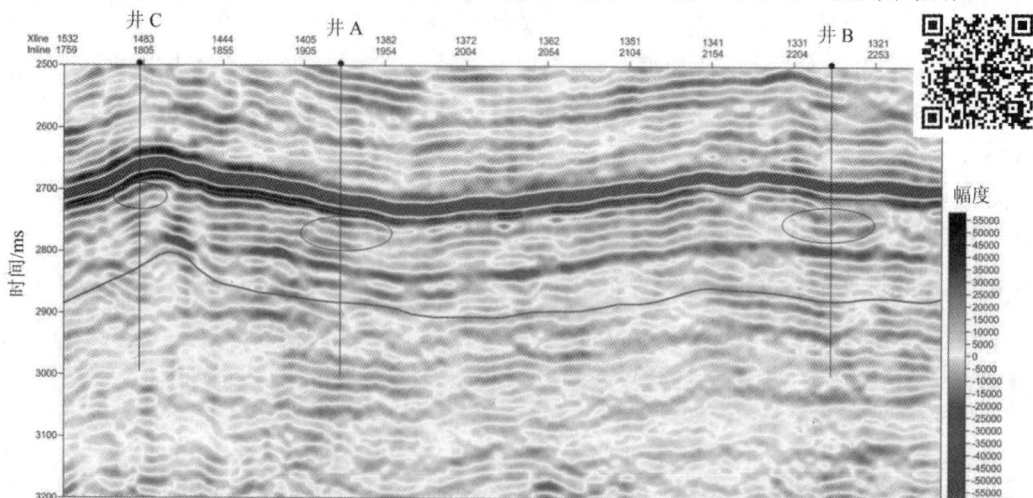

图 4-2-5　川西连井剖面 EEMD 分解后重构的特征剖面

　　图 4-2-6 所示为三条过井地震道的波形和频谱以及经过 EEMD 分解重构后的特征子信号的波形和频谱的对比图。从图 4-2-6 中可以看到，保留相关系数大于 0.6 的 IMF 信号可以优选出原始地震道的主要成分；EEMD 分解重构生成的特征子信号保留了更多的能够体现细节信息的地震信号的高频成分，移除了反映地层等的部分低频信息，从而使得特征子信号中目标区的弱地震响应得到了加强。

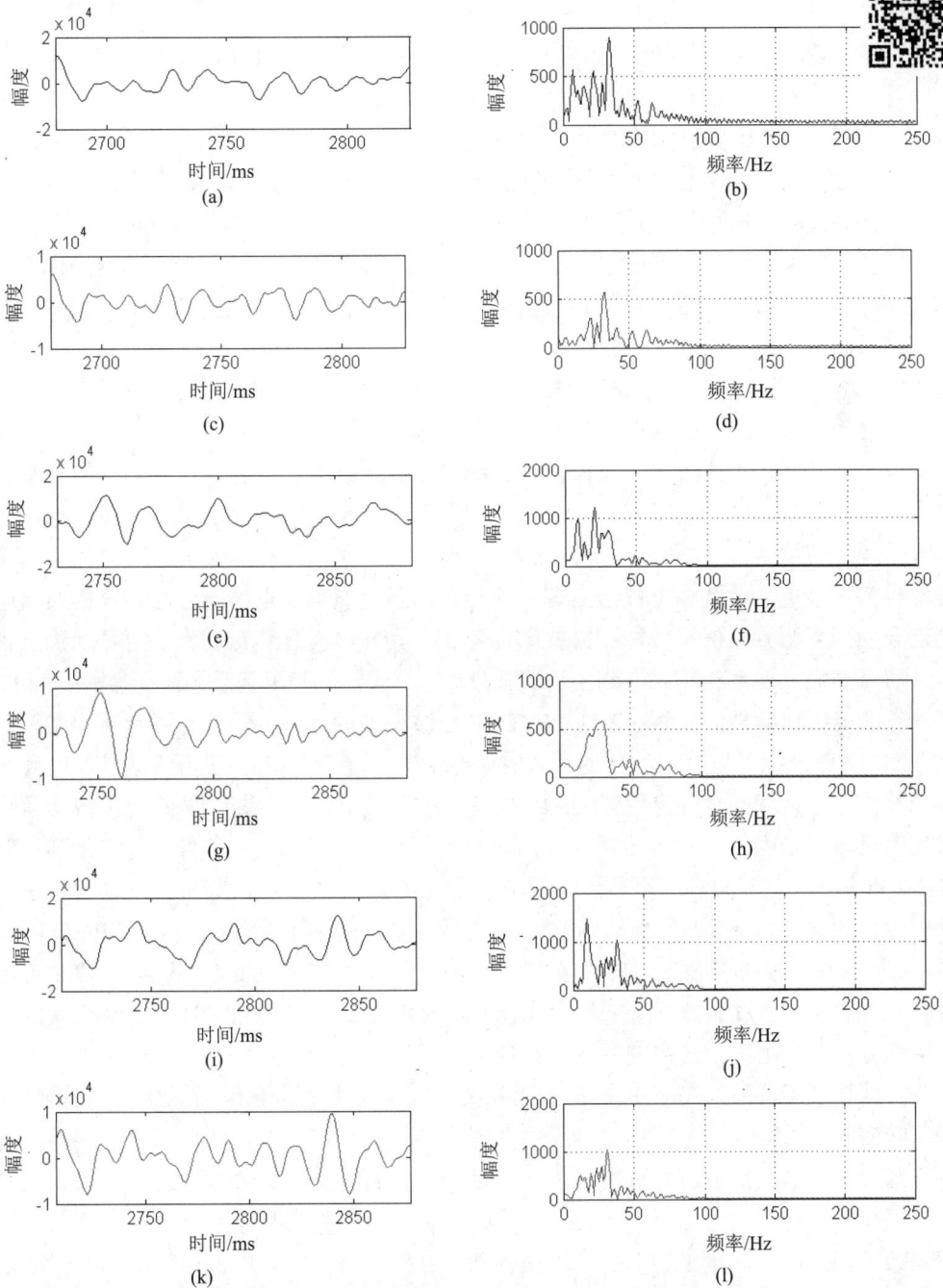

图 4-2-6　过井道 EEMD 分解重构前后的波形和频谱对比图

图 4-2-6 中，(a)是过井 C 地震道波形；(b)是过井 C 地震道频谱；(c)是过井 C 地震道 EEMD 分解重构后特征子信号波形；(d)是过井 C 地震道 EEMD 分解重构后特征子信号频谱；(e)是过井 A 地震道波形；(f)是过井 A 地震道频谱；(g)是过井 A 地震道 EEMD 分解重构后特征子信号波形；(h)是过井 A 地震道 EEMD 分解重构后特征子信号频谱；(i)是过井 B 地震道波形；(j)是过井 B 地震道频谱；(k)是过井 B 地震道 EEMD 分解重构后特征子信号波形；(l)是过井 B 地震道 EEMD 分解重构后特征子信号频谱。

对于图 4-2-5 的特征剖面，利用基于小波变换结合最小二乘法的衰减梯度分析法，提取该连井剖面的归一化的衰减梯度剖面，结果如图 4-2-7(a)所示。

图 4-2-7 中，(a)是基于 EEMD 和小波变换的改进方法计算的衰减梯度剖面；(b)是原始数据基于小波变换传统 EAA 方法计算的衰减梯度剖面；(c)是基于 EMD 和小波变换的改进方法计算的衰减梯度剖面。

从图 4-2-7(a)中可以看到，在各个井的储层位置(椭圆区域)都存在较大的衰减梯度，表明该区域处存在强振幅异常。由于该段内岩性稳定，排除岩性、地层等因素的影响，我们认为该区域的强振幅异常表明了该区域存在烃类。同时可以看到，对于处于同一个地震相带的井 A 和井 C，它们的衰减梯度值相对较大，特征体现很明显。而对于位于局限台地潮坪相的井 B，它的衰减梯度值相对较小，特征体现不是很明显。

图 4-2-7(a)给出了椭圆示意区含烃类的统计性解释结果，符合三口已知井的气测试结果，表明基于 EEMD 和小波变换的地震波衰减分析技术对该地区是有效的，可以给出有利的含气性统计解释结果。同时可以看到本书所提方法对川西海相碳酸盐岩台内滩相储层的强振幅异常识别更为灵敏，可以给出有效的烃类指示；而对位于局限台地潮坪相的储层，识别出来的强振幅异常信息较弱，需要结合地质、测井等信息综合判断以更好地给出含气性统计解释结果。图 4-2-7(b)、(c)所示分别为原始地震数据利用基于小波变换的传统 EAA 方法计算的衰减梯度剖面和利用基于 EMD 和小波变换的改进方法计算的衰减梯度剖面。对比图 4-2-7(b)、(c)可以看到，在各个井的储层位置(椭圆区域)处，利用基于 EMD 和小波变换的改进方法计算的衰减梯度较利用小波变换的传统 EAA 方法效果好，强振幅异常特征体现更明显，这是由于 EMD 方法对体现含气特征和细节信息的子信号进行了加强。对比图 4-2-7(a)~(c)可以看出，本小节提出的基于 EEMD 和小波变换的衰减梯度估计方法，对于井位置处的储层特征体现最好，对其他地层等影响因素抑制最明显。由于 EEMD 方法克服了 EMD 方法中模态混叠等问题，它提取的 IMF 信号更具物理意义，从图 4-2-7(a)可以看到，基于 EEMD 和小波变换的衰减梯度估计方法较图 4-2-7(c)基于 EMD 和小波变换的衰减梯度估计方法精度更高，给出的储层统计性解释结果效果更好。

应用结果表明，经过 EEMD 分解，利用相关性分析法优选的 IMF 分量重构的特征剖面，减少了噪声等的影响，加强了地震剖面中弱含气信号的特征。对该特征剖面再利用小波变换进行结合最小二乘法的衰减梯度分析，应用结果符合各个井的含气性测试结果。该方法对于不同相带的储层表现出不同的强振幅异常特征，对川西海相碳酸盐岩台内滩相储层的强振幅异常识别更为灵敏，可以有效地识别深埋在宽带地震响应中特定频率处的强振幅异常，检测出弱含气信号引起的能量异常，给出有利烃类分布区域。

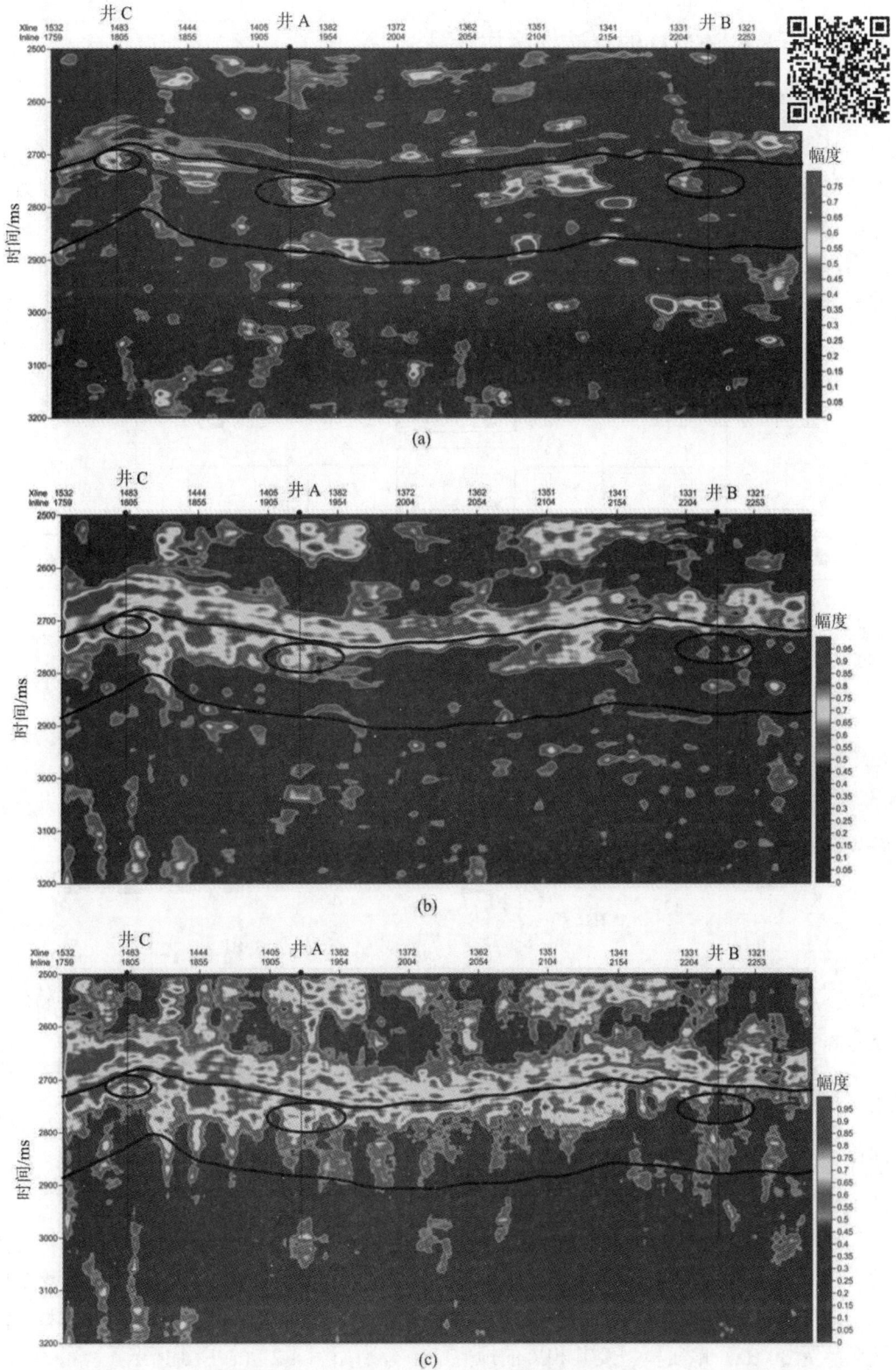

图 4-2-7　川西连井剖面的衰减梯度剖面

4.2.2　基于 CEEMD 的衰减梯度估计算法

1. 算法原理

基于 CEEMD 的衰减梯度估计方法流程图如图 4-2-8 所示。这里，我们采用 CEEMD 方法联合 Hilbert 变换和最小二乘法估计衰减梯度(XUE Y J et al.，2016b)。对于每个地震道数据，经过 CEEMD 方法分解后，对产生的每个 IMF 信号，利用 Hilbert 变换计算对应的时频谱，逐点提取频率-振幅谱，利用最小二乘法计算衰减梯度。这里，我们对不同 IMF 计算的衰减梯度结果采取了相关加权方案以给出最终的衰减梯度值。

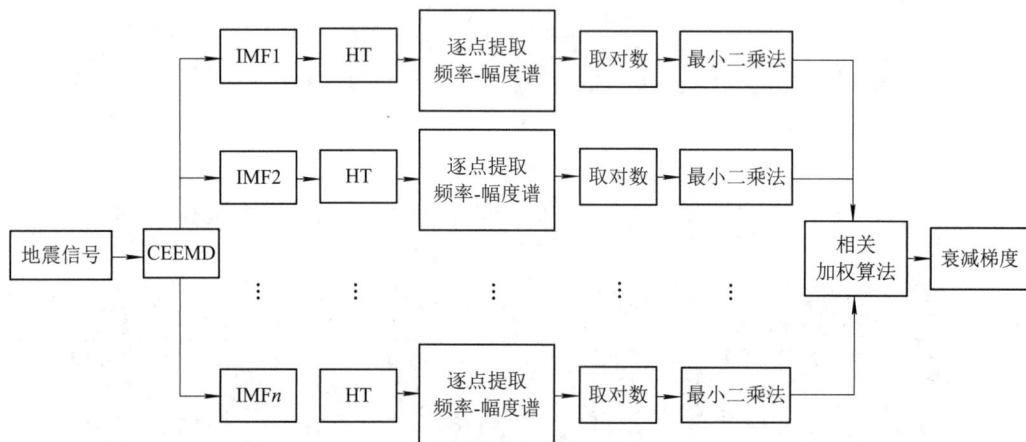

图 4-2-8　基于 CEEMD 的衰减梯度估计方法流程图

计算频率衰减梯度的时候，采用的是改进的动态频率域窗函数选取处理方式，公式见(4-2-6)所示。

$$W(f) = \begin{cases} 40, |f_{zero} - f_{max}| > 40 \\ (f_{zero} - f_{max}), |f_{zero} - f_{max}| < 40 \end{cases} \qquad (4\text{-}2\text{-}6)$$

其中，f_{max} 为频谱中最大能量处对应的频率，f_{zero} 是最大能量处对应的频率开始起的第一个过零点频率。

2. 模型测试

为了验证衰减有效性可以采用 CEEMD 结合希尔伯特变换(HT)和最小二乘曲线拟合方法计算的地震衰减梯度估计方法。我们利用××气田的测井和地震数据基于弥散黏滞方程产生模型 1 和模型 2，以模拟地震响应。

地质模型中有六个地层。模型 1 和模型 2 的每一层的参数如表 4-2-1 所示。标记为④的层是气体层，标记为③的层是干层(不包括气体)。地震信号采样率为 1 ms。模型 1 的含气层厚度为 40 m，模型 2 的含气层厚度为 75 m。模型 1 的子波频率为 50 Hz，模型 2 的子波频率为 30 Hz。地质模型及其相应的地震响应分别如图 4-2-9(a)～(d)所示。

(a) 地质模型 1

(b) 模型 1 的地震响应

(c) 地质模型 2

(d) 模型 2 的地震响应

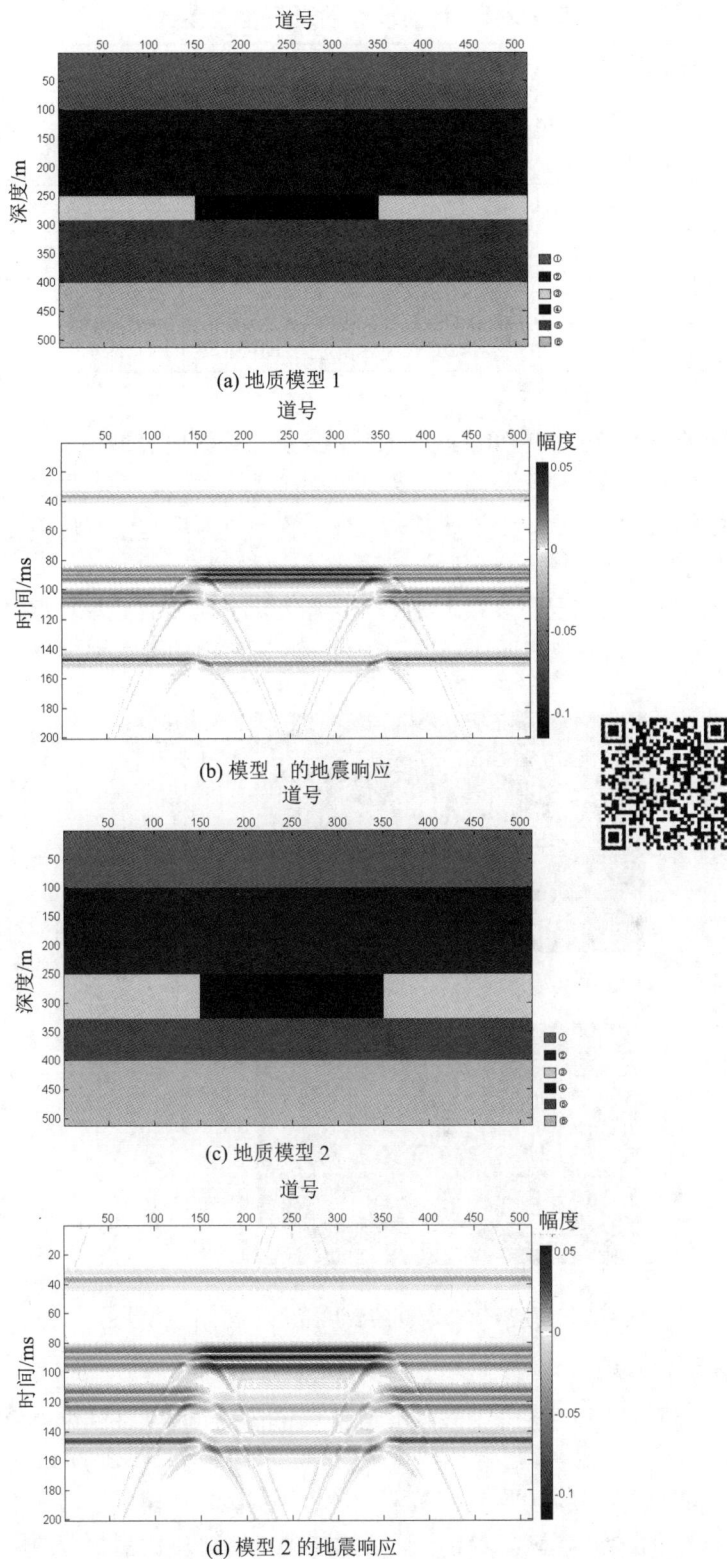

图 4-2-9　地质模型及其地震响应

表 4-2-1   地质模型的岩石物理参数

层号	$V_P/(\text{m} \cdot \text{s}^{-1})$	$\rho/(\text{g} \cdot \text{cm}^{-3})$	ζ/Hz	$\eta/(\text{m}^2 \cdot \text{s}^{-1})$	Q
①	5285.56	2.639	1.0	1.0	200
②	5406.90	2.630	1.0	1.0	200
③	5152.23	2.586	1.0	1.0	200
④	4773.31	2.511	5	400	5
⑤	4911.55	2.523	1.0	1.0	200
⑥	5085.02	2.563	1.0	1.0	200

注：ζ 为弥散系数，η 为黏滞系数。

图 4-2-10 所示为将基于 CEEMD 联合 HT 和最小二乘法的衰减梯度计算方法应用到模型 1 和模型 2 的结果。从图中可以看到，对于模型 1 和模型 2，在含气区都存在较大的衰减梯度值。模型测试结果显示，当子波频率改变，含气层厚度和含气层下方的地层厚度改变时，所提方法仍然可以很好地检测到含气层。

由于这里的模型 1 的储层厚度接近实际储层厚度，并且子波频率接近实际地震信号的主频，因此，模型 1 的结果也表明所提方法适用于××气田的含气性检测。

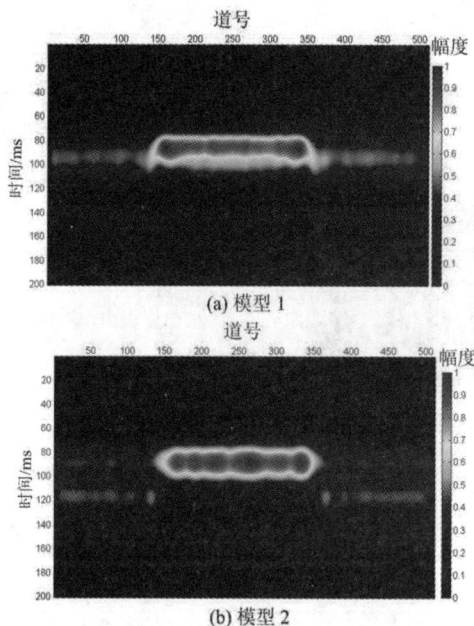

(a) 模型 1

(b) 模型 2

图 4-2-10　基于 CEEMD 的衰减梯度

3. 实际地震资料处理

这里，进一步利用川中××气田的二维叠后偏移地震数据进行分析。该气田主要是致密砂岩储层，主要产气层是须家河组。这里主要对须二段进行分析。须二段的孔隙率为 1%～11%，平均孔隙率约为 5.12%，平均渗透率为 $0.23 \times 10^{-3}\ \mu\text{m}^2$。储层段岩性主要为中厚层砂岩，含有少量薄粉质泥岩和含碳泥岩。研究区域如图 4-2-11 中的黑色椭圆所示。它包含一个多产气井 A。须二段井 A 的测井曲线和解释如图 4-2-12 所示。过井道及其 CEEMD 如图

4-2-13 所示。地震数据采样率为 1 ms。

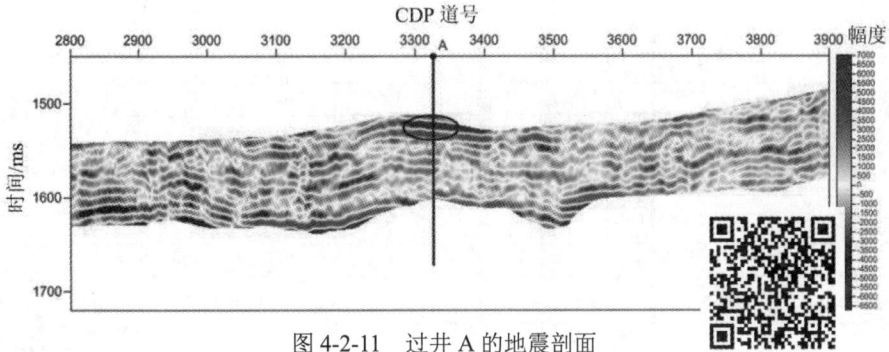

图 4-2-11　过井 A 的地震剖面

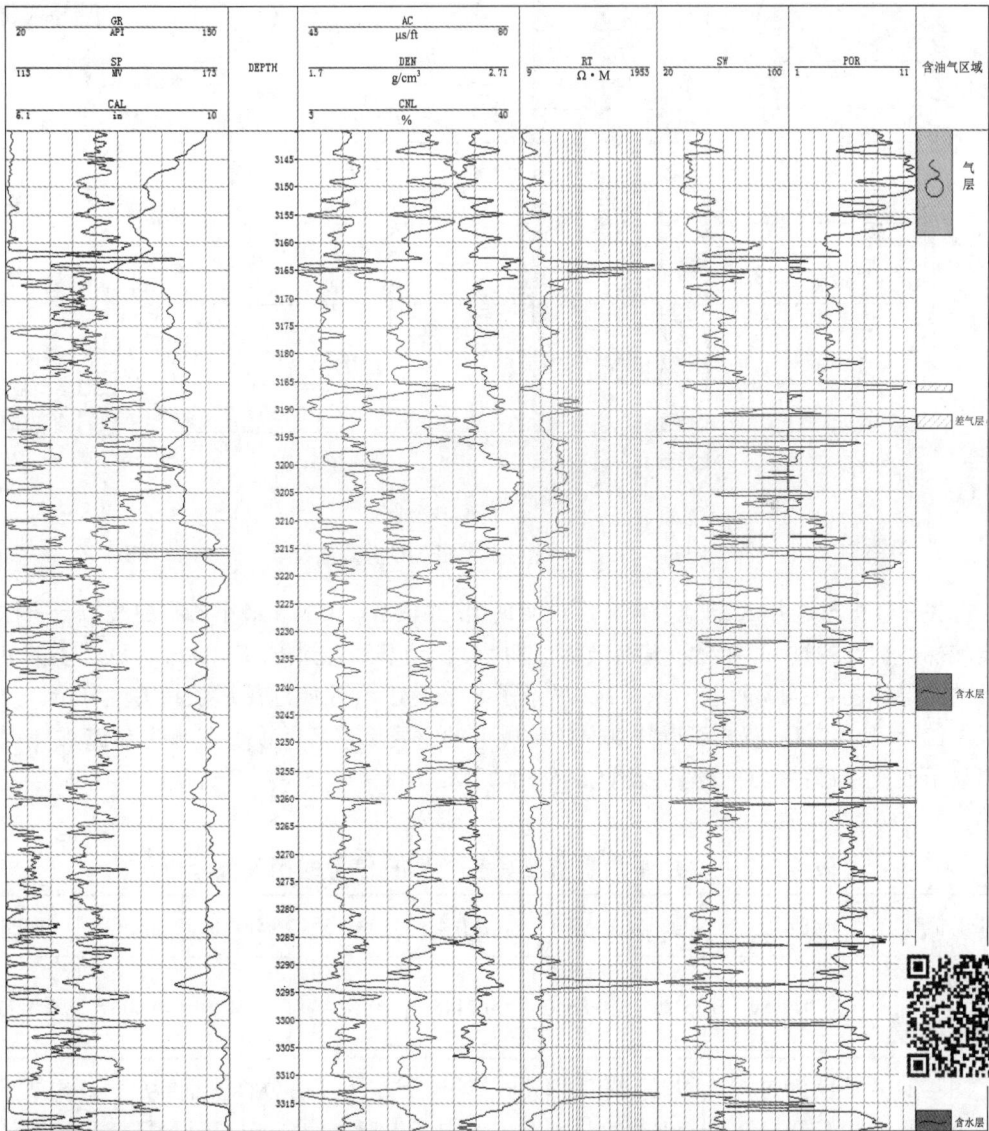

图 4-2-12　井 A 的测井解释结果

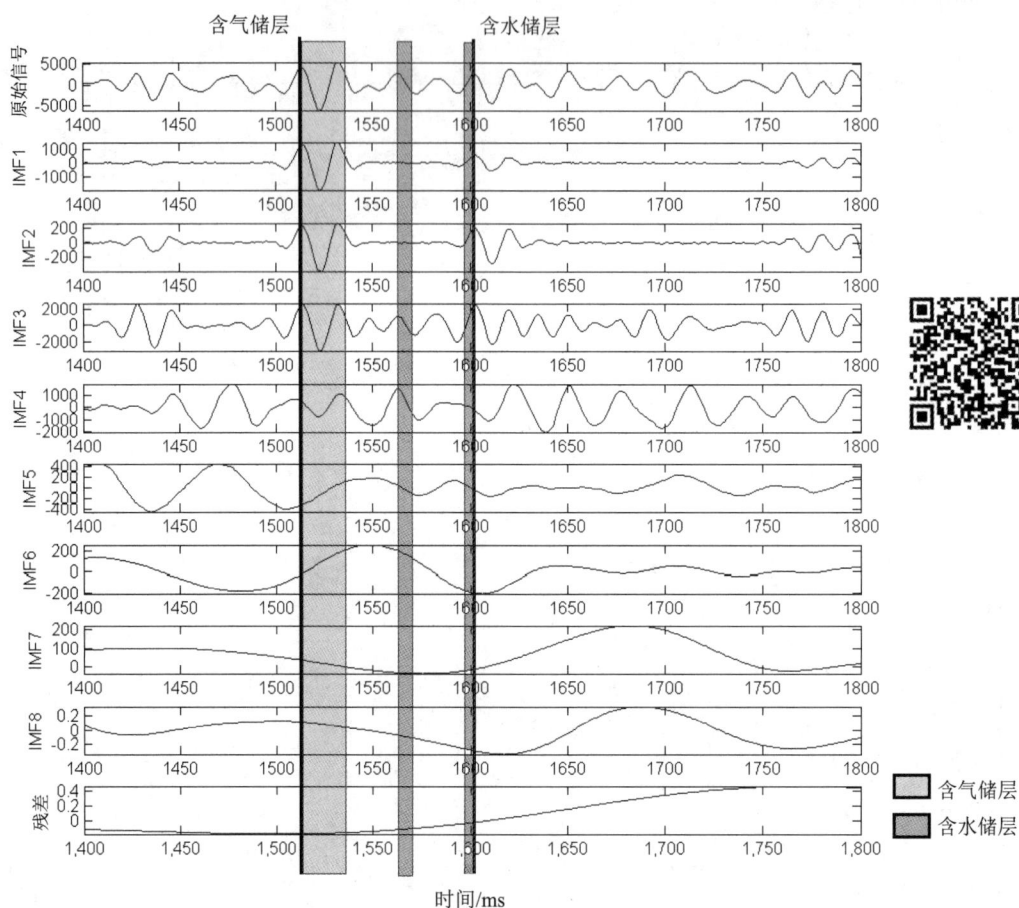

图 4-2-13   过井道及其 CEEMD 分解结果

首先，分析与过井 A 的地震道，以说明使用 CEEMD、HT 和最小二乘曲线拟合方法进行衰减梯度估计的过程，并显示其有效性。过井 A 的地震道经过 CEEMD 分解后产生的 IMF 信号的结果如图 4-2-13 所示。表 4-3-2 显示了 8 个 IMF 和原始地震道的相关性分析。结合图 4-3-13 和表 4-2-2，我们可以找到原始地震道的主要贡献者，以及在哪些 IMF 中清楚地突出显示或反映哪种信息。结果表明，IMF1、IM2、IM4 反映的含气储层和含水储层信息较强。

表 4-2-2   过井 A 地震道及其各个 IMF 信号的相关性分析

IMF 信号	IMF1	IMF2	IMF3	IMF4	IMF5	IMF6	IMF7	IMF8
过井 A 地震道相关系数	0.7029	0.7530	0.8640	0.7145	0.1410	0.0473	0.0069	0.0121

图 4-2-14 所示为过井 A 地震道使用不同时频分析方法包括短时傅里叶变换、S 变换、连续小波变换和 CEEMD 结合 HT 的时频谱。如图 4-2-13 所示，由 CEEMD 结合 HT 计算的时频谱具有比其他时频分析方法更高的时间和频率分辨率以及更好的能量聚集性。

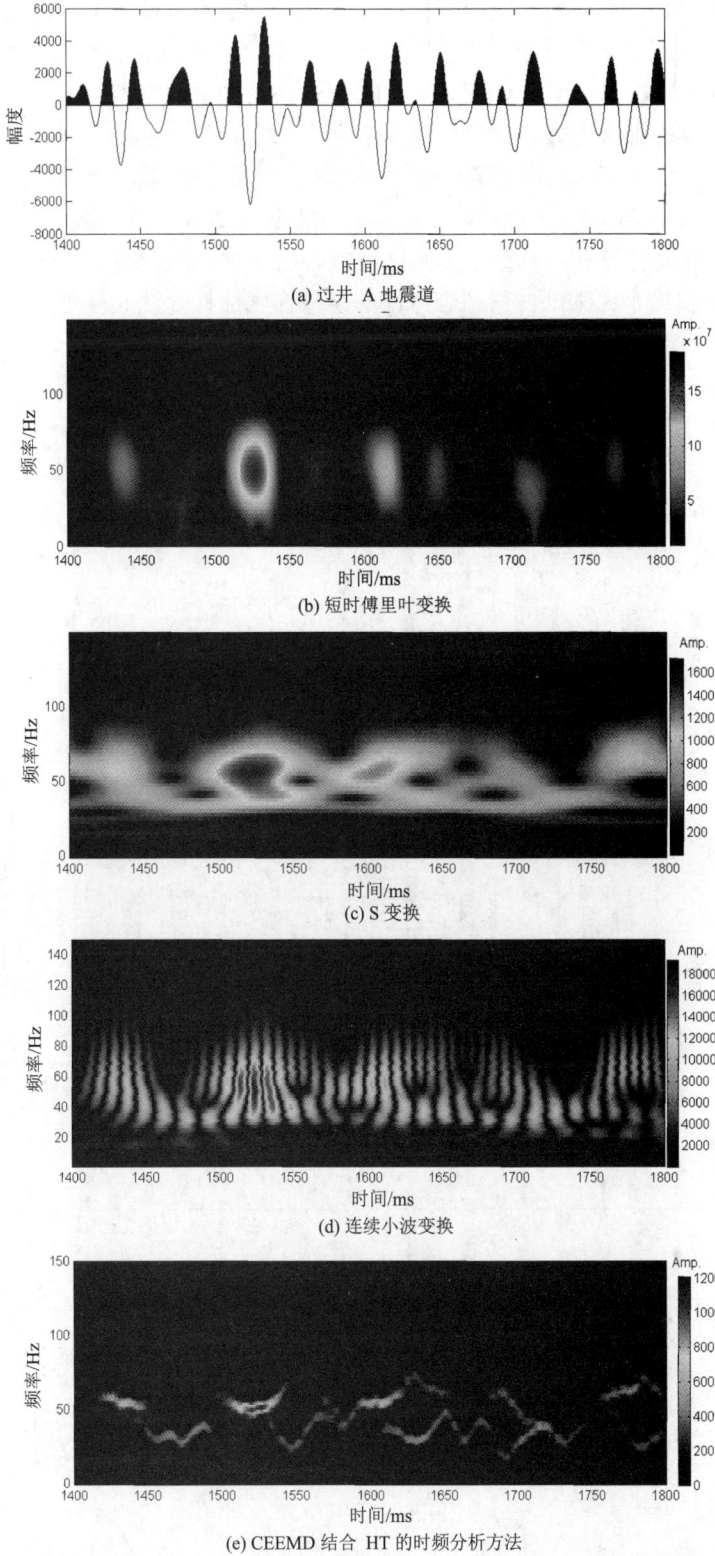

(a) 过井 A 地震道

(b) 短时傅里叶变换

(c) S 变换

(d) 连续小波变换

(e) CEEMD 结合 HT 的时频分析方法

图 4-2-14　过井 A 地震道的不同方法计算的时频谱对比

分别使用基于 CEEMD 的衰减梯度估计方法、常规 EAA 方法和基于连续小波变换与最小二乘曲线拟合的衰减梯度估计方法的过井 A 地震道的频率衰减梯度如图 4-2-15 所示。图 4-2-15 中的比较结果表明，使用 CEEMD、HT 和最小二乘法曲线拟合方法的衰减梯度估计可以给出比其他两种方法更好的含气性解释结果。

然后，将使用 CEEMD、HT 和最小二乘曲线拟合方法的衰减梯度估计方法应用于过井 A 的地震剖面(图 4-2-16)。为了比较，在图 4-2-17 和图 4-2-18 中分别给出了使用常规 EAA 方法的频率衰减梯度部分和结合最小二乘曲线拟合的连续小波变换。比较结果还表明，使用 CEEMD、HT 和最小二乘法曲线拟合方法的衰减梯度估计算法具有更精确的吸收系数估计，并且可以给出较常规频率衰减梯度方法更好的含气性统计解释结果。

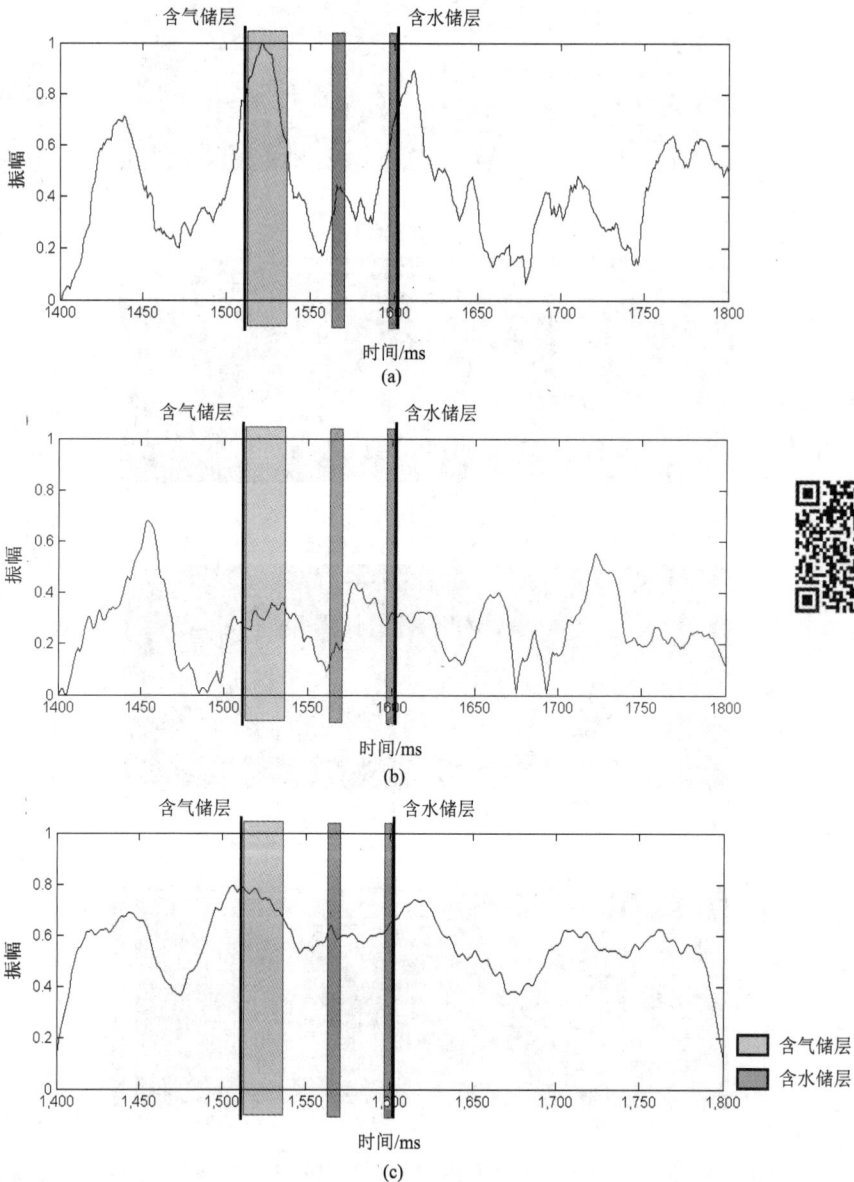

图 4-2-15　过井 A 地震道的不同方法计算的衰减梯度对比

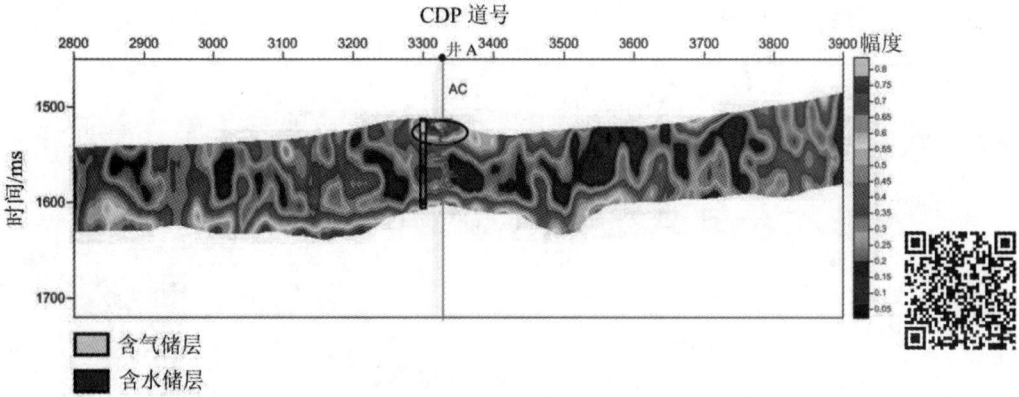

图 4-2-16　基于 CEEMD 衰减梯度估计方法的过井 A 地震剖面的衰减梯度

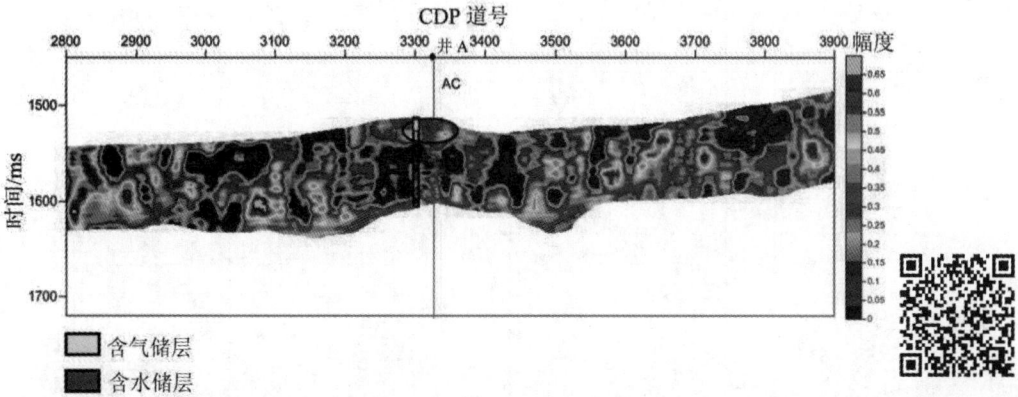

图 4-2-17　基于常规 EAA 方法的过井 A 地震剖面的衰减梯度

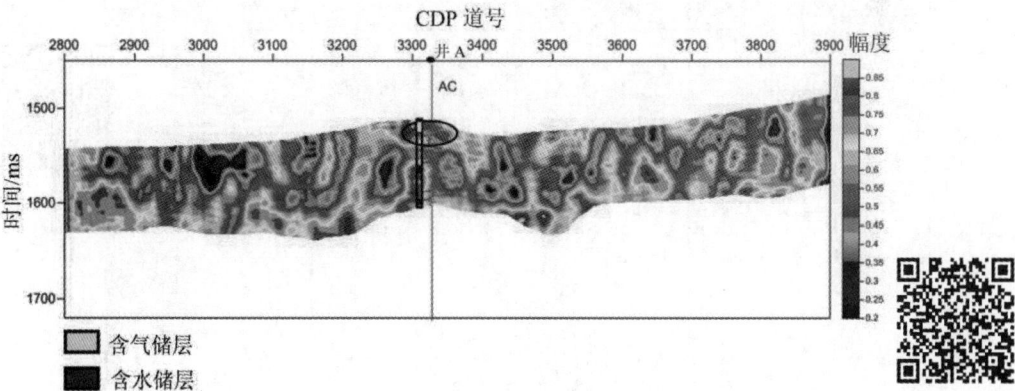

图 4-2-18　基于连续小波变换和最小二乘法拟合法的过井 A 地震剖面的衰减梯度

　　为了进一步测试基于 CEEMD 的衰减梯度估计的有效性，使用过含气井 B 的地震剖面 (见图 4-2-19)进行分析。同时给出了须二段井 B 的测井曲线和解释结果(见图 4-2-20)。气体 测试结果表明，井 B 上部有 77 523 m^3 的气体，井 B 下部有 14.1 m^3 的水。井 B 周围的含气 储层通过黑色椭圆表示，井 B 周围的含水储层用红色椭圆标记(见图 4-2-21)。

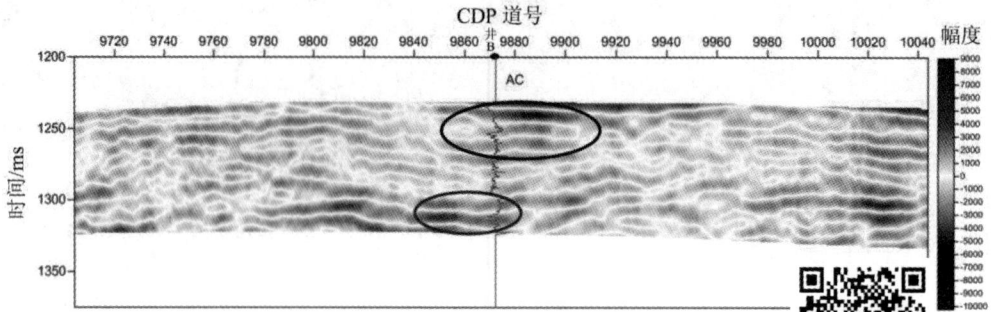

图 4-2-19　过井 B 的地震剖面

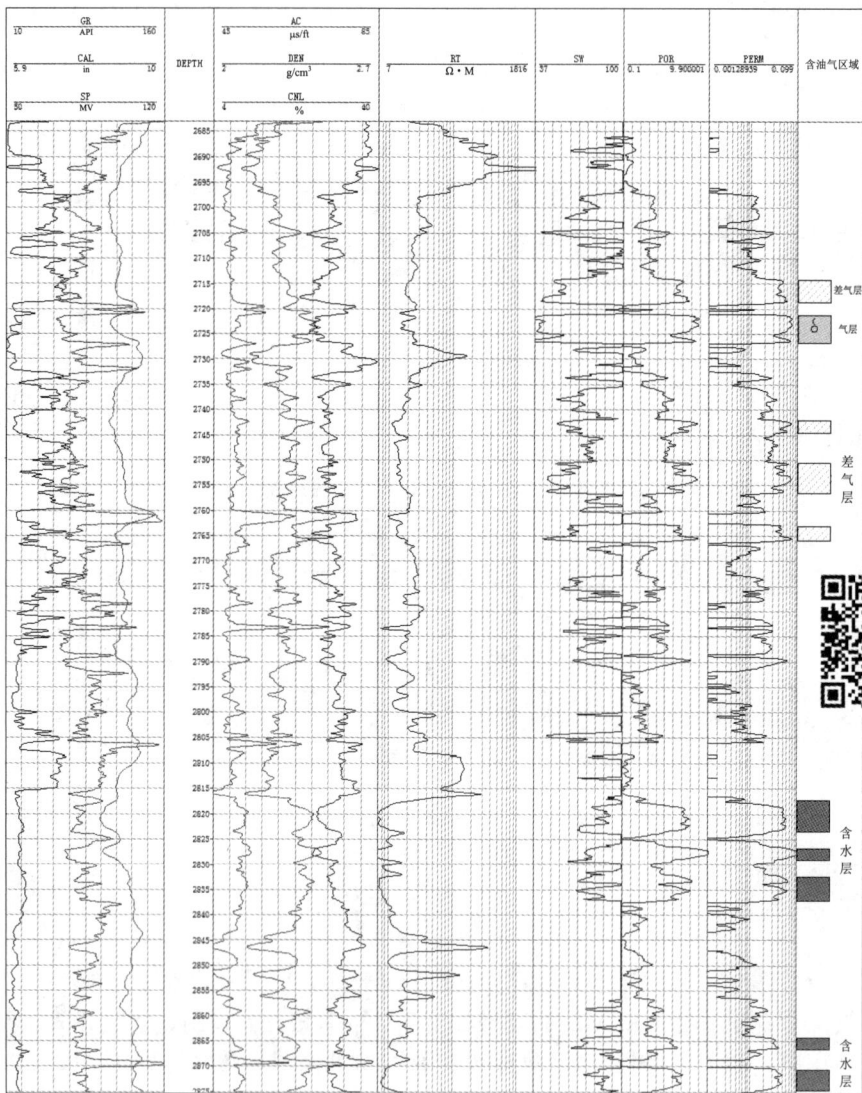

图 4-2-20　井 B 的测井曲线及解释结果

基于 CEEMD 的衰减梯度计算方法计算的过井 B 的地震剖面的频率衰减梯度由图 4-2-21 给出,从图中可知,含气区域具有较大的幅度异常,含水区域具有稍大的幅度异常,所提方法很好地给出了含烃类的统计性解释结果,同时表明了所提方法的有效性。

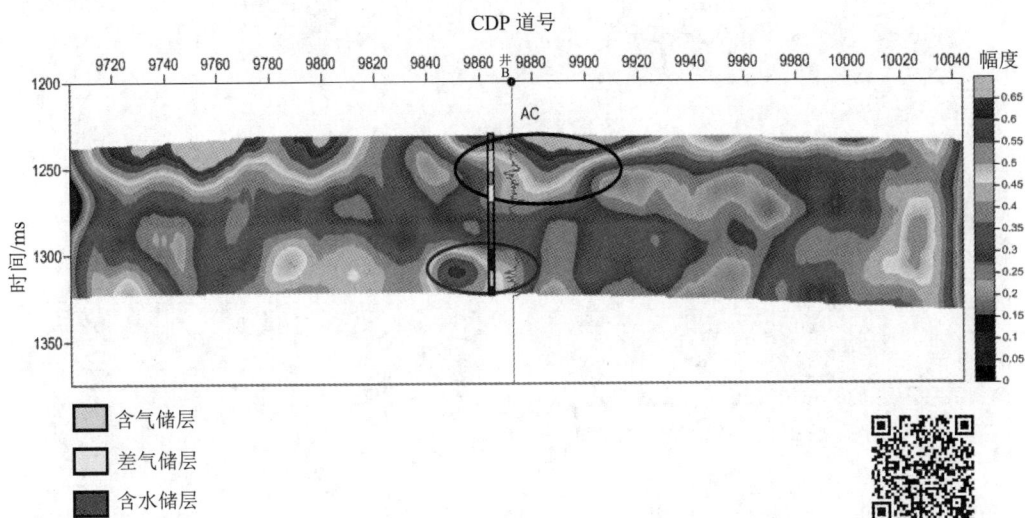

图 4-2-21　基于 CEEMD 的衰减梯度估计方法计算的过井 B 的地震剖面的衰减梯度

4.3　川西海相碳酸盐岩储层含气性检测应用实例

4.3.1　川西海相碳酸盐岩储层研究工区地质概况

我国川西××山前陆盆地深层震旦系至中三叠统海相沉积以碳酸盐岩为主,厚 4000~7000 m,天然气资源蕴藏量巨大而探明率很低。川西海相储层埋藏深,海相碳酸盐岩层系的形成、演化和油气成藏较复杂,钻井资料少,虽然勘探有所突破,但是由于深层储层地震响应微弱,储层和非储层区别不明显,储层预测和含气性预测困难,需要持续推进储层含气性检测方法技术的研究发展。

这里,主要分析川西坳陷深层三叠系××坡组的海相碳酸盐岩储层,研究区位置如图 4-3-1 所示。据钻井揭露和地震预测,××坡组顶部不整合面风化壳发育有优质碳酸盐岩储层,其厚度较大、分布较广。××坡组顶部储层岩性为灰质粉晶白云岩、含砂屑粉晶白云岩;储集空间为晶间溶孔、粒间溶孔、溶缝;测井解释孔隙度在 4.6%~8.0% 之间,渗透率为 0.13×10^{-3}~0.52×10^{-3} μm。地震数据采样率为 2 ms。储层深度约为 5000 m,地震响应微弱,测井资料稀少,储层预测和油气检测较为困难。

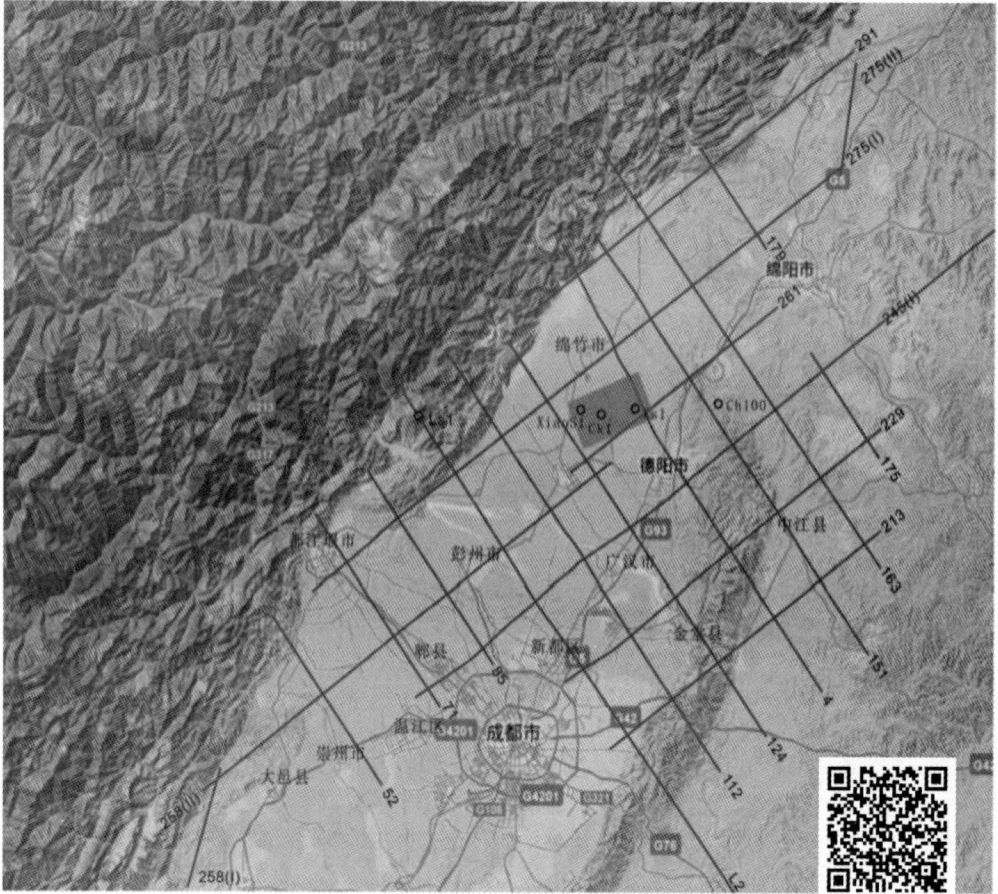

图 4-3-1   研究区位置图(蓝色区域)

4.3.2   模型测试

为了验证本节所发展方法对川西地区储层预测的适用性,这里,首先根据新深 1 井测井数据设计模型进行算法验证。模型参数如表 4-3-1 所示。

表 4-3-1   测井数据模型参数

层号	纵波速度/(m/s)	密度/(kg/m³)
①	6003	2.7572
②	6260	2.7340
③	6422	2.7256
④	6426	2.8364

表 4-3-1 中,第①层为气层,厚度为 35 m。第②层为灰岩,第③层为白云岩,干层。第④层为白云岩、灰岩互层。采样频率为 500 Hz,子波频率为 25 Hz。

地质模型和模型的地震响应如图 4-3-2 所示。

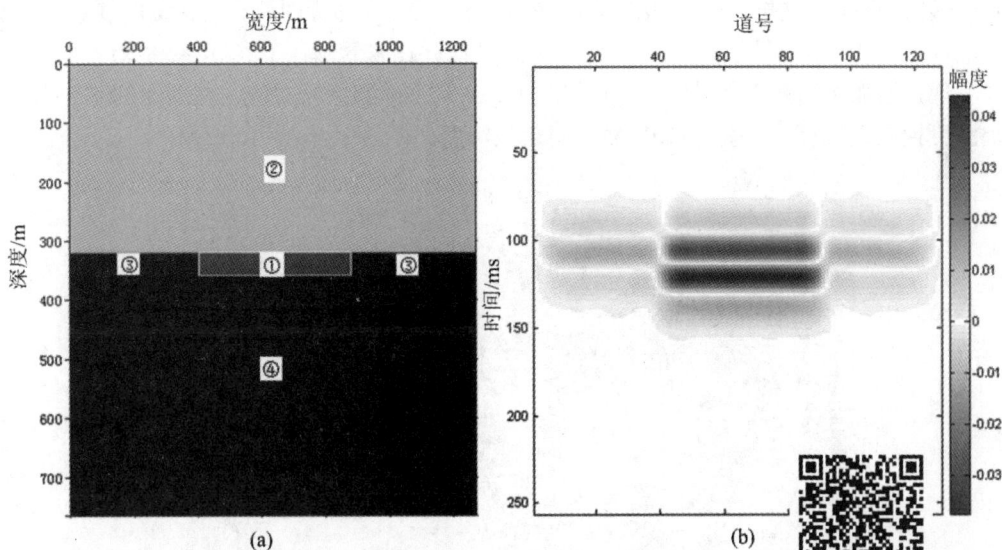

图 4-3-2　地质模型和模型的地震响应

　　利用本章基于 EEMD 和小波变换的衰减梯度估计技术和基于 CEEMD 的衰减梯度估计技术对该模型的地震响应处理结果,如图 4-3-3 所示。从图中可以看到,三种方法在含气性区域均具有较强的振幅异常,均很好地检测出了含气性区域。同时可以看到,基于 EEMD 和小波变换的衰减梯度估计技术可以给出更多的细节信息,基于 CEEMD 的衰减梯度估计技术主要加强了含气性区域的强振幅异常,同时保留了更多的细节信息。

　　同时,图 4-3-3 表明,本章发展的基于 EEMD 和小波变换的衰减梯度估计技术和基于 CEEMD 的衰减梯度估计技术适用于川西海相碳酸盐岩储层含气性检测。

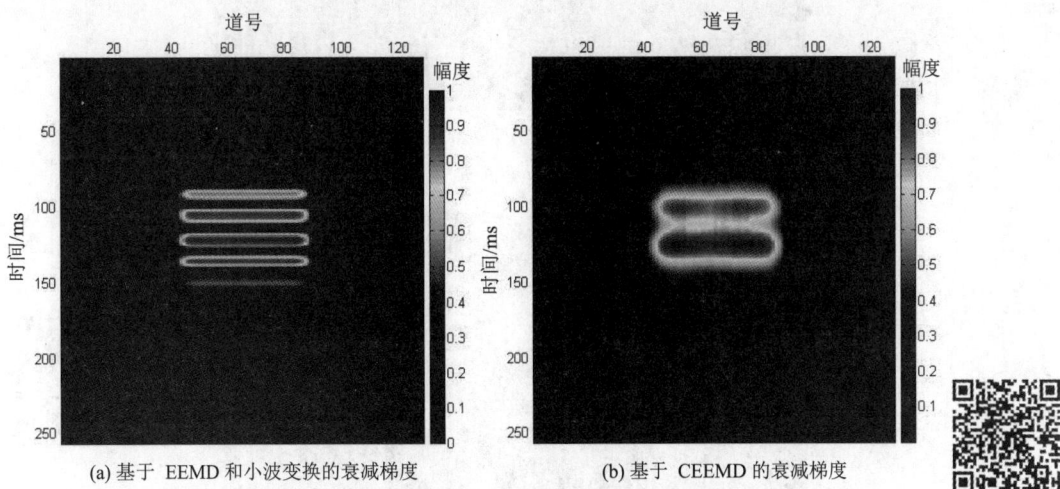

(a) 基于 EEMD 和小波变换的衰减梯度　　　　　　(b) 基于 CEEMD 的衰减梯度

图 4-3-3　地质模型地震响应的属性分析结果图

4.3.3　过井剖面分析

　　该区域有三口已知井。其中,川科 1 井和孝深 1 井在该层段表现为台内滩相,具有不连续的反射和可变振幅的特征;新深 1 井在该层段表现为局限台地潮坪相,具有低频且较好的横向连续性的特征。这里，分别利用本章各个方法对三个过井剖面进行属性提取和结果分析。

图 4-3-4(a)所示为过川科 1 井的过井剖面。该井在××坡组获得了 86.8 万方的天然气重大发现，为强含气井。储层位置如图 4-3-4(a)中黑色椭圆所示。该过井剖面的基于 EEMD 和小波变换的衰减梯度和基于 CEEMD 的衰减梯度如图 4-3-4(b)、(c)所示。

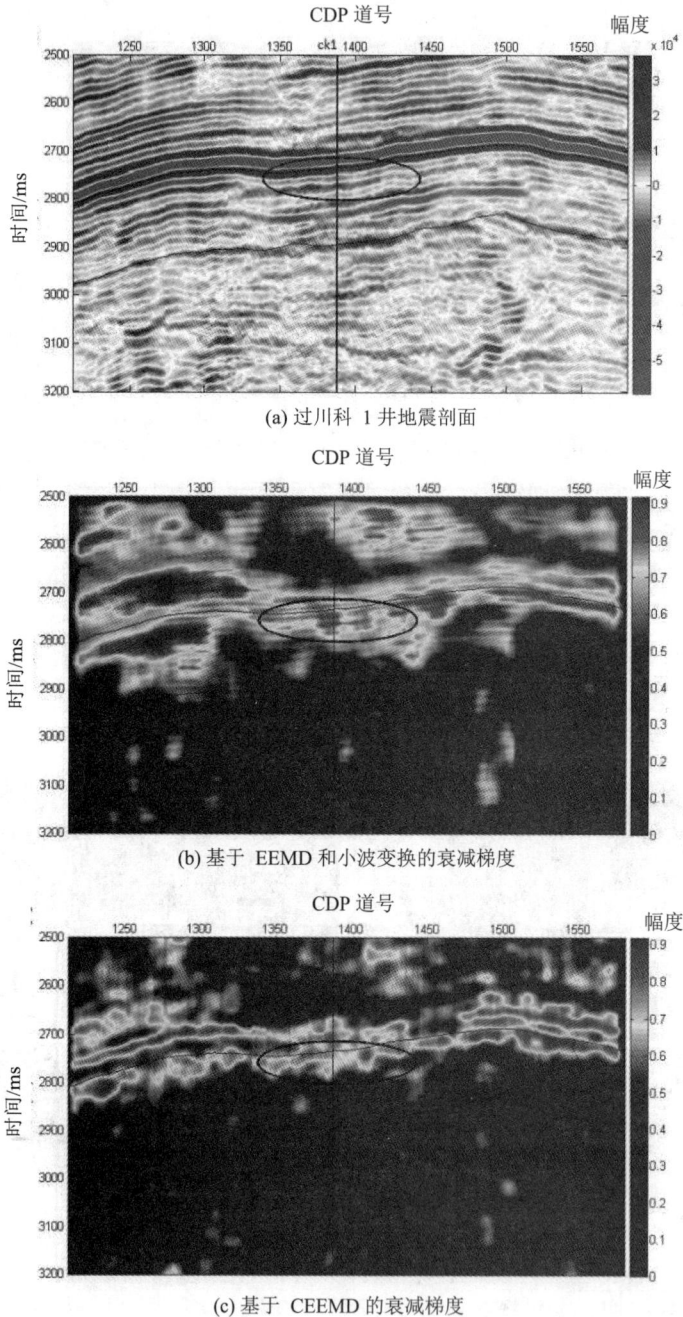

(a) 过川科 1 井地震剖面

(b) 基于 EEMD 和小波变换的衰减梯度

(c) 基于 CEEMD 的衰减梯度

图 4-3-4　过川科 1 井的过井剖面及其地震属性分析结果图

从图 4-3-4(b)、(c)中可以看到，两种方法在含气性区域均具有强烈的振幅异常，均很好地检测出了含气性区域。其中，基于 EEMD 和小波变换的衰减梯度估计技术可以给出更多的细节信息，基于 CEEMD 的衰减梯度估计技术主要加强了含气性区域的强振幅异常，同时保留了更多的细节信息。

　　图 4-3-5(a)所示为过新深 1 井的过井剖面。该井测井综合评价为含气层，为弱含气井。储层位置如图 4-3-5(a)中黑色椭圆所示。该过井剖面的基于 EEMD 和小波变换的衰减梯度和基于 CEEMD 的衰减梯度见图 4-3-5(b)、(c)所示。从图 4-3-5(b)、(c)可见，两种方法在含气性区域均具有略强的振幅异常。

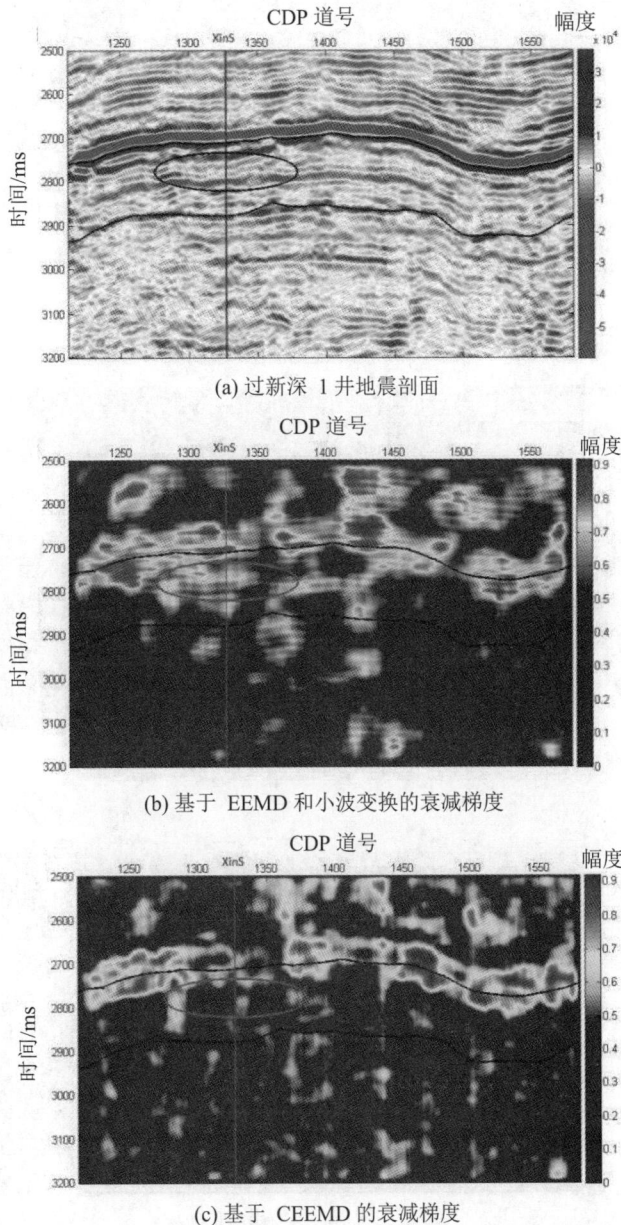

(a) 过新深 1 井地震剖面

(b) 基于 EEMD 和小波变换的衰减梯度

(c) 基于 CEEMD 的衰减梯度

图 4-3-5　过新深 1 井的过井剖面及其地震属性分析结果图

图 4-3-6(a)所示为过孝深 1 井的过井剖面。该井测井评价为气水同层。储层位置如图

4-3-6(a)中黑色椭圆所示。该过井剖面的基于 EEMD 和小波变换的衰减梯度和基于 CEEMD 的衰减梯度如图 4-3-6(b)、(c)所示,从图中可见,两种方法在含气性区域均具有较强的振幅异常。

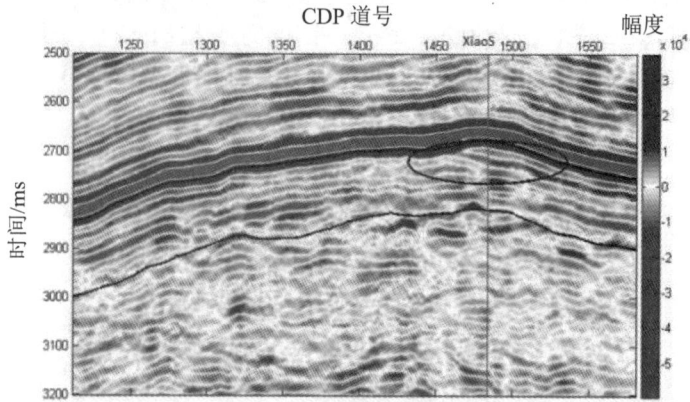

(a) 过孝深 1 井地震剖面

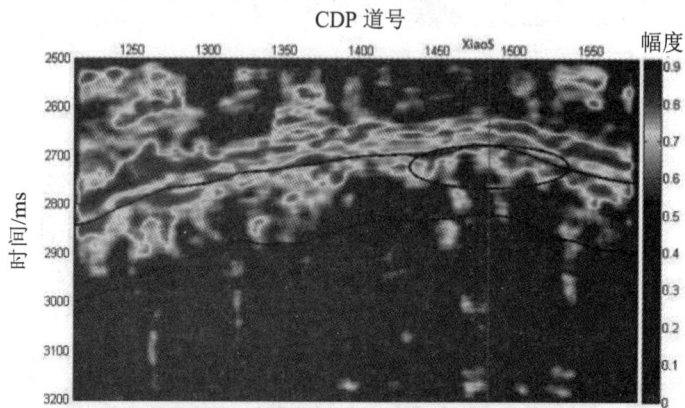

(b) 基于 EEMD 和小波变换的衰减梯度

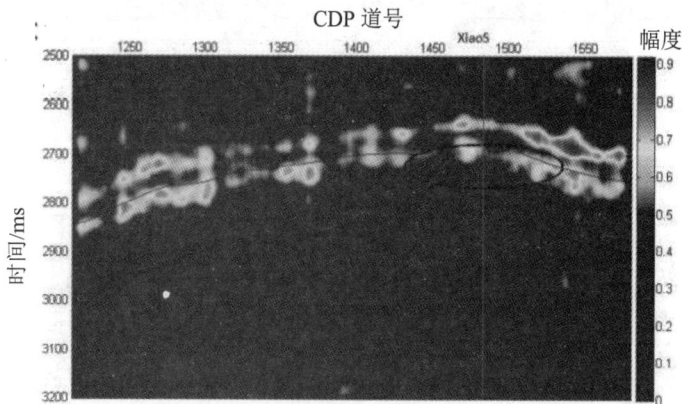

(c) 基于 CEEMD 的衰减梯度

图 4-3-6   过孝深 1 井的过井剖面及其地震属性分析结果图

从图 4-3-4、图 4-3-5、图 4-3-6 的(b)～(c)中可以看到，在目标区域上方存在强反射振幅，该强反射振幅主要是由于上方地层岩性(砂岩、灰黑色页岩为主)和下方目标区域岩性(白云岩为主)不同导致的。在各个井的储层位置(椭圆区域)都存在较大的强振幅异常。由于该段内岩性稳定，排除岩性、地层等因素的影响，我们认为该区域的强振幅异常表明了该区域存在烃类。同时可以看到，对于处于同一个地震相带的川科 1 井和孝深 1 井，它们的衰减梯度值相对较大，特征体现很明显。而对于位于局限台地潮坪相的新深 1 井，它的衰减梯度值相对较小，特征体现不是很明显。三个过井地震剖面椭圆示意区含烃类的统计性解释结果，符合三口已知井的气测试结果，表明本文所发展的两种方法对该地区是有效的，可以给出有利的含气性统计解释结果。同时可以看到，本章所发展方法对川西海相碳酸盐岩台内滩相储层的强振幅异常识别更为灵敏，可以给出有效的烃类指示；而对位于局限台地潮坪相的储层，识别出来的强振幅异常信息较弱，需要结合地质、测井等信息综合判断，以更好地给出含气性统计解释结果。

4.3.4　研究区储层分布特征

这里，重点对××坡组顶储层段进行分析，地震数据采样率为 500 Hz。储层处基于 EEMD 和小波变换的衰减梯度与基于 CEEMD 的衰减梯度切片结果分别如图 4-3-7、图 4-3-8 所示。下列各图中的储层处指的是雷口坡组顶下移 4 ms～8 ms 的储层段。

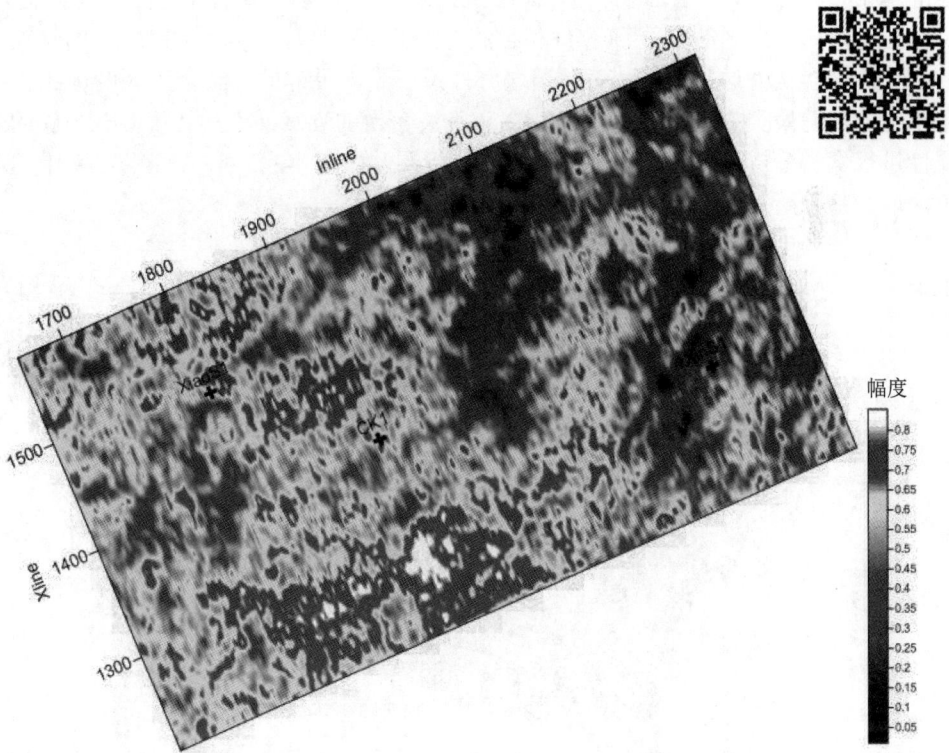

图 4-3-7　储层处基于 EEMD 和小波变换的衰减梯度横向分布图

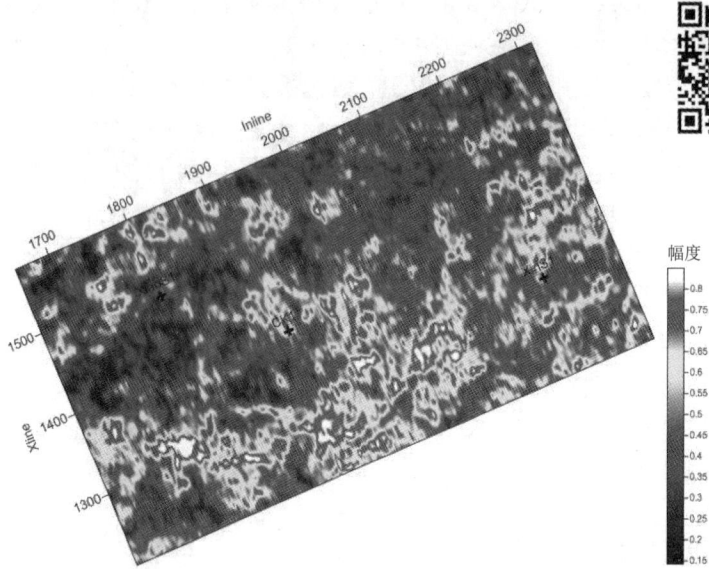

图 4-3-8　储层处基于 CEEMD 的衰减梯度横向分布图

　　从上述图 4-3-7、图 4-3-8 中可以看到，对于处于同一个地震相带的川科 1 井和孝深 1 井，它们的衰减梯度值及地层吸收剖面值相对较大，特征体现很明显。而对于位于局限台地潮坪相的新深 1 井，它的衰减梯度值及地层吸收剖面值相对较小，特征体现不是很明显。

　　通过对研究工区的基于 EEMD 和小波变换的衰减梯度和基于 CEEMD 的衰减梯度属性的综合研究，认为这几个属性对储层含气性反应是很灵敏的。结合工区仅有 3 口井，这里采用无监督的聚类方法，对基于 EEMD 和小波变换的衰减梯度和基于 CEEMD 的衰减梯度属性进行聚类分析，得到解释储层段聚类分析图，如图 4-3-9 所示。图 4-3-9 中的红色和黄色区域为基于所发展方法给出的有利天然气分布区。

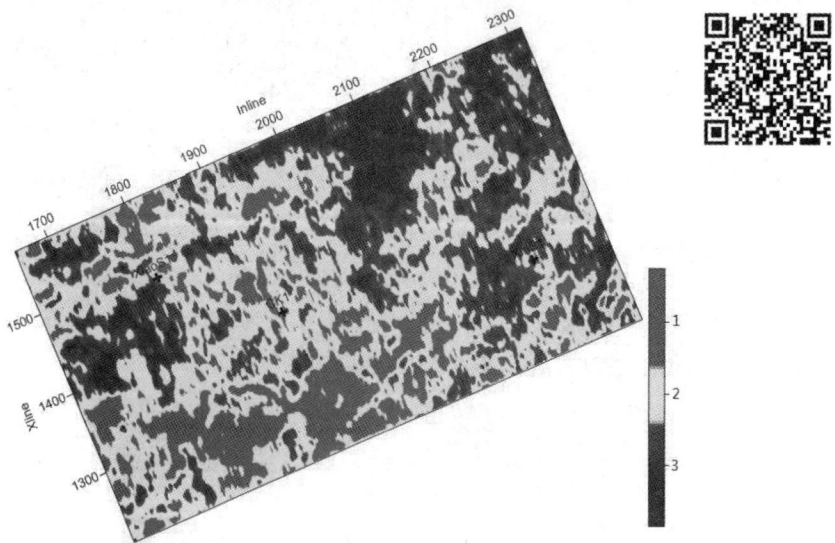

图 4-3-9　储层处基于所发展方法的综合预测含气性分布图

本章参考文献

BLUMENTRITT C H. 2008. Highlight volumes: Reducing the burden in interpreting spectral decomposition data [J]. The Leading Edge, 27(3): 330-333.

MARTÍN N W, AZAVACHE A, DONATI M S. 1998. Indirect oil detection by using P-wave attenuation analysis in Eastern Venezuela Basin [C]. SEG Technical Program Expanded Abstracts 1998: 914-917.

MITCHELL J T, DERZHI N, LICHMA E. 1996. Energy absorption analysis: A case study [C]. Expanded Abstracts of 66th Annual Internat SEG Mtg. 1785-1788.

HUANG N E, WU M L C, LONG S R, et al. 2003. A confidence limit for the empirical mode decomposition and Hilbert spectral analysis [J]. Proceedings of the Royal Society of London. Series A: Mathematical, Physical and Engineering Sciences, 459(2037): 2317-2345.

RATO R T, ORTIGUEIRA M D, BATISTA A G. 2008. On the HHT, its problems, and some solutions [J]. Mechanical Systems and Signal Processing, 22(6): 1374-1394.

RILLING G, FLANDRIN P, GONÇALVÉS P. 2003. On empirical mode decomposition and its algorithms [C]. IEEE-EURASIP Workshop on Nonlinear Signal and Image Processing NSIP. 3: 8-11.

XIONG X J, HE X L, PU Y, et al. 2011. High-precision frequency attenuation analysis and its application [J]. Applied Geophysics, 8(4): 337-343.

XUE Y J, CAO J X, DU H K, et al. 2016a. Does mode mixing matter in EMD-based highlight volume methods for hydrocarbon detection? Experimental evidence [J]. Journal of Applied Geophysics, 132: 193-210.

XUE Y J, CAO J X, DU H K, et al. 2016b. Seismic attenuation estimation using a complete ensemble empirical mode decomposition-based method [J]. Marine and Petroleum Geology, 71: 296-309.

付勋勋，秦启荣，徐峰，等. 2012. 基于 Wigne-Ville 分布和短时傅立叶变换时频分布计算地震波衰减梯度[J]. 新疆石油地质，33(003): 353-356.

薛雅娟，曹俊兴. 2015. 集合经验模态分解在川西碳酸盐岩储层含气性检测中的应用[C]. 2015 中国地球科学联合学术年会论文集(二十)：专题 51 油藏地球物理，2095.

薛雅娟，曹俊兴. 2016. 聚合经验模态分解和小波变换相结合的地震信号衰减分析[J]. 石油地球物理勘探，(6): 1148-1155.

张固澜，贺振华，李家金，等. 2011. 基于广义 S 变换的吸收衰减梯度检测[J]. 石油地球物理勘探，46(6): 905-910.

张景业，贺振华，黄德济. 2010. 地震波频率衰减梯度在油气预测中的应用[J]. 勘探地球物理进展，33(3): 207-209.

第5章 基于小波包倒谱的储层信息提取方法

5.1 谱分解技术及倒谱技术

地震数据本质上是非线性和非平稳的，是一个多分量信号，包含随时间变化的多个频率成分。由于地震数据的谱分解可以将单个地震体分解为多个频率体，最大化和增强特定频带内的地球物理响应，特别是识别埋藏在宽带地震响应中的特定频率的强振幅异常，因此谱分解目前已被广泛用于识别地质不连续性、储层特征、烃类探测和其他任务(CHAKRABORTY A, OKAYA D 1995；PEYTON L et al., 1998；PARTYKA G et al., 1999；CASTAGNA J P et al., 2003；SINHA S et al., 2005；DE MATOS D C, JOHANN P R, 2007；DE MATOS M C et al., 2009；WU X, LIU T 2009；EHRHARDT M et al., 2012)。各种时频分析方法，例如短时傅里叶变换(STFT)、小波变换、S 变换、Wigner-Ville 分布和基于经验模态分解(EMD)的时频方法可用于频谱分解(PARTYKA G et al., 1999；CASTAGNA J P et al., 2003；SINHA S et al., 2005；HALL M, 2006；ODEBEATU E et al., 2006；WU X, LIU T, 2009；XUE Y J et al., 2013；XUE Y J et al., 2014a,b)。谱分解技术发展的目的是寻求具有更高时间和频率分辨率的方法，并且可以改善地下岩石和储层的时间相关频率响应的表征。例如，SINHA et al. (2005) 提出了一种 TFCWT 算法，该算法可以将由连续小波变换产生的尺度图映射到时间频谱，以解释地震数据。PINNEGAR C R，MANISNHA L(2003)提出了一种广义 S 变换，以及 XUE Y J et al. (2014a，b)发展了 EMD/TK 和 EMDWave 方法，以避免 Bedrosian 定理(BEDROSIAN E, 1963)和 Nuttall 定理(NUTTALL A H, 1966)的限制，并改进希尔伯特变换计算的瞬时属性的物理意义，从而提供更好的油气检测解释结果。

BOGERT et al.(1963 年)首先定义并使用倒谱分析来识别核爆炸和地震信号。后来的发展包括功率倒谱(BOGERT B P et al., 1963；OPPENHEIM A V, SCHAFFER R W, 1989)、复倒谱(OPPENHEIM A V, 1965)和实倒谱。一般来说，无论使用哪种倒谱，其核心运算都是傅里叶变换。倒谱分析主要应用于地震子波恢复、地震道反卷积、微地震、远震事件分析等地球物理问题(ULRYCH T J, 1971；ULRYCH T J, et al., 1972；TUETUENCUEOGLU K，SATE R, 1974；STOFFA P L et al., 1974；SCHEUER T E, WAGNER D E, 1985；MIAH K H et al., 2011)。倒谱分析也被用于储层预测。Hall(2006)使用倒谱预测地层厚度，并发现倒谱

分析有可能显著提高根据地震数据估计地层厚度的准确性。然而，他们的方法只适用于合成数据，很难将该方法应用于真实的地震数据。曹俊兴等人(CAO J X et al., 2011；曹俊兴等, 2011)提出了地震纹分析算法，将基于傅里叶变换的倒谱应用到烃类检测中。

最近，SANCHEZ F L et al.(2009)提出了一种基于小波包的倒谱，并将其用于自动语音和说话人识别系统中的基音提取，其核心操作是使用小波包变换(WPT)代替傅里叶变换，发现基于小波包的倒谱比传统基于傅里叶变换的倒谱具有更好的有效性和准确性。本章主要介绍基于小波包倒谱的烃类检测算法的基本原理和应用效果。

5.2　基于小波包倒谱的烃类检测方法

在地震数据分析中我们经常观察到储层中高频能量的衰减，并且衰减会导致后续所有的反射信号移除高频，主频降低。因此，通常可以找到储层处或下方的异常低频能量，将其称为低频阴影。请注意，除了天然气或其他烃类信息之外，还有其他导致低频阴影的原因。EBROM D 概述了导致低频阴影的至少 10 个机制(EBROM D, 2004)。只有在排除地层、岩性和其他因素的影响后，高频能量的衰减和低频能量的增强才可以被认为与储层含气性相对应(XUE Y J et al., 2014b)。通常，高频信号较低频信号在含气衰减中衰减更快，这一特征导致的幅度异常，常被用作烃类指示标志。

对于一条地震道，倒谱幅度始终是按 $1/|n|(n$ 是采样点)衰减的有界序列(DENG L, O'SHAUGHNESSY D, 2003)。倒谱的能量主要集中在信号的较低倒频部分。通常，一阶倒频剖面 $\Delta C'_{\mathrm{W}}(1)$ 和二阶倒频剖面 $\Delta C'_{\mathrm{W}}(2)$ 足以让我们进行储层表征和烃类检测(CAO J et al., 2011；曹俊兴等, 2011)。用来估计由小波包倒谱检测的振幅异常的地震幅度异常剖面 ΔC_{W} 定义为(XUE Y J et al., 2016)

$$\Delta C_{\mathrm{W}} = |\Delta C'_{\mathrm{W}}(1) - \Delta C'_{\mathrm{W}}(2)| \tag{5-2-1}$$

其中，$\Delta C'_{\mathrm{W}}(1)$表示一阶共倒频剖面中超过平均倒谱幅度的归一化幅度，$\Delta C'_{\mathrm{W}}(2)$表示二阶共倒频剖面中超过平均倒谱幅度的归一化幅度，即

$$\Delta C'_{\mathrm{W}}(1) = \mathrm{Normalized}(\Delta C_{\mathrm{W}}(1) - \mathrm{ave}(C_{\mathrm{W}}(1))) \tag{5-2-2}$$

$$\Delta C'_{\mathrm{W}}(2) = \mathrm{Normalized}(\Delta C_{\mathrm{W}}(2) - \mathrm{ave}(C_{\mathrm{W}}(2))) \tag{5-2-3}$$

其中，Normalized[•] 表示对结果归一化，ave(•)表示对信号取平均。

地震幅度异常剖面 ΔC_{W} 可以识别深埋在宽带地震响应中的特定频段的强振幅异常。ΔC_{W} 可以反映目标层的许多地质特征，例如可能导致地震反射数据中的幅度异常的含气层或通道。因此，地震幅度异常剖面中的小振幅数据表示异常振幅较少，而较大的振幅数据表示异常振幅较大。

本节所提出的方法中采用的对数操作增强了弱孔隙流体响应并抑制了骨架信息，它是一种弱信号检测方法，有利于烃类检测。

如前述第 2 章 2.6 节所述，对于地震数据，小波包倒谱中滑动窗长度 N 需要满足下式

$$N = 2^i \approx \frac{f_s}{2 \times f_{\text{do min ent}}} \tag{5-2-4}$$

其中，i 是整数$(i = 1, 2, \cdots)$，f_s 是地震数据的采样频率，$f_{\text{do min ent}}$ 是地震数据的主频。因此，

一阶共倒谱剖面 $C_W(1)$ 的频率范围为$[0, \dfrac{f_s}{2 \times f_{\text{do min ent}}}]$，二阶共倒频剖面 $C_W(2)$ 的频率范围为

$[\dfrac{f_s}{2 \times f_{\text{do min ent}}}, \dfrac{f_s}{f_{\text{do min ent}}}]$。

5.3　模型分析

为了说明由小波包倒谱提取的地震振幅异常剖面对烃类检测的过程和有效性，我们设计了两个具有不同含气层厚度的模型来模拟地震响应。地质模型包括六个地层。表 5-3-1 中显示了模型每层的参数。层④是含气层，层③是干层(不包括气体)。子波的频率为 45 Hz。地震信号采样间隔为 2 ms。

表 5-3-1　地质模型的岩石物理参数

层号	$V_P/(\text{m} \cdot \text{s}^{-1})$	$\rho/(\text{g} \cdot \text{cm}^{-3})$	Q
①	4120	2.368	200
②	4174	2.376	200
③	4228	2.384	200
④	4081	2.362	30
⑤	4281	2.392	200
⑥	4326	2.399	200

注：其中，V_P 为纵波速度，ρ 为密度，Q 为品质因子。

模型 1 中含气层④的厚度为 35 m。模型 2 中含气层④的厚度为 60 m。地质模型及其相应的地震响应如图 5-3-1(a)～(d)所示。在含气模型 1 和模型 2 中，由于含气层中存在速度突变，所以在含气层的边缘会出现波形干扰和相位极性反转。在含气层的底界面处，增强振幅并显示出"亮点"现象。与其他层相比，整个含气层的幅度显著增加。在图 5-3-1(b)中，由于模型 1 中含气层④的厚度仅为 35 m，因此雷克子波旁瓣被隐藏在下一层反射中。由此可知，在模型 1 中的地震响应剖面的中间部分仅可以看到四个同相轴。由于模型 2 中的含气层④增加到 60 m，因此来自上一层的子波旁瓣得到了揭示。由此，我们可以发现，模型 2 中的地震响应剖面的中间部分有五个同相轴(见图 5-3-1(d))。

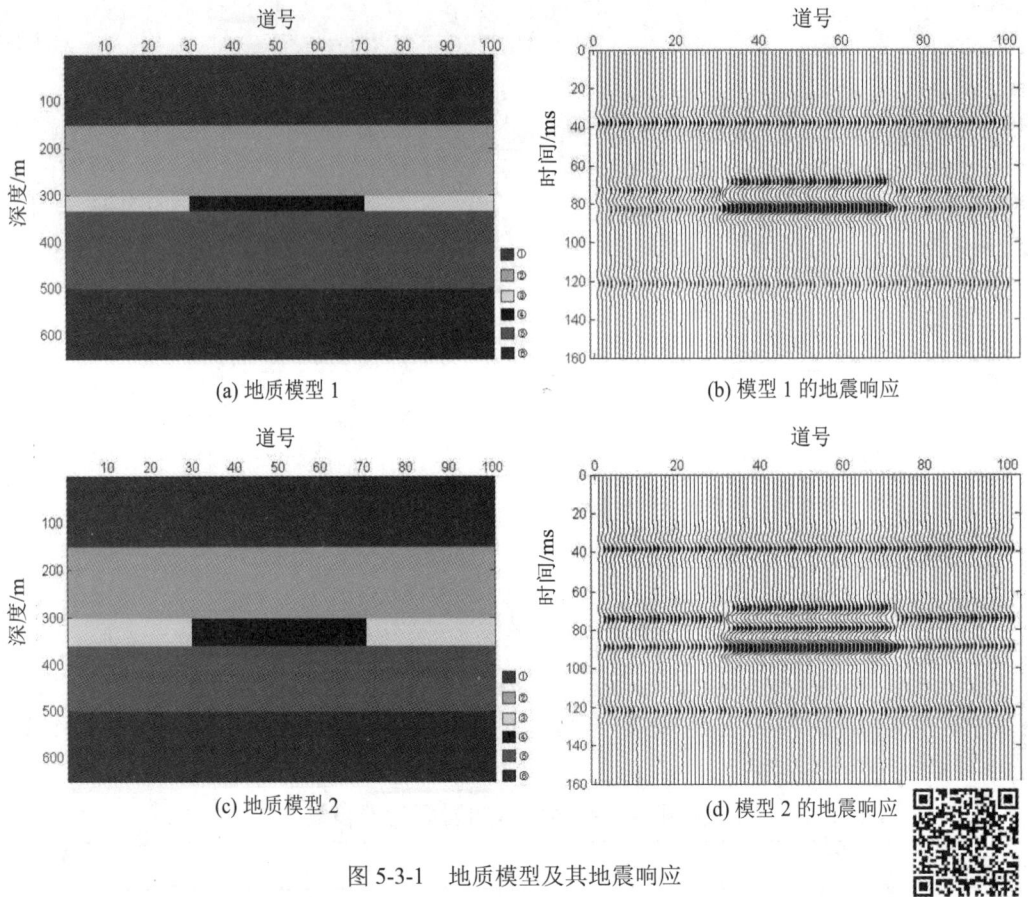

(a) 地质模型 1

(b) 模型 1 的地震响应

(c) 地质模型 2

(d) 模型 2 的地震响应

图 5-3-1　地质模型及其地震响应

图 5-3-2 显示了由模型 1 和模型 2 的基于小波包倒谱分解计算的地震振幅异常剖面。其中，滑动窗的长度为 8。从图 5-3-2(a)中我们可以观察到含气层中存在较大的幅度异常。由于含气层中的下反射界面的幅度大于上反射界面的幅度，因此含气层中下反射层周围检测到的异常幅度远大于上反射界面周围的异常幅度值。当我们分别从模型 1 的干层和含气层中提取两条地震道(见图 5-3-2(b))时，可以更清楚地说明该结果。我们从干层中提取一条地震道，记为地震道 1，从含气层中提取一条地震道，记为地震道 2。如图 5-3-2(b)所示，红色矩形框所示的干层和含气层之间的差异不是非常大。图 5-3-2(c)显示了小波包倒谱分解后的结果，我们可以清楚地观察到含气层(地震道 2)中的较大异常振幅，而在干层中没有发现明显的振幅异常(地震道 1)。图 5-3-2(d)显示了模型 2 的地震振幅异常剖面。当含气层厚度增加到 60 m 时，仍然可以在含气层中发现明显的振幅异常，并且含气层下反射界面周围的振幅异常值明显远大于上反射界面周围的振幅异常值。图 5-3-2(e)所示为分别从模型 2 的干层(1)和气层(2)中提取一条地震道。在使用小波包倒谱分解之后，我们发现含气层中的振幅异常值远大于干层中的振幅异常值(见图 5-3-2(f))。

图 5-3-2 中，(a)是模型 1 的地震振幅异常剖面；(b)是模型 1 的两条地震道。地震道 1 来自干层，地震道 2 来自含气层；(c)是图(b)中地震道 1 和地震道 2 的小波包倒谱分解后特征对比；(d)是模型 2 的地震振幅异常剖面；(e)是模型 2 的两条地震道，地震道 1 来自

干层，地震道 2 来自含气层；(f)是图(e)中地震道 1 和地震道 2 的小波包倒谱分解后特征对比。

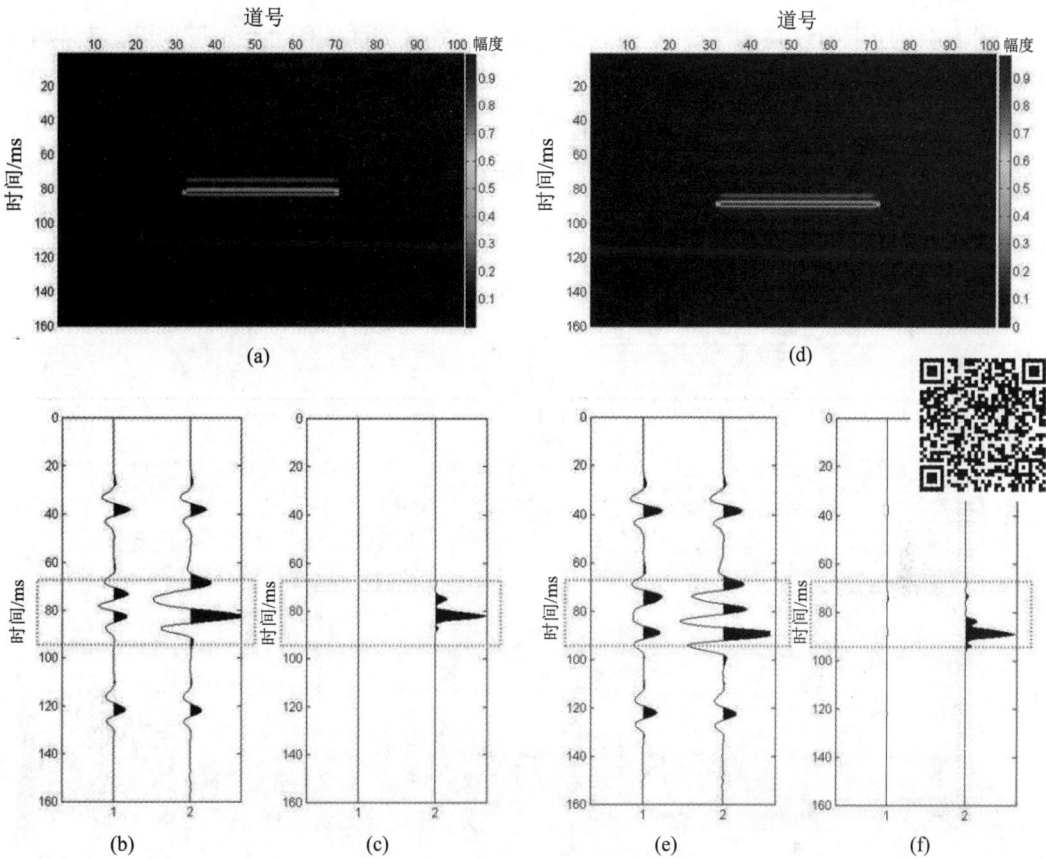

图 5-3-2　模型使用小波包倒谱分解后的地震振幅异常剖面

从模型分析中我们可以发现，振幅异常仅存在于由小波包倒谱分解后的地震振幅异常剖面中的含气层中。因此，小波包倒谱分解得到的地震幅度异常剖面可以很好地检测含气储层。

5.4　鄂尔多斯盆地二维叠后地震数据处理

5.4.1　地震数据

为了进一步说明由小波包倒谱提取的地震振幅异常剖面对烃类检测的有效性，我们使用来自鄂尔多斯盆地的苏里格气田的两个宽带叠后偏移二维过井地震剖面，该含气储层为致密砂岩储层。两个剖面中的含气层是典型的岩性含气储层圈闭。两个地震剖面储层中的主要岩石类型为石英砂岩、岩屑石英砂岩和岩屑砂岩。砂岩储层表现出强烈的异质性。储层厚度很薄。

图 5-4-1 所示为过强含气井 A 的地震剖面。含气区域如图中红色椭圆所示。我们用过井 A 的地震剖面来说明使用小波包倒谱分解提取的地震振幅异常剖面的分析过程，并进一步对比分析小波包倒谱分解产生的地震振幅异常剖面与利用短时傅里叶变换(STFT)和小波变换谱分解技术分别提取的分频剖面。图 5-4-2 所示为小波包倒谱分解方法应用于过较强含气井 B 和水井 C 的地震剖面的结果。含气和含水区域如图中红色椭圆所示。地震数据采样间隔为 2 ms。

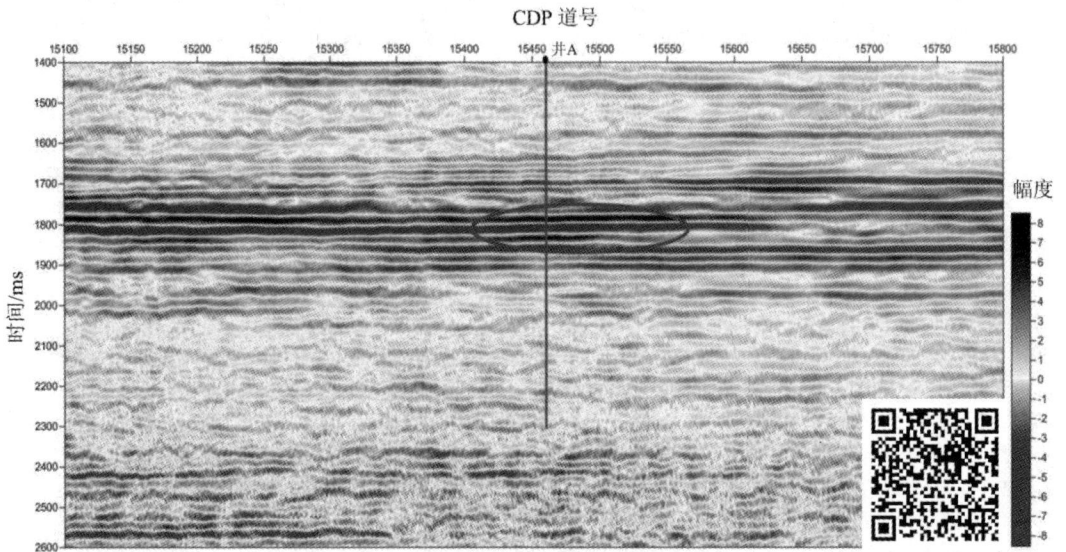

图 5-4-1　过井 A 的地震剖面

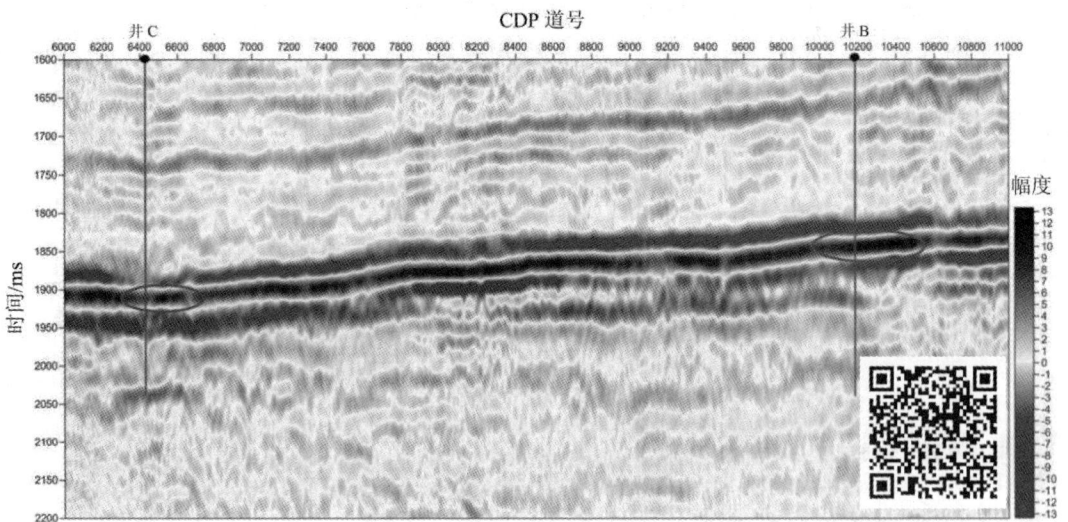

图 5-4-2　过井 B 和井 C 的地震剖面

5.4.2　过含气井 A 的地震剖面分析

对于图 5-4-3(a)中的过井 A 地震道，它对应的小波包倒谱分解后的地震振幅异常道如图 5-4-3(c)所示。在红色椭圆所示区域中分布了相当大的数据，这表明存在很强的振幅异常值。结合含气测试结果，我们知道在标有红色椭圆的区域中，这种强振幅异常值反映了高含气量。

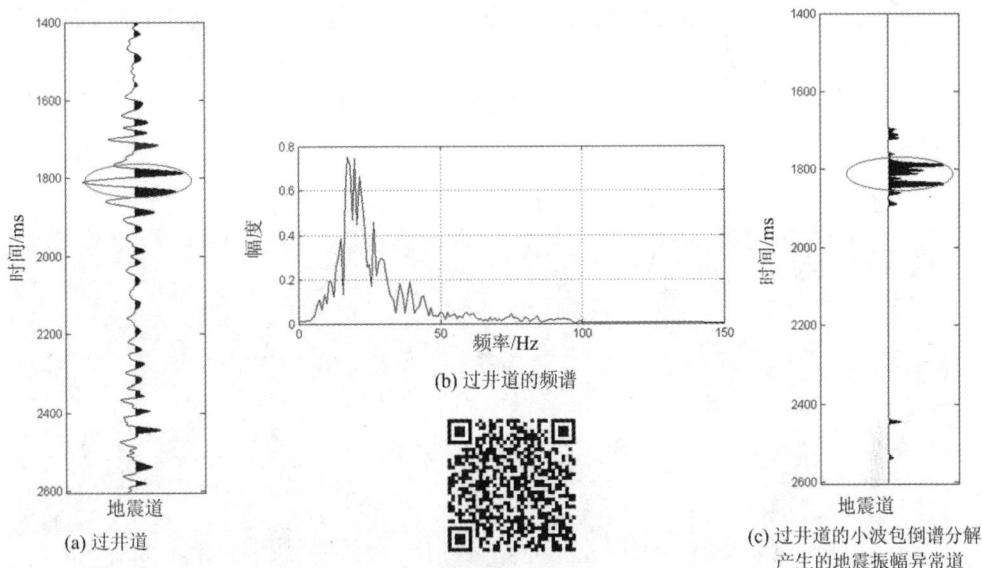

(b) 过井道的频谱

(a) 过井道　　　　　　　　　　　　　　　　　　(c) 过井道的小波包谱分解
产生的地震振幅异常道

图 5-4-3　过井 A 地震道分析

图 5-4-4 所示为小波包倒谱分解后的过井 A 地震振幅异常剖面，滑动窗长度为 16。图中，红色椭圆区域存在最大的倒谱振幅值分布，表示存在强倒谱振幅异常值。排除地层、岩性和其他因素的影响，我们认为强倒谱振幅异常值对应于烃类的存在。红色椭圆所示区域中的强振幅异常值给出了一个含气性解释，与井测试数据的高产气量一致，进一步说明了小波包倒谱分解产生的地震振幅异常剖面在该区域可用于含气性检测。

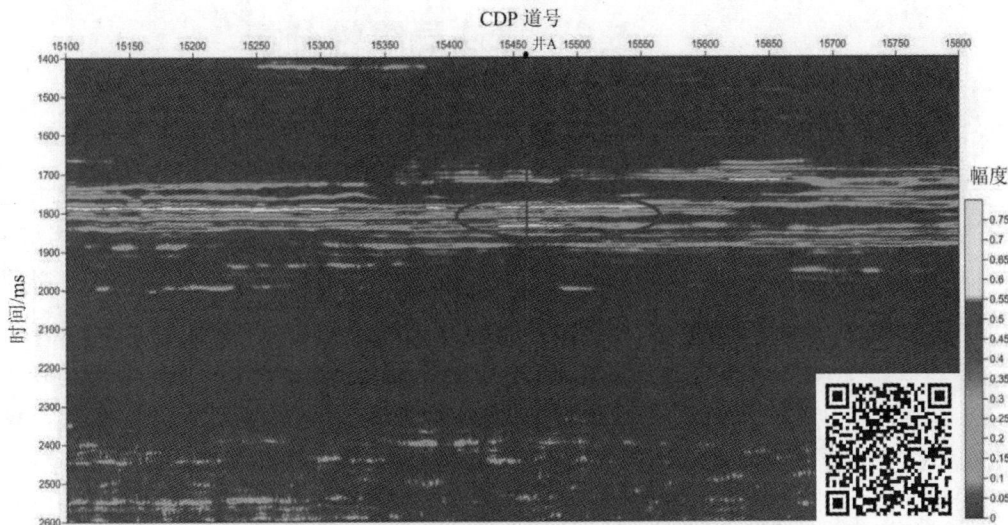

图 5-4-4　过井 A 地震剖面的小波包倒谱分解产生的地震振幅异常剖面

5.4.3 过含气井 B 和水井 C 的地震剖面分析

基于小波包倒谱分解的过井 B 和 C 的连井地震振幅异常剖面如图 5-4-5 所示，滑动长度为 16。最强的倒谱振幅异常值(图 5-4-5 中的黄色)分布在气井 B 所在的区域中，排除岩性和其他因素的影响，我们认为这种强振幅异常与烃类信息有关，这也与 B 井测试数据中的高含气产量一致。而在井 C 所在区域存在较强的倒谱振幅异常值(图 5-4-5 中蓝色)。水井 C 所在的区域中的倒谱振幅异常值没有气井 B 所在的区域的倒谱振幅异常值那么明显。含气井和含水井的特征差异非常明显地反映在小波包倒谱分解后产生的地震振幅异常剖面中。

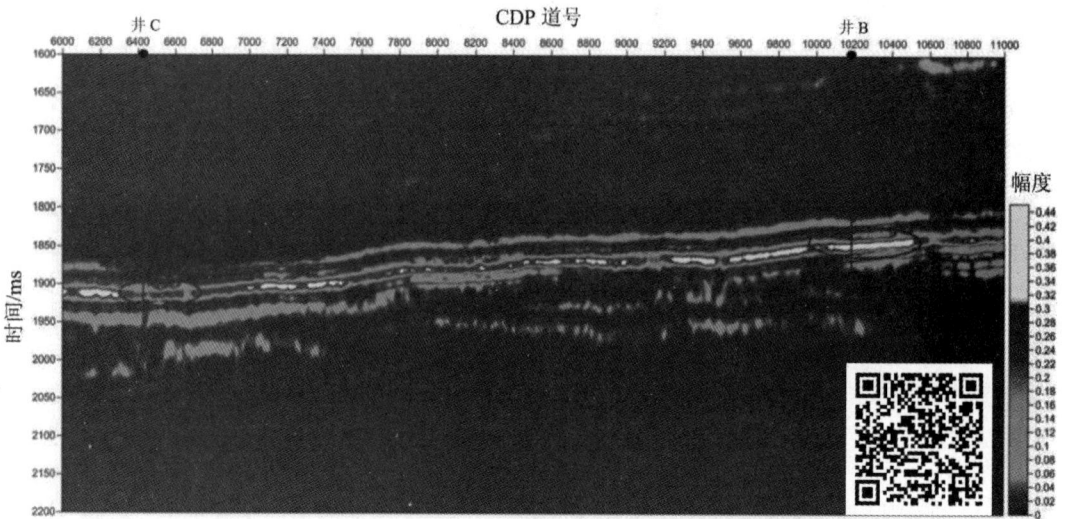

图 5-4-5   过井 B 和 C 地震剖面的小波包倒谱分解产生的地震振幅异常剖面

5.5   算法局限性分析

本章讨论了小波包倒谱分解如何应用于储层特征描述和含气性检测。小波包倒谱分解的关键因素是滑动窗长度的选择，滑动窗长度的选择还决定了小波包倒谱分解中使用的频率范围。小波包倒谱分解方法在频率范围选取方面的另一个限制因素是滑动窗长度必须满足 2 的幂次方。需要注意的是，共倒谱剖面是由一个频段而不是一个频率产生。在 2.6 节中，我们通过对比小波包倒谱分解产生的共倒频剖面与传统谱分解产生的共频率剖面，显示了小波包倒谱分解的有效性。通过定义小波包倒谱分解产生的地震振幅异常剖面，我们在储层描述和烃类检测中使用一阶和二阶倒频谱剖面($C_w(1)$ 和 $C_w(2)$)，并且通过模型验证和苏里格地区实际地震数据处理给出了所提方法的有效性。与传统的谱分解方法相比，小波包倒谱分解算法提供了一种使用与倒频信息有关的倒谱振幅异常信息进行储层描述和烃类检测的更简易的方法，为地震数据处理和解释提供了一个新领域。对于小波包倒谱分解及其烃类检测算法的进一步研究，尤其是应用于更多的数据分析，将有助于更好地理解该方法的优点及实际应用限制。

本章参考文献

BEDROSIAN E. 1963. On the quadrature approximation to the Hilbert transform of modulated signals [J]. Proceedings of IEEE, 51: 868-869.

BOGERT B P, HEALEY M J R, TUKEY J W. 1963. The frequency analysis of time series for echoes: cepstrum, pseudo-autocovariance, cross-cepstrum and saphe cracking [C]. Proceedings of the Wavelet-based cepstrum decomposition Symposium on Time Series Analysis (ed M. Rosenblatt), 209-243. Wiley, New York, USA.

CHAKRABORTY A. OKAYA D. 1995. Frequency-time decomposition of seismic data using wavelet-based methods [J]. Geophysics 60: 1906-1916.

CAO J X, TIAN R F, HE X Y. 2011. Seismic-print analysis and hydrocarbon identification [C]. AGU Fall Meeting Abstracts 1.

CASTAGNA J P, SUN S, SIEGFRIED R W. 2003. Instantaneous spectral analysis: detection of low-frequency shadows associated with hydrocarbons [J]. The Leading Edge, 22: 120-127.

DE MATOS M C, JOHANN P R. 2007. Revealing geological features through seismic attributes extracted from the wavelet transform Teager-Kaiser energy [C]. 77th SEG meeting, San Antonio, USA, Expanded Abstracts.

DE MATOS M C, MARFURT K J, JOHANN P R S, et al. 2009. Wavelet transform Teager-Kaiser energy applied to a carbonate field in Brazil [J]. The Leading Edge, 28: 708-713.

DENG L, O'SHAUGHNESSY D. 2003. Speech Processing: A Dynamic and Optimization-Oriented Approach [M]. CRC Press, 50-52.

EBROM D. 2004. The low-frequency gas shadow on seismic sections [J]. The Leading Edge 23(8): 772.

EHRHARDT M, VILLINGER H, SCHIFFLER S. 2012. Evaluation of decomposition tools for sea floor pressure data: a practical comparison of modern and classical approaches [J]. Computers & Geosciences, 45: 4-12.

HALL M. 2006. Predicting bed thickness with cepstral decomposition. The leading Edge. 5(2): 199-204.

MIAH K H, HERRERA R H, VAN DER BAAN M. et al. 2011. Application of fractional Fourier transform in cepstrum analysis [C]. Proceedings of CSPG CWLS Conference, 1-4.

NUTTALL A H. 1966. On the quadrature approximation to the Hilbert transform of modulated signals [J]. Proceedings of IEEE, 54: 1458-1459.

ODEBEATU E, ZHANG J, CHAPMAN M, et al. 2006. Application of spectral decomposition to detection of dispersion anomalies associated with gas saturation [J]. The Leading Edge, 25(2): 206-210.

OPPENHEIM A V. 1965. Superposition in a class of nonlinear systems [D]. PhD dissertation, Massachusetts Institute of Technology, Cambridge, USA.

OPPENHEIM A V, SCHAFFER R W. 1989. Discrete-Time Signal Processing [M]. Prentice-Hall, Englewood Cliffs, USA.

PARTYKA G, GRIDLEY J, LOPEZ J. 1999. Interpretational applications of spectral decomposition in reservoir characterization [J]. The Leading Edge, 18(3): 353-360.

PEYTON L, BOTTJER R, PARTYKA G. 1998. Interpretation of incised valleys using new 3-D seismic techniques: A case history using spectral decomposition and coherency [J]. The Leading Edge, 17(9): 1294-1298.

PINNEGAR C R, MANISNHA L. 2003. The S-transform with windows of arbitrary and varying shape [J]. Geophysics, 68(1): 381-385.

SANCHEZ F L, BARBON J R S, VIEIRA L S, et al. 2009. Wavelet-based cepstrum calculation [J]. Journal of Computational and Applied Mathematics 227(2): 288-293.

SCHEUER T E, WAGNER D E. 1985. Deconvolution by autocepstral windowing [J]. Geophysics, 50(10): 1533-1540.

SINHA S, ROUTH P S, ANNO P D, et al. 2005. Spectral decomposition of seismic data with continuous-wavelet transform [J]. Geophysics, 70: P19-P25.

STOFFA P L, BUHL P, BRYAN G M. 1974. The application of homomorphic deconvolution to shallow-water marine seismology-Part I: Models; Part II: Real data [J]. Geophysics, 39: 401-426.

TUETUENCUEOGLU K, SATE R. 1974. Cepstrum analysis for determination of rupture length of microearthquakes [J]. IISEE Bulletin, 12: 1-16.

ULRYCH T J. 1971. Application of homomorphic deconvolution to seismology [J]. Geophysics, 36(4): 650-660.

ULRYCH T J, JENSEN O G, ELLIS R M, et al. 1972. Homomorphic deconvolution of some teleseismic events [J]. Bulletin of the Seismological Society of America, 62(5): 1269-1281.

WU X, LIU T. 2009. Spectral decomposition of seismic data with reassigned smoothed pseudo Wigner-Ville distribution [J]. Journal of Applied Geophysics, 68: 386-393.

XUE Y J, CAO J X, TIAN R F. 2013. A comparative study on hydrocarbon detection using three

EMD-based time-frequency analysis methods [J]. Journal of Applied Geophysics, 89: 108-115.

XUE Y J, CAO J X, TIAN R F. 2014a. EMD and Teager-Kaiser energy applied to hydrocarbon detection in a carbonate reservoir [J]. Geophysical Journal International, 197: 277-291.

XUE Y J, CAO J X, TIAN R F, et al. 2014b. Application of the empirical mode decomposition and wavelet transform to seismic reflection frequency attenuation analysis [J]. Journal of Petroleum Science and Engineering, 122: 360-370.

曹俊兴，刘树根，田仁飞，等. 2011. 龙门山前陆盆地深层海相碳酸盐岩储层地震预测研究 [J]. 岩石学报，27(8): 2423-2434.

XUE Y J, CAO J X, TIAN R F, et al. 2016. Wavelet‐based cepstrum decomposition of seismic data and its application in hydrocarbon detection [J]. Geophysical Prospecting, 64(6): 1441-1453.

第6章 基于变分模态分解的地震数据分析方法

本章在分析变分模态分解(VMD)算法性能和参数优化、地震瞬时属性提取的基础上，进一步研究基于 VMD 的谱分解算法及其优化算法，发展基于 VMD 的衰减梯度估计方法。

6.1 变分模态分解算法性能分析及参数优化

6.1.1 VMD 分解级数选择

VMD 分解级数 K 的选择是 VMD 算法中的关键问题。合适的 VMD 分解级数影响着本征模态函数的准确性。VMD 分解级数 K 设置得过大，会导致分解产生的 IMF 分量过分解，捕获额外的噪声或者导致模态重复；而如果 VMD 分解级数 K 设置得过小，会导致数据分割不足，产生模态混叠(DRAGOMIRETSKIY K, ZOSSO D, 2014)。这里，我们利用一个合成信号 $x(t)$ 来说明。该数据 $x(t)$ 由一个余弦波信号 $x_1(t)$、AM-FM 信号 $x_2(t)$ 以及一个线性 chirp 信号 $x_3(t)$ 构成，如图 6-1-1 所示。

当分解级数 K 设置为从 2～4 时，VMD 分解结果如图 6-1-2～图 6-1-4 所示，分解后的本征模态函数 IMF 的频谱图如图 6-1-5 所示。从图中可以看到，当 $K=2$ 时，2 个模态使它们的频谱在大约 100 Hz 处重叠；当 $K=4$ 时，4 个模态使它们的频谱具有对任何模态都没有贡献的残差(图 6-1-5(c)中粉红色频谱成分)；而当 $K=3$ 时，我们可以看到 3 个模态在频谱上各不重叠。从而，合适的分解级数为 $K=3$。我们可以通过下式来衡量 IMF 正交的综合指数 IO，即

$$IO = \sum_{t=0}^{T} \left(\sum_{j=1}^{n+1} \sum_{k=1}^{n+1} \frac{u_j(t)u_k(t)}{x^2(t)} \right) \tag{6-1-1}$$

对于上面的合成信号，当 $K=3$ 时，从 VMD 获得的 IMF 的 IO 值最小，仅为 0.0146；而 $K=2$ 时，IO 值为 0.0292；$K=4$ 时，IO 值为 0.0155。从而可以看出 $K=3$ 为最合适的分解级数。

(a) 余弦波信号

(b) AM-FM 信号

(c) 线性 chirp 信号

(d) 合成信号

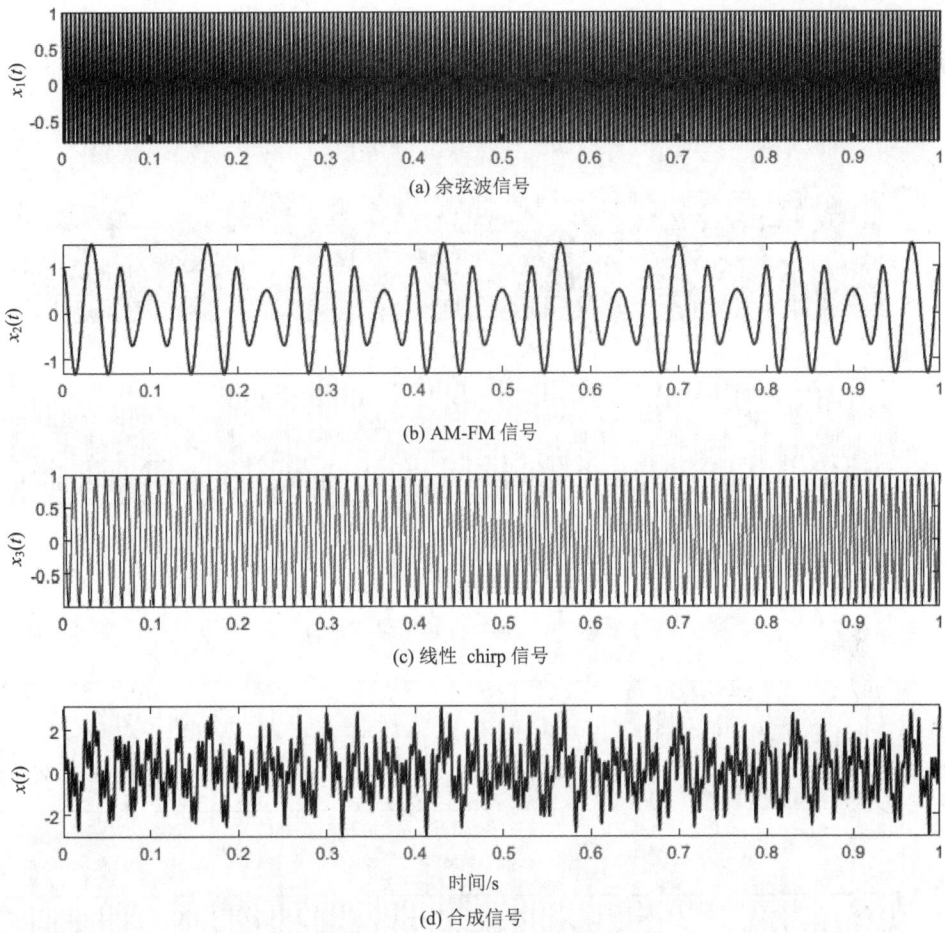

图 6-1-1　合成信号及其子信号

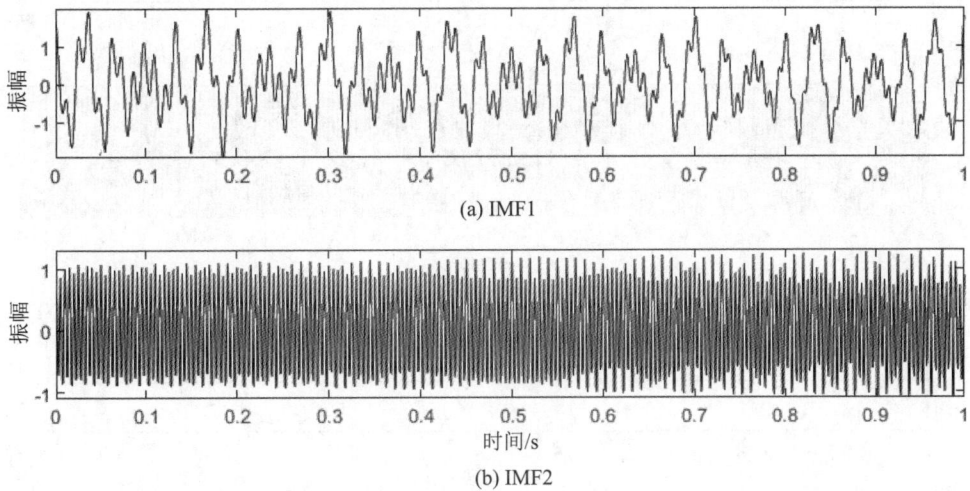

(a) IMF1

(b) IMF2

图 6-1-2　VMD 分解结果($K = 2$)

(a) IMF1

(b) IMF2

(c) IMF3

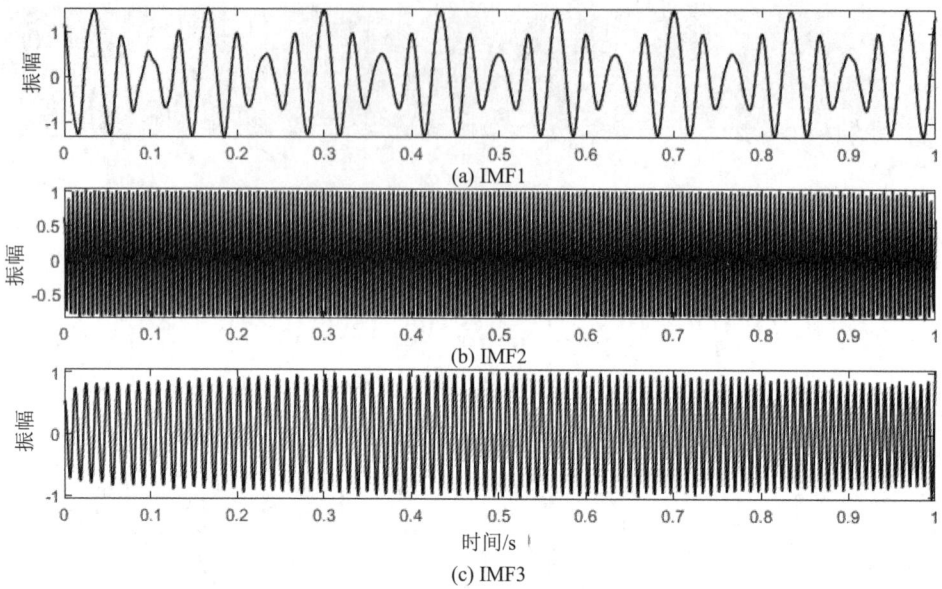

图 6-1-3　VMD 分解结果($K = 3$)

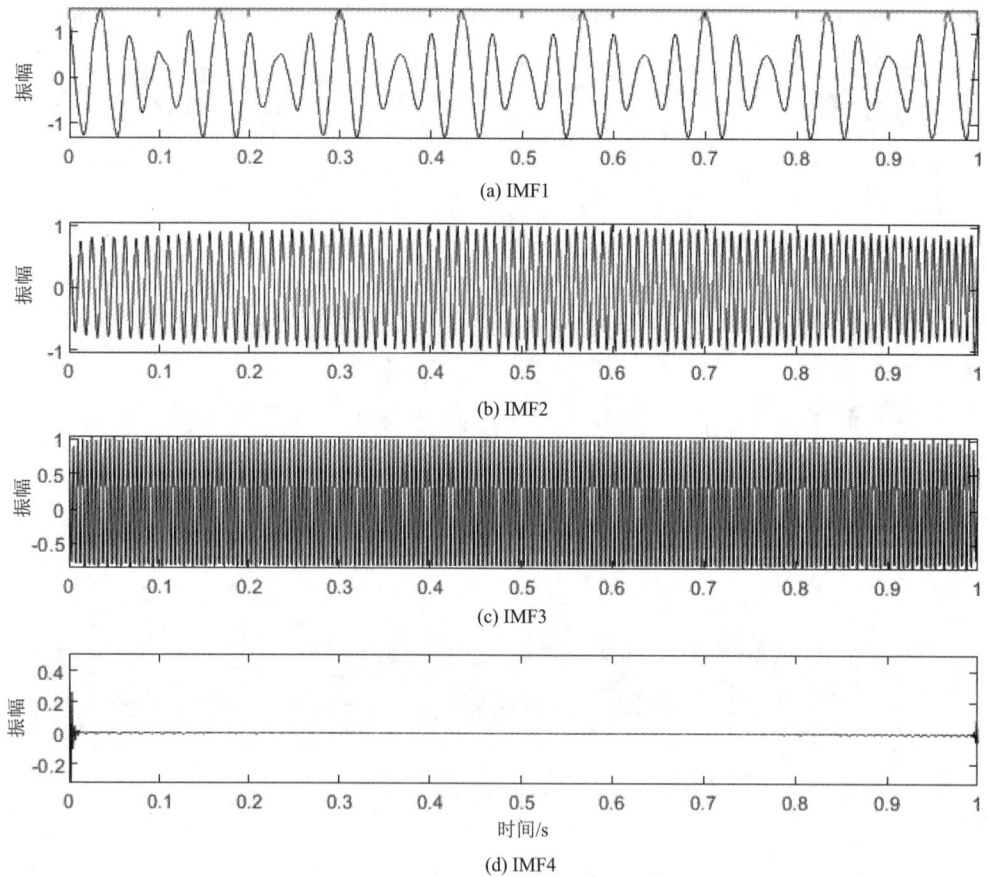

(a) IMF1

(b) IMF2

(c) IMF3

(d) IMF4

图 6-1-4　VMD 分解结果($K = 4$)

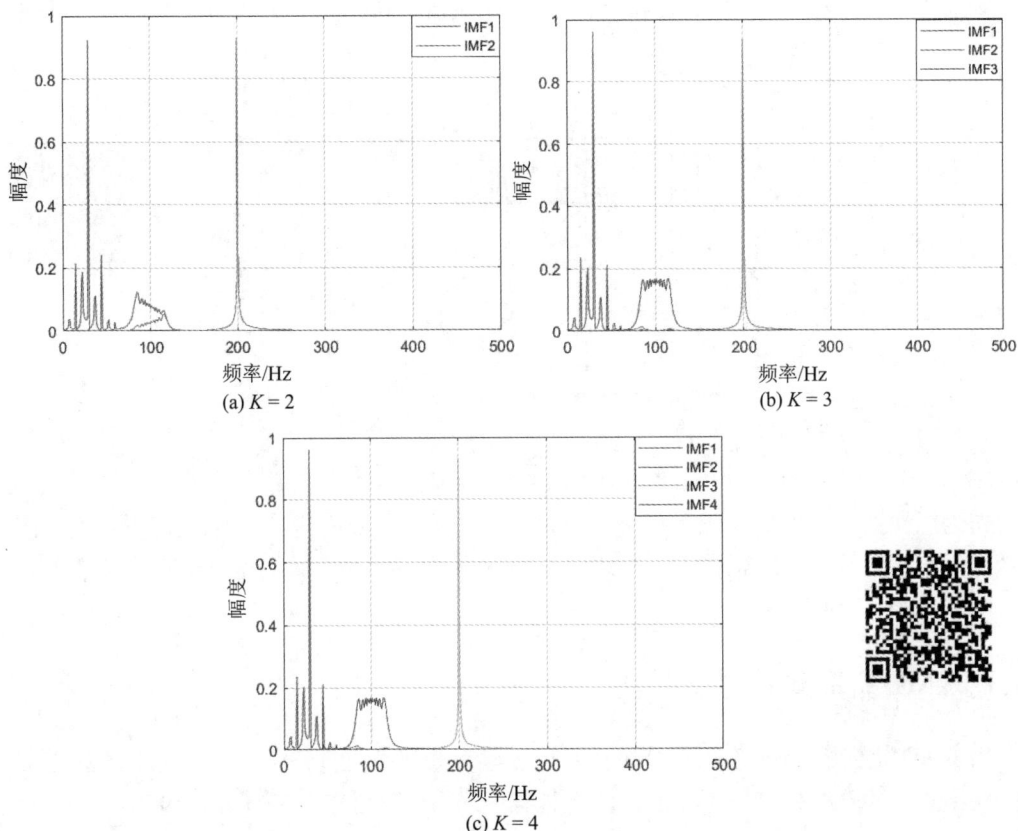

(a) K = 2

(b) K = 3

(c) K = 4

图 6-1-5　IMF 频谱对比

目前，虽然关于 VMD 分解级数的选取有很多研究并发展了很多方法(例如，LAHMIRI S, BOUKADOUM M，2014；WANG Y et al.，2015；LIU W.，CHEN Y, 2016；XUE Y J et al.，2016)，但是我们的算法中选择并不困难。对于实际地震数据，在算法中我们通常使用过井道结合测井解释结果来获得适当的 VMD 分解级数，一般来说，只需要试算几次就可以获得合适的 VMD 分解级数。

6.1.2　惩罚因子 α

VMD 分解的本质是维纳滤波器随主频率变化的过程。因此，每个模态更新都可以视为维纳过滤过程。通过调整惩罚因子 α，可以改变维纳滤波的滤波强度。α 越大，噪声抑制效果越好。但是过大的 α 会导致信号失真。实际上，维纳滤波过程可以看作是信号通过一个线性系统，它的系统函数可以写成

$$H(\omega) = \frac{1}{1 + 2\alpha(\omega - \omega_k)^2} \tag{6-1-1}$$

式(6-1-1)是一个以 ω_k 为中心频率的带通滤波器，其带宽可以通过参数 α 进行调整。当 ω_k 等于 0 时，该滤波器变为低通滤波器，如图 6-1-6 所示。当 α 很小时，滤波器的带宽非常

大，因此可以将其视为全通滤波器。相反，该滤波器被认为是窄带通滤波器。

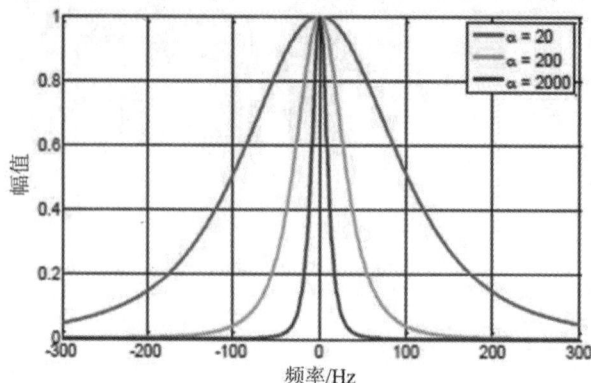

图 6-1-6   具有不同 α 的 $H(\omega)$

作为惩罚因子的参数 α 赋予每个模态带宽相同的"惩罚强度"。α 越大，所有确定模态的带宽越窄。通过合适的惩罚因子约束每个 IMF 的带宽有利于提高信号的保真度。本章采用 $\alpha = 200$ 进行 VMD 处理。

6.1.3   VMD 提取到的 IMF 特征

由 EMD 定义的 IMF 仅指在整个信号段中具有相等数量或最大相差一个极值和零交叉的振荡模式，并且在任何一点处上下包络具有零均值(HUANG N E et al.，1998)。但是，在 VMD 中，IMF 被定义为窄带 AM-FM 信号(XUE Y J et al.，2016)。满足 VMD 中新定义的 IMF 也满足 EMD 中原始的 IMF 属性，但反之则不成立。极值位置检测和上下包络的插值方法主要控制着 EMD 过程(HUANG N E et al.，1998；XUE Y J et al.，2019)。EMD 过程对噪声和采样非常敏感(HUANG N E et al.，1998；XUE Y J et al.，2019)。但是，VMD 在其模态更新过程中采用了 Wiener 滤波器，这使 VMD 算法对噪声更加鲁棒。VMD 将地震信号精确地或在最小二乘意义上分解为一系列准正交的 IMF。VMD 在采样方面也更加鲁棒。由 VMD 获得的 IMF 仅在中心脉动附近紧凑，并显示数据的局部特征。EMD 和 VMD 过程之间的差异解释了为什么 VMD 获得的 IMF 比 EMD 获得的 IMF 的物理意义更大。这两种方法的不同处理进一步有助于提高基于 VMD 的地震瞬时属性的准确性和精度。

区分相邻频谱分量的能力对于 VMD 是至关重要的问题。已有文献(DRAGOMIRETSKIY K, ZOSSO D, 2014；WANG Y, MARKERT R, 2016；WANG X J et al.，2019；XUE Y J et al.，2016，2019)在这项工作方面做得很好。他们检查了 VMD 对两种不同叠加基音信号的分离能力，它们具有以下形式：

$$f_{v_1, v_2}(t) = a_1 \cos(2\pi v_1 t) + a_2 \cos(2\pi v_2 t) \tag{6-1-2}$$

其中，$v_2 < v_1 < f_s / 2$，a_1、a_2 是两个可能不同的振幅，具有振幅比 $\rho = a_1/a_2$。在文献(DRAGOMIRETSKIY, ZOSSO, 2014)中，他们给出了幅度比变化的结果 $\rho \in \{1:4, 1:1, 4:1\}$ 以及相应的测量误差。在另一文献(WANG, MARKERT, 2016)中，他们约束条件为 $0 < v_2$

$/v_1 < 2$ 和 $0.01 < 1/\rho < 10$。奈奎斯特速率是一个很大的值，它比最大频率大。所有这些工作 (DRAGOMIRETSKIY K, ZOSSO D，2014；WANG Y, MARKERT R，2016；WANG X J et al.，2019；XUE Y J et al.，2016，2019)表明，VMD 在整个域上都有很好的分离性，除了在奈奎斯特频率上。特别是，对于彼此接近的谐波，分解质量不会明显变差。WANG Y, MARKERT R(2016)指出，对于 $v_2 \approx v_1$，VMD 的分离能力具有较窄的扩散区。这些工作表明，VMD 可以很好地分离彼此非常接近的谐波，这也进一步保证了基于 VMD 的地震属性具有很高的灵敏度和准确性。

　　这里进一步以一个例子进行说明。对于图 6-1-1 的合成信号，EMD 提取到的 IMF 如图 6-1-7 所示。对比分析图 6-1-1，图 6-1-3 中 VMD 分解结果及图 6-1-7 中 EMD 分解结果，我们可以看到 VMD 方法可以准确提取出合成信号的三个子信号，而 EMD 方法产生了模态混叠，提取到的 IMF 与真实的子信号存在差异。

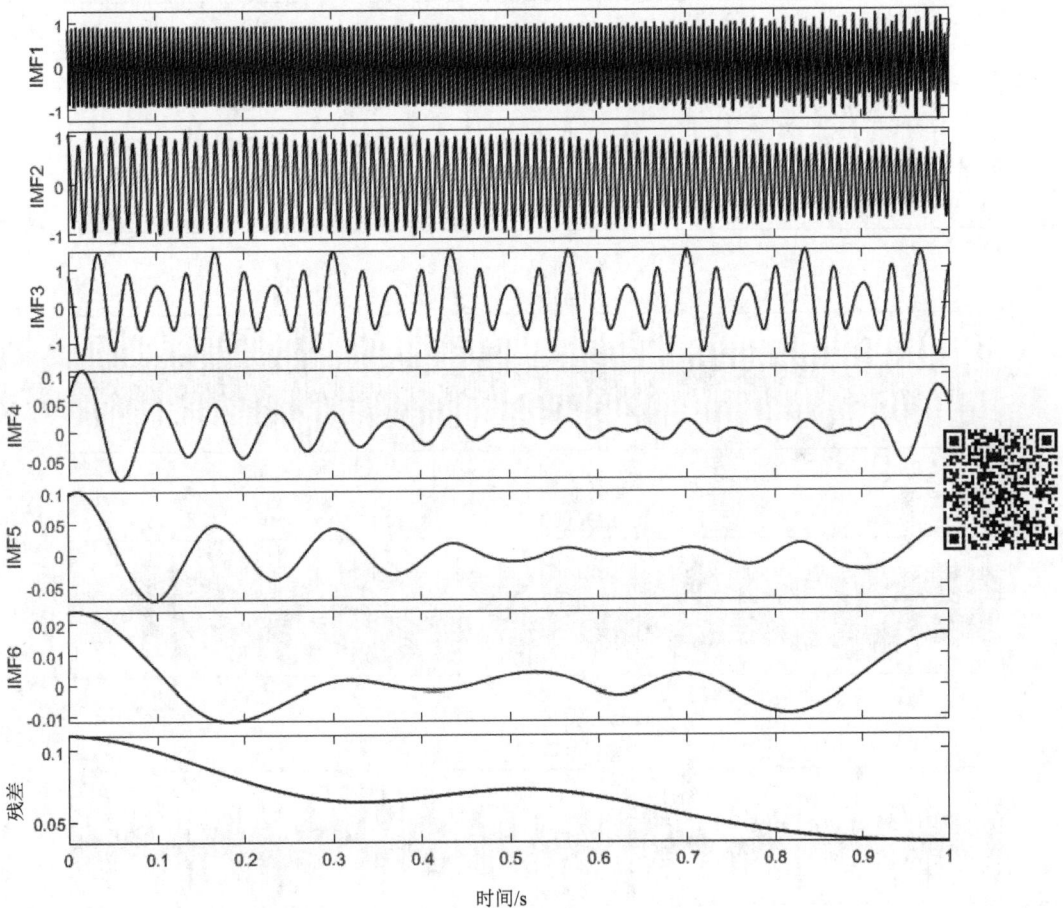

图 6-1-7　EMD 分解结果

6.1.4　对噪声的鲁棒性分析

　　这里，仍然以图 6-1-1 所示合成信号进行分析。我们加入高斯噪声进行分析。带噪信号如图 6-1-8(a)所示，信噪比为 5 dB。VMD 分解之后，带噪信号被分解为 4 个 IMF，如图 6-1-8(b)~(e)所示，分解级数设置为 4。具有低频率的 IMF1 首先被提取出来，它主要反映了 AM-FM $x_2(t)$ 子信号，线性调频脉冲信号 $x_3(t)$ 和 200 Hz 余弦波主要反映在 IMF2 和 IMF3 中，高斯噪声则主要被提取到 IMF4 中。作为比较，在图 6-1-9 中，我们也给出了 EMD 分解之后的 IMF。对于 EMD 方法，高斯噪声主要反映在 IMF1 中，而由于模式混叠现象，IMF2 不反映任何合成的子信号。后面的 IMF 都产生了失真。因此，VMD 分解的 IMF 比 EMD 分解的 IMF 具有更多的物理意义；而且，在低信噪比情况下，VMD 分解性能依然很好，具有很强的噪声鲁棒性。

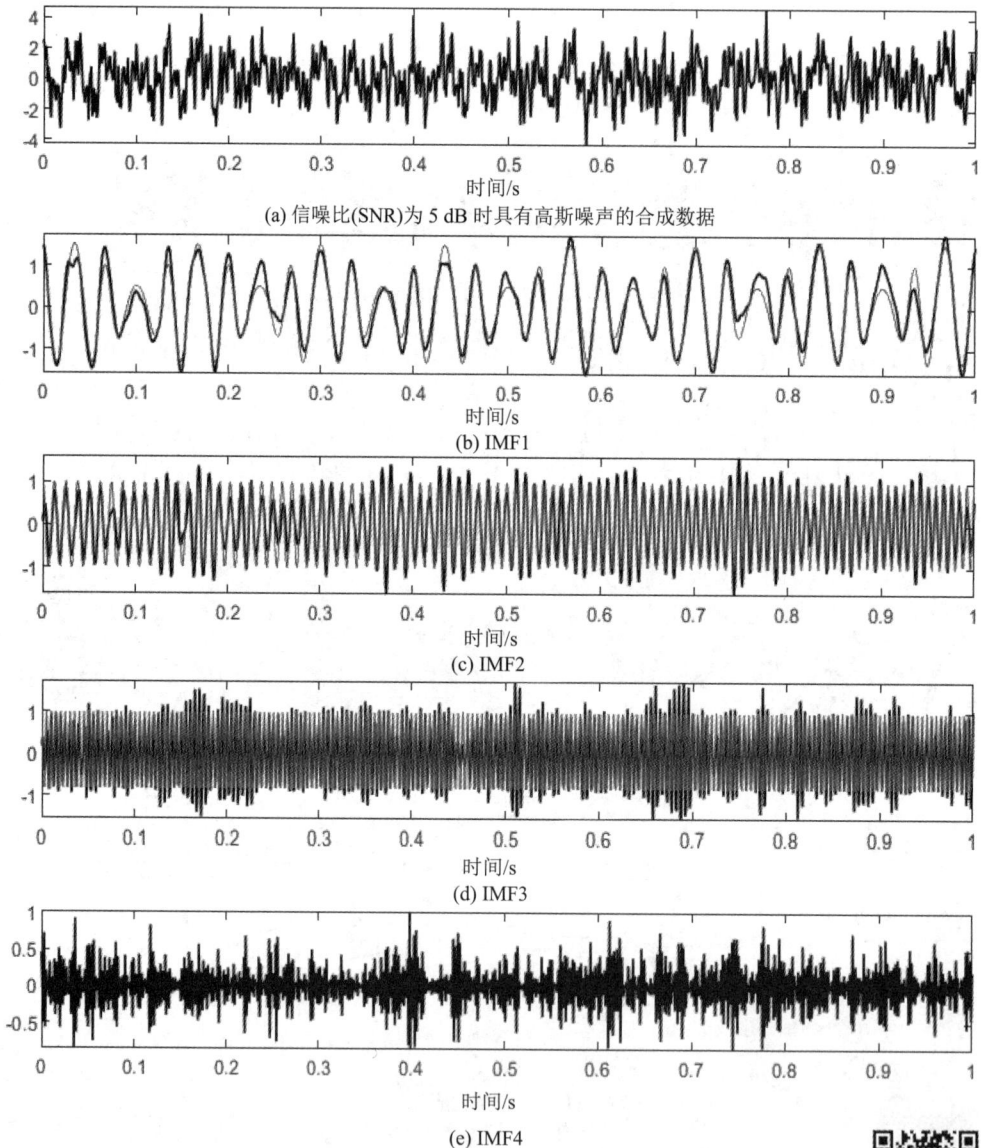

(a) 信噪比(SNR)为 5 dB 时具有高斯噪声的合成数据

(b) IMF1

(c) IMF2

(d) IMF3

(e) IMF4

图 6-1-8 带噪信号 VMD 分解结果

注：组成的 AM-FM 信号，线性调频信号和余弦波也分别在图中以红色绘制。

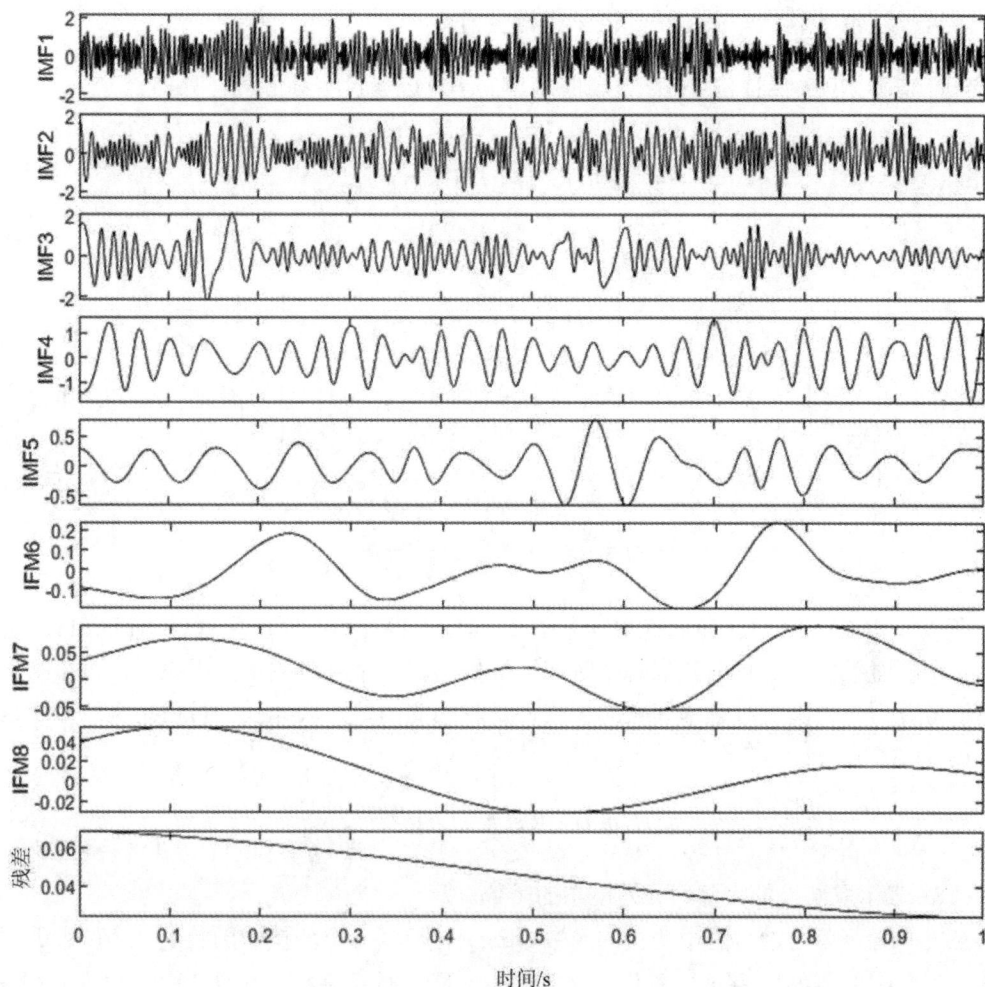

图 6-1-9　带噪信号的 EMD 分解结果

6.2　基于变分模态分解的谱分解算法及优化

6.2.1　基于变分模态分解的地震瞬时属性提取

对于由 VMD 算法获得的每一个 IMF 分量 $u(t)$，地震瞬时属性可以由 IMF 分量 $u(t)$ 和它的 Hilbert 变换 $y(t)$ 通过下列解析信号计算：

$$z(t) = u(t) + \mathrm{i}y(t) = A(t)\exp[\mathrm{i}\varphi(t)] \tag{6-2-1}$$

其中，$y(t) = \dfrac{1}{\pi} P \cdot V \displaystyle\int_{-\infty}^{\infty} \dfrac{u(\tau)}{t-\tau} d\tau$。P.V 表示柯西主值。

瞬时幅度 $A(t)$ 和瞬时相位 $\varphi(t)$ 及瞬时频率 $\omega(t)$ 可以通过下列方程计算：

$$\begin{cases} A(t) = \sqrt{u^2(t) + y^2(t)} \\ \varphi(t) = \arctan \dfrac{y(t)}{u(t)} \\ \omega(t) = \dfrac{1}{2\pi} \dfrac{d\varphi(t)}{dt} \end{cases} \tag{6-2-2}$$

通常地，为了避免式(6-2-2)中的相位解缠绕而引起的模糊性，瞬时频率 $\omega(t)$ 可以由以下等式替代计算：

$$\omega(t) = \dfrac{1}{2\pi} \dfrac{u(t)\dfrac{dy(t)}{dt} - \dfrac{du(t)}{dt}y(t)}{u^2(t) + y^2(t)} \tag{6-2-3}$$

类似于 EMD、EEMD 和 CEEMD 方法，VMD 可以在每个时间采样处为每个 IMF 分量产生一个瞬时频率，并且因此在每个时间采样处形成多个瞬时频率，由此我们可以给出深入的信号分析。由于瞬时频率和瞬时振幅都是时间的函数，因此我们可以定义一个三维空间 $[t, \omega(t), A(t)]$。令

$$H(\omega, t) = \mathrm{Re}\left\{ \sum_{i=1}^{n} A_i(t) e^{i\int \omega_i(t)dt} \right\} \tag{6-2-4}$$

其中，Re 表示取结果的实部，n 为模态的个数。

三维空间可以通过将两个变量的函数 $H(\omega, t)$ 转换为三个变量的函数 $[t, \omega, H(\omega, t)]$ 产生，其中，$A(t) = H[\omega(t), t]$。从而，我们获得了信号的联合时频分布，并且该联合时频分布在时间上而不是在频率上均匀地采样。基于联合时频分布，我们可以衍生出频谱分解技术的许多有用的瞬时属性。这里，我们主要计算峰值频率属性。峰值频率是每个时间样本中最大能量处的频率，它有助于解释感兴趣层段的时间厚度。

6.2.2　变分模态分解算法特性分析

1. 合成地震记录——瞬时频率对比分析

我们使用一个颇具挑战性的合成地震记录。首先展示采用各种 EMD 方法并不能区分合成地震记录的每个 IMF 分量，从而证实 VMD 方法对合成地震记录具有良好的局部分解能力。其次展示采用 VMD 方法进行瞬时谱分析的结果比小波变换和 CEEMD 方法具有更高的时频分辨率和精度。

这里所用的合成地震记录如图 6-2-1 所示，它由一个 20 Hz 的初始余弦波(最大振幅为 1)叠加了 2 个位于 0.7 s 和 0.8 s 的 40 Hz 的雷克子波，以及两个位于 1.2～1.8 s 间不同频率的余弦波构成。2 Hz 的余弦波最大振幅为 1；80 Hz 的余弦波最大振幅为 0.25。

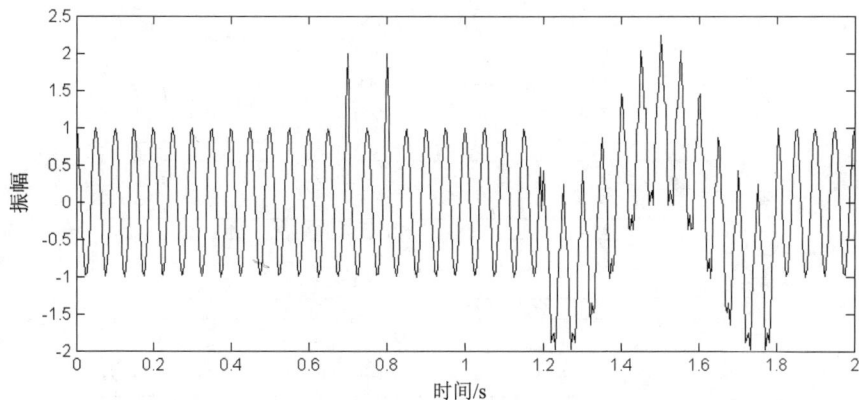

图 6-2-1　合成地震记录

　　图 6-2-2～图 6-2-4 分别显示了 EMD、EEMD 和 CEEMD 方法的分解结果。我们在 EEMD 和 CEEMD 分解中均采用了添加 10% 的高斯白噪声和用 100 次来实现的方案。如图 6-2-2～ 图 6-2-4 所示，采用 EMD、EEMD 和 CEEMD 方法分解合成地震记录得到的各 IMF 分量中， IMF1 分量中并不能单独提取位于 1.2～1.8 s 之间的高频 80 Hz 余弦波，而是被低频 IMF 分量包括 20 Hz 的背景余弦波和位于 0.7 s、0.8 s 处的两个 40 Hz 的雷克子波所污染。从而， 后面所有的 IMF 分量都出现了失真，以至于很难区分每个 IMF 分量各自的贡献量大小，从而使信号分析变得更为复杂化。对该合成地震记录而言，基于 EMD 的各种方法都不能有效解决问题。

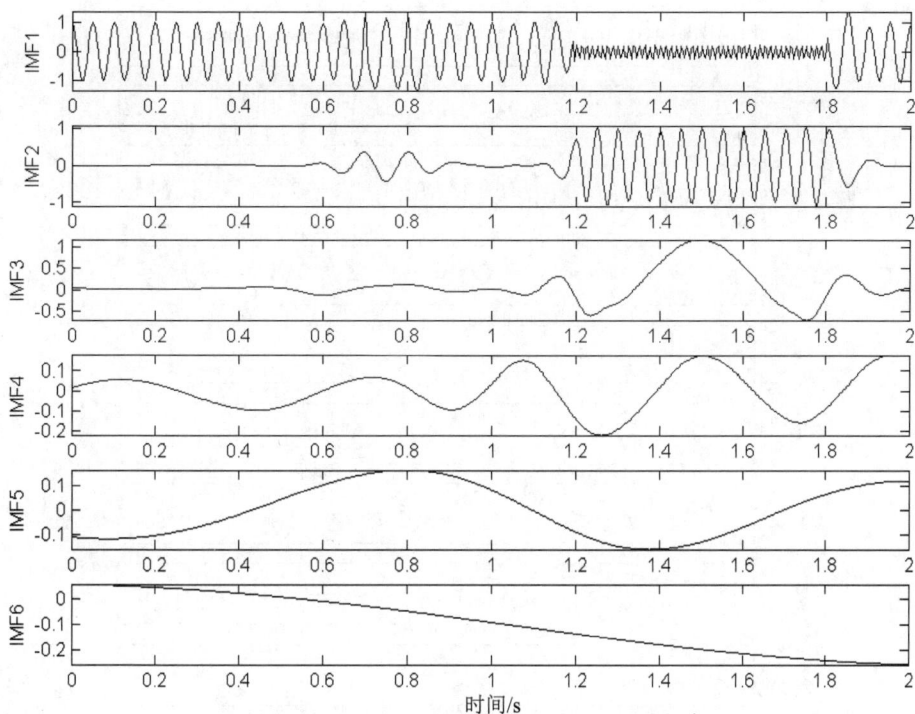

图 6-2-2　合成地震记录的 EMD 分解结果

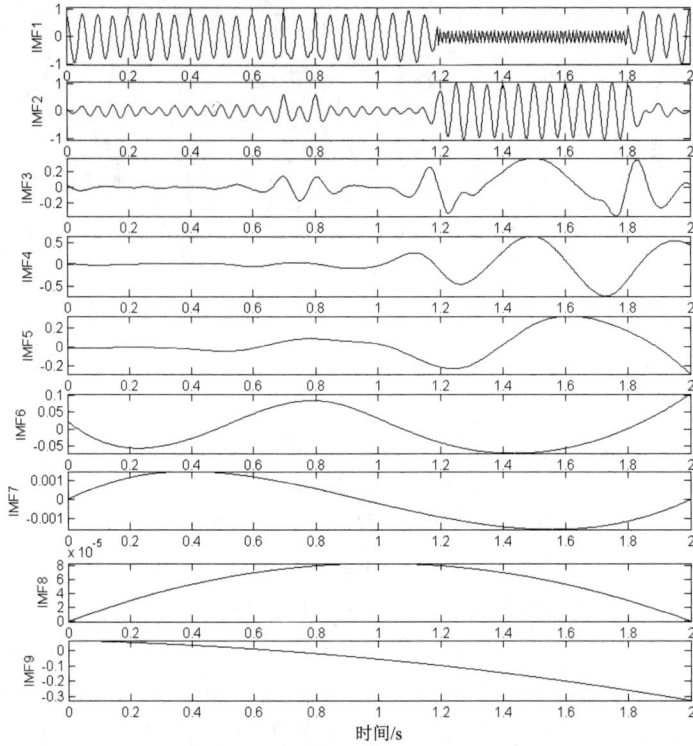

图 6-2-3 合成地震记录的 EEMD 分解结果

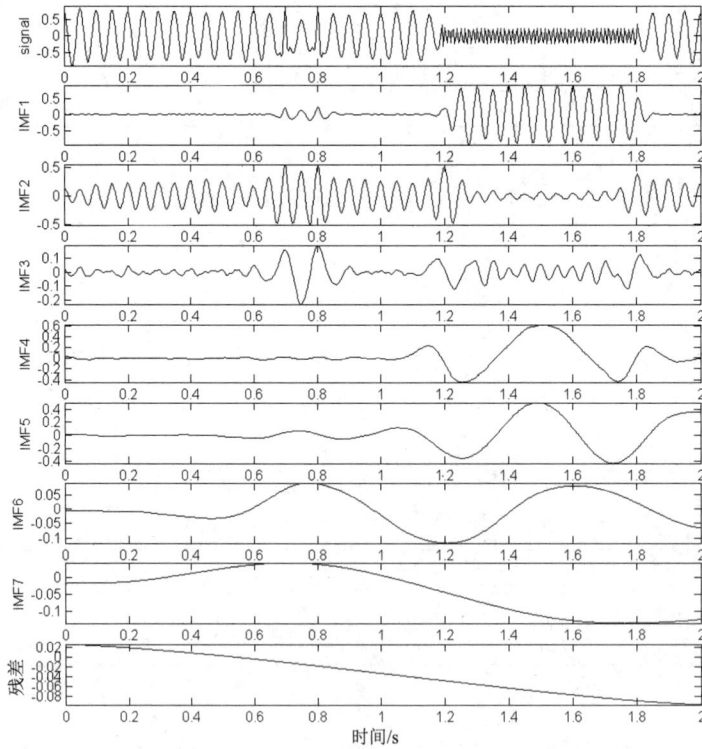

图 6-2-4 合成地震记录的 CEEMD 分解结果

图 6-2-5 所示为 VMD 方法分解的结果，其中分解水平设置为 4。

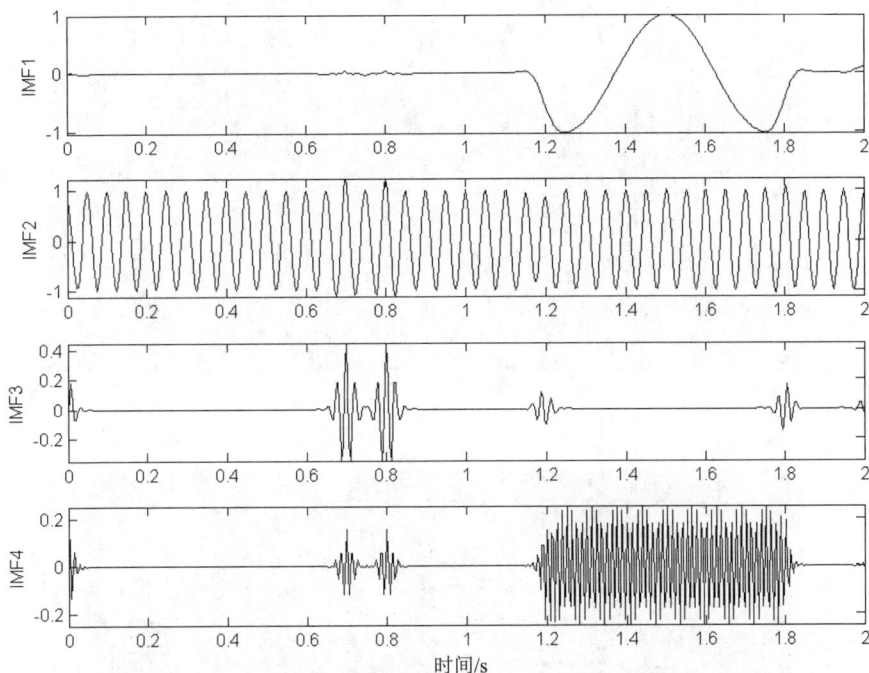

图 6-2-5　合成地震记录的 VMD 分解结果

采用 VMD 方法分解合成地震记录得到的各 IMF 分量中，IMF1 主要体现了位于 1.2～1.8 s 处的 2 Hz 的余弦波。20 Hz 的背景余弦波主要反映在 IMF2 分量中。IMF3 主要体现的是位于 0.7 s 和 0.8 s 处的两个 40 Hz 的雷克子波。IMF4 则主要体现的是位于 1.2～1.8 s 处的 80 Hz 的余弦波。与各种 EMD 方法相比(图 6-2-2～图 6-2-4)，VMD 方法对合成地震记录的局部分解能力明显更强。

图 6-2-6 所示为基于 VMD 的时频图与小波变换和基于 CEEMD 方法的时频图对比结果。

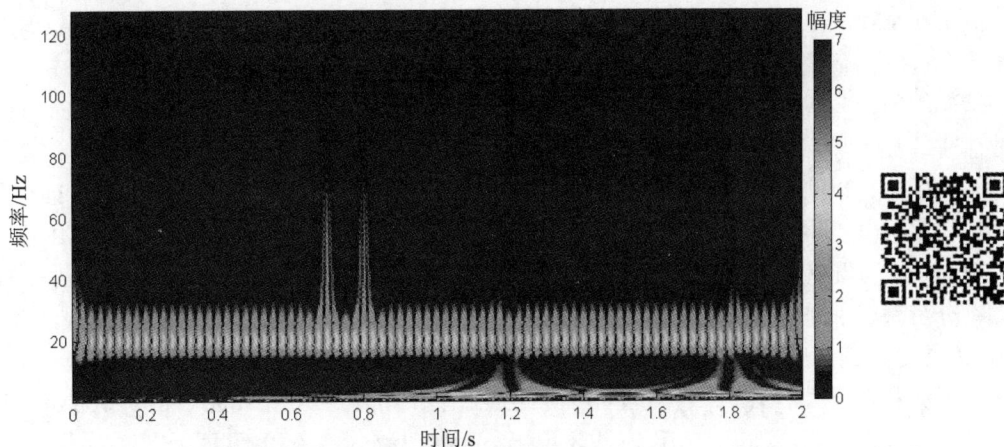

(a) 基于小波变换的时频图

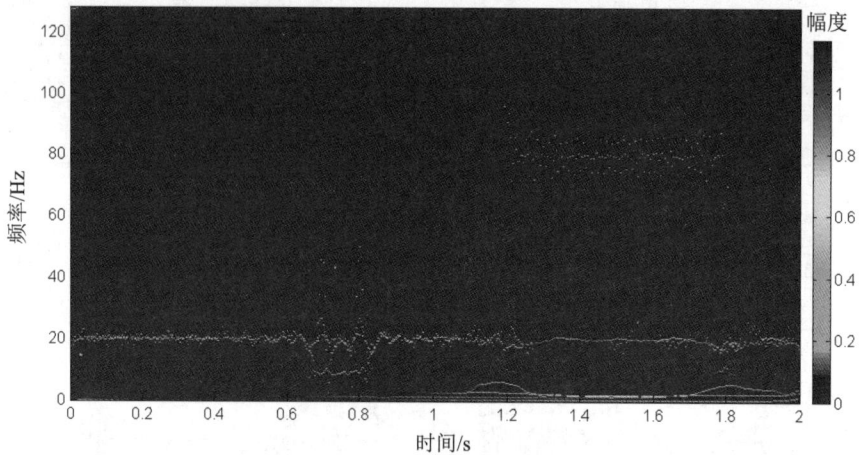

(b) 基于 CEEMD 的时频图

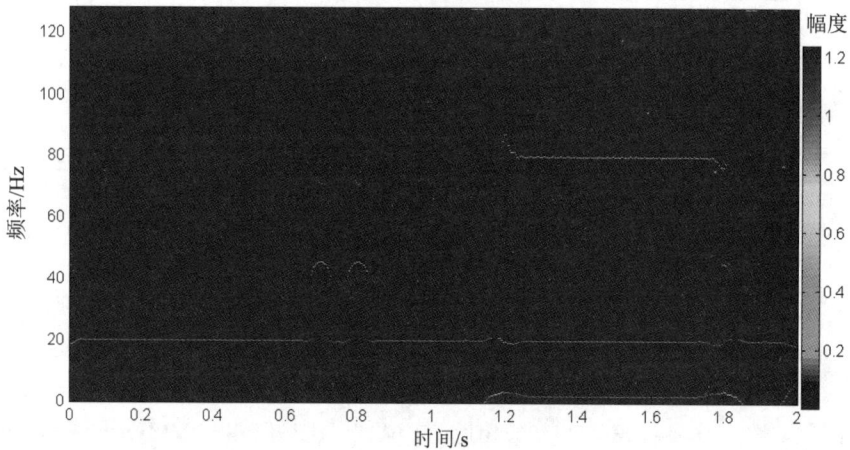

(c) 基于 VMD 的时频图

图 6-2-6　时频分布

图 6-2-6(a)显示了采用小波方法得到的时频图的结果，这里采用了 Morlet 小波，它识别出了 20 Hz 的背景余弦波，但是位于 1.2～1.8 s 处的 2 Hz 的余弦波在时间上的分辨率较差。对于位于 0.7 s 和 0.8 s 处的两个 40 Hz 的雷克子波和位于 1.2～1.8 s 之间的 80 Hz 的余弦波而言，表现为频率上的分辨率较差。图 6-2-6(b)显示了采用 CEEMD 方法得到的时频图的结果，图中可以清楚地区分 20 Hz 的背景余弦波。显然，位于 1.2～1.8 s 之间的 2 Hz 的余弦波在时间分辨率上要明显高于小波变换，但对于位于 0.7 s 和 0.8 s 处的高频 IMF 分量的两个 40 Hz 的雷克子波和位于 1.2～1.8 s 之间的 80 Hz 的余弦波，由于受模态混叠的影响，其频率分辨率仍然是较差的。图 6-2-6(c)显示了采用 VMD 方法得到的时频图的结果。由于 VMD 方法可以识别所有单个 IMF 分量，位于 0.7 s 和 0.8 s 处的高频 IMF 分量的两个 40 Hz 的雷克子波和位于 1.2～1.8 s 之间的 80 Hz 的余弦波在图 6-2-6(c)中都可以清楚地看到。因此，具有强局部分解能力的 VMD 方法表现出最高的时频分辨率和精度。

以上实例表明，结合瞬时频率的 VMD 方法由于具有较强的局部分解能力、噪声鲁棒性和较高的时频分辨率，因而明显优于小波变换和结合瞬时频率的 CEEMD 方法。

2. 实际地震数据——瞬时属性对比分析

我们使用鄂尔多斯盆地的地震数据来分析基于 VMD 方法的特点。带有随机噪声干扰的二维叠前地震剖面由 401 个地震道组成(见图 6-2-7)，数据采样率为 2 ms。其中，位于1720 ms 和 1746 ms 之间的煤层存在强反射振幅，砂岩信息具有弱振幅特征。

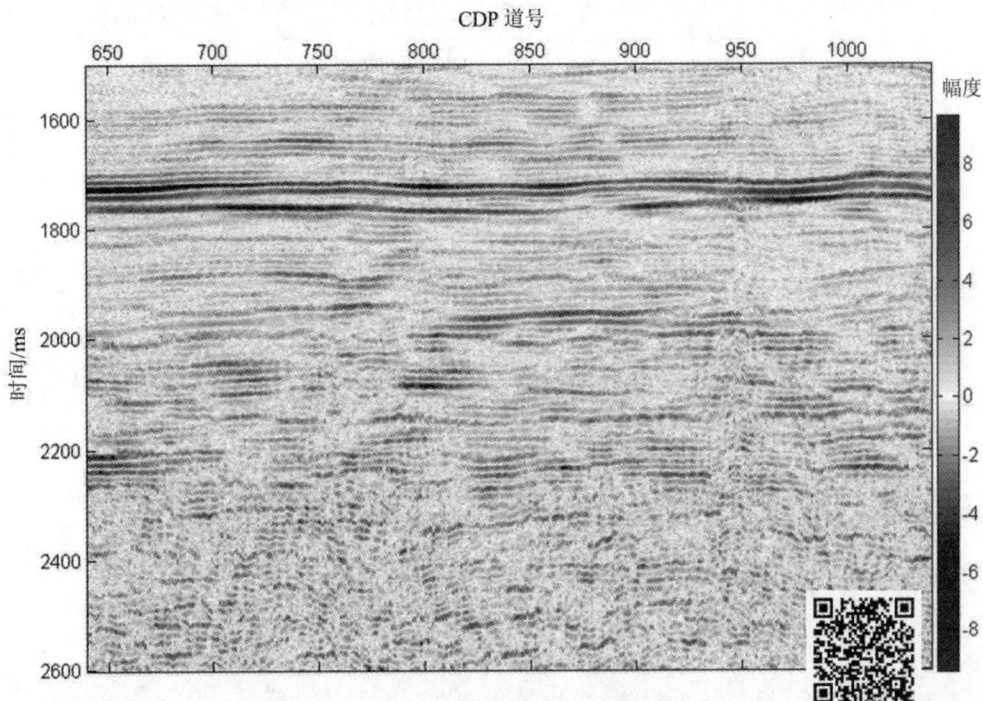

图 6-2-7　带有随机噪声干扰的二维叠前地震剖面

下面以 CDP 822 地震道为例(见图 6-2-8)，分析不同时频分析方法的时频特性。

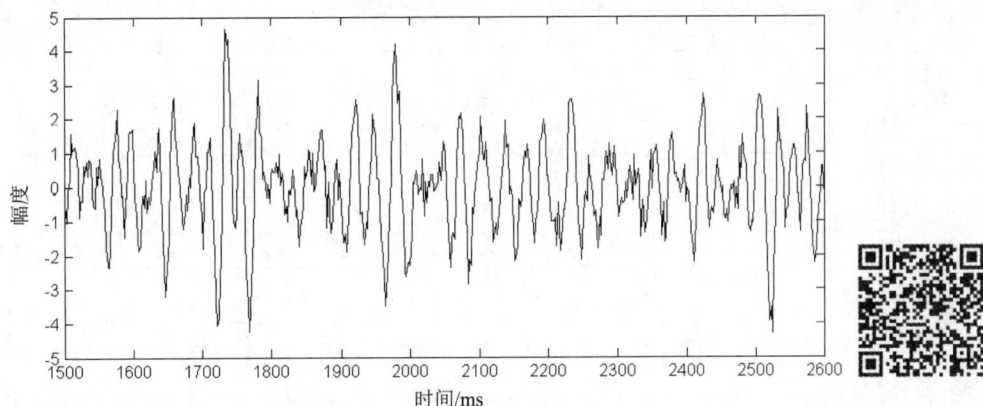

图 6-2-8　CDP 822 地震道

基于 VMD 的分解结果如图 6-2-9 所示。分解级数设置为 3，随机噪声主要反映在 IMF3中。为了比较，这里使用 100 次实现的添加 10%高斯白噪声的基于 CEEMD 的分解结果，如图 6-2-10 所示。

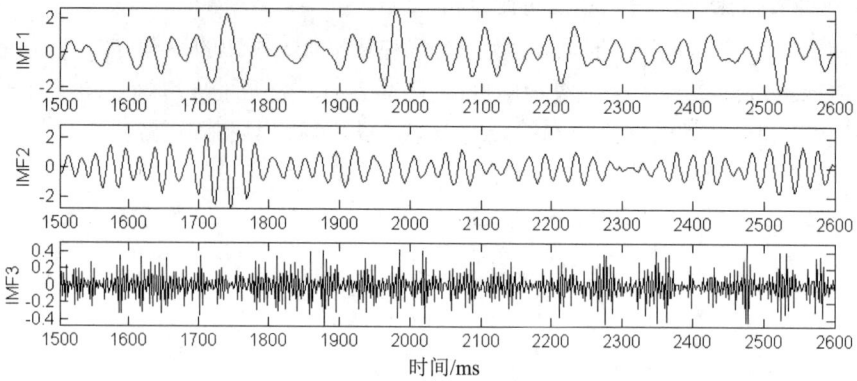

图 6-2-9   CDP 822 地震道的 VMD 分解结果

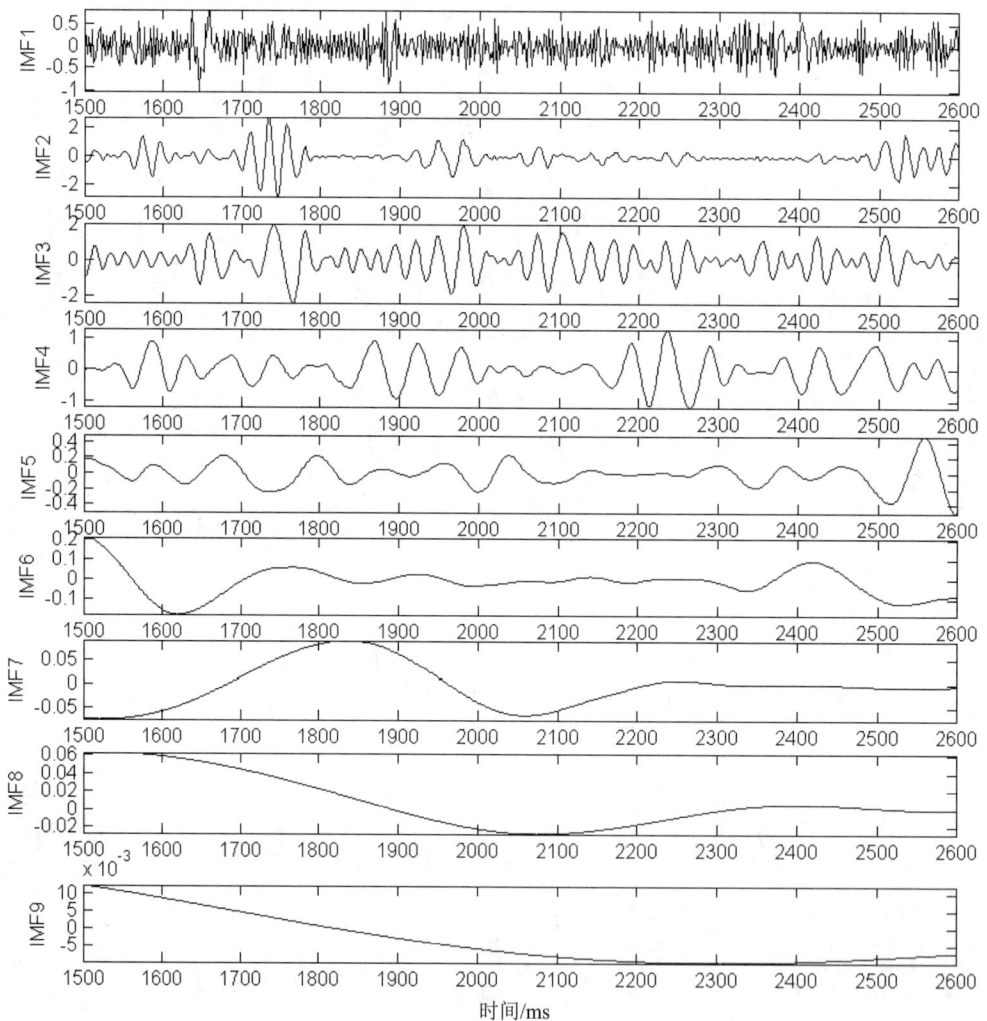

图 6-2-10   CDP 822 地震道的 CEEMD 分解结果

在 CEEMD 方法中，主要为高频成分的随机噪声反映在 IMF1 分量中。图 6-2-11 显示了 VMD 结果和 CEEMD 结果的主要 IMF 分量的频谱。这里仅显示出 CEEMD 方法中前四个 IMF 分量的频谱。如图 6-2-11(a)所示，有用信息主要分布在 70 Hz 以下。主要包含 CEEMD 中随机噪声信息的 IMF1 分量在整个频谱中都有分布，并且位于 70 Hz 以下的一些有用信息也反映在了 IMF1 分量中。但对于图 6-2-11(b)中 VMD 方法的频谱，随机噪声主要反映在 IMF3 分量中，并且被完全隔离在 IMF3 中。频率低于 30 Hz 的 IMF1 分量主要反映煤层的信息；砂岩信息主要体现在 IMF2 分量中，IMF2 分量的主频约为 45 Hz。从而可见，VMD 方法的输出结果更有助于地震解释。

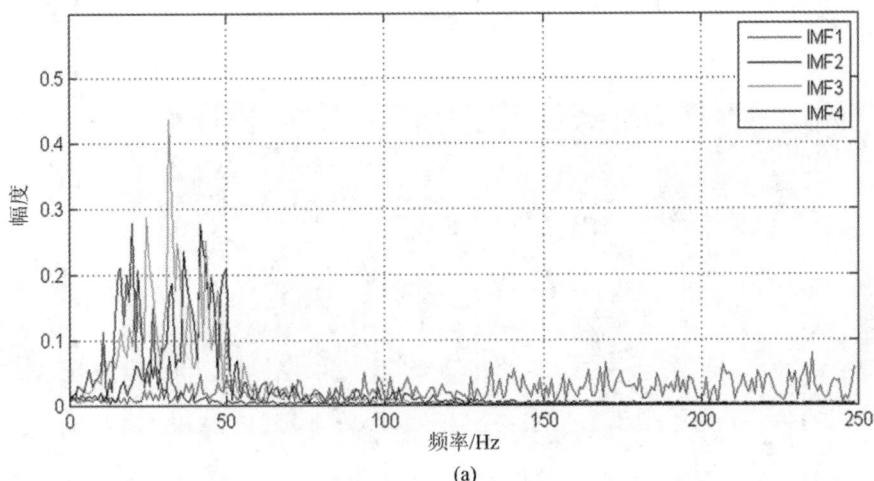

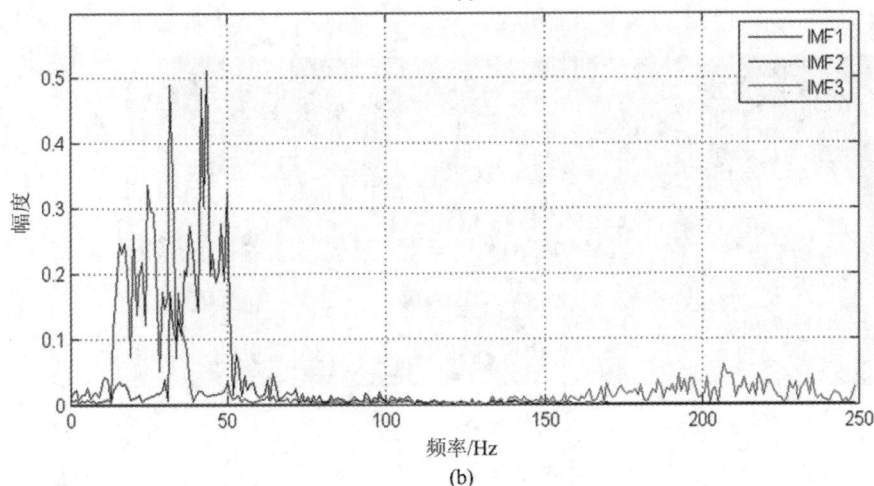

(a)

(b)

图 6-2-11　VMD 输出和 CEEMD 输出的主要 IMF 分量的频谱对比

具有 41 ms 时间窗的短时傅里叶变换(STFT)和小波变换的结果及基于 VMD 瞬时谱的结果如图 6-2-12 所示。这些工具显示出类似的特征：由于煤层的影响，强振幅异常在 1720 ms 至 1746 ms 之间非常明显。但是在图 6-2-12(c)中，基于 VMD 的时频分析方法提供了具有比 STFT 和小波变换高得多的时频分辨率的稀疏图像。基于 VMD 的时频分布可以更准确地定位到这些谱异常，并便于进一步解释。

(a)

(b)

(c)

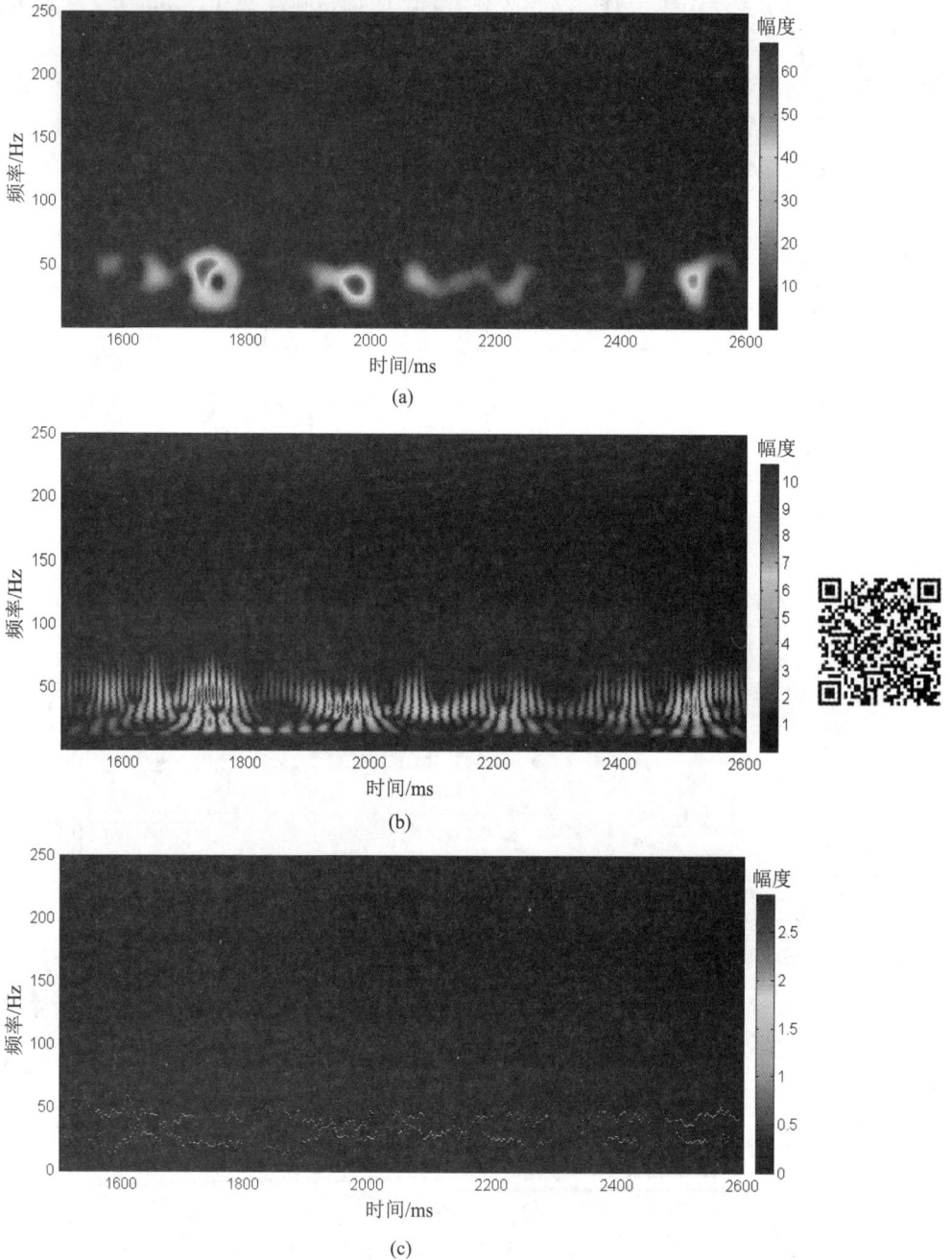

图 6-2-12　短时傅里叶变换(STFT)和小波变换及基于 VMD 的时频分析结果对比

图 6-2-7 所示地震剖面的 VMD 方法分解产生的 IMF 信号如图 6-2-13 所示。在 IMF1 分量中，可以清楚地看到由煤层引起的 1720 ms 至 1746 ms 之间的强振幅异常(见图 6-2-13(a))。具有较少煤层影响的砂岩信息主要反映在 IMF2 分量中(见图 6-2-13(b))。图 6-2-13(c)中包含高频分量的 IMF3 主要反映随机噪声信息。IMF1 和 IMF2 的重建剖面如图 6-2-13(d)所示。与图 6-2-7 中的原始地震剖面相比，随机噪声被抑制了，而细微的细节信息更加清晰可见。

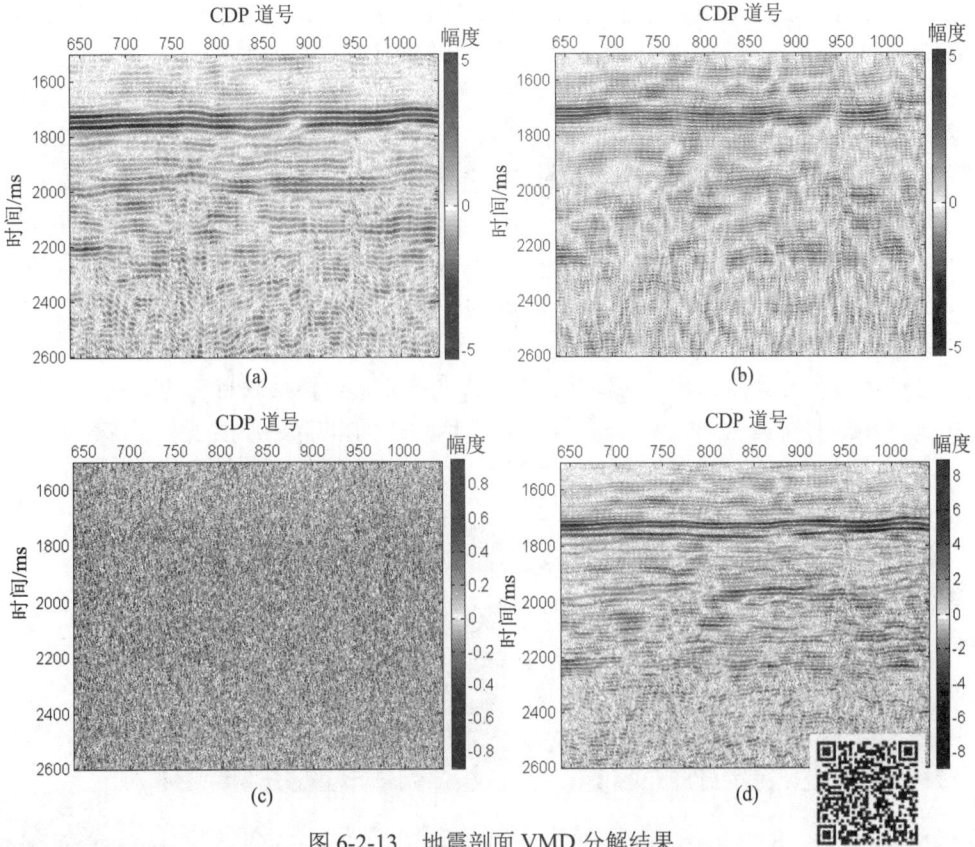

图 6-2-13　地震剖面 VMD 分解结果

　　然后，我们分别提取了基于 STFT(使用了 41 ms 时间窗函数)和 VMD 时频分析方法的峰值频率进行属性对比分析，结果如图 6-2-14 所示。图 6-2-14 中的黑色矩形示出了位于 1720 ms 和 1746 ms 之间的煤层区域。基于 STFT 和基于 VMD 的峰值频率属性显示出了类似的特征：在黑色矩形区域中的两端具有较低的峰值频率，在中间具有较高的峰值频率；它们揭示了两端煤层的厚度比中部厚度大。如图 6-2-14(a)所示，基于 STFT 的峰值频率属性的输出图像是连续的，并且显示较低的时频分辨率；如图 6-2-14(b)所示的基于 VMD 的峰值频率属性显得更加稀疏，并且具有较高的时频分辨率。

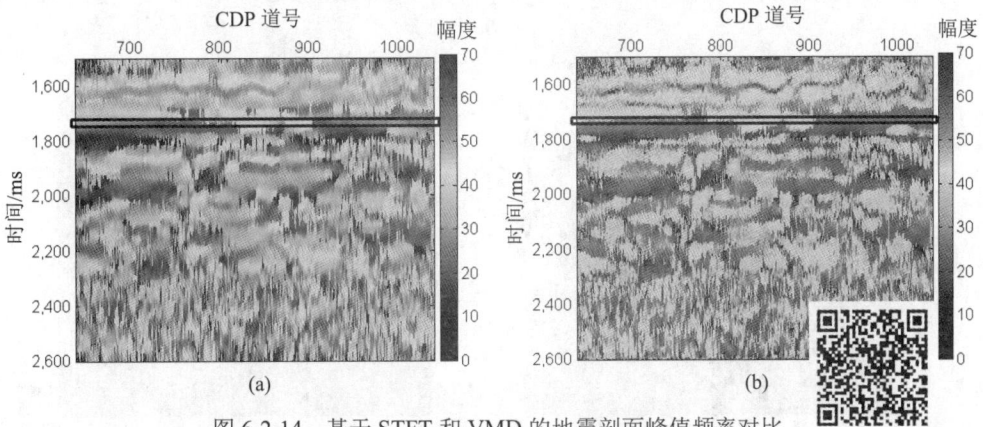

图 6-2-14　基于 STFT 和 VMD 的地震剖面峰值频率对比

最后，我们提取了 VMD(见图 6-2-15)和 STFT(见图 6-2-16)方法的 18 Hz、20 Hz、25 Hz 和 30 Hz 分频剖面，以说明基于 VMD 方法的结果具有更高的时空分辨率，并显示基于 VMD 的结果给出的煤层的厚度变化更清晰。将 5×5 高斯滤波器应用于基于 VMD 的瞬时谱的输出，以产生与 STFT 类似的图像。基于 VMD 的瞬时谱比 STFT 结果更清楚地揭示了各种反射的谱特性。图 6-2-15(a)的 18 Hz 分频剖面中，可以看到由煤层引起的 1720 ms 至 1746 ms 之间存在一些强振幅异常。在 20 Hz 分频剖面中(见图 6-2-15(b))，可以看到 1720 ms 至 1746 ms 之间的强振幅异常增加了。1720 ms 至 1746 ms 之间的强振幅异常在 25 Hz 分频剖面中达到了最大值(见图 6-2-15(c))；而在 30 Hz 分频剖面中，它们的大部分都减少了。由于低时空分辨率，在图 6-2-16 中具有 41 ms 时间窗的 STFT 的瞬时谱显示出了明显更小的幅度变化，并且其不能像基于 VMD 的瞬时谱一样反映相应的变化。VMD 方法显示出了更高的时空分辨率，通过基于 VMD 的结果揭示的煤层厚度变化更加清楚。

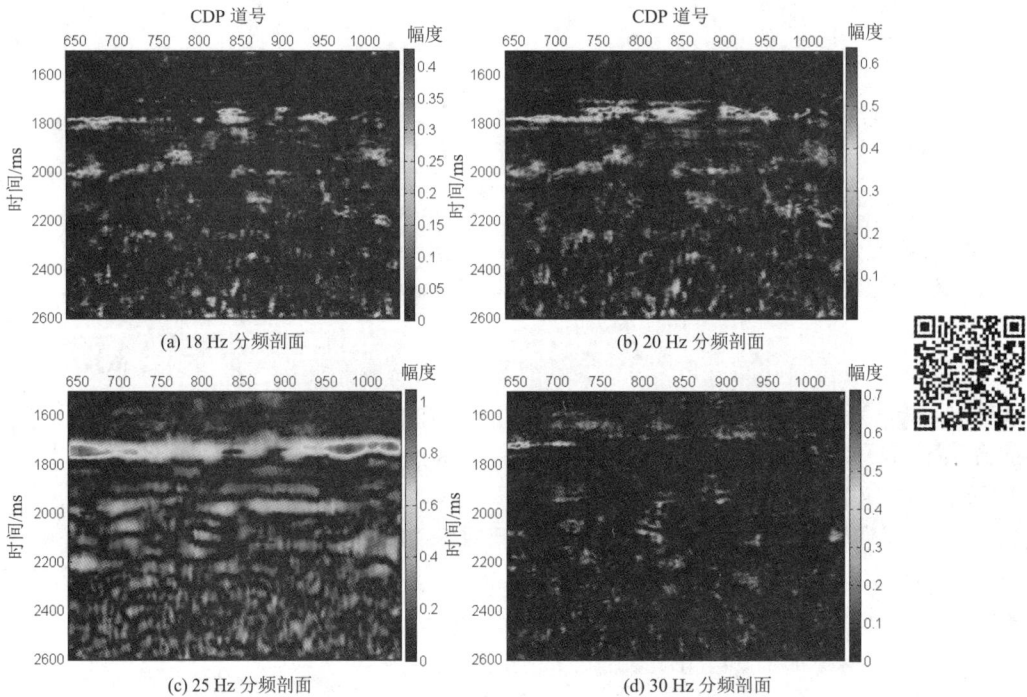

(a) 18 Hz 分频剖面

(b) 20 Hz 分频剖面

(c) 25 Hz 分频剖面

(d) 30 Hz 分频剖面

图 6-2-15　地震剖面的基于 VMD 的分频剖面

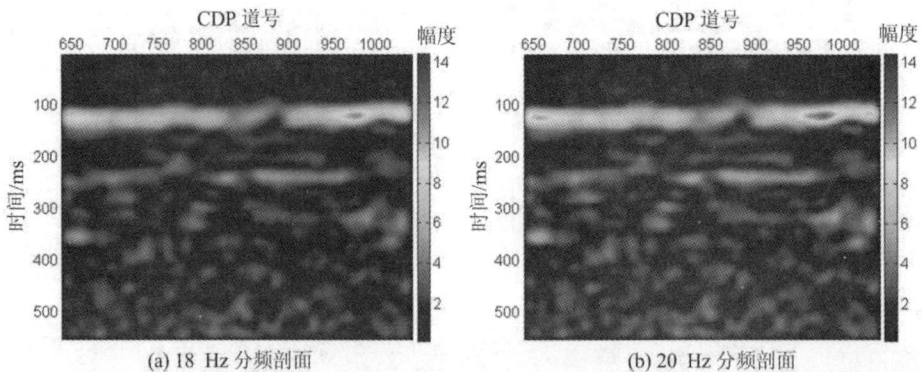

(a) 18 Hz 分频剖面

(b) 20 Hz 分频剖面

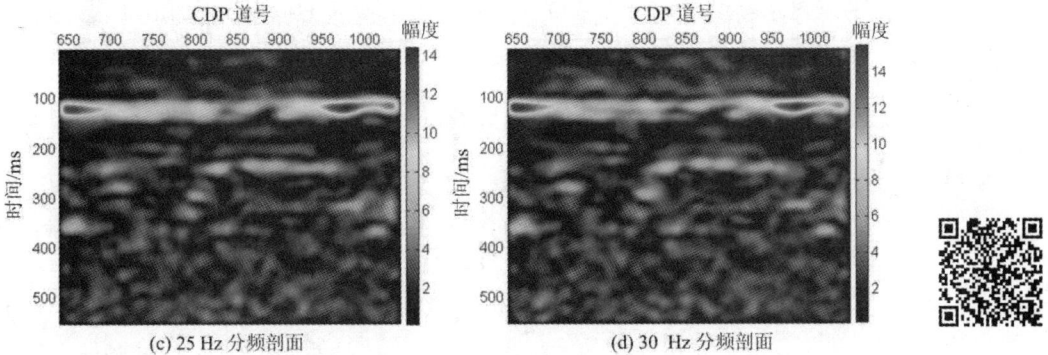

(c) 25 Hz 分频剖面　　　　　　　　　　(d) 30 Hz 分频剖面

图 6-2-16　地震剖面的基于 STFT 的分频剖面

3. 讨论

基于 EMD 方法的一个局限性是它们缺乏数学基础。IMF 被明确地定义为具有以下特性：在整个信号段中极值点的个数和过零点的个数必须相等或最多相差一个，并且由局部最大值和局部最小值分别定义的上包络线和下包络线的平均值在任何点为零(HUANG N E et al.，1998)。与基于 EMD 方法不同，VMD 算法具有数学基础。VMD 中的 IMF 仅被称为具有窄带性质的 AM-FM 信号。它提供了将 AM-FM 描述符的参数与估计的信号带宽相关联的公式。

基于 EMD 方法使用数据的本地时间尺度特性来将信号自适应地分解成从高频到低频再到趋势项的 IMF 分量。两个主要任务从根本上控制了基于 EMD 方法的过程：首先，极值必须正确定位，以避免在序列的各个窗口中的任何强趋势中掩盖局部极值的检测。其次，必须正确拟合上下极值的包络，以避免在筛选结果中引入伪像或排除内在趋势。一些插值方法，如立方和 akima 插值法将显著影响筛选结果。基于 EMD 的方法对噪声和采样较敏感。基于 EMD 的方法被证明基本上是充当一个自适应、多频带重叠滤波器组(WANG T et al.，2012)。但是，VMD 是将维纳滤波器组嵌套到多个自适应频带中(DRAGOMIRETSKIY K, ZOSSO D，2014)，它将信号分解为准确或在最小二乘意义上给定数量的准正交 IMF 分量。从 VMD 提取的 IMF 分量是并发的。VMD 没有明确处理信号中的全局趋势。与维纳滤波器的紧密关系使得 VMD 在处理噪声方面具有一些最优性并且 VMD 对采样更具鲁棒性。每个得到的 IMF 分量在中心脉动周围是紧凑的，而且包含关于数据的局部特性的信息并具有一定的物理意义。基于 EMD 的方法和 VMD 过程之间的不同处理解释了为什么对于合成信号实例，在基于 EMD 的方法中，位于 1.2 s 和 1.8 s 之间具有最大振幅 0.25 的 80 Hz 余弦波与位于 0.7、0.8 s 处的 20 Hz 背景余弦波以及两个 40 Hz 雷克子波在 IMF1 中发生了混合，产生了模态混叠现象；而在 VMD 方法中，位于 1.2 s 和 1.8 s 之间具有最大振幅 0.25 的 80 Hz 余弦波却被单独提取到 IMF4 分量中。

结合瞬时频率的 VMD 易于实现。为了显示的目的，我们还可以将大小不同的高斯滤波器应用于 VMD 之后的瞬时谱，以产生与 STFT、小波变换类似的分布。但是这也改变了时频分辨率，并且使得 VMD 之后的瞬时频谱时频分辨率可控。实际数据示例证实了基于 VMD 的瞬时谱具有比传统时频分解方法更高的时频分辨率。

峰值频率属性是指对于每个时间样本点处于最大幅度处的频率值形成的频率数据体，

并且该属性有助于解释感兴趣层的时间厚度。高频率峰值对应薄储层，低频率峰值表示厚储层。实际数据示例验证了基于 VMD 的频率峰值属性可以在时间和空间上更快地变化。

6.2.3　基于变分模态分解的地层吸收剖面算法

地层吸收剖面定义为(XUE X J et al.，2013)

$$A = \{\text{Norm}(H(\omega_{\text{LOW}}, t)) - \text{Norm}(H(\omega_{\text{HIGH}}, t))\}_{[0,1]} \tag{6-2-5}$$

式中，$H(\omega,t) = \text{Re} \sum_{i=1}^{n} [a_i(t)\exp(j\int \omega_i(t)\mathrm{d}t)]$ 为 Hilbert 谱，Re 表示取结果的实部，n 表示 IMF 的个数，其中去除了趋势项；Norm 表示对 $H[\omega_i(t), t]$ 的结果进行归一化，ω_{LOW}、ω_{HIGH} 分别为对应的低频频率和高频频率。

对于基于 VMD 的地层吸收剖面，我们首先利用 VMD 方法将地震信号进行分解，对于每个地震道产生的有限个 IMF 分量，分别结合希尔伯特变换生成时频谱，提取合适的低频分频剖面和高频分频剖面；将低频分频剖面和高频分频剖面归一化到区间[0，−1]，然后计算归一化后的低频分频剖面和高频分频剖面的差。结果在区间[−1，−1]内变化。选取大于零的结果值作为地层吸收剖面的值，它们表示了高频能量的衰减和低频能量的增强。区别于以往基于 EMD 的地层吸收剖面计算法，这里使用了全部的 IMF 分量。

这里，利用××气田的一个二维叠后偏移地震数据进行分析。该气田主要是海相碳酸盐岩储层。储集空间是典型的低孔、低渗、低丰度岩性圈闭气藏。研究的目标区域如图 6-2-17 中的黑色椭圆所示。该二维地震剖面包含一个产气井，该井的无阻流量为 $34.9133 \times 10^4 \text{ m}^3/\text{d}$。该数据采样频率为 1000 Hz。

图 6-2-18 所示为该地震剖面基于 VMD 的地层吸收剖面结果图。从图中可以看到，在黑色椭圆储层处，该吸收剖面给出了较大的振幅异常值，排除岩性等其他因素的影响，该结果给出了较好的含气性统计解释结果，同时结果也符合实测井含气量测试结果。

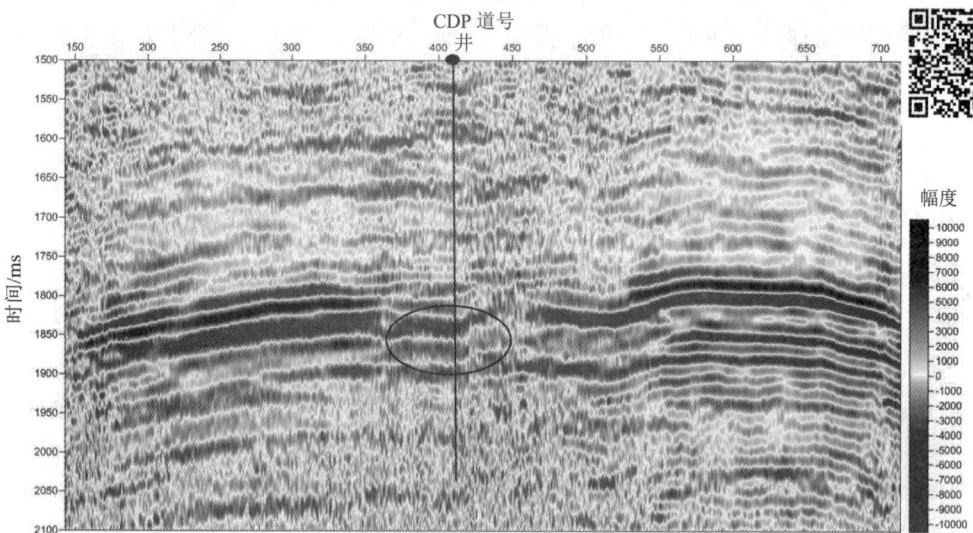

图 6-2-17　过井地震剖面

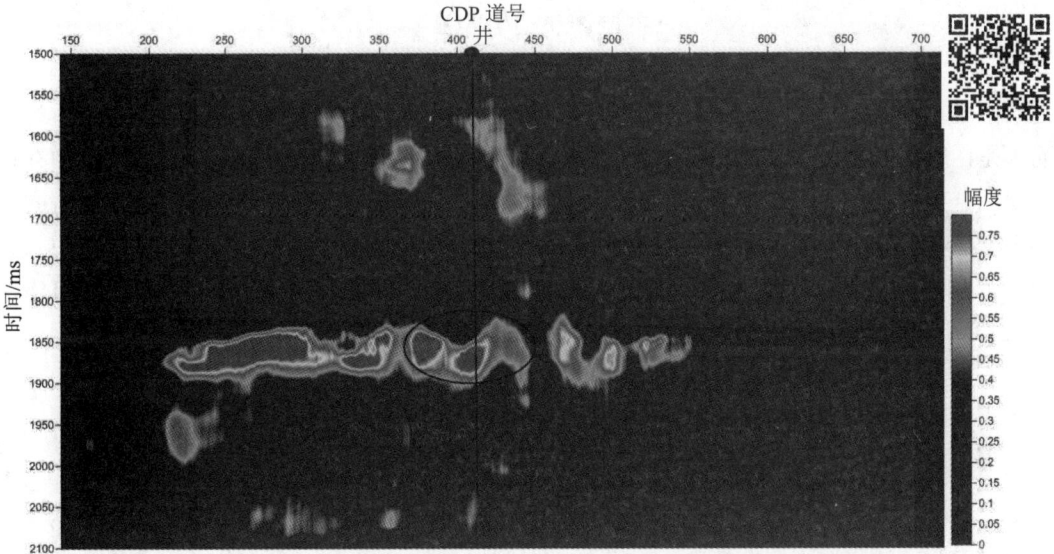

图 6-2-18　过井地震剖面的基于 VMD 的地层吸收剖面

6.3　基于 VMD-WVD 的谱分解算法

相对于其他传统的基于傅里叶变换或基于小波的地震时频方法，Wigner-Ville 分布 (WVD)提供了卓越的时频分辨率和能量聚集性，是频谱分解的重要工具，并且有可能产生更好的结果，用于突出特定频带中地球物理响应的地震解释。然而，WVD 中存在的交叉项干扰限制了它们的应用。为了在不降低时频分辨率和能量聚集性的情况下有效抑制 WVD 中的交叉项干扰，我们提出了一种 VMD-WVD 方法(WANG J X et al.，2019)。VMD 首先用于将多分量地震数据分解为一系列窄带 IMF 分量。接下来，我们计算这些 IMF 的 WVD。最后，从这些 WVD 中提取超过平均振幅的最大振幅数据体和峰值频率数据体用于地震解释。合成记录示例展示了基于 VMD-WVD 方法的有效性及其与 WVD、平滑伪 WVD 和基于 EMD-WVD 方法的优越性比较。实际地震数据应用表明，基于 VMD -WVD 的谱分解具有很强的突出油气相关信息的能力。

6.3.1　VMD–WVD 谱分解算法原理

对于一个实信号 $x(t)$，WVD 在时域中定义为(WIGNER E P，1932；VILLE J，1948；BOASHASH B，1988；ABEYSEKERA S S，BOASHASH B，1991)

$$W_x(t,\omega) = \int_{-\infty}^{\infty} K_z(t,\tau) e^{-j\omega\tau}\, d\tau = \int_{-\infty}^{\infty} z\left(t+\frac{\tau}{2}\right) z^*\left(t-\frac{\tau}{2}\right) e^{-j\omega\tau}\, d\tau \tag{6-3-1}$$

其中，$z(t)$是$x(t)$的解析信号，即

$$z(t) = x(t) + jH[x(t)] \tag{6-3-2}$$

其中，$H[\cdot]$表示 Hilbert 变换，$z(t)$是因果的、时间和范围有限的。$z^*(t)$是 $z(t)$的复共轭，τ
是时间延迟变量，$K_z(t, \tau)$表示 $z(t)$的瞬时自相关函数。式(6-3-1)表明 WVD 的值是由所有值
而不是由时间窗口限制的部分信号决定的。因此，WVD 避免了如 STFT 或小波变换中存在
的时间分辨率和频率分辨率之间的权衡。WVD 具有许多理想的数学特性，包括保留时间和
频率支撑、无限的时间和频率分辨率，尤其是在所有其他基于 Cohen 类的时频分布中具有
最佳分辨率(CLASSEN T A C，MECKLENBRAUAER W F G，1980；GHOFRANI S，
MCLERNOH D C，2009)。然而，它的二次性质会为多分量信号产生交叉项。

一个多分量信号 $s(t) = \sum_{i=1}^{n} s_i(t)$ 的 WVD 为

$$W_s(t,\omega) = \sum_{i=1}^{n} W_{s_i}(t,\omega) + \sum_{i=1}^{n-1} \sum_{j=i+1}^{n} 2\operatorname{Re}\left\{ W_{s_i, s_j}(t,\omega) \right\} \tag{6-3-3}$$

其中，$W_{s_i}(t,\omega)$ 是表征能量分布的自分量，$W_{s_i, s_j}(t,\omega)$ 是交叉项。从式(6-3-2)我们可以发现，
n 个信号和的 WVD 并不是每个信号的 WVD 之和。多分量信号分析存在交叉项。如果多分
量信号由 n 个分量组成，则会产生 $\dfrac{n(n-1)}{2}$ 个交叉项。这些交叉项的存在使得变换空间难以
解释。

由于 WVD 的二次性质，多分量信号引入的交叉项使 WVD 的解释变得困难。为了抑
制 WVD 的交叉项干扰，我们首先引入 VMD，从原始地震数据中得到一系列窄带 IMF 分
量。接下来，计算每个 IMF 的 WVD。由于每个 IMF 都具有窄带特性，因此其 WVD 不会
引入交叉项。同时，在 WVD 之前引入 VMD 消除了交叉项干扰，而不会降低 WVD 的时频
分辨率和能量聚集性。接下来，在最终的时频图中，提取超过平均振幅的最大振幅数据体
和峰值频率数据体以反映振幅异常和储层厚度。与烃类相关的信息将通过超过平均振幅的
最大振幅数据体中揭示的振幅异常来突出显示。算法流程图如图 6-3-1 所示。

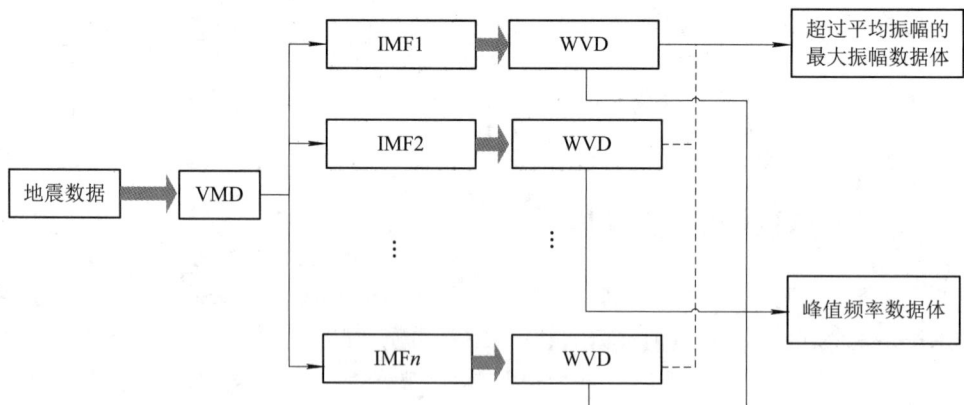

图 6-3-1   算法流程图

6.3.2　合成记录分析

在本节中，我们首先使用合成信号来演示 VMD-WVD 方法的特征，并评估 VMD-WVD 方法与 WVD、SPWVD 和 EMD-WVD 方法相比的有效性。

多分量信号可以被认为是几个单频分量和窄带分量的组合。按照这个思路，我们构建了合成数据。合成信号 $X(t)$(见图 6-3-2(d))由一个余弦波信号 $x_1(t)$ (见图 6-3-2(a))、一个调幅调频(AM-FM)信号 $x_2(t)$ (见图 6-3-2(b))和一个线性调频信号 $x_3(t)$(见图 6-3-2(c))合成；其中，$x_1(t) = \cos(400\pi t)$ 是一个单频信号，$x_2(t) = (1 + 0.5\sin(15\pi t)) \cos(60\pi t + 0.5\sin(30\pi t))$ 是具有相对缓慢变化频率的窄带 AM-FM 信号，$x_3(t)$是一种窄带啁啾信号，具有从 80 Hz 至 120 Hz 的相对快速变化的频率。采样频率为 1000 Hz。

经过 VMD 分解之后，原始合成数据被分解为三个 IMF(见图 6-3-3)。分解级数设置为 3。VMD 分解中使用的参数：$\alpha = 200$，$\tau = 0$，$\varepsilon = e^{-7}$。注意：VMD 的这些参数在以下内容中是相同的。首先提取到的低频分量 IMF1，主要反映 AM-FM 信号 $x_2(t)$。200 Hz 余弦波信号 $x_1(t)$主要反映在 IMF2 中。啁啾信号 $x_1(t)$主要被提取到 IMF3 中。作为比较，图 6-3-4 还给出了经过 EMD 分解之后获得的 IMF 分量。EMD 的效果也很好，因为这三个分量主要反映在前三个 IMF 中。

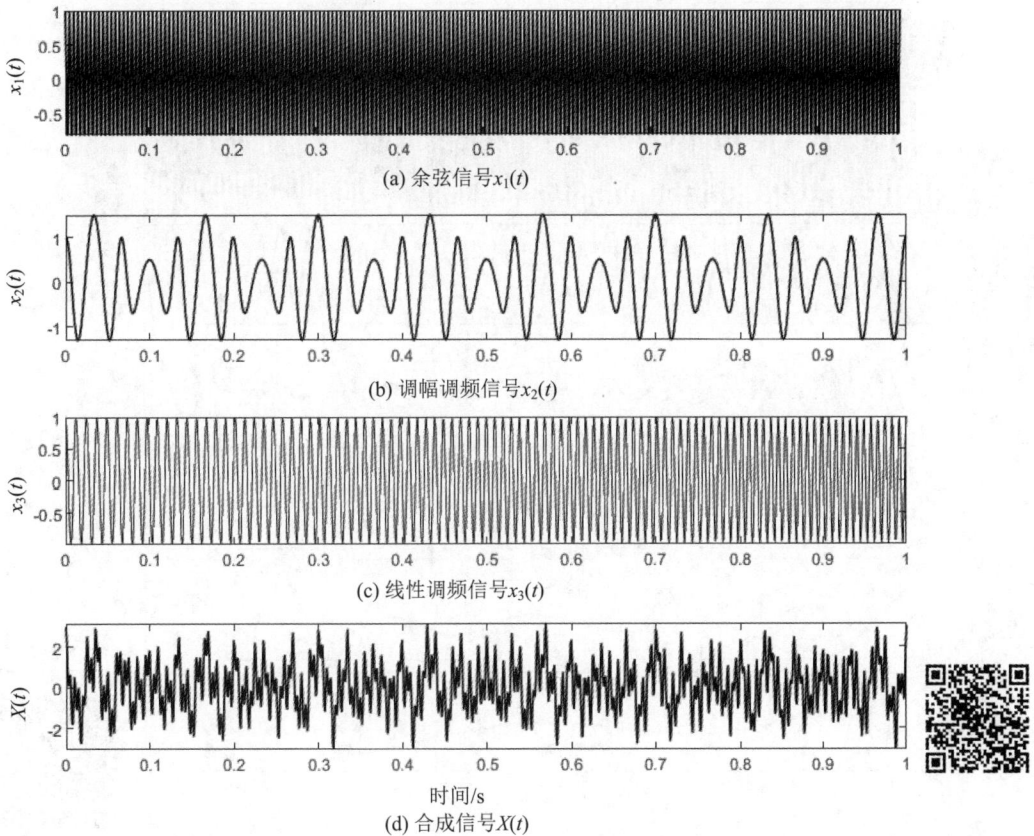

(a) 余弦信号$x_1(t)$

(b) 调幅调频信号$x_2(t)$

(c) 线性调频信号$x_3(t)$

时间/s

(d) 合成信号$X(t)$

图 6-3-2　合成数据

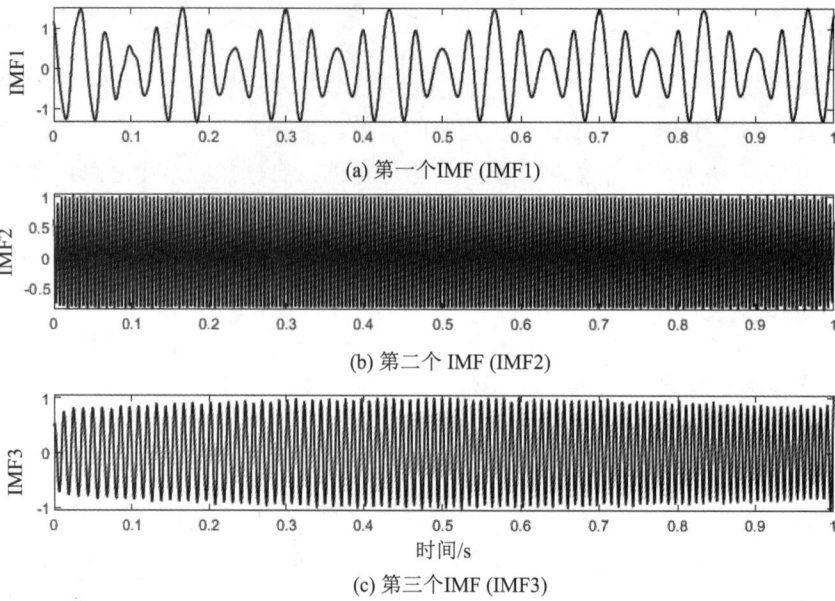

(a) 第一个IMF (IMF1)

(b) 第二个 IMF (IMF2)

(c) 第三个 IMF (IMF3)

图 6-3-3   合成信号 $X(t)$ 经过 VMD 分解后获得的 IMF。

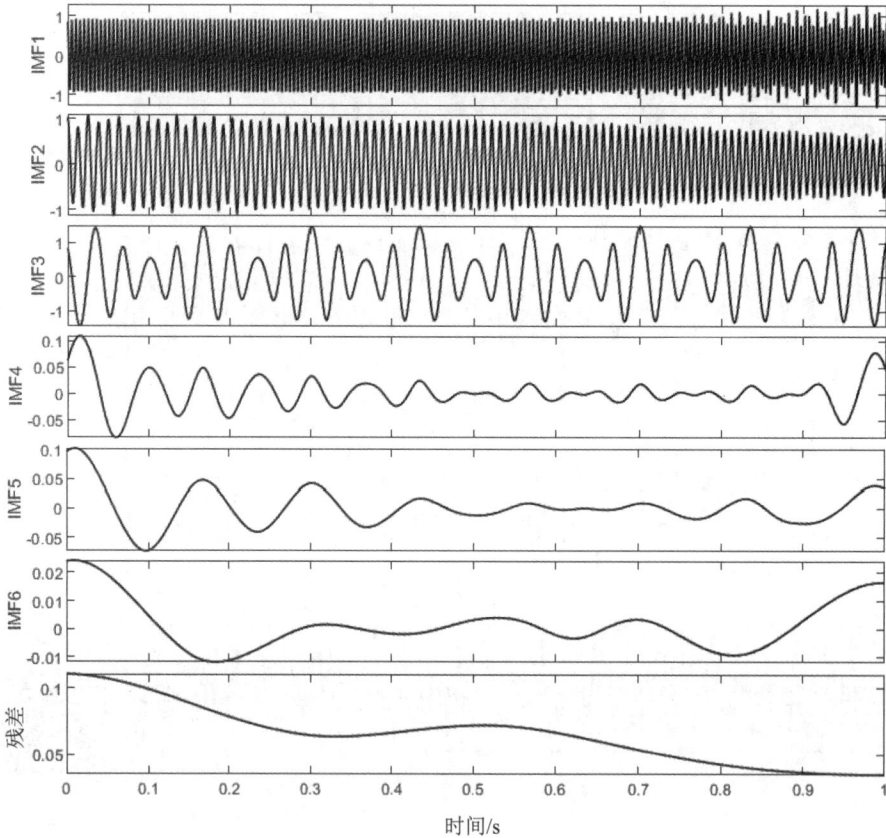

图 6-3-4   合成信号 $X(t)$ 经过 EMD 分解后获得的 IMF

图 6-3-5 显示了不同方法的时频分布比较。请注意，由三个子信号 $x_1(t)$、$x_2(t)$ 和 $x_3(t)$ 的 WVD 生成的时频图(见图 6-3-5(a))用作合成信号 $X(t)$ 真实时频分布的参考。我们可以发现，虽然 $X(t)$ 的 WVD 给出了最高的频率分辨率，但很容易找到交叉项干扰(见图 6-3-5(b))。SPWVD 克服了交叉项干扰并增强了两个合成信号的持续时间。然而，由于频率分辨率的降低，它不能很好地反映 AM-FM 信号 $x_2(t)$ 和啁啾信号 $x_3(t)$ (见图 6-3-5(c))。尽管 SPWVD 总体上很好地定位到了快速变化的频率，但是它没有详细描述局部频率的缓慢变化。EMD-WVD 方法和 VMD-WVD 方法在表征局部频率变化方面表现出优越性(见图 6-3-5(d) 和图 6-3-6(e))。由于 VMD 具有更强的局部分解能力，并且 VMD 提取的更准确地表现子信号特征的 IMF 具有更多的物理意义，因此 VMD-WVD 方法比 EMD-WVD 方法更准确地显示了啁啾信号 $x_3(t)$ 的局部频率变化。EMD-WVD 方法在 0.8～1 s 的时间内也显示出很小的交叉项干扰，大约为 150 Hz。

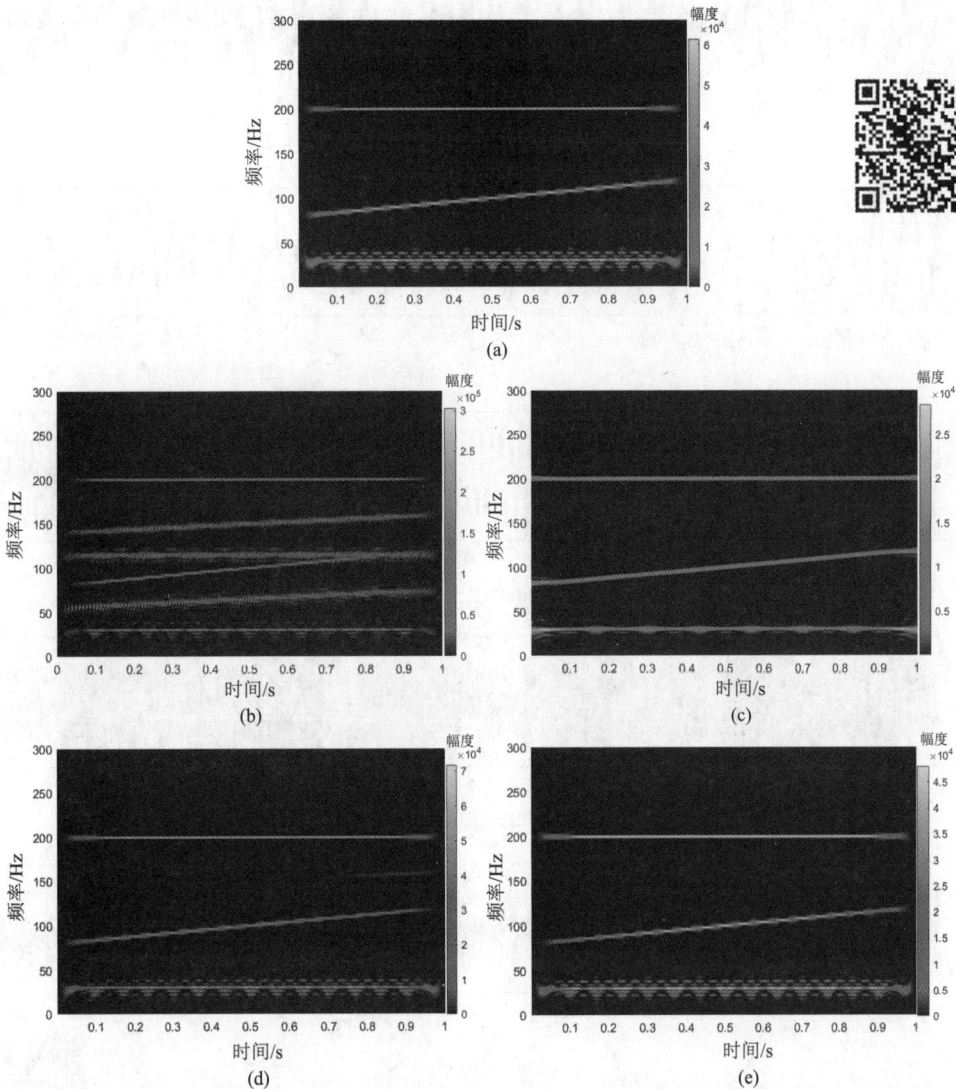

图 6-3-5　合成信号 $X(t)$ 的时频分布图对比

图 6-3-5 显示出 VMD-WVD 方法给出了更准确的合成数据的时频分布。图(a)是子信号 $x_1(t)$、$x_2(t)$ 和 $x_3(t)$ 的 WVD 生成的时频图；图(b)是 $X(t)$ 的 WVD 生成的时频图；图(c)是 $X(t)$ 的 SPWVD 生成的时频图，长度为 101 和 251 的汉明窗用于 SPWVD 中的时间和频率平滑；图(d)是 $X(t)$ 的 EMD-WVD 生成的时频图；图(e)是 $X(t)$ 的 VMD-WVD 生成的时频图。

为了进一步测试 VMD-WVD 方法的噪声鲁棒性，我们将高斯噪声添加到合成数据 $X(t)$ 中。图 6-3-6(a)显示了具有 5 dB 信噪比(SNR)的高斯噪声的合成信号 $X(t)$。经过 VMD 分解之后，噪声合成数据被分解为四个 IMF(见图 6-3-6(b)～(e))。低频 IMF1 首先被提取出来，它主要反映 AM-FM 信号 $x_2(t)$。啁啾信号 $x_3(t)$ 和 200 Hz 余弦波主要反映在 IMF2 和 IMF3 中。高斯噪声主要体现在 IMF4 中。

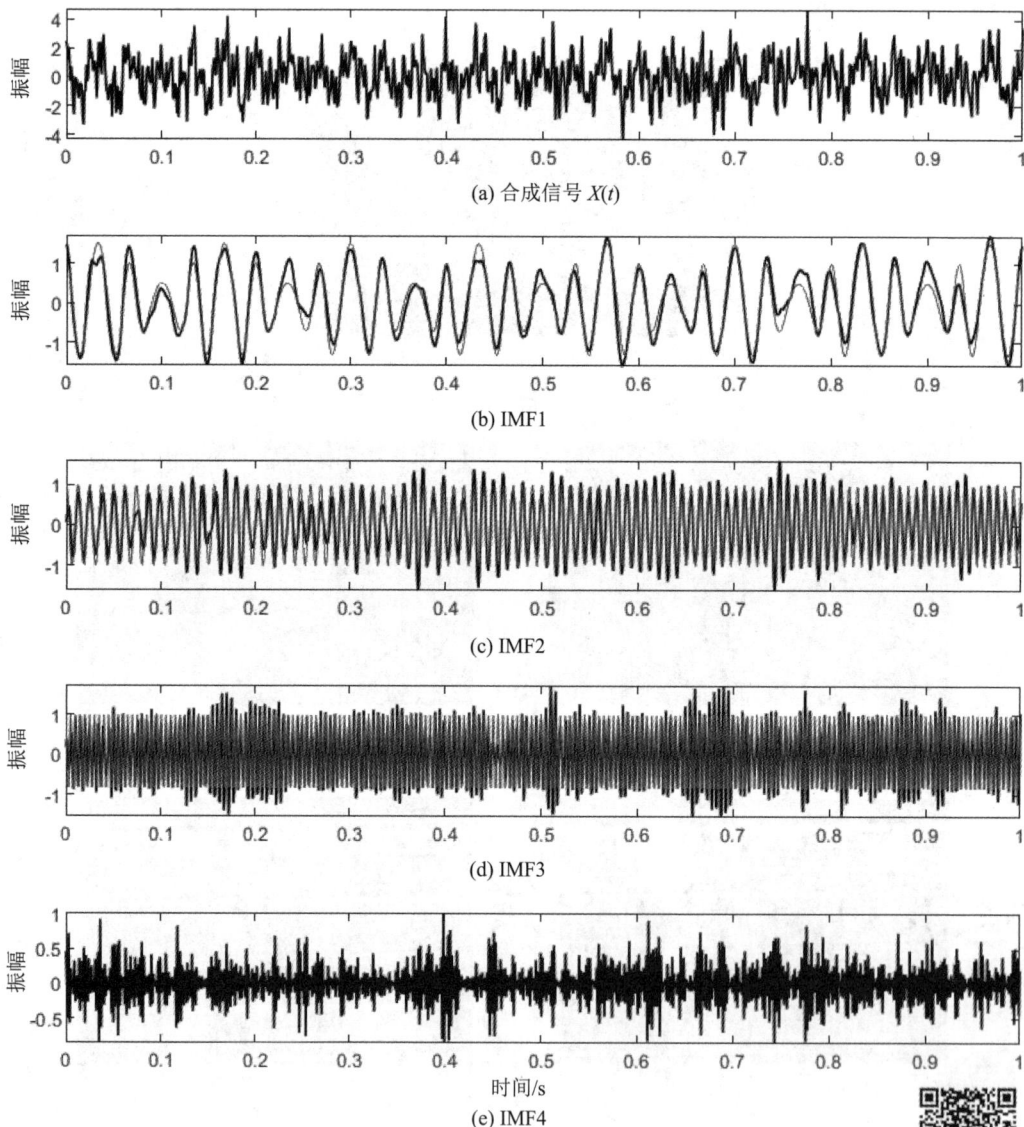

(a) 合成信号 $X(t)$

(b) IMF1

(c) IMF2

(d) IMF3

时间/s

(e) IMF4

图 6-3-6　含噪 $X(t)$ 信号及其 VMD 分解

图 6-3-6 中，分解级数设置为 4，子信号 $x_2(t)$、$x_3(t)$、$x_1(t)$ 在图 6-3-6(b)、(c)、(d)中分别用红色表示。

作为对比，图 6-3-7 给出了经过 EMD 分解后生成的 IMF 分量。EMD 方法主要在 IMF1 中检测到高斯噪声，而 IMF2 由于模式混叠现象，不反映任何合成的信号成分。因此，后续的 IMF 都失真了。VMD 分解获得的 IMF 比 EMD 分解获得的 IMF 具有更多的物理意义。

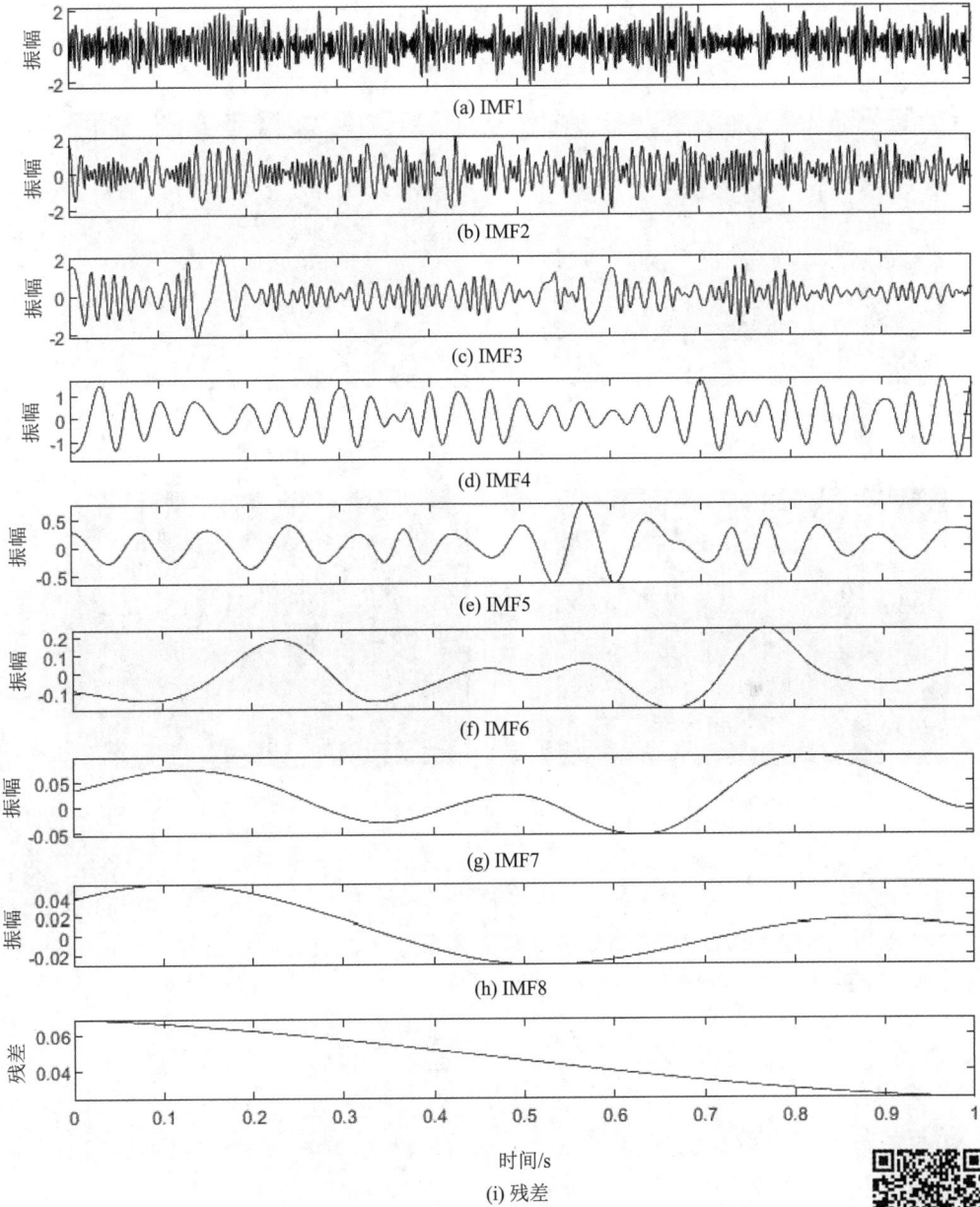

图 6-3-7　含噪 $X(t)$ 的 EMD 分解结果

然后，排除掉反映高斯噪声的 IMF4，我们计算了 VMD 分解后前三个 IMF 分量的

WVD。其时频分布如图 6-3-8(d)所示。为了比较，由 WVD、SPWVD 和 EMD-WVD 方法生成的含噪数据的时频分布如图 6-3-8(a)~(c)所示。从图中可以发现，VMD-WVD 方法给出了优化的时频分布，具有最高的时频分辨率和最好的交叉项干扰抑制效果(见图 6-3-8(d))，而 WVD 中的交叉项干扰严重(见图 6-3-8(a))，而 SPWVD 对于缓慢变化的频率分量缺乏表现局部特征的能力(见图 6-3-8(b))。EMD-WVD 方法的时频分布由于模态混叠现象和噪声影响而产生噪声(见图 6-3-8(c))。注意：长度为 101 和 251 的汉明窗用于 SPWVD 中的时间和频率平滑；反映高斯噪声的 IMF1 未用于时频图生成；反映高斯噪声的 IMF4 未用于产生时频图。

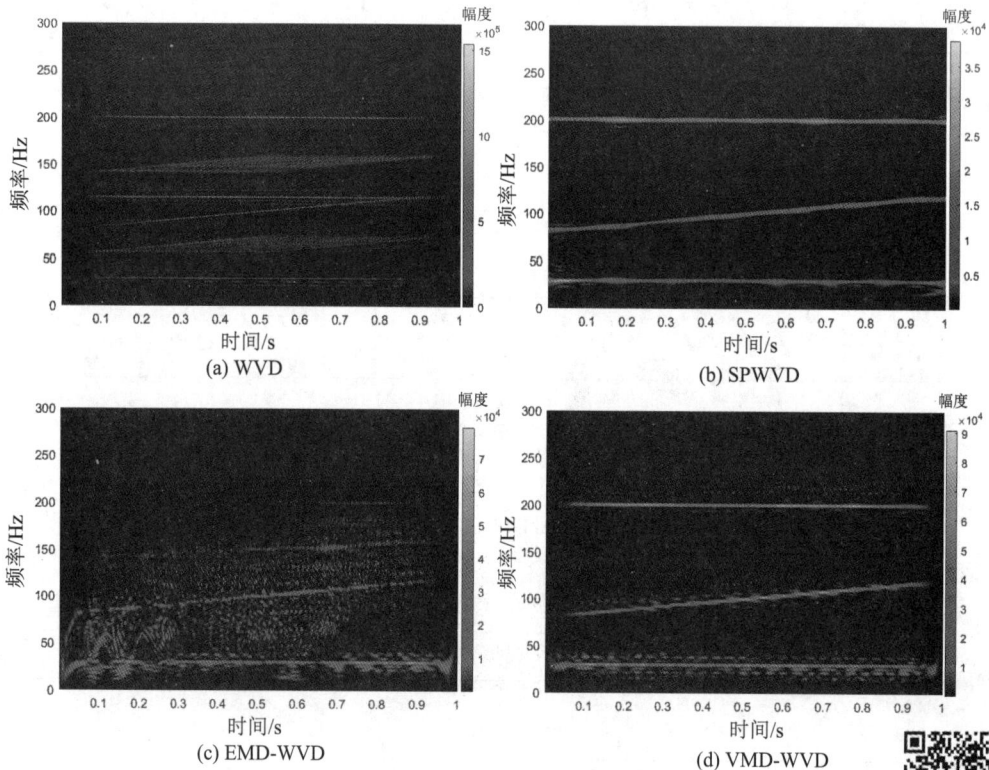

图 6-3-8　含噪 $X(t)$ 信号的时频分布图

为了衡量 VMD-WVD 方法的复杂性和能量聚集性，我们使用三阶归一化 Renyi 熵 (BARANIUK R G et al.，2001)进行评估，即

$$H_\alpha(W_s) = \frac{1}{1-\alpha} \log_2 \iint \left(\frac{W_s(t,f)}{\iint W_s(u,v)\mathrm{d}u\mathrm{d}v} \right)^\alpha \mathrm{d}t\mathrm{d}f \qquad (6\text{-}3\text{-}4)$$

对于原始 WVD、SPWVD、EMD-WVD 方法和 VMD-WVD 方法，信噪比(SNR) = 5 dB 时合成数据 $X(t)$ 与含噪合成数据 $X(t)$ 的 Renyi 熵比较，如表 6-3-1 所示。对于三个改进的 WVD 方法，可以发现 VMD-WVD 方法具有最小的 Renyi 熵。这一事实在具有高斯噪声的合成数据 $X(t)$ 的情况下更为突出，并表明 VMD-WVD 方法具有最低的复杂性，并且提供了比 SPWVD 和 EMD-WVD 方法更集中的能量分布。

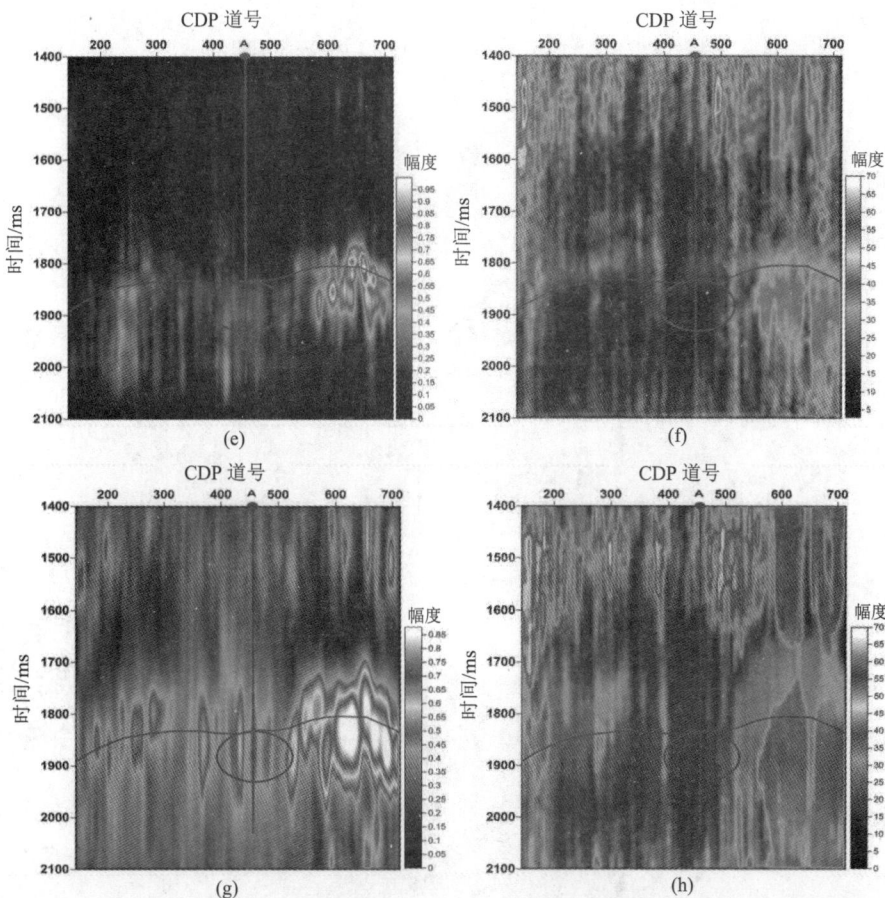

图 6-3-12　Inline 63 地震剖面的属性比较

图 6-3-12 中，图(a)是 VMD-WVD 方法提取的超过平均幅度的最大幅度剖面；图(b)是 VMD-WVD 方法提取的峰值频率剖面；图(c)是 SPWVD 提取的超过平均幅度的最大幅度剖面；图(d)是 SPWVD 提取的峰值频率剖面；图(e)是 EMD-WVD 方法提取的超过平均幅度的最大幅度剖面；图(f)是 EMD-WVD 方法提取的峰值频率剖面；图(g)是广义 S 变换提取的超过平均幅度的最大幅度剖面；图(h)是广义 S 变换提取的峰值频率剖面。请注意，为了比较，超过平均幅度的最大幅度剖面都进行了归一化。

最后，我们将 VMD-WVD 方法应用于三维地震数据。在该区域，除了已知的气井 A 外，还存在已知的多产气井 B。我们从时频谱中提取了超过平均振幅的最大振幅体和峰值频率体，对应的目标区横向分布图如图 6-3-13 所示。气井处地震数据体分析结果与试井数据的一致性程度决定了所提方法能否预测该地区有利气区。排除地层和岩性等因素的影响，在超过平均振幅的最大幅度数据体中的强振幅异常特征往往与烃类信息相对应。图 6-3-13(a)显示两口气井所在区域存在强烈的振幅异常。忽略岩性和其他因素的影响，图 6-3-13(a)给出了有利含气性分布结果。图 6-3-13(b)表明两口气井所在区域处于低频区，储层较厚。图 6-3-13 所示结果与测井和实际钻井结果一致。VMD-WVD 方法可以很好地给出含气储层有利分布的初步评价。

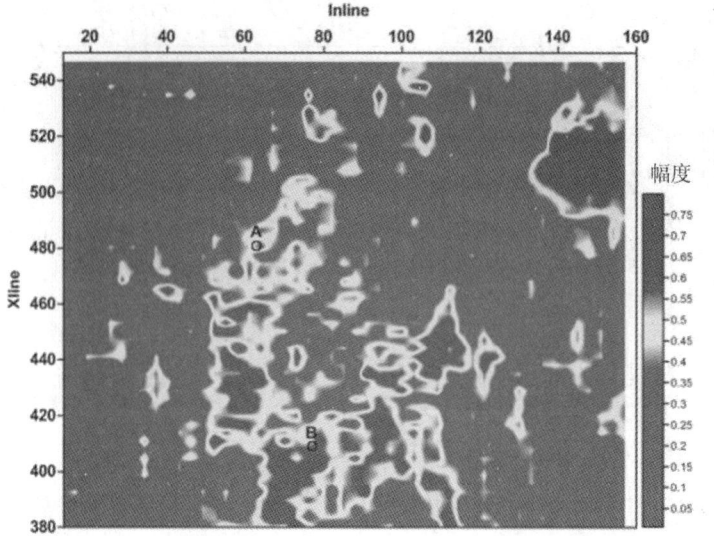

(a) 超过平均振幅的最大振幅横向分布图

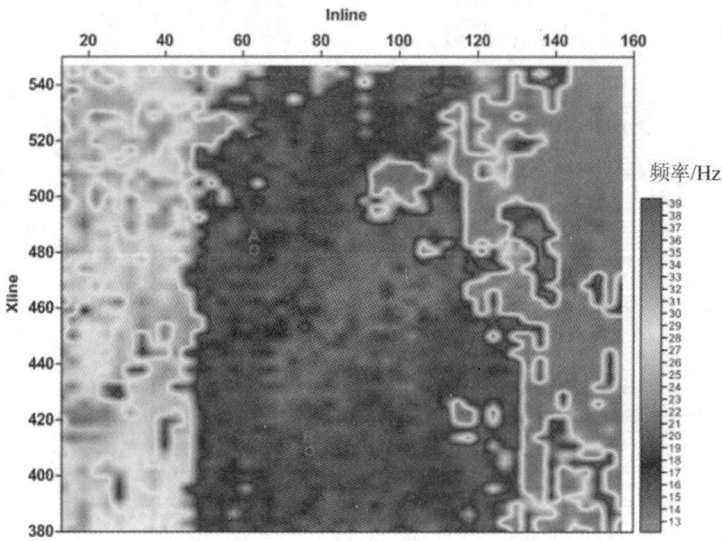

(b) 峰值频率横向分布图

图 6-3-13　基于 VMD-WVD 的叠后三维地震数据的谱分解处理结果

6.4　基于变分模态分解的衰减梯度估计算法

目前的衰减梯度分析方法采用两点斜率或线性拟合的方法，结合时频分析算法进行实现，这种方法仅能很好地用于高信噪比的地震信号或具有比较平滑的频谱的地震信号，对于频谱波动较大的地震信号效果较差，而且传统方法无法避免不同频率成分地震波衰减的相互影响，不能给出高精度的衰减梯度估计值。为了提高衰减梯度估计的精确性和有效性，考虑到不同频率的地震波衰减不同，高频成分衰减大于低频成分，我们研究基于 VMD 的多频段联合衰减估计方法，考虑不同频率成分衰减之间的相互影响，采用高分辨率时频分析算法，结合 IMF 相关加权方案，采用最小二乘法等算法提高衰减梯度估计的准确性和精度。

6.4.1　弱储层信息加强优化算法分析

对于弱储层信息，含气性响应更加微弱，如果直接从原始地震数据中估计衰减梯度，效果将很差，甚至检测不出来含烃类区域的异常振幅。为此，我们需要考虑弱储层信息加强的算法。针对 VMD 强局域分解特性，一方面，我们设计的多频段联合衰减估计算法，是在不同 IMF 信号基础上进行衰减梯度估计，避免了不同频率地震成分的相互影响，同时有利于检测到深埋在一些特定频率范围内的流体响应特征；另一方面，为了进一步加强弱储层信息的响应特征，我们考察如下几种优化算法。

(1) 前处理方式。对地震信号首先进行 IMF 加权，增强有用成分的响应，加权方式可采用式(6-4-1)，然后再进行衰减估计。

$$c_{out} = \begin{cases} c_i, |R| > 0.5 \\ R * c_i, |R| > 0.1 \\ 0, |R| < 0.1 \end{cases}, \quad S_{out} = \sum C_{out} \tag{6-4-1}$$

其中，c_i 为地震道经过 VMD 分解后的 IMF 信号，R 为 IMF 信号与原始地震道的相关系数，c_{out} 为加权后的 IMF 输出信号。该加权方案，提升了对原始地震道主要贡献分量的比例，同时压制了与原始地震道无关的信息，具有一定的噪声抑制作用。

(2) 后处理方式。对地震信号分解产生的一系列 IMF 子信号，分别估计不同频段上的衰减梯度，然后根据不同 IMF 与原始地震道的相关性特征，加权方式可采用式(6-4-1)，对各个 IMF 信号估计的衰减梯度进行加权相加，获得整个地震道的优化衰减梯度估计值。

(3) 前后处理方式。对地震信号首先进行 IMF 加权，增强有用成分的响应，加权方式可采用式(6-4-1)，然后对加权后的各个 IMF 信号分别估计衰减梯度，再对各个 IMF 信号估计的衰减梯度进行相加，获得整个地震道的优化衰减梯度估计值。

这里，以一条过含气井实际地震道为例，进行对比说明三种方案的差异。如图 6-4-1(a)所示，储层处地震响应较弱，与周围地震信号反射强度差异不大。采用三种弱信息加强或优化算法后的衰减梯度结果，如图 6-4-1(b)所示，从图中可以看到，前处理方式，效果最差，后处理方式效果最好。究其原因，主要是由于储层地震信号较弱，含气性信息响应更加微弱，采用前处理方式时候，分解产生的具有强相关性的 IMF 分量可能是地层信息，从而，当使用前处理方式加强某些子成分后，最终的衰减梯度估计结果并没有得到优化，甚至仍然检测不到。而当采用后处理方式时，由于原始地震信号经过分解后，不同的 IMF 信号占用不同的窄频带，在各自的窄频带内，烃类信息会得到突出，进一步在各个 IMF 信号上计算衰减梯度，能够加强深埋在特定频段处的弱烃类信息响应，进一步根据各个 IMF 的相关性进行加权，可以获得优化的衰减梯度检测结果，对微弱的储层信息及含气性信息能够更有效地检测出来。前后处理方式兼具上述两种方式特点，因而效果居中。综上所述，本章中采用后处理方式进行处理。

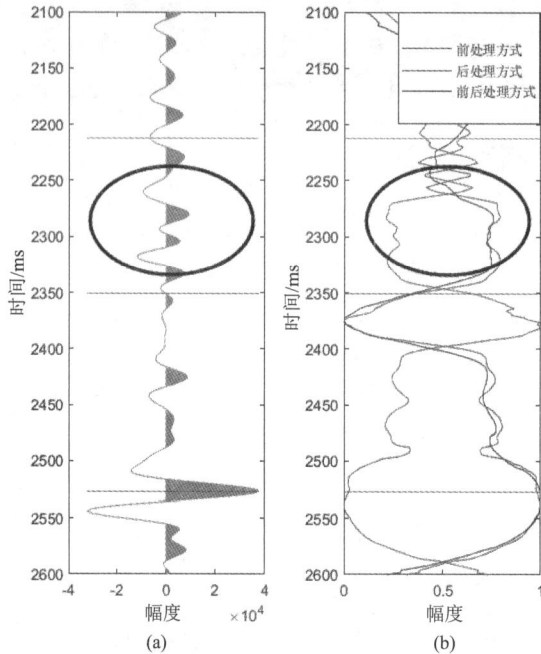

图 6-4-1   不同弱储层信息加强优化算法下衰减梯度对比

6.4.2   基于 VMD 的多频段联合衰减估计算法原理及步骤

这里，我们主要探讨基于变分模态分解(VMD)的衰减梯度估计算法(薛雅娟，曹俊兴，2017)。基于 VMD 的多频段联合衰减估计算法中，采用了 IMF 相关加权方案，结合希尔伯特变换、最小二乘法等算法进行衰减梯度估计算法创新，最终实现提高地震衰减估计的精度和准确性的目的。

为了有效地利用高频衰减的信息，MITCHELL 等人提出了通过计算吸收系数参数估计所吸收的高频能量的 EAA 方法(MITCHELL J T et al.，1996)。近年来，EAA 方法已被广泛应用。

基于 EAA 的定义(MITCHELL J T et al.，1996)，受吸收影响的频谱具有 $\exp(-\alpha\omega)$ 函数的形式，其中 α 是吸收系数参数，小波变换经常用来计算衰减梯度，因为它有较强的抗噪性能，可以分析不同尺度的瞬时性质。在小波变换域中，地震信号的时频分布 y 和衰减梯度 a 可以表示为

$$y = c \exp(-af) \tag{6-4-2}$$

其中，c 是常数。

对式(6-4-2)两边取对数，可以得到能量衰减梯度拟合公式

$$\ln(y) = c_{mod} - af \tag{6-4-3}$$

在传统的方法中，吸收系数 a 是通过两个点(总能量的 65% 和 85% 的点)拟合的线性曲线的斜率。图 6-4-2 所示为 EAA 方法的示意图。

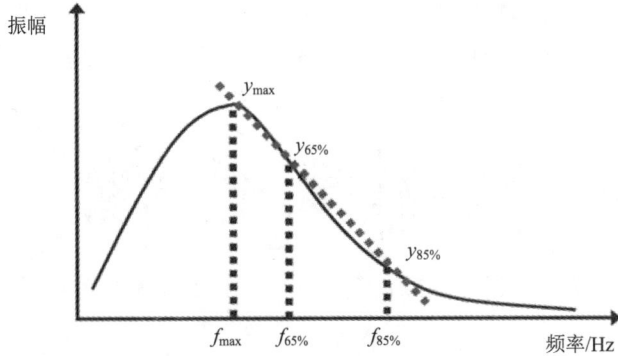

图 6-4-2　EAA 方法的示意图

　　考虑到不同频率的地震波衰减不同，高频成分衰减大于低频成分，为了避免不同频率的成分之间的相互影响，我们采用 VMD 将地震信号分解为一系列窄带或单频 IMF，再进行衰减估计。

　　此外，常规的 EAA 技术采用两点斜率计算方法进行曲线拟合，这种方法仅能用于高信噪比的地震信号或具有比较平滑的频谱的地震信号，对于频谱波动较大的地震信号效果较差。为了改善这种情况，一方面我们采用最小二乘法进行曲线拟合；另一方面，采用相关性加权方案加强从 VMD 分解结果中的主要反映原始地震信号油气信息的 IMF 分量。由于所选择的 IMF 分量是一个渐进的单频信号，它的频谱是具有窄旁瓣的单峰谱，这有利于计算吸收系数，在很大程度上也减少了频谱的波动性，从而保证了频率衰减梯度的准确性。因此，这里我们采用 VMD 结合相关性加权方案和最小二乘法计算衰减梯度，减少衰减梯度图形中干扰成分的存在。

　　基于变分模态分解的多频段联合地震波衰减梯度估计算法，其原理框图如图 6-4-3 所示。

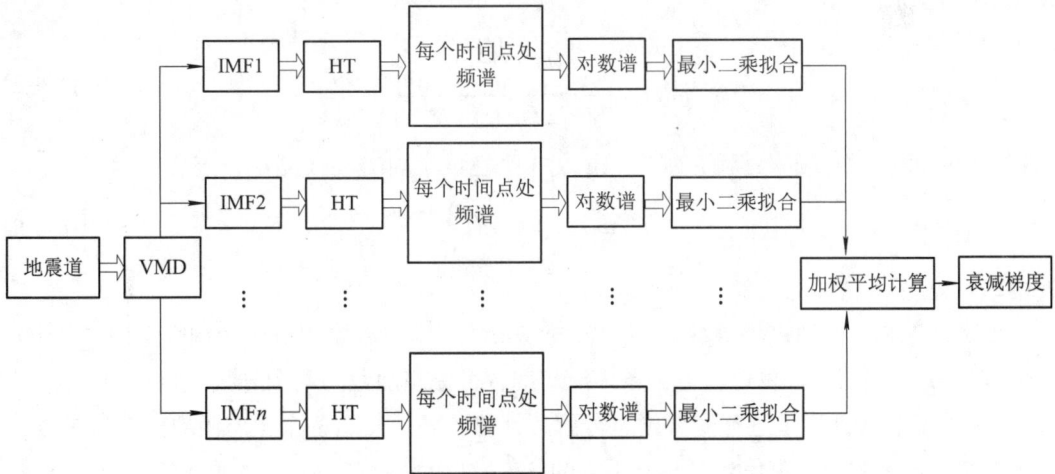

图 6-4-3　基于 VMD 的衰减梯度估计算法

基于变分模态分解的衰减梯度估计算法过程如下：

(1) 首先在利用测井、地质和合成地震记录等资料准确标定目标层的基础上，对工区内目标层的地震道逐道进行 VMD 分解，确定最佳模态个数，计算生成的各个模态函数的时频图。VMD 是由 DRAGOMIRETSKIY K，ZOSSO D 于 2014 年提出的由式(6-4-4)表示的约束可变问题，即

$$\min_{\{u_k\},\{\omega_k\}} \left\{ \sum_k \left\| \partial_t \left[\left(\delta(t) + \frac{j}{\pi t} \right) * u_k(t) \right] e^{-j\omega_k t} \right\|_2^2 \right\} \tag{6-4-4}$$

其中，$\sum_k u_k = f$，u_k 是第 k 个模态函数，ω_k 是第 k 个模态函数的中心频率。每个模态函数可表示为

$$\hat{u}_k(\omega) = \frac{\hat{f}(\omega) - \sum_{i \neq k} \hat{u}_i(\omega) + \left(\hat{\lambda}(\omega) / 2 \right)}{1 + 2\alpha(\omega - \omega_k)^2} \tag{6-4-5}$$

对每一条地震道提取出来的各个模态分量 $u(t)$，利用希尔伯特变换，分别用式(6-4-6)提取瞬时幅度 $A(t)$ 和瞬时频率 $\omega(t)$，即

$$\begin{cases} A(t) = \sqrt{u^2(t) + y^2(t)} \\ \varphi(t) = \arctan \dfrac{y(t)}{u(t)} \\ \omega(t) = \dfrac{1}{2\pi} \dfrac{d\varphi(t)}{dt} \end{cases} \tag{6-4-6}$$

其中，$y(t) = H[u(t)] = \dfrac{1}{\pi} P \cdot V \displaystyle\int_{-\infty}^{\infty} \dfrac{u(\tau)}{t - \tau} d\tau$，$H[\bullet]$ 表示 Hilbert 变换，P.V 为柯西主值。

为了避免式(6-4-6)中计算瞬时频率时相位解卷绕导致的模糊度，采用式(6-4-7)计算瞬时频率 $\omega(t)$，即

$$\omega(t) = \frac{1}{2\pi} \frac{u(t)\dfrac{dy(t)}{dt} - \dfrac{du(t)}{dt}y(t)}{u^2(t) + y^2(t)} \tag{6-4-7}$$

利用时间和瞬时频率、瞬时幅度，定义一个三维空间 $[t, \omega(t), A(t)]$，令

$$H(\omega, t) = \mathrm{Re}\left\{ A(t)e^{j\int \omega(t)dt} \right\} \tag{6-4-8}$$

其中，Re 表示取结果的实部。$j^2 = -1$。

于是，三维空间通过将函数 $H(\omega, t)$ 转变成三个变量的函数 $[t, \omega(t), A(t)]$ 来实现，其中，$A(t) = H[\omega(t), t]$。从而，可以获得某条地震道的各个模态函数的联合时频分布。

(2) 对地震数据逐道进行变分模态分解，计算各条地震道各个模态函数的衰减梯度。由于各个模态函数是窄带信号且具有不同的频带宽度，其频谱相对原始地震信号更为平滑，有利于衰减梯度的准确拟合，也有利于反映特定频带处的衰减情况。对某条地震道的每一个模态函数，沿着每个时间采样点从时频图中提取相应的频率-幅度谱，取对数，在对应的频率-对数幅度谱中开一个可变长度频率域窗函数 $W(\mathrm{freq})$，可变长度的频率域窗函数

$W(\text{freq})$定义为

$$W(\text{freq}) = \begin{cases} 40, \left|\text{freq}_{\text{zero}} - \text{freq}_{\text{max}}\right| > 40 \\ (\text{freq}_{\text{zero}} - \text{freq}_{\text{max}}), 20 < \left|\text{freq}_{\text{zero}} - \text{freq}_{\text{max}}\right| < 40 \\ 20, \left|\text{freq}_{\text{zero}} - \text{freq}_{\text{max}}\right| < 20 \end{cases} \tag{6-4-9}$$

其中，freq_{max} 为某个时间采样点处频率-对数幅度谱中最大幅度处的频率值；$\text{freq}_{\text{zero}}$ 为频率-对数幅度谱中的第一个幅度过零点处的频率值。如果最大幅度处的频率值与第一个幅度过零点处的频率值的差小于 20，窗函数长度取为 20；如果最大幅度处的频率值与第一个幅度过零点处的频率值的差大于 20 同时小于 40，那么窗函数长度为它们两者之间的距离，反之，窗函数长度取为 40。这里，频率域窗函数长度 20 和 40 为一个经验值，根据实际情况可调节。

然后利用最小二乘法拟合对数能量和频率的斜率，即衰减梯度。

(3) 采用相关加权系数对某条地震道计算的各个模态函数对应的衰减梯度进行加权求和，结果作为该地震道的衰减梯度。首先计算各条地震道分解后生成的模态分量与原始地震道的相关系数 R。如果相关系数大于 a（$a > 0.1$，可根据实际情况选择较强相关阈值)，则加权系数为 1；如果相关系数大于 0.1 小于 a，则加权系数为 10^{-1}；如果相关系数小于 0.1，则加权系数为 10^{-2}。相关加权系数 W_c 定义为

$$W_c = \begin{cases} 1, |R| \geqslant a \\ 10^{-1}, 0.1 \leqslant |R| < a \\ 10^{-2}, |R| \leqslant 0.1 \end{cases} \tag{6-4-10}$$

该操作的主要目的在于识别出该地震道信号的主要贡献分量并加强该地震道的主要成分，减弱次要贡献分量的信息成分。

(4) 逐道逐点计算出整个地震数据体的衰减梯度特征体，确定目标层的岩性及烃类性质。结合测井和地质等资料，利用井旁地震衰减梯度剖面特征，确定不同岩性、流体等引起的地震衰减梯度特征体的区别，再将其外推到无井区域。对于三维数据，可以结合沿层切片、等时切片等进行岩性、烃类检测。

与现有技术相比，本算法具有如下优点：

(1) 使用了较经验模态分解等方法更具抗噪声性的变分模态分解方法进行地震道的分解。各个模态函数是具有不同频带宽度的窄带信号，其频谱相对原始地震信号更为平滑，有利于衰减梯度的准确计算，能够反映特定频带处的衰减情况。

(2) 本算法中，我们首先对地震道进行 VMD 分解，产生不同 IMF 信号，然后各个 IMF 信号结合希尔伯特变换，通过可变长度频率域窗函数，利用最小二乘法计算衰减梯度，最后再通过相关加权系数对各个模态计算的衰减梯度进行加权求和。这种处理过程加强了地震信号中的主要贡献分量，能够反映出地震信号的微弱变化，加强了油气地震响应特征，加强了储层与非储层的区别，有利于识别岩性及烃类性质。

(3) 地震衰减梯度特征体的计算可适用于二维或三维数据，计算方式灵活多样，可以

根据实际需求计算时间切片、地层切片或沿层切片，以进行数据分析。

(4) 较常规衰减梯度估计方法，本算法具有更高的分辨率，也适用于低信噪比或者频谱波动较大的地震信号。

6.4.3　特性分析

这里，以大湾 1 井和 4 井连井剖面为例，分析所发展的基于 VMD 的多频段联合衰减估计方法。过井剖面及各种算法下计算的衰减梯度剖面，如图 6-4-4 和图 6-4-5 所示。从图 6-4-4(a)可知，储层处地震响应较弱，与周围地震信号差异不大。当采用传统的两点斜率法，利用具有较高分辨率的连续小波变换(CWT)计算衰减梯度时(图 6-4-4(c))，储层处的强振幅异常响应特征明显，但是分辨率低。当采用目前的基于 CWT 结合最小二乘法的衰减梯度计算方法时(图 6-4-4(d))，大湾 1 井和 4 井处储层存在较强振幅异常响应，大湾 1 井的强振幅异常强度与大湾 4 井差异不大，与测井解释结果有一定差异。而基于 VMD 的多频段联合衰减估计方法(图 6-4-4(c))，大湾 1 井和 4 井处储层检测到强振幅异常响应，大湾 1 井强振幅异常响应特征大于 4 井，而且区域与测井解释范围一致，分辨率较常规衰减估计方法更高。

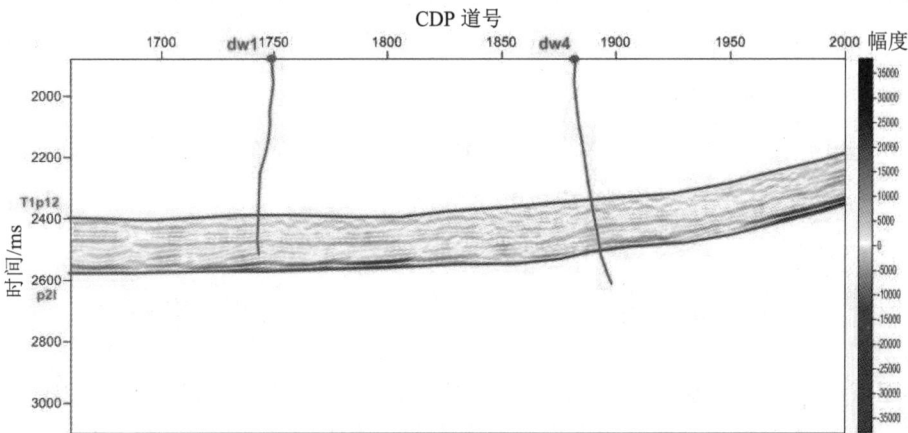

(a) 过井剖面

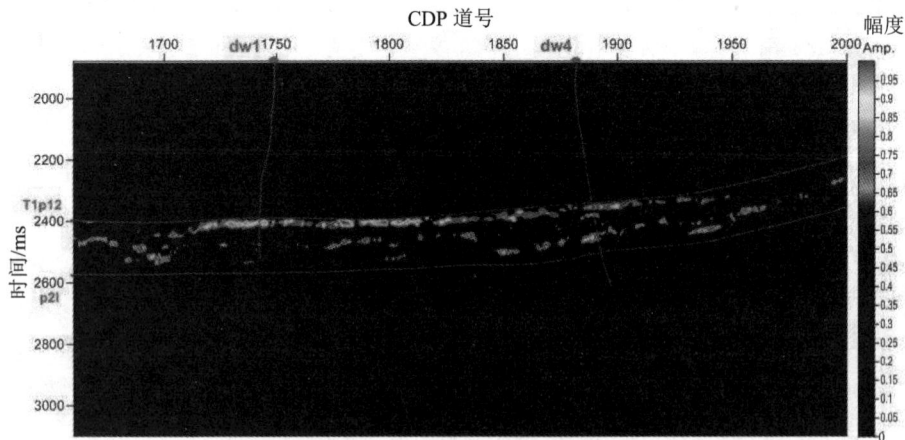

(b) 基于后处理法计算和 VMD 计算的衰减梯度剖面

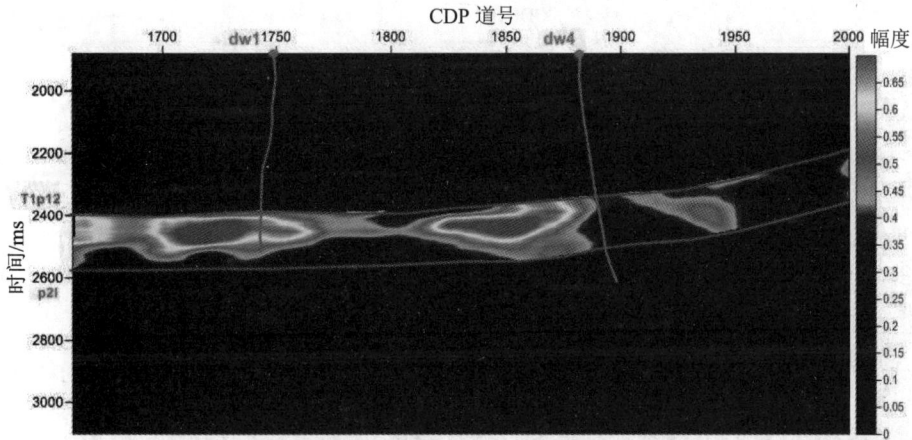

(c) 基于两点斜率法和 CWT 计算的衰减梯度剖面

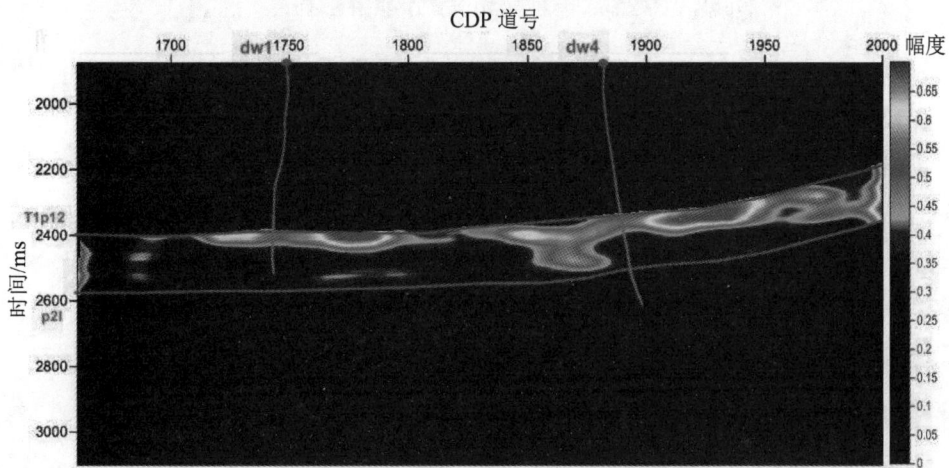

(d) 基于最小二乘法和 CWT 计算的衰减梯度剖面

图 6-4-4　大湾 1 井和 4 井连井剖面及各种算法下计算的衰减梯度剖面 I

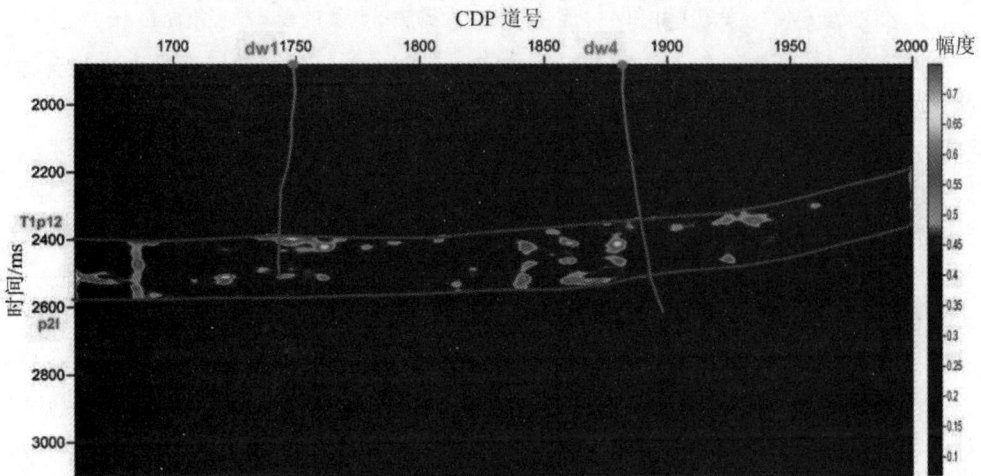

(a) 基于前处理法计算和 VMD 计算的衰减梯度剖面

(b) 基于后处理法计算和 VMD 计算的衰减梯度剖面

(c) 基于前后处理法计算和 VMD 计算的衰减梯度剖面

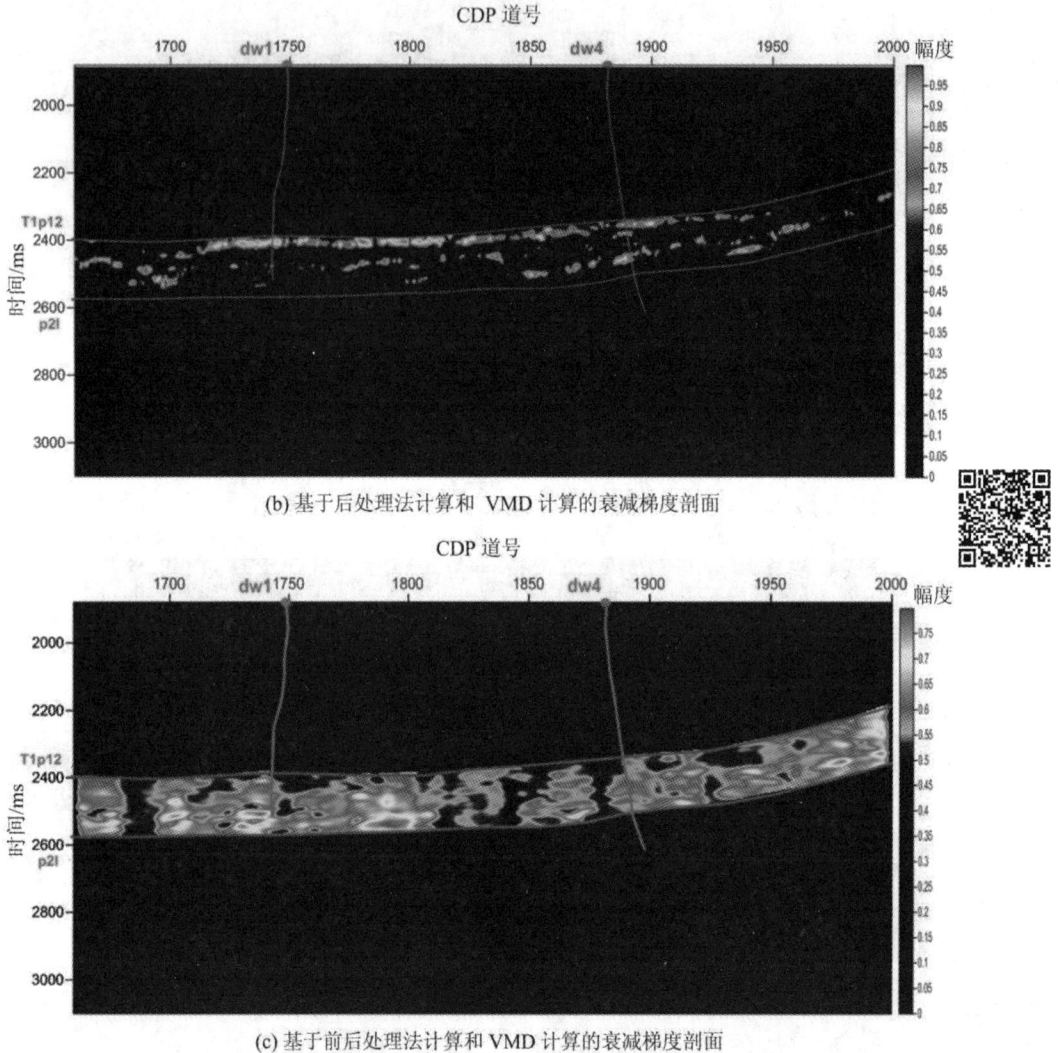

图 6-4-5 大湾 1 井和 4 井连井剖面各种算法下计算的衰减梯度剖面 II

当使用前处理方式和 VMD 计算衰减梯度时(见图 6-4-5(a))，储层处没有检测到强振幅异常响应，这是由于含气性响应微弱。当使用前处理方式时，具有强相关性的 IMF 可能主要反映地层信息，此时再加强信息处理，可能进一步加强了地层信息，因而检测不到烃类信息。当使用后处理方式时(见图 6-4-5(b))，大湾 1 井和 4 井处储层检测到强振幅异常响应，大湾 1 井强振幅异常响应特征大于 4 井，而且区域与测井解释范围一致，表明这种方式加强了弱储层地震响应及弱含气性响应。而前后处理方式效果(见图 6-4-5(c))较前处理方式好，但是没有后处理方式更精确。

综上所述，与传统衰减梯度估计算法及目前的衰减梯度优化算法的对比，结合我们提出的三种弱储层信息优化和加强算法的对比，我们确定的采用后处理法的基于 VMD 的多频段联合衰减梯度估计算法(流程图见图 6-4-3)，可以有效加强弱储层烃类信息的识别能力，能够给出与测井解释结果一致的烃类检测结果。

6.5　基于 VMD 质心频率的烃类检测方法

在天然气勘探中，如何从地震信号的瞬时属性中提取更多的有用信息，尤其是利用频率异常信息，并结合地质、测井等资料，来寻找有意义的天然气储集带，是石油物探研究人员一直以来的追求目标，同时也是难点问题。含流体的岩石地层会造成地震波在传播过程中发生能量损失，在含气层的内部及其下部，地震波的能量会发生明显的高频衰减。谱分解技术是目前利用地震信号高频衰减异常从地震反射数据进行地质解释及油气指示的一种常用的有效含气性预测技术。地震数据体经过谱分解可以产生一系列分频剖面，每个分频剖面都是所有地震数据体在某个特定频率或频率段处瞬时振幅的一种反映。不同频率处的振幅剖面能够体现不同尺度处的地质体的不同响应特征，而含气性信息可能在某些频率处的分频剖面中得到强化反映，更容易被识别。通常，含气区域会体现出"低频强能量，高频弱能量"的衰减特征；但是谱分解技术需要利用一系列地震分频剖面进行分析，然后选取合理的分频剖面进行解释，工作量较大。

VMD 是最近发展的一种用于非线性非平稳信号的非递归分解方法(DRAGOMIRETSKIY K，ZOSSO D，2014)。事实证明，与经验模态分解(EMD)和其衍生方法以及其他传统时频方法相比，它具有更好的局部分解能力、更高的时频分辨率以及更好的噪声鲁棒性。VMD 可以将地震道分解为有限个本征模态函数(IMF)。不同的 IMF 具有不同的频带，每个 IMF 可以反映原始地震信号的不同细节信息。此外，一些细节可能会在一个或多个 IMF 中突出显示。

本节的目的在于解决上述现有技术中存在的难题，提供一种新的地层含气性信息的频率异常检测方法，采用的是基于 VMD 的地震瞬时质心频率技术。通过定义一种新的地震属性，即基于 VMD 的地震瞬时质心频率，进行天然气储层含气性检测，提高现有技术的精确度。

6.5.1　算法原理及步骤

基于 VMD 的地震瞬时质心频率提取技术的核心原理是在具有物理意义和地质意义的基础上，由 VMD 分解获得的窄带 IMF 分量进行地震瞬时质心频率的计算。该算法主要包含以下步骤。

第 1 步，将各个地震道进行 VMD 分解，得到 IMF 分量。确定 VMD 分解产生的 IMF 个数、数据保真度约束的平衡参数、双提升的时间步长、收敛准则的容忍度等分解参数。一般地，数据保真度约束的平衡参数、双提升的时间步长、收敛准则的容忍度等分解参数较容易确定，VMD 分解产生的 IMF 个数较难确定。这里，我们提出一个 VMD 分解个数 k 的经验公式，即

$$k = \left\lceil \frac{f_s / f_{\text{do-mi}}}{\log(N)} \right\rceil - 1 \tag{6-5-1}$$

其中，$f_{\text{do-mi}}$ 是地震信号的主频，f_s 是采样频率，N 是每条地震信号多的采样点个数，$\lceil \cdot \rceil$ 表示向上取整操作。

第 2 步，计算每个地震道分解产生的 IMF 分量的瞬时属性。对每一条地震道提取出来的各个模态分量 $c(t)$，分别利用希尔伯特变换，分别用式(6-5-2)提取瞬时幅度 $A(t)$ 和瞬时频率 $\omega(t)$，即

$$\begin{cases} A(t) = \sqrt{c^2(t) + y^2(t)} \\ \varphi(t) = \arctan \dfrac{y(t)}{c(t)} \\ \omega(t) = \dfrac{1}{2\pi} \dfrac{\mathrm{d}\varphi(t)}{\mathrm{d}t} \end{cases} \tag{6-5-2}$$

其中，$y(t) = H[c(t)] = \dfrac{1}{\pi} \mathrm{P} \int_{-\infty}^{\infty} \dfrac{c(\tau)}{t - \tau} \mathrm{d}\tau$，$H[\cdot]$ 表示 Hilbert 变换，P 为柯西主值。由于每个 IMF 分量都是窄带信号，因此可以保证计算出的瞬时频率具有物理意义。

为了避免式(6-5-2)中计算瞬时频率时相位解卷绕导致的模糊度，采用式(6-5-3)计算瞬时频率 $\omega(t)$，即

$$\omega(t) = \frac{1}{2\pi} \frac{c(t) \dfrac{\mathrm{d}y(t)}{\mathrm{d}t} - \dfrac{\mathrm{d}c(t)}{\mathrm{d}t} y(t)}{c^2(t) + y^2(t)} \tag{6-5-3}$$

第 3 步，计算各条地震道的瞬时质心频率。对于一条地震信号，首先计算各个 IMF 分量计算得到的瞬时质心频率 f_k，然后采用相关加权系数对该条地震道计算的各个 IMF 分量对应的瞬时质心频率进行加权求和，结果作为该地震道的瞬时质心频率 F：

$$\begin{cases} f_k = \dfrac{\omega_k A_k}{\sum A_k} \\ F = \displaystyle\sum_{k=1}^{N} R_c \cdot f_k \end{cases} \tag{6-5-4}$$

其中，ω_k 为该 IMF 分量在每个时间采样点处的瞬时频率；A_k 为 IMF 分量在每个时间采样点处的瞬时振幅。瞬时质心频率 F 可以更有效地反映频率异常信息。

这里，相关加权方案如下：利用各条地震道分解后生成的 IMF 分量与原始地震道的相关系数 R 的大小，对各个 IMF 分量获得的瞬时质心频率进行加权。相关加权系数 R_c 定义为

$$R_c = \begin{cases} 1, |R| \geqslant 0.3 \\ 10^{-1}, 0.1 \leqslant |R| < 0.3 \\ 10^{-2}, |R| \leqslant 0.1 \end{cases} \tag{6-5-6}$$

式(6-5-6)对具有强相关的 IMF 分量计算得到的瞬时质心频率保持不变,对具有较强相关的 IMF 分量计算得到的瞬时质心频率进行 10^{-1} 的衰减,对具有弱相关的 IMF 分量计算得到的瞬时质心频率进行 10^{-2} 的衰减。该操作可以加强该条地震道的主要贡献成分,同时减弱次要贡献分量的信息成分。

对计算出的最终该条地震道的瞬时质心频率进行归一化,采用如下归一化计算公式:

$$x_2 = \frac{x - \min(x)}{\max(x) - \min(x)} \tag{6-5-7}$$

其中, x 为该条地震道的瞬时质心频率, x_2 为该条地震道的归一化瞬时质心频率,将结果归一化到区间[0,1]范围内。 $\min(\cdot)$ 表示取数据的最小值, $\max(\cdot)$ 表示取数据的最大值。

第 4 步,逐道计算出整个地震数据体的瞬时质心属性体,确定目标层的岩性及含气性分布。结合地质、测井和试油气等资料,利用井旁地震瞬时质心频率剖面特征,确定不同岩性、流体等引起的地震瞬时质心频率特征体的区别,再将其外推到无井区域,结合地震数据体的沿层切片等进行三维工区的含气性检测。

本节提出的基于 VMD 的地震瞬时质心频率提取方法具有如下特点:

(1) 使用了 VMD 方法进行地震道的分解。通过 VMD 方法获得的各个 IMF 分量是具有不同频带宽度的窄带信号,且较常规 EMD 及其衍生方法更具物理意义和地质意义。准确的 IMF 分量保证了通过它计算得到的瞬时频率具有物理意义和更为准确、明确的地质意义。

(2) 对地震道进行 VMD 分解产生的各个不同 IMF 分量,分别结合希尔伯特变换提取瞬时振幅和瞬时频率,再计算瞬时质心频率,通过相关加权系数对各个 IMF 分量计算的瞬时质心频率进行加权求和,弱化了地震信号中的次要贡献成分,突出了主要贡献成分,能够更有效地反映地震信号的微弱变化,加强了天然气地震响应特征,有利于含气性检测。

(3) 地震瞬时质心频率属性体的计算可适用于二维或三维数据的剖面分析、沿层切片或者时间切片等分析,计算方式灵活多样。

(4) 基于 VMD 的地震瞬时质心频率属性体估计方法较常规谱分解技术和衰减分析技术更为简单方便,同时具有较高的分辨率。

6.5.2　普光气田含气模型测试

在本节中,我们使用三维(3D)弥散黏性波动方程生成一个模型,模拟地震响应,以验证基于 VMD 的瞬时质心估计方法的有效性。地质模型及地震响应如图 6-5-1 所示。

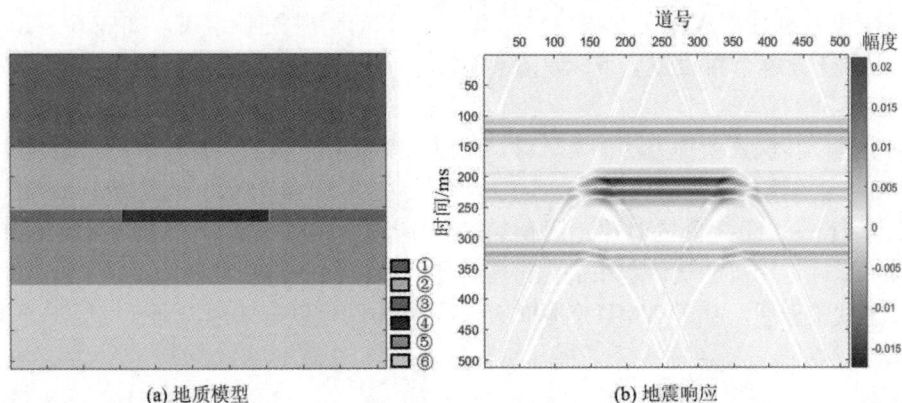

(a) 地质模型　　　　　　　　　　　(b) 地震响应

(c) 含噪声地震响应

(d) 地震道 Trace 250 和含噪声地震道
Trace 250 之间的对比

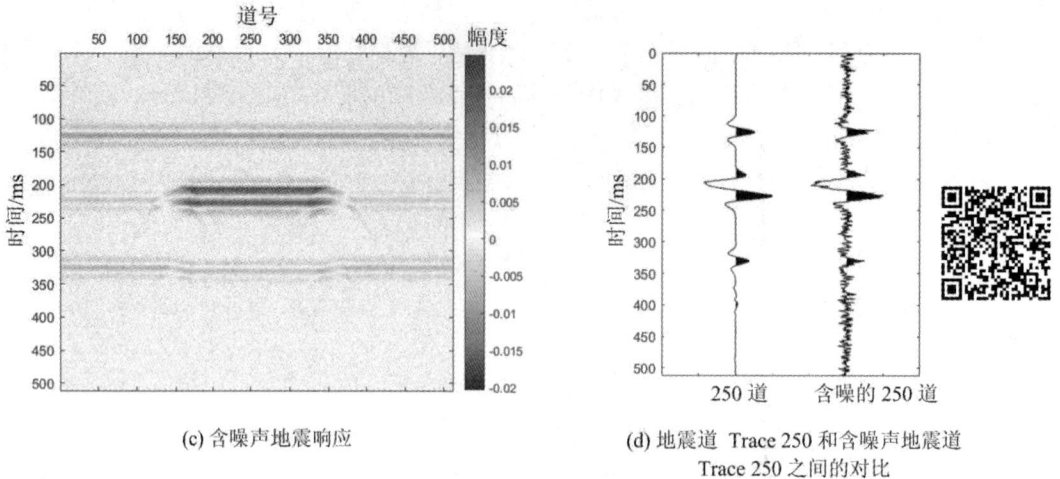

图 6-5-1　地质模型及其地震响应

　　我们根据四川盆地普光气田海相碳酸盐岩储层的储层测井参数和地震资料设计了地质模型。地质模型如图 6-5-1(a)所示。模型中六层的参数如表 6-5-1 所示。子波的频率为 25 Hz。地震数据以 1 ms 的间隔采样。高渗透含气储层由标记为④的层表示，厚度为 40 m，其相邻的干层标记为③。模型的地震响应如图 6-5-1(b)所示。

表 6-5-1　地质模型的地质参数

序号	$V_P/(\text{m} \cdot \text{s}^{-1})$	$\rho/(\text{g} \cdot \text{cm}^{-3})$	ζ/Hz	$\eta/(\text{m}^2 \cdot \text{s}^{-1})$	Q
①	5975	2.78	1.0	1.0	200
②	6274	2.72	1.0	1.0	200
③	6428	2.74	1.0	1.0	200
④	6052	2.52	10	500	5
⑤	6306	2.79	1.0	1.0	200
⑥	6488	2.76	1.0	1.0	200

　　注：ζ 是弥散系数，η 是黏质系数。

　　对模型数据使用 VMD 方法得到的基于 IMF 的瞬时质心结果，如图 6-5-2(a)所示。这里，VMD 分解个数设置为 5。如图 6-5-2(a)所示，在标记为④的气体层中发现了强振幅异常。

　　为了进一步验证所提方法的有效性，我们在模型中添加了一些噪声，信噪比(SNR)设置为 55 dB。含噪声的地震响应如图 6-5-1(c)所示。图 6-5-1(d)显示了地震道 Trace 250 和含噪声地震道 Trace 250 之间的对比。图 6-5-2(b)中所示的相应的基于 VMD 的瞬时质心频率剖面也显示了标记为④的气体层中的强振幅异常。所提出的方法准确地识别了含气层。

　　模型试验表明，基于 VMD 的瞬时质心估计方法可以有效地识别含气层，并具有强噪声鲁棒性。

(a) 模型地震剖面

(b) 含噪声模型地震剖面

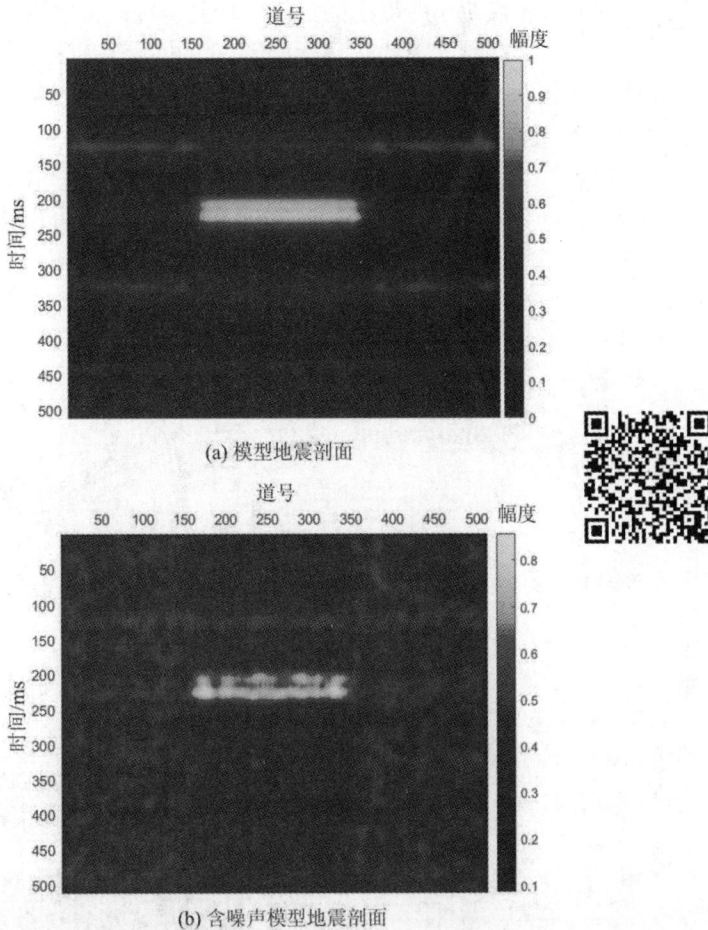

图 6-5-2 基于 VMD 的瞬时质心频率剖面

6.5.3 普光气田碳酸盐岩储层含气性检测应用实例

在本节中，我们将基于 VMD 的瞬时质心频率估计方法应用于四川盆地普光气田的宽带叠后偏移地震数据，以评估该方法的有效性。

普光气田主要由碳酸盐岩储层组成。我们主要研究分布在下三叠统飞仙关段第 1 至第 2 段的一个主要产气储层。储层类型主要包括平台边缘鲕粒滩，通常包含高孔隙度、高渗透率和高丰度的岩性气藏圈闭。第 1 至第 2 段的平均孔隙率为 8.89%，平均渗透率为 $143.813 \times 10^{-3} \mu m^2$。

首先，使用一个过多产气井(井 A)的二维叠后地震剖面进行分析。为了进行比较，我们还提供了使用传统时频方法对叠加地震数据进行叠前波阻抗反演和频谱分解的结果。然后，对 3D 地震数据进行分析。

1. 二维地震数据处理

图 6-5-3(a)所示为过井 A(已知的多产气井)的宽带叠后偏移地震剖面。我们仅分析如图 6-5-3(a)所示的在两个层位之间的过井 A 的二维叠后偏移剖面中的目标层，以排除岩性和其

他因素，这些因素可能导致使用所提出的方法的烃类解释的模糊性。由于储层类型主要包括目标层中的平台边缘鲕粒滩，因此在目标层中仅示出了没有裂缝和泥灰岩的相对简单的结构。井 A 所在的区域获得了良好的天然气产量，这里由一个粉红色多边形标示。地震数据以 2 ms 的间隔进行采样。

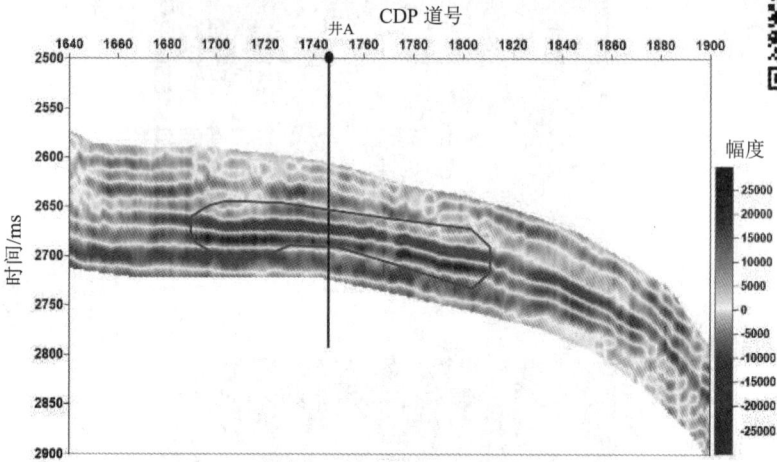

(a) 过井 A 的地震剖面

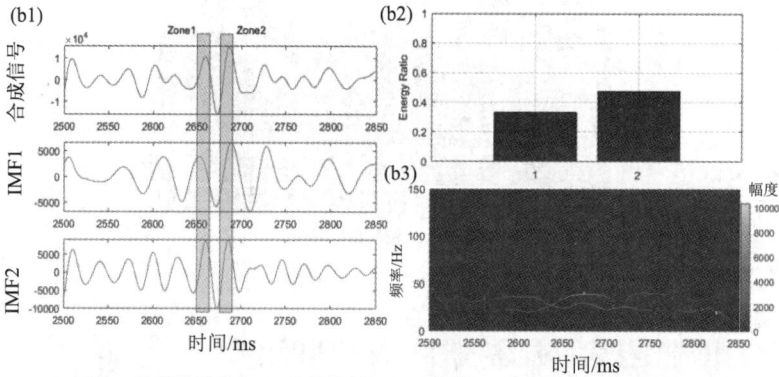

(b) 过井 A 地震道及其 VMD 分解结果(b1)、不同 IMF 与原始地震道能量比(b2)
过井 A 地震道基于 VMD 的时频谱(b3)

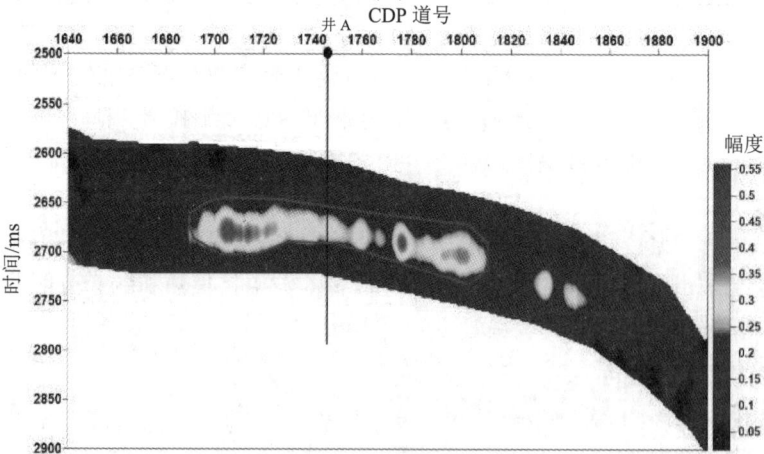

(c) 基于 VMD 的瞬时质心频率剖面

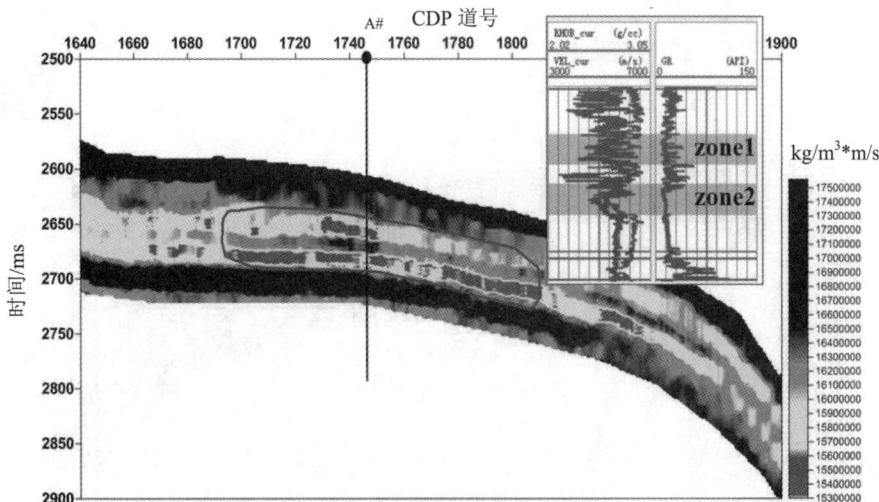

(d) 叠前波阻抗反演剖面(右上图所示为井 A 测井解释结果)

图 6-5-3　过井 A 的地震剖面及其地震属性剖面

我们首先分析过井 A 的地震道。图 6-5-3(b1)显示了过井 A 的地震道及使用 VMD 获得的相应 IMF。我们将两个储层区域标记为区域 1 和区域 2，可以发现，在第二个 IMF 中，储层所在区域与周围区域之间的差异更为明显，这意味着与此相关的烃类相关信息在这个子信号中反映得更为明显。获得的两个 IMF 的能量与原始地震道的能量比，如图 6-5-3(b2)所示，两个 IMF 都有较大的能量，第二个 IMF 的能量大于第一个 IMF 的能量。地震道基于 VMD 的时频谱如图 6-5-3(b3)所示，其显示地震道的主要频率范围约为 0～50 Hz。我们还可以发现，较强能量的时间大约分布在 2650～2700 ms 之间，这是储层所在的位置。此外，过井 A 的地震道基于 VMD 的时频谱显示出了很高的时频分辨率。然后，我们将基于 VMD 的瞬时质心频率估计方法应用于地震剖面，如图 6-5-3(c)所示，在由粉红色多边形标示的储层中，发现强异常振幅。这里，井 A 中目标层的解释如图 6-5-3(d)所示，显示了过井 A 的相应叠前波阻抗反演剖面结果。在井解释图中，两个含气层由区域 1 和区域 2 标记；另外，它们的相应区域在叠前波阻抗反转部分中用两个箭头标记。由于使用图 6-5-3(d)中的叠前波阻抗反演剖面获得的储层区域与使用图 6-5-3(c)中 VMD 方法的基于 IMF 的瞬时质心频率剖面中的储层区域一致，因此所提出的方法可以有效地解释含烃类的区域。

图 6-5-4 表示了使用传统的短时傅里叶变换(STFT)和连续小波变换(CWT)进行频谱分解之后的分频剖面。对于使用 STFT 和 CWT(见图 6-5-4(a)和图 6-5-4(c))，在低频(30 Hz)分频剖面中，由粉红色多边形标示的区域中发现了强振幅异常。然而，对于 STFT 和 CWT，它们都在高频(45 Hz)分频剖面中被削弱(见图 6-5-4(b)和图 6-5-4(d))。STFT 和 CWT 都提供了含烃类信息的解释。然而，将图 6-5-3(c)中使用提出的方法获得的结果与图 6-5-4 中的结果进行比较，基于 VMD 的瞬时质心频率剖面具有比使用图 6-5-4 中的传统频谱分解方法更高的时间和空间分辨率。此外，所提出的方法更方便，因为它不同于传统的频谱分解方法，无须分析一系列分频剖面以提供合适的解释结果。

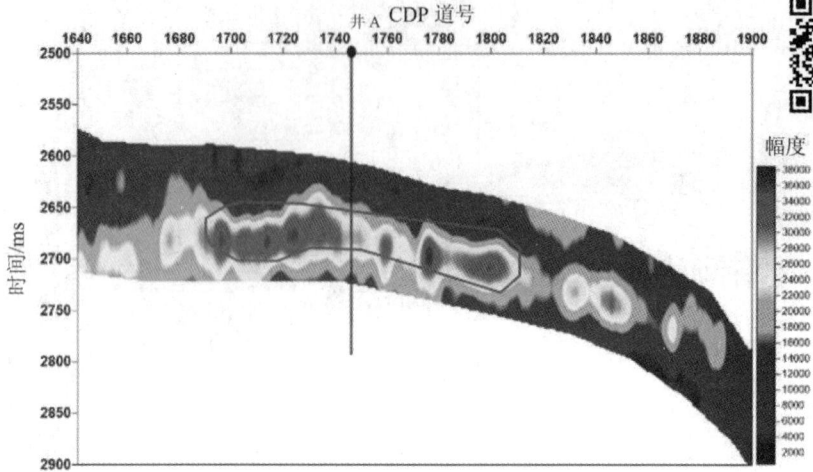

(a) STFT获得的低频(30 Hz)分频剖面

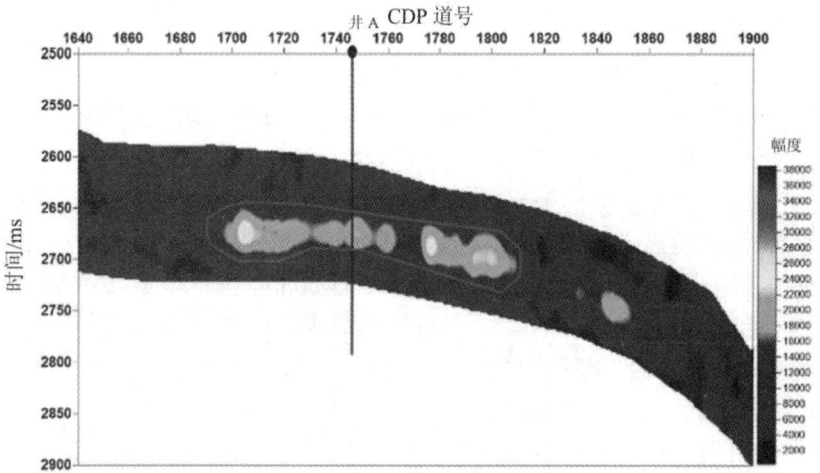

(b) STFT获得的高频(45 Hz)分频剖面

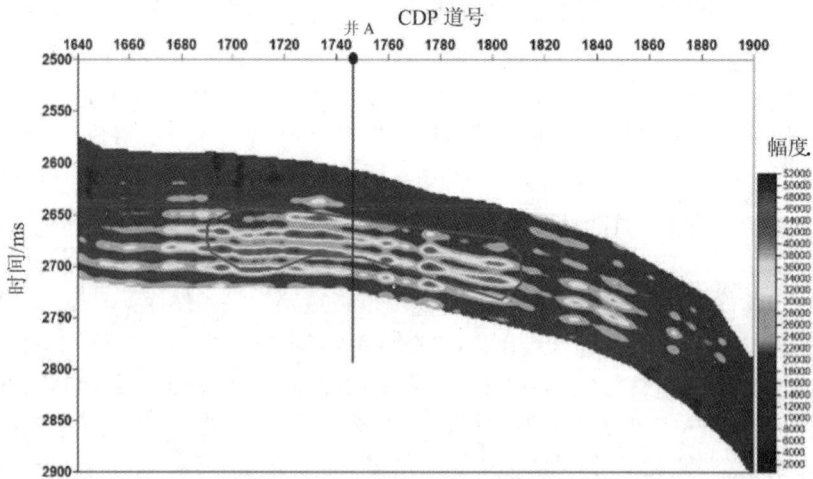

(c) CWT获得的低频(30 Hz)分频剖面

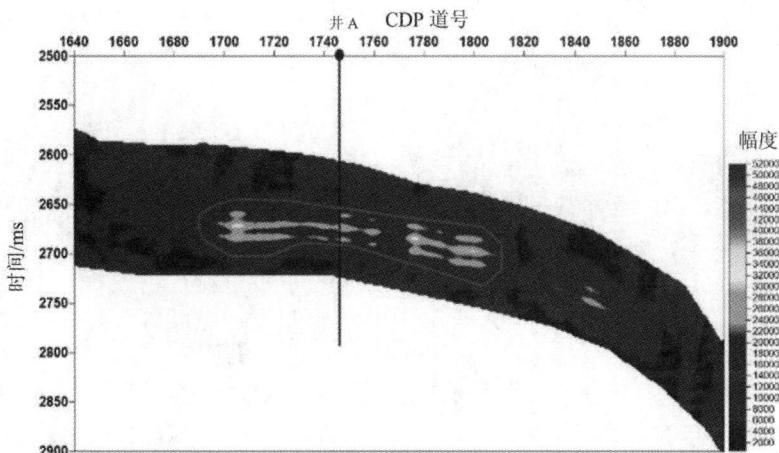

(d) CWT获得的高频(45 Hz)分频剖面

图 6-5-4　分频剖面对比

2. 三维地震数据处理

在本节中，我们将提出的基于 VMD 的瞬时质心频率估计方法应用于普光气田的三维宽带叠后偏移地震数据。此处，除了多产气井(井 A)外，还有三个名为 B、C、D 的井也位于该区域。井 C 是最多产的天然气井，井 B 是一种多产的气水井，井 D 是水井。图 6-5-5(a)示出了目标层处的时间切片，将所提出的基于 VMD 的瞬时质心频率估计方法应用于 3D 地震数据之后的结果在图 6-5-5(b)中示出。如图 6-5-5(b)所示，在井 B 和井 C 所在的区域中发现了强烈的振幅异常。在井 A 所在的区域存在较弱的振幅异常。井 D 所在的区域具有最弱的振幅异常。将所提出的基于 VMD 的瞬时质心频率估计方法应用于三维叠后偏移地震数据后，试井数据与分析结果之间的一致性表明，该方法能够有效地提供含烃类信息的解释，并可靠地预测研究区域内有利的天然气带。相比之下，在不同频率下应用 STFT 之后的频谱分解结果也显示在图 6-5-5(c)、(d)中。我们发现，在位于 30 Hz 的区域井存在强振幅异常，井 A 和井 D 周围的振幅明显在 45 Hz 时衰减。然而，对于 45 Hz 的分频切片中的井 B 和井 C，不存在这种幅度衰减。这些结果为井 B 和井 C 提供了较差的含烃类解释结果。同时，所提出的方法显示出更高的时间和空间分辨率，并且不需要一系列分频剖面用于解释。

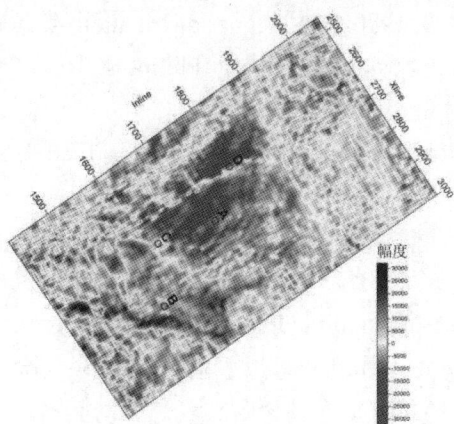

(a) 目标区时间切片

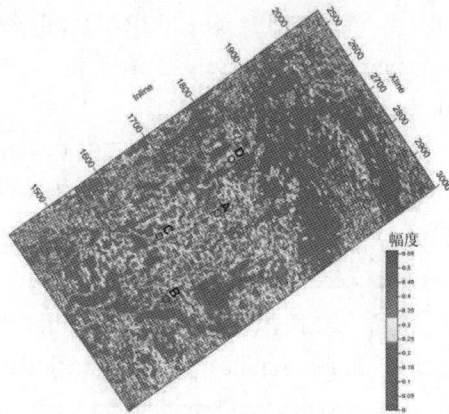

(b) 目标区基于 VMD 的瞬时质心频率切片

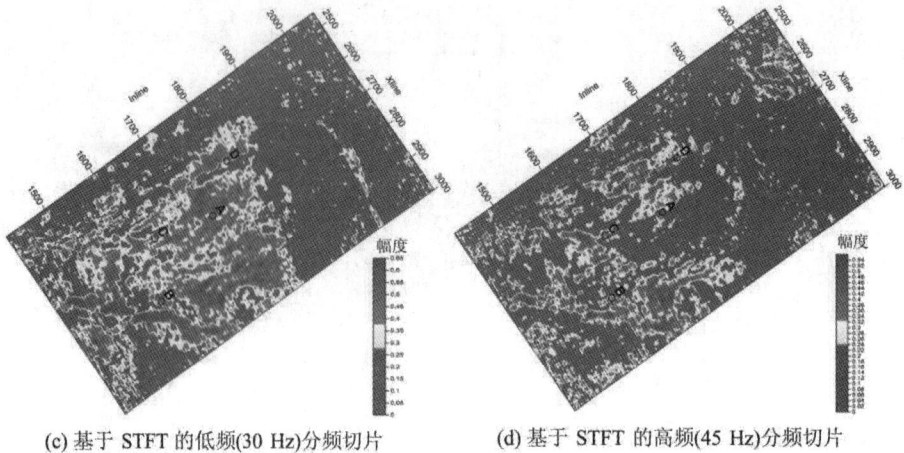

(c) 基于 STFT 的低频(30 Hz)分频切片   (d) 基于 STFT 的高频(45 Hz)分频切片

图 6-5-5   三维地震数据处理

本章参考文献

ABEYSEKERA S S, BOASHASH B. 1991. Methods of signal classification using the images produced by the Wigner-Ville distribution [J]. Pattern recognition letters, 12(11), 717-729.

BARANIUK R G, FLANDRIN P, JANSSEN A J, et al. 2001. Measuring time-frequency information content using the Rényi entropies [J]. IEEE Transactions on Information Theory, 47(4), 1391-1409.

BOASHASH B, 1988. Note on the use of the Wigner distribution for time-frequency signal analysis. IEEE Transactions on Acoustics [J]. Speech, and Signal Processing, 36(9), 1518-1521.

CLASSEN T A C M, MECKLENBRAUKER W F G, 1980. The Wigner distribution—A tool for time-frequency signal analysis, Part I [C]. Continuous-Time signals, Philips J. Res. 35 (3), 217-250.

DRAGOMIRETSKIY K, ZOSSO D, 2014. Variational mode decomposition [C]. IEEE T Signal Proces, 62(3):531-544.

GHOFRANI S, MCLERNON D C, 2009. Auto-Wigner-Ville distribution via non-adaptive and adaptive signal decomposition [J]. Signal Processing, 89(8): 1540-1549.

HUANG N E, SHEN Z, LONG S R, et al. 1998. The empirical mode decomposition and the Hilbert spectrum for nonlinear and non-stationary time series analysis [J]. Proc. R. Soc. Lond. A: Mathematical, Physical and Engineering Sciences, 454(1971):903-995.

LAHMIRI S, BOUKADOUM M. 2014, October. Biomedical image denoising using variational mode decomposition [C]. 2014 IEEE Biomedical Circuits and Systems Conference (BioCAS) Proceedings: 340-343.

LIU W, CHEN Y. CAO S, 2016. Applications of variational mode decomposition in seismic time-frequency analysis [J]. Geophysics, 81(5): V365-V378.

MITCHELL J T, DERZHI N, LICHMA E. 1996. Energy absorption analysis: A case study [J]. Expanded Abstracts of 66th Annual Internat SEG Mtg. 1785-1788.

VILLE J, 1948. Thovrie et applications de la notion de signal analylique [J]. (in French) cables et Transmission, 2: 61-74.

WANG X J, XUE Y J, ZHOU W, et al. 2019. Spectral decomposition of seismic data with variational mode decomposition-based Wigner-Ville distribution [J]. IEEE Journal of Selected Topics in Applied Earth Observations and Remote Sensing, 12(11): 4672-4683.

WANG Y, MARKERT R. 2016. Filter bank property of variational mode decomposition and its applications [J]. Signal Processing, 120: 509-521.

WANG Y, MARKERT R, XIANG J, et al. 2015. Research on variational mode decomposition and its application in detecting rub-impact fault of the rotor system [J]. Mechanical Systems and Signal Processing, 60: 243-251.

WANG T, ZHANG M, YU Q, et al. 2012. Comparing the applications of EMD and EEMD on time-frequency analysis of seismic signal [J]. Journal of Applied Geophysics, 83: 29-34.

WIGNER E P, 1932. On the quantum correction for thermodynamic equilibrium [J]. Physical Review, 40(5): 749-759.

XUE Y J, CAO J X, WANG D X, et al. 2013. Detection of gas and water using HHT by analyzing P-and S-wave attenuation in tight sandstone gas reservoirs [J]. Journal of Applied Geophysics, 98: 134-143.

XUE Y J, CAO J X, WANG D X, et al. 2016. Application of the variational-mode decomposition for seismic time-frequency analysis [J]. IEEE Journal of Selected Topics in Applied Earth Observations and Remote Sensing, 9(8): 3821-3831.

XUE Y J, CAO J X, WANG X J, et al. 2019. Recent developments in local wave decomposition methods for understanding seismic data: application to seismic interpretation [J]. Surveys in Geophysics, 40(5): 1185-1210.

侯方浩, 方少仙, 何江, 等. 2011. 鄂尔多斯盆地靖边气田区中奥陶统马家沟组五 1—五 4 亚段古岩溶型储层分布特征及综合评价[J]. 海相油气地质(01): 5-17.

薛雅娟, 曹俊兴. 基于可变模态分解的地震波衰减梯度估计方法[P]. 中国, 中华人民共和国国家知识产权局, ZL201510300798.6. 发明专利. 2017.9.22.

第 7 章 基于同步挤压小波变换的储层信息提取方法

本章在分析同步挤压小波变换(SSWT)算法关键因素优化的基础上，研究了基于 SSWT 的反 Q 滤波算法，发展了基于 SSWT 的流体活动因子检测技术，并通过合成地震记录测试、模型测试、实际地震数据分析表明了所发展方法的有效性和优势。

7.1 同步挤压小波变换(SSWT)算法性能分析

1. 小波母函数的选择性分析

小波变换存在众多的小波母函数，不同的小波母函数有不同的性质，选取不同的小波母函数，得到的结果也不尽相同。在小波变换中，小波母函数与目标信号的匹配程度影响着时频分辨率的高低，因此在选取小波母函数时，不仅要考虑带宽等条件，还要考虑匹配程度，以此来尽可能地提高小波变换在处理信号时的分辨率。尽管 SSWT 是在小波变换的基础上演变而来的，但是小波母函数对 SSWT 影响很小。究其原因，是因为 SSWT 算法对小波变换后的小波系数进行了压缩重排，最后得到的变换量值 T_s(式 2-3-7)是大致相同的，且 SSWT 对不同的小波基函数有更好的自适应性。

为了进一步考察母函数对地震信号的影响，下面，我们利用一条实际地震道信号进行分析。图 7-1-1 所示为该地震道的 SSWT 时频谱，可以看到，无论是采用 Morlet 小波还是 bump 小波，最终的 SSWT 时频谱都具有很高的时频分辨率。但是，由于 Morlet 小波更接近地震信号子波形态，因此通常在地震信号处理中，SSWT 算法采用 Morlet 小波作为母函数。

2. 通道数选择

通道数选择影响着生成的 SSWT 时频谱的分辨率，这里仍然利用图 7-1-1 所示的实际地震道进行分析，图 7-1-2 给出了不同通道数情况下 SSWT 时频谱。从图中可以看出，随着选择的通道数增加，最终生成的时频谱分辨率逐渐提高。为了兼顾运行速度及时频分辨率，同时考虑后期流体因子估计的频谱适用性，我们选择通道数为 64 进行地震数据处理。

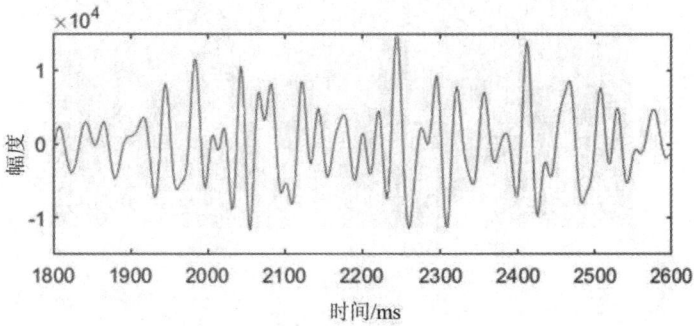

(a) 实际地震道

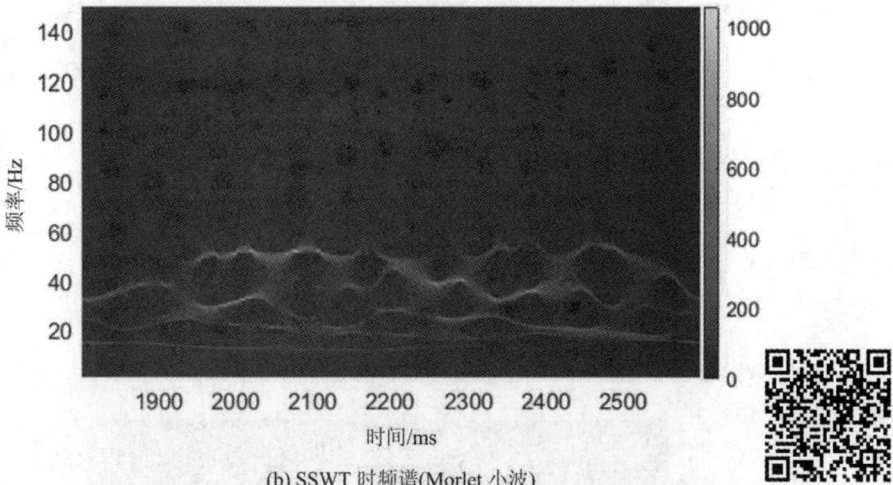

(b) SSWT 时频谱(Morlet 小波)

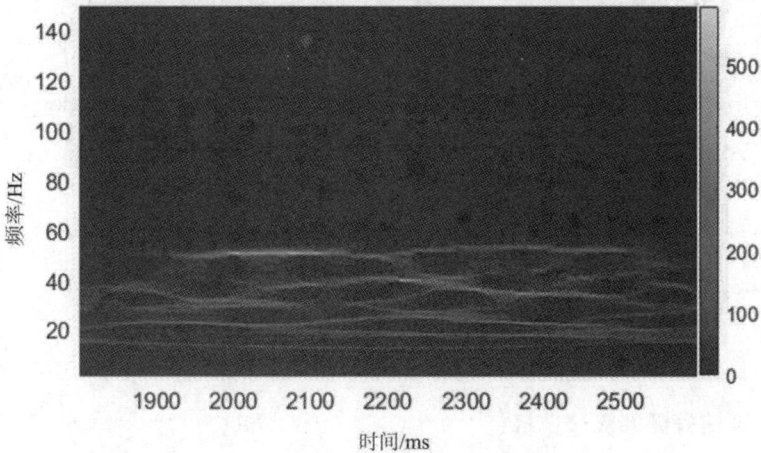

(c) SSWT 时频谱(bump 小波)

图 7-1-1　实际地震数据的小波母函数选择性分析

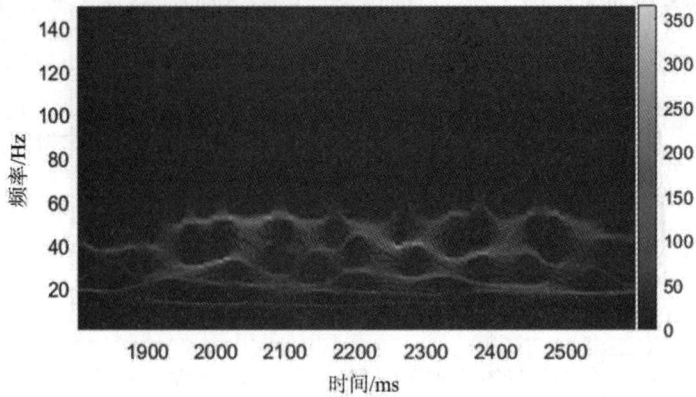

(a) 16

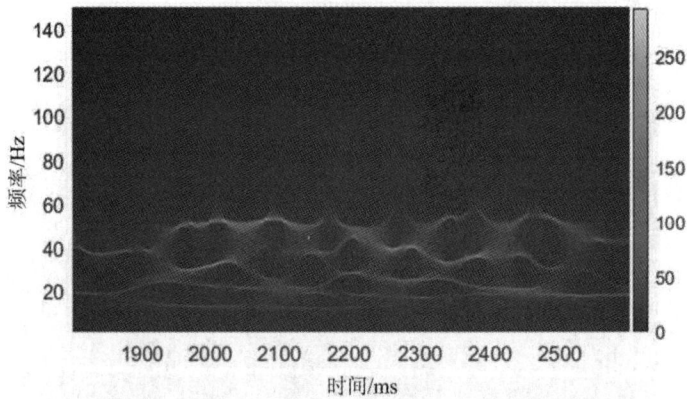

(b) 32

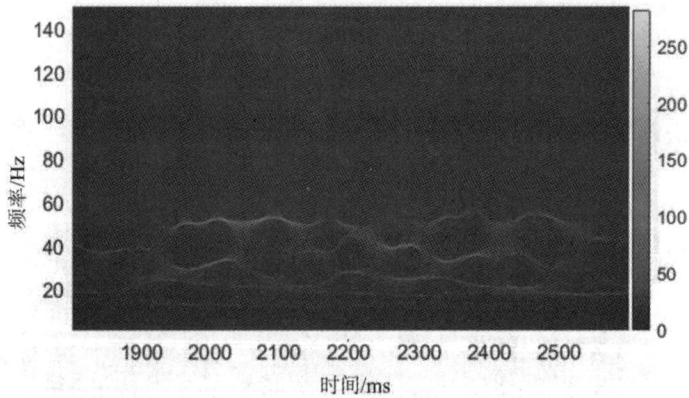

(c) 64

图 7-1-2　不同通道数下 SSWT 时频谱

3. 解调 FM 信号频率算法选择

SSWT 算法中，计算每个(尺度、时间)对上的解调 FM 信号频率时，如式(2-3-6)，通常有以下几种方法可以进行计算。

(1) 直接微分法：在小波变换前，该方法在小波域使用直接微分的方式进行计算。

(2) 相位微分法：该方法直接在相位变换中获取展开的连续小波变换相位的导数。

(3) 数值微分法：该方法利用小波变换后的数值计算导数，占有较少的内存，运算速度快，但是可能不够精确。因此，这种方法在小尺度时更准确。

仍然以图 7-1-1 所示实际地震道进行分析。不同解调 FM 信号频率算法选择情况下生成的最终 SSWT 时频谱如图 7-1-3 所示。从图中可知，使用直接微分法效果最好，而且也能保证在不同尺度时具有足够的精度。因此，本章中采用直接微分法计算。

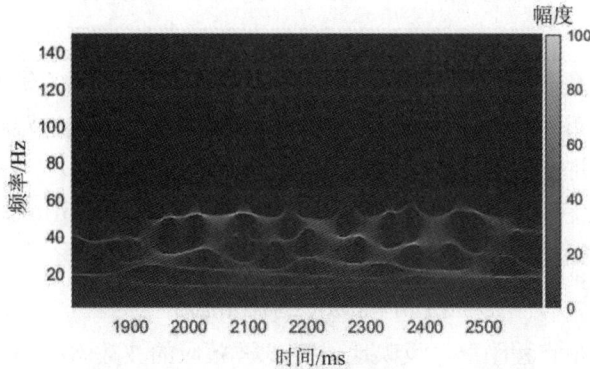

(a) 直接微分法

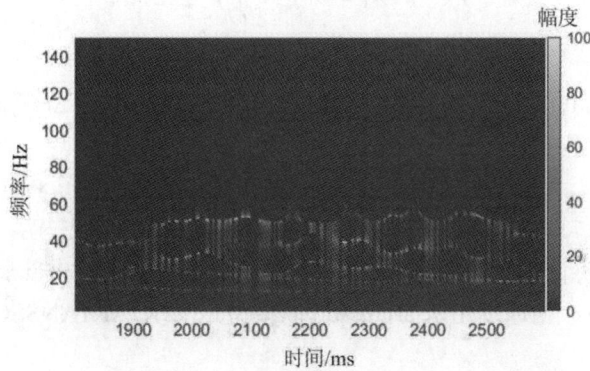

(b) 相位微分法

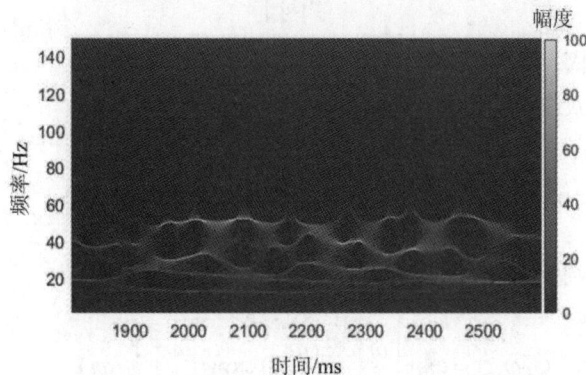

(c) 数值微分法

图 7-1-3　不同解调 FM 信号频率算法下 SSWT 时频谱

7.2 基于 SSWT 的反 Q 滤波算法

7.2.1 算法原理

首先考虑一个地震道 $s(t)$，它是时间变量的实函数。假设 $s(t)$ 的傅里叶变换是 $\hat{s}(\omega)$，它是角频率的复函数。我们的目的是使用同步挤压小波变换发展逐道跟踪算子，以补偿振幅效应（即能量吸收），并校正相位效应（即速度色散）。

根据一维波动方程，对于前向波传播，将失真的地震信号 $\hat{s}(\omega)$ 与未失真的地震信号 $\hat{s}_0(\omega)$ 联系起来的关系由式(7-2-1)给出：

$$\hat{s}_0(\omega) = \hat{s}(\omega)\exp[ik(\omega)\Delta r] \tag{7-2-1}$$

其中，i 是虚部，Δr 是行程距离。反映地球 Q 滤波效应的波数 $k(\omega)$ 由式(7-2-2)表示：

$$k(\omega) = \frac{\omega}{v}(1 - \frac{i}{2Q}) \tag{7-2-2}$$

其中，v 是相速度。

将波数 $k(\omega)$ 代入式(7-2-1)，并将距离 Δr 替换为行程时间 $t = \Delta r/v_r$，其中 v_r 是参考相速度，我们得到以下表达式：

$$\hat{s}_0(\omega) = \hat{s}(\omega)\exp(\frac{\omega v_r}{2vQ}t)\exp(i\frac{\omega v_r}{v}t) \tag{7-2-3}$$

如式(7-2-3)所示，幅度补偿和相位校正分别由指数函数的实部和虚部反映。

在下面的计算中，相速度由 Kjartansson 的模型定义(KJARTANSSON E，1979)：

$$v(\omega) = v_r \left|\frac{\omega}{\omega_r}\right|^{\frac{1}{\pi Q}} \tag{7-2-4}$$

其中，ω_r 是参考角频率。

结合式(7-2-3)和式(7-2-4)，我们有

$$\hat{s}_0(\omega) = \hat{s}(\omega)\exp(\left|\frac{\omega}{\omega_r}\right|^{-\frac{1}{\pi Q}}\frac{\omega}{2Q}t)\exp(i\left|\frac{\omega}{\omega_r}\right|^{-\frac{1}{\pi Q}}\omega t) \tag{7-2-5}$$

从式(7-2-5)，我们得到反 Q 算子 G_Q：

$$G(\omega,t) = \exp(\left|\frac{\omega}{\omega_r}\right|^{-\frac{1}{\pi Q}}\frac{\omega}{2Q}t)\exp(i\left|\frac{\omega}{\omega_r}\right|^{-\frac{1}{\pi Q}}\omega t) \tag{7-2-6}$$

式(7-2-6)是反 Q 滤波的基础。

在同步挤压小波变换域中，令

$$\Lambda(\omega_l, b) = \exp(\left|\frac{\omega_l}{\omega_r}\right|^{-\frac{1}{\pi Q}} \frac{\omega_l}{2Q} b) \tag{7-2-7}$$

$$\theta(\omega_l, b) = \exp(i\left|\frac{\omega_l}{\omega_r}\right|^{-\frac{1}{\pi Q}} \omega_l b) \tag{7-2-8}$$

于是，$\Lambda(\omega_l, b)$ 是与能量衰减有关的幅度补偿，并且 $\theta(\omega_l, b)$ 是与速度色散有关的相位校正。如式(7-2-7)和式(7-2-8)所示，幅度补偿是时间和频率的指数函数，它是一个不稳定的过程，因为增加了信号和背景噪声，信号和背景噪声在时间上重叠。然而，相位校正是时间和频率的振荡函数，这是无条件稳定的过程。

同步挤压小波变换域中的滤波道 $T_{s_0}(\omega_l, b)$ 为

$$T_{s_0}(\omega_l, b) = T_s(\omega_l, b)\Lambda(\omega_l, b)\theta(\omega_l, b) \tag{7-2-9}$$

每个单独分量的重建，即原始地震道 $s(t)$ 的固有模式函数 $\mathrm{IMF}_j(t)$ 是通过小频带 $l \in L_k(t_m)$ 的 $T_{s_0}(\omega_l, b)$ 逆同步挤压小波变换完成的，具有以下形式(THAKUR G et al.，2013)：

$$\mathrm{IMF}_j(t_m) = 2C_\phi^{-1} \mathrm{Re}(\sum_{l \in L_k(t_m)} \tilde{T}_{\tilde{s}}(\omega_l, t_m)) \tag{7-2-10}$$

其中，$C_\phi = \int_0^\infty \xi^{-1}\overline{\hat{\psi}(\xi)}\mathrm{d}\xi$ 是一个常数，Morlet 小波 $\hat{\psi}(\xi)$ 集中在正频率轴上；参数 t_m 是离散时间，$t_m = t_0 + m\Delta t$ $(m = 0, 1, \cdots, k, \cdots, n-1)$，$n$ 是离散信号 $\tilde{s}_m$ 中的样本总数，Δt 是采样率；$\tilde{T}_{\tilde{s}}(\omega_l, t_m)$ 是 $T_s(\omega_l, b)$ 的离散化形式；$\mathrm{Re}[\cdot]$ 表示取结果的实数部分；$l \in L_k(t_m)$ 表示相位变换空间中第 k 个分量的曲线周围的小频带的索引。

然后，校正的地震道 $s_0(t)$ 可以通过式(7-2-11)获得

$$s_0(t) = \sum_{j=1}^{M} \mathrm{IMF}_j(t) \tag{7-2-11}$$

其中，M 是 IMF 的总数。

现在，推导基于式(7-2-9)～式(7-2-11)具有噪声放大阻尼的同步挤压小波域中反 Q 滤波器的鲁棒稳定形式。在不失一般性的情况下，我们设定 $\theta(\omega_l, b) = 1$，这意味着作为无条件稳定过程的阶段已得到纠正。我们的主要目的是开发一种稳定的与 $\Lambda(\omega_l, b)$ 相关的幅度补偿方法，即抑制掉主要地震频带之外的环境噪声，并抑制主要地震频段内的环境噪声放大。该方法不同于主要用于削减主地震频带外环境噪声放大的传统方法。

在同步挤压小波变换域中，我们逐点进行幅度补偿。对于一个固定时间采样点 $t_i(i = 1, \cdots, k, \cdots, n)$，其频谱为 $\tilde{T}_{\tilde{s}}(\omega_{l_i}, t_i)$。虽然地震波的振幅被衰减了，但是地震波在地震中不同时间传播的地震波相互强烈相关，即不同时间采样的地震谱具有较高的相关系数。相反地，固定样本的地震谱与环境噪声谱具有低相关系数。于是，以参考时间 t_r 的地震谱 $\tilde{T}_{\tilde{s}}(\omega_{l_r}, t_r)$ 为参考，首先进行基于相关的控制因子 G：

$$G = \begin{cases} 1, & \left| R(\tilde{T}_{\tilde{s}}(\omega_{l_r}, t_r), \tilde{T}_{\tilde{s}}(\omega_{l_i}, t_i)) \right| \geqslant \mathrm{Const.} \\ 0, & \text{其他} \end{cases} \tag{7-2-12}$$

其中，$R(\tilde{T}_{\tilde{s}}(\omega_{l_i},t_r),\tilde{T}_{\tilde{s}}(\omega_{l_i},t_i))$ 表示固定时间 t_i 处的参考谱 $\tilde{T}_{\tilde{s}}(\omega_{l_i},t_r)$ 与任意地震谱 $\tilde{T}_{\tilde{s}}(\omega_{l_i},t_i)$ 之间的相关系数。Const.表示控制强度的常数。如果样本 t_i 处的频谱 $\tilde{T}_{\tilde{s}}(\omega_{l_i},t_i)$ 与参考频谱 $\tilde{T}_{\tilde{s}}(\omega_{l_i},t_r)$ 具有高相关系数，则将其视为有效信号，并将控制因子的输出设置为 1，这意味着进一步执行幅度补偿。相反地，如果样本 t_i 处的频谱 $\tilde{T}_{\tilde{s}}(\omega_{l_i},t_i)$ 与参考频谱 $\tilde{T}_{\tilde{s}}(\omega_{l_i},t_r)$ 具有低相关系数，则将其视为环境噪声，并将控制因子的输出设置为 0，在这种情况下，我们平滑频谱 $\tilde{T}_{\tilde{s}}(\omega_{l_i},t_i)$，并且我们不对该时间样本点进行幅度补偿。该基于相关分析的控制算子可以有效地抑制主地震频带内的环境噪声的放大，并突出有效成分。此外，对于被认为是有效地震信号的样本 t_i 处有效频谱 $\tilde{T}_{\tilde{s}}(\omega_{l_i},t_i)$，我们通过选择用于抑制主要地震频带之外的环境噪声的频带来使用频谱重建。假设 $\omega_{\text{cut-off}}$ 是主要地震频带的最大频率，可以通过原始地震道的傅里叶变换简单地确定，我们可以通过使用中心频率内的时频谱来重建校正的地震道 $s_0(t)$，并且不超过 $\omega_{\text{cut-off}}$。将式(7-2-11)进一步修改为

$$s_0(t) = \sum_{j=1}^{N} \text{IMF}_j(t) \tag{7-2-13}$$

其中，N 是中心频率不超过 $\omega_{\text{cut-off}}$ 内所选 IMF 的数量。另外，$N \leqslant M$。

总之，同步挤压小波变换域中的反 Q 滤波通过正向同步挤压小波变换、滤波器步骤(式(7-2-9))、具有控制因子(式(7-2-12))和重建(式(7-2-13))的逆同步挤压小波变换(式(7-2-10))来执行用于抑制和消除主地震数据带内外的环境噪声。

7.2.2　无噪声信号测试

具有幅度衰减的合成数据如图 7-2-1(a)所示。为了比较，没有幅度衰减的合成数据也由图 7-2-1(a)中的虚线绘制。通过使用基于傅里叶变换的谱比法从合成数据中提取的 Q 值 60.1 和 117.6 非常接近真实的 Q 值，如图 7-2-1(b)所示。在反 Q 滤波之前和之后，使用同步挤压小波变换的时频能量分布分别在图 7-2-1(c)和 7-2-1(d)中示出。

如图 7-2-1(d)所示，恢复的波形和相应的幅度与原始未改变的脉冲序列相同。使用我们提出的方法进行反 Q 滤波后的重建地震道如图 7-2-1(e)所示。为了比较，图 7-2-1(f)还给出了传统方法(WANG Y H，2006)的振幅补偿结果。注意，我们提出的方法和传统方法对不含噪声信号都能令人满意地恢复出幅度。

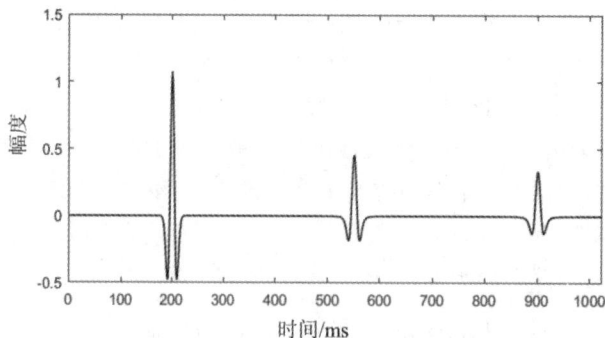

(a) 合成衰减信号

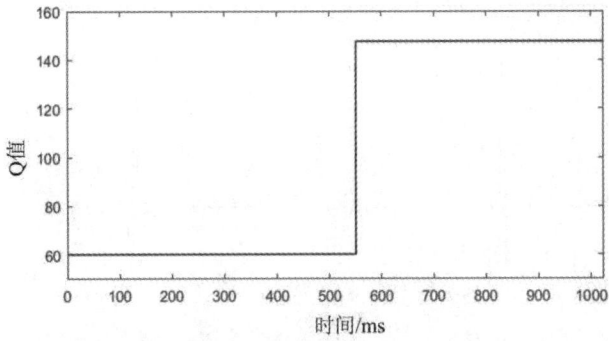

(b) Q 值

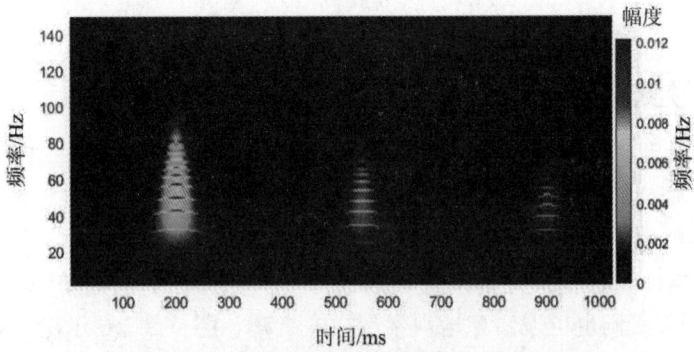

(c) 合成衰减信号的时频分布

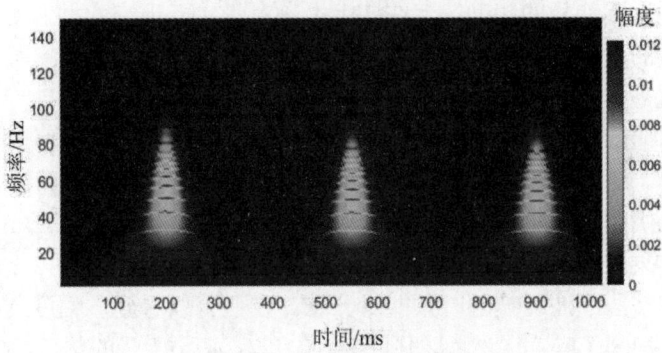

(d) 振幅补偿后信号的时频分布

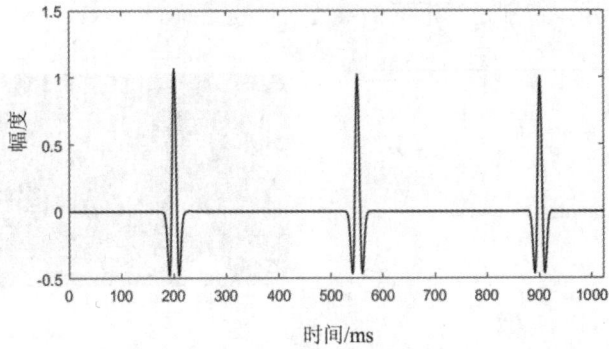

(e) 利用所提方法重建地震道

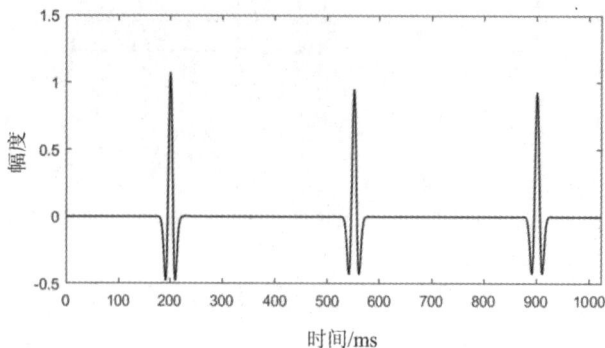

(f) 传统方法振幅补偿后地震道

图 7-2-1   不含噪声信号分析

7.2.3   含噪信号测试

为了评估所提方法的稳定性和鲁棒性，将图 7-2-1(a)中所示合成数据的峰值幅度 1%水平的高斯随机噪声添加到该合成数据中。生成的数据如图 7-2-2(a)所示。从合成数据中提取到偏离真实 Q 值的 Q 值 56.7 和 160.1，也显示在图 7-2-2(a)中。

由于噪声影响，反 Q 滤波之前的含噪信号的同步挤压小波变换的时频能量分布是杂乱的(见图 7-2-2(b))，我们也可以清楚地观察到幅度衰减。图 7-2-2(c)示出了参考频谱与良好相关的频谱和从图 7-2-2(b)中时频分布中提取的差相关频谱之间的比较。请注意，参考谱理想情况下是未失真地震信号的频谱，但在实际中，对于实际地震数据，我们选择第一个层位线上的地震信号的频谱，并且该参考谱用于所有时间样本。如果地震数据具有多个地震道，则每个地震道将具有不同的参考谱。

如图 7-2-2(c)所示，当所提方法应用于数据时，只有良好相关的频谱通过反 Q 滤波处理以进行幅度补偿。这里仅通过平滑来抑制不良相关的频谱，并且不再进行反 Q 滤波。图 7-2-2(d)中所示为使用所提方法进行反 Q 滤波后的重构地震道与图 7-2-2(a)中具有噪声的合成数据的比较，结果表明，主频带内外的环境噪声被有效抑制。图 7-2-2(e)示出了在反 Q 滤波之后使用同步挤压小波变换的时频能量分布。我们可以看到，幅度衰减得到了补偿，时频图也很清晰，抑制了噪声。然而，图 7-2-2(f)和 7-2-2(g)所示的传统稳定逆 Q 滤波方法仅在一定程度上抑制了环境噪声的幅度放大，并且它是一种依赖于噪声水平的方法；该方法的噪声增强明显增强，特别是对于低信噪比的地震数据。

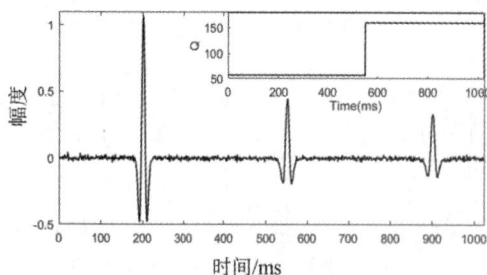

(a) 含噪合成衰减信号及 Q 值

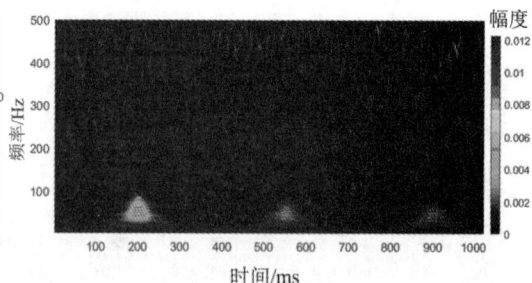

(b) 含噪信号的时频分布

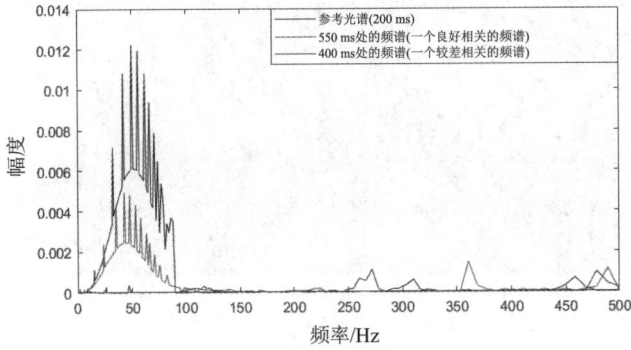

(c) 谱相关分析示意图

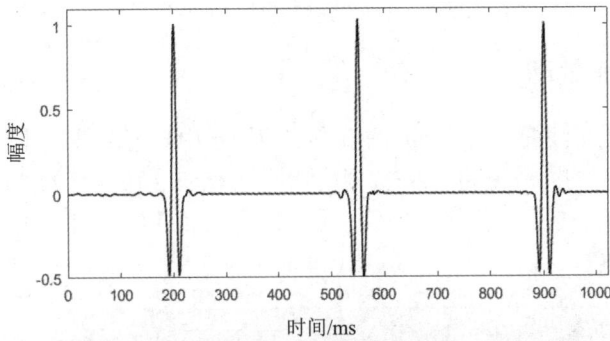

(d) 利用所提方法振幅补偿后的地震道

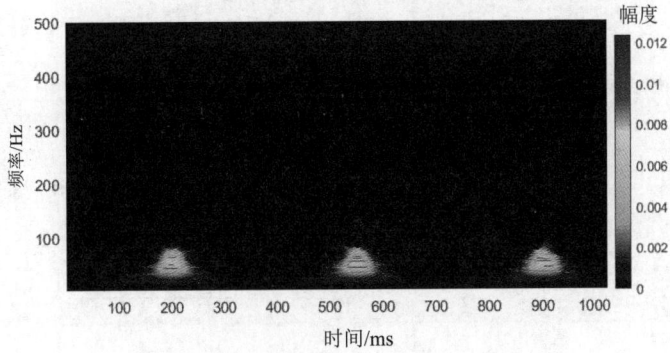

(e) 利用所提方法振幅补偿后的时频分布

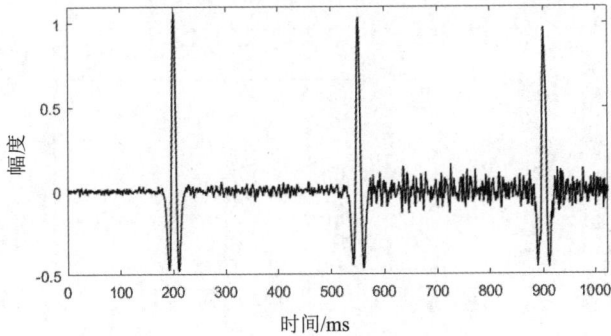

(f) 传统方法振幅补偿后地震道

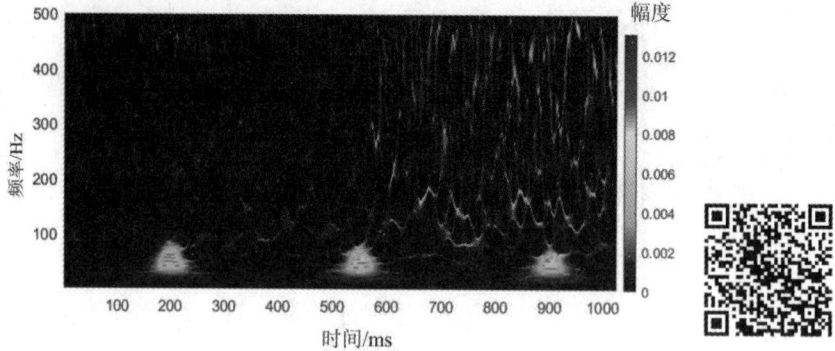

(g) 传统方法振幅补偿后时频分布

图 7-2-2 含噪声信号分析

7.2.4 实际地震剖面处理

我们使用同步挤压小波变换将反 Q 滤波方法应用于由具有高信噪比的海相叠加时间偏移地震数据组成的实际数据集(见图 7-2-3)。由于相位补偿包含在先前的处理工作流程中,因此我们只需关注因能量衰减引起的幅度补偿。这里使用 Q 值进行幅度补偿,如图 7-2-4 所示。

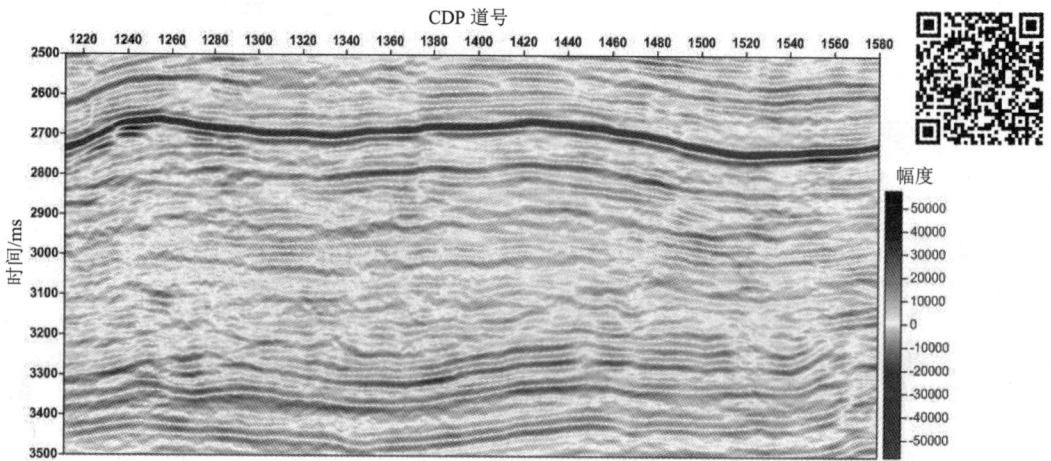

图 7-2-3 原始地震剖面

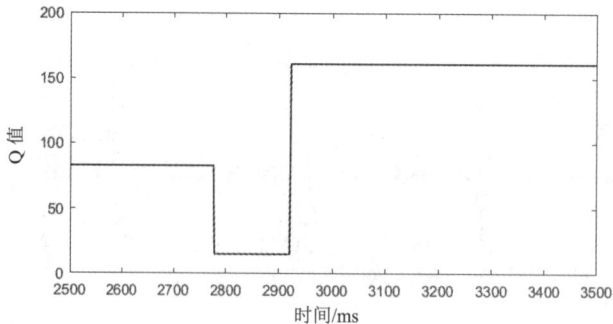

图 7-2-4 Q 值

来自反 Q 滤波之前和之后的地震数据的 CDP 1388 地震道如图 7-2-5(a)所示。标记为 1 的地震道是原始的 CDP 1388 地震道，标记为 2 的地震道是使用所提方法进行反 Q 滤波之后的 CDP 1388 地震道，标记为 3 的地震道为常规稳定逆 Q 滤波方法给出的反 Q 滤波结果。在图 7-2-5(b)、(c)和(d)中，示出了使用所提方法和常规稳定逆 Q 滤波方法在反 Q 滤波之前和之后使用 CDP 1388 地震道的同步挤压小波变换的相应时频分布，从图中可以看出，反 Q 滤波后的 CDP 1388 地震道及其相应的时频分布增强了深层的振幅，并显著提高了频率成分。现在可以找到包括更高频率和更深时间处的更多被介质衰减过的细节信息。与图 7-2-5(a)和图 7-2-5(c)、(d)中的反 Q 滤波后的地震道相比，由于所提方法不对每个时间样本执行幅度补偿，并且仅在某些时间样本处实现有效分量的幅度补偿，可以看到，使用所提方法的突出显示的高频信息小于传统的方法。

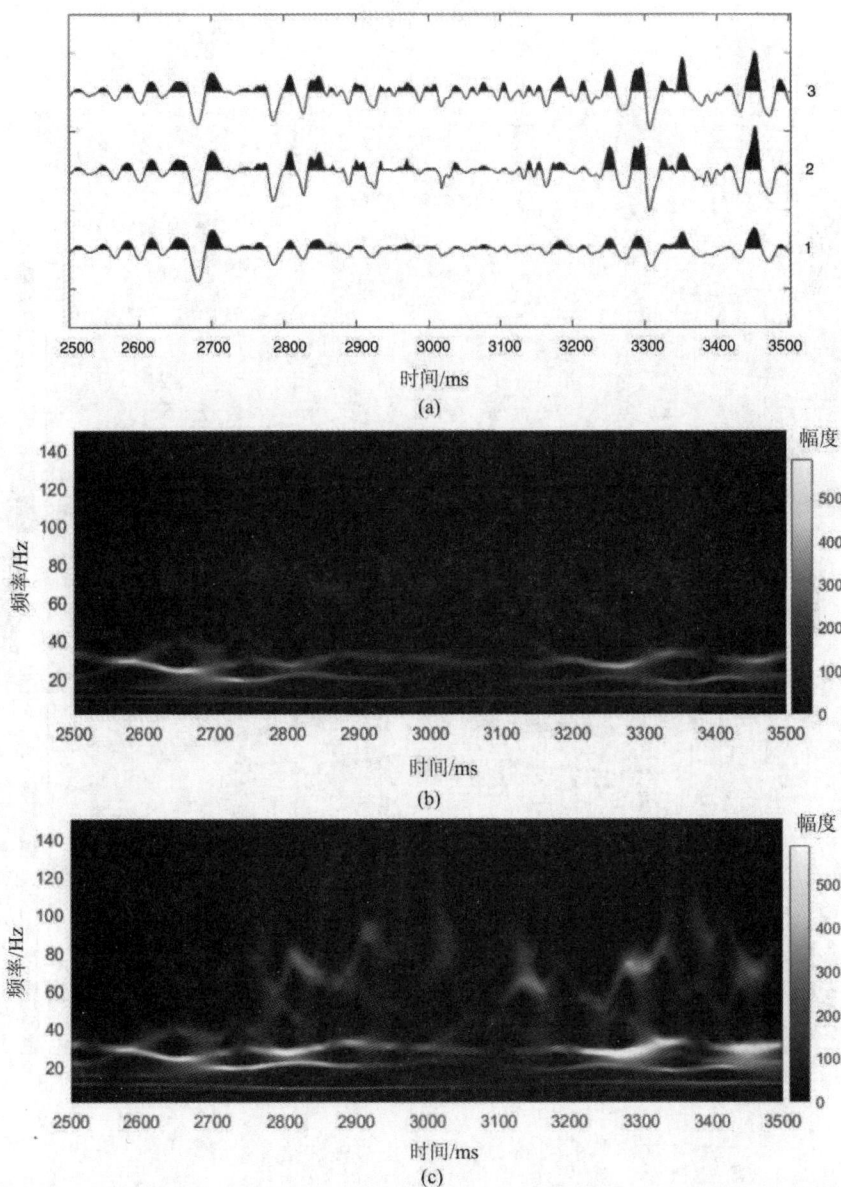

(a)

(b)

(c)

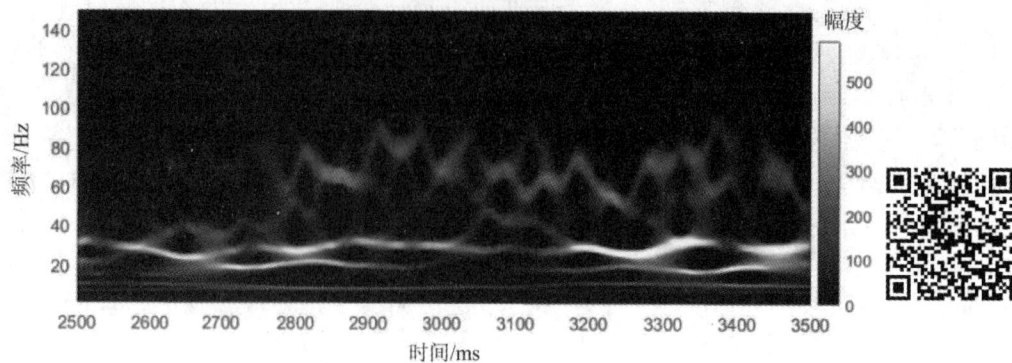

(d)

图 7-2-5　CDP 1388 地震道反 Q 滤波分析

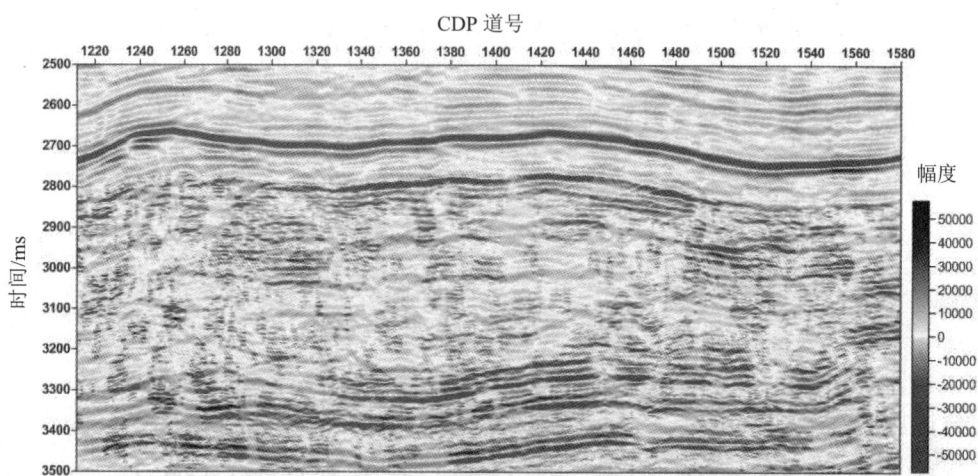

(a) 所提方法

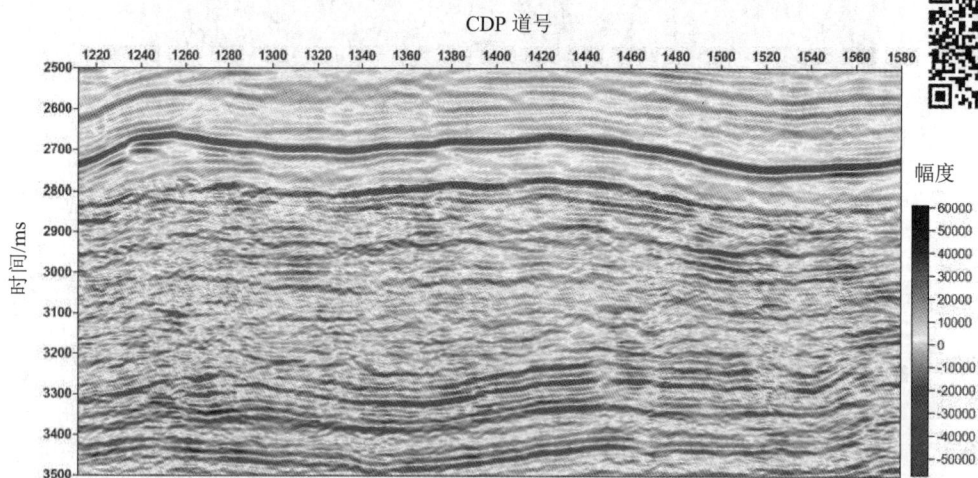

(b) 传统方法

图 7-2-6　地震剖面反 Q 滤波结果

在使用同步挤压小波变换和传统反 Q 滤波方法之后的地震剖面分别在图 7-2-6(a)和图 7-2-6(b)中示出。使用同步挤压小波变换进行反 Q 滤波后的地震剖面显示了许多细节信息，这些细节信息在原始地震剖面中不能更清楚地看到。图 7-2-6(a)给出了图 7-2-3 中地震图像质量的明显增益。与传统的对每个时间样本执行幅度补偿并易于增强环境噪声的反 Q 滤波方法相比(见图 7-2-6(b))，所提方法通过抑制主频带外的频率并降低主频带内的环境噪声放大来产生优异的结果。所提方法证明了对地震数据的高保真度；同时，该方法提高了信噪比，并进一步提高了地震剖面的可解释性。

7.2.5　测井信号分析

为了对比所提算法与传统稳定反 Q 滤波算法在性能方面的差异，这里利用测井数据进行算法测试。

图 7-2-7 所示为基于测井数据的分析结果。声波时差(AC)和密度曲线分别显示在图 7-2-7(a)和图 7-2-7(b)中。通过使用具有 28 Hz 主频的最小相位 Ricker 小波以及根据 AC 和密度曲线计算出的反射系数来构造包括三层(层位标记为虚线)的相应合成数据。为了测试反 Q 滤波后所提方法的性能，我们在不知道 Q 值的情况下将 Q 设置为 70，用于幅度补偿。图 7-2-7(d)～图 7-2-7(e)和图 7-2-7(f)～图 7-2-7(g)分别显示了使用传统方法和所提方法在不同控制参数下的结果。使用这两种方法后，结果的主要区别存在于 3150 m～3158 m 的深度。从测井解释来看，在 3166 m～3183 m 的深度处有一个气层。从图 7-2-7(f)和 7-2-7(g)可以看出，所提方法有效地补偿了 3166 m～3183 m 深度的样本。然而，在 3150 m～3158 m 的深度，由于这里存在的低相关系数，因此所提方法没有对样本进行幅度补偿；这里的样本仅被平滑，所提方法增强了含气区的特性。所提方法中使用的不同控制参数和常规方法中使用的指定增益极限对无噪声数据的最终结果没有明显的影响。为了进一步显示所提方法的鲁棒性，添加了合成数据峰值幅度 10%的高斯噪声(见图 7-2-7(h))。经过幅度补偿后，我们可以清楚地看到，传统方法会补偿所有样本，并且由于存在大量噪声，因此在更大深度处噪声增强更为明显(见图 7-2-7(i))。此外，当选择较小的指定增益极限时，噪声增强在某种程度上得到了缓解(见图 7-2-7(j))。但是，在使用所提方法的结果中(见图 7-2-7(k)和图 7-2-7(l))，有效地执行了幅度补偿，并且强烈抑制了噪声增强。结果保持了数据的特性，并且仅对有效样本进行了补偿。在这种情况下，较小的控制参数可使幅度恢复更加完整(见图 7-2-7(l))。与常规方法相比，该方法在处理噪声数据时更为有效。

图 7-2-7 中，(a)是声波曲线；(b)是密度；(c)是合成数据，使用常规方法在 10 dB(图(d))和 5 dB(图(e))的增益极限上进行幅度补偿后的结果，使用所提方法在 Const. = 0.1 (图(f))和 Const. = 0.05 (图(g))情况下进行幅度补偿后的结果；(h)是带有噪声的合成数据，使用常规方法在增益极限为 10 dB(图(g))和 5 dB(图(j))情况下对含噪声合成数据进行幅度补偿后的结果，使用所提方法在 Const. = 0.1 (图(h))和 Const. = 0.05 (图(l))情况下对带有噪声的合成数据进行幅度补偿后的结果。所提方法使用的截止频率为 62 Hz。

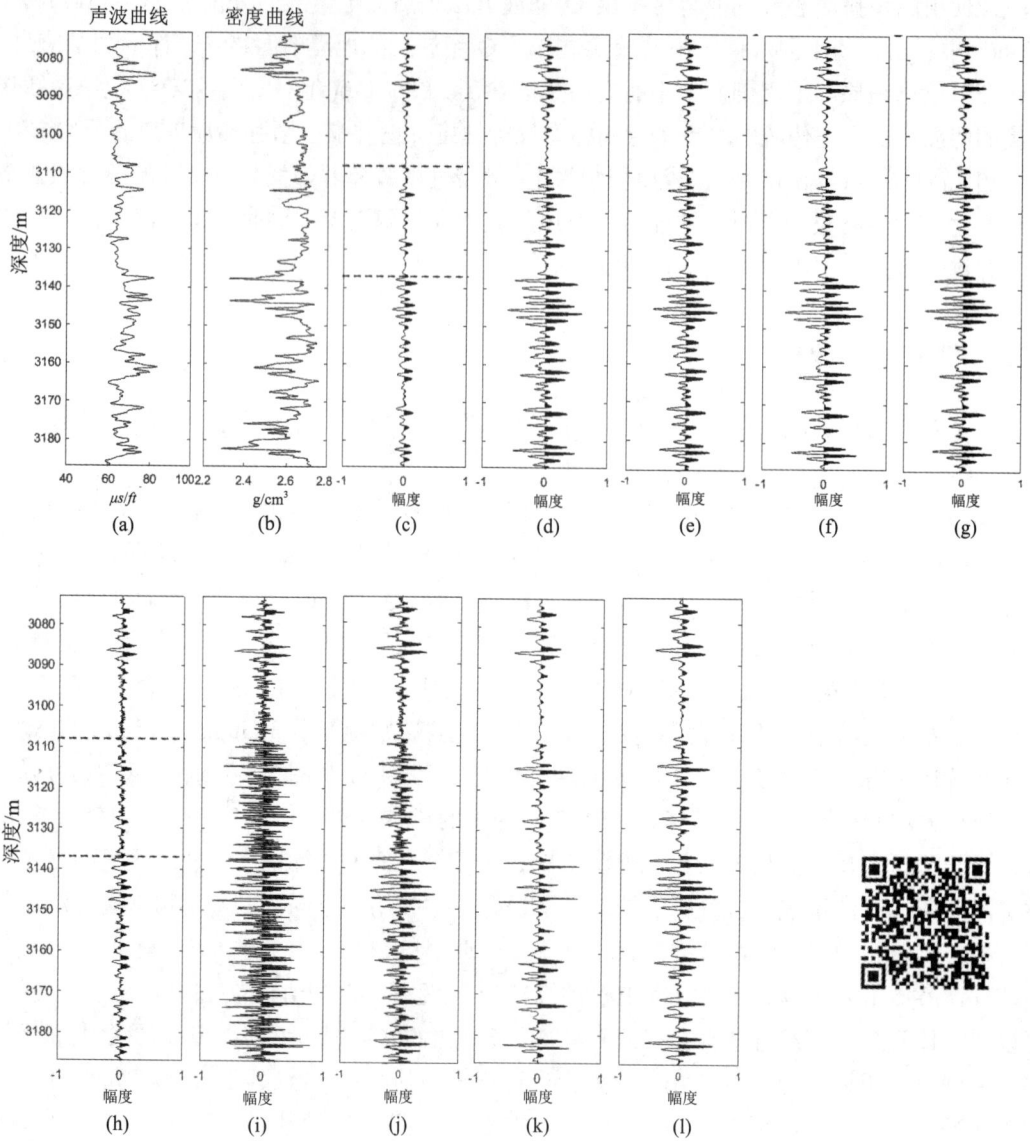

图 7-2-7　基于测井数据的分析结果

7.3　基于 SSWT 的流体活动因子检测算法

　　目前利用地震信号低频成分进行油气检测的技术有：与油气储层有关的低频阴影、低频能量异常(GOLOSHUBIN G M et al.，2002；GOLOSHUBIN G et al.，2008；KORNEEV V A et al.，2004a,b)、瞬时子波的低频能量吸收分析(LICHMAN E，GOLOSHUBIN G，2003；

LICHMAN E et al.，2004ab)等，以及从岩石物理和数值模拟等方面研究地震低频信息检测油气的机理(BATZLE M L，Han，2006；EBROM D，2004；QUINTAl B et al.，2007；CHEN X H，2011)。这些技术有效地提高了储层成像与流体检测的可靠性，但是这些技术难以直接提取和反映储层流体流度信息。流体活动因子是利用地震信号的低频成分直接提取和反映储层流体流度信息的一种方法。这里，流体流度定义为渗透率与黏滞系数之比。高精度的时频分析方法同样是实现这种方法的关键。这里，我们主要研究利用同步挤压小波变换实现流体活动因子提取的算法及应用。

7.3.1　储层流体流度的理论基础

SILIN D B 等人于 2004 年对弹性介质与饱含流体多孔介质分界面的地震反射进行了低频渐近分析，以滤波理论为基础推导了饱和流体多孔介质波动方程，并修改了达西定律，以适应紊流或非平衡流的影响。其次，证明了上述所得方程与试井分析常用的 Frenkel-Gassmann-Biot 多孔弹性模型、压力扩散模型有关，最终将多孔弹性介质原理和滤波理论结合在一起。同时，利用流体流动和扩散机理，定义了一个无量纲参数，最终得到了依赖频率的饱含流体储层的反射系数渐近表示，如式(7-3-1)所示。该近似表达式显示在干层和流体饱和弹性多孔介质边界的角频率 ω 处的反射系数 R，具有如下形式(KORNEEV V A et al.，2004a；SILIN D B，2004，2006，2010)：

$$R = R_0 + R_1(1+i)\sqrt{\frac{k\rho_b}{\eta}\omega} \tag{7-3-1}$$

其中，系数 R_0 和 R_1 是与孔隙度、流体-岩石的密度和弹性系数有关的力学性质的无量纲函数；$i = \sqrt{-1}$；k 表示储层岩石渗透率，η 表示储集层流体黏度，ρ_b 表示油藏流体-岩石系统的体积密度。

式(7-3-1)表明低频反射系数正比于流体流度和流体密度、地震信号频率三者乘积的平方根。

由于流体流度 M 在本研究中被定义为岩石渗透率与流体黏度的比值，即 $M = k/\eta$，则式(7-3-1)表示为

$$R = R_0 + R_1(1+i)\sqrt{\rho_b M \omega} \tag{7-3-2}$$

取反射振幅对角频率 ω 的一阶导数，式(7-3-2)转化为

$$\frac{\partial R}{\partial \omega} = \frac{1}{2}R_1(1+i)\sqrt{\rho_b M}\frac{1}{\sqrt{\omega}} \tag{7-3-3}$$

然后，可以得到

$$M = \frac{2}{R_1^2(1+i)*\rho_b}*\left(\frac{\partial R}{\partial \omega}\right)^2 * \omega \tag{7-3-4}$$

令 $F = \dfrac{2}{R_1^2(1+i)*\rho_b}$ 为流体和岩石弹性性质的一个复杂的无量纲函数，涉及孔隙度、密度和弹性系数。然后从式(7-3-4)可知，流体流度可以表示为

$$M = F * \left(\frac{\partial R}{\partial \omega} \right)^2 * \omega \tag{7-3-5}$$

对于低频域的真实地震反射数据，可以认为在给定的信号频率下，流体流动性与地震反射振幅相对于地震反射频率的导数的绝对值成正比，即

$$M \propto \left| \frac{\partial A(t, \omega)}{\partial \omega} \right| * \omega \tag{7-3-6}$$

其中，$A(t, \omega)$是地震反射数据的幅度，t是时间。

在计算中，我们有

$$\frac{\partial A(t, \omega)}{\partial \omega} = \lim_{\Delta f \to 0} \frac{A(t, \omega + \Delta \omega) - A(t, \omega - \Delta \omega)}{2\Delta \omega} \tag{7-3-7}$$

式(7-3-7)通常通过使用低频区域中的两个选择的特定点的振幅和它们对应的频率来实现。基本上，流体流动性反映了地震数据中储层渗透率层与非渗透率层之间的频率变化率(GOLOSHUBIN G M et al.，2002)。

利用此理论可生成储层成像属性，使油水界面的区分及储层产油率的预测成为可能(GOLOSHUBIN G M et al.，2002；KORNEEV V A et al.，2004a；GOLOSHUBIN G et al.，2008)，这一理论有望为不依赖钻井而直接预测有利油气储层提供一种可行的手段(HILTERMAN F et al.，2007)。

7.3.2　基于同步挤压小波变换的流体活动因子提取算法原理及步骤

为了进一步提高流体流动性估算方法在反映流体储存空间和监测油气饱和储层方面的准确度和精度，这里，我们采用了 SSWT 方法进行流体活动因子提取。算法原理框图如图7-3-1 所示。首先，使用 SSWT 来获得地震道的联合时频分布；然后，沿时间样本提取频率幅度谱。对于每个时间样本，我们使用式(7-3-7)来估计提取频谱的流体流动性。请注意，这里采取了两个重要的步骤来提高流体流动性估计的准确性和精度。一个关键的步骤是确定低频段的敏感频段。有利的敏感低频段由地震资料确定，对于不同的地震资料会有所不同。在基于 SST 的流体活动因子估计方法中，采取的另一个关键步骤是修改了式(7-3-7)的一般实现，其中使用两个特定点的幅度及其对应的频率来计算低频部分中的斜率，由最小二乘拟合法替代。拟合线的斜率可以给出比使用两点计算式(7-3-7)流体流动性的更好估计。

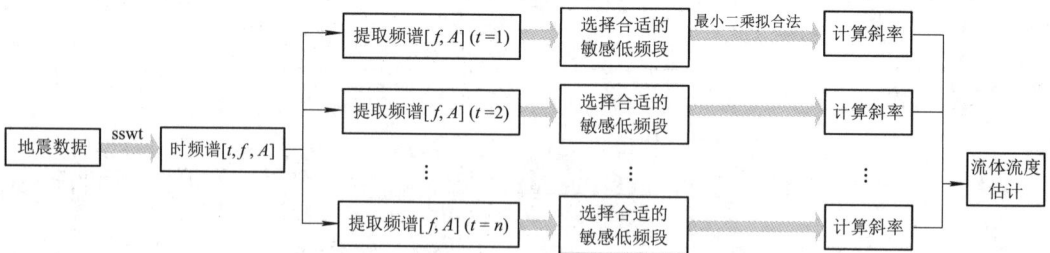

图 7-3-1　基于 SSWT 的流体活动因子检测方法原理框图

图 7-3-2 显示了一个例子，说明了最小二乘拟合方法和使用两点计算方法之间的区别。我们可以发现，最小二乘拟合法比使用两点计算来反映真实数据的方法更准确，并且给出

了用作流体流动性的斜率的更好估计。最后，逐道利用 SSWT 进行流体流动性的估算。

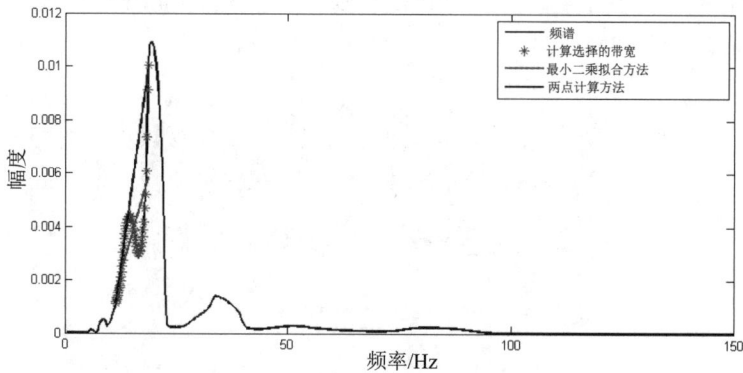

图 7-3-2　低频段频谱选择示意

7.3.3　模型测试

1. 强反射特征含气模型分析

依据普光气田普光 6 井气层测井数据(f12-p2ch 层段)和地震数据建立模型，模型参数如表 7-3-1 所示。采样频率为 1000 Hz，子波频率为 30 Hz。层④为含气层，紧邻的层③为干层。

表 7-3-1　模　型　参　数

层号	$V_P/(\mathrm{m \cdot s^{-1}})$	$\rho/(\mathrm{g \cdot cm^{-3}})$	ζ/Hz	$\eta/(\mathrm{m^2 \cdot s^{-1}})$	Q
①	6121	2.722	1.0	1.0	200
②	6342	2.76	1.0	1.0	200
③	6188	2.682	1.0	1.0	200
④	5887	2.613	5	400	5
⑤	6466	2.704	1.0	1.0	200
⑥	6604	2.695	1.0	1.0	200

注：ζ 是弥散系数，η 是黏质系数。

采用弥散黏质方程进行衰减含气储层建模，地质模型如图 7-3-3 所示。

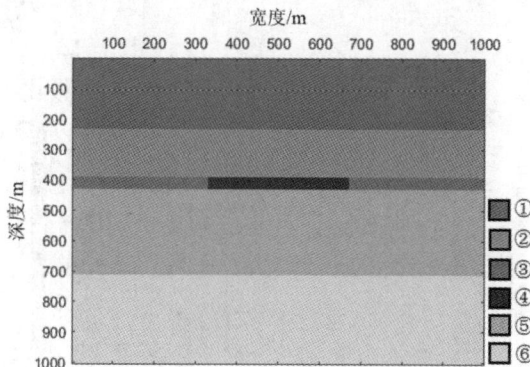

图 7-3-3　地质模型

这里，我们分别给出含气层厚度分别为 40 m、15 m、80 m 情况下 SSWT 分解的 IMF 结果，如图 7-3-4～图 7-3-6 所示。从图中可以看到，储层信息在 IMF1 中得到了加强，IMF2 中体现了更多细节信息，IMF3 中则主要体现的是地层信息。

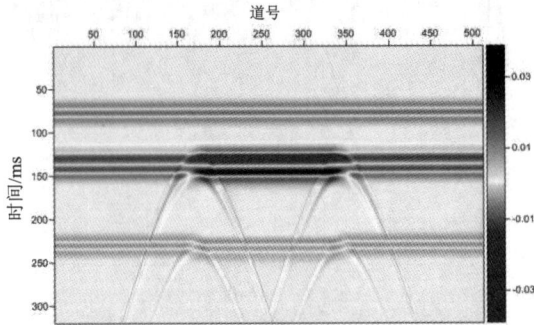

(a) 模型的地震响应

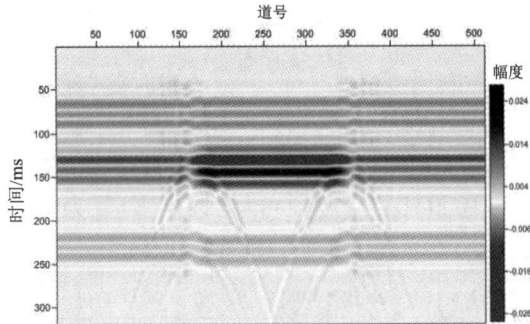

(b) IMF1

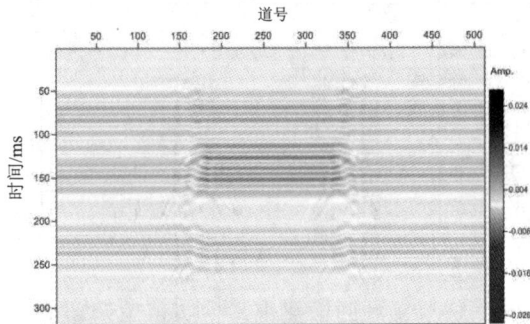

(c) IMF2

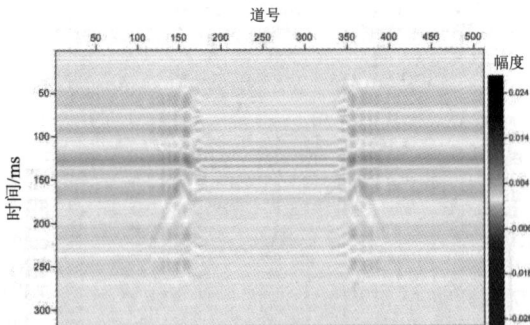

(d) IMF3

图 7-3-4　模型的地震响应及 IMF 剖面(含气层厚度 40 m)

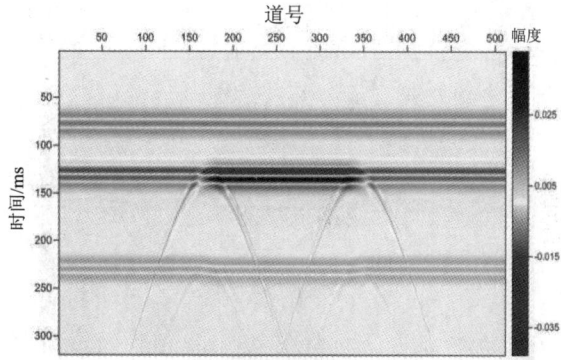

(a) 模型的地震响应

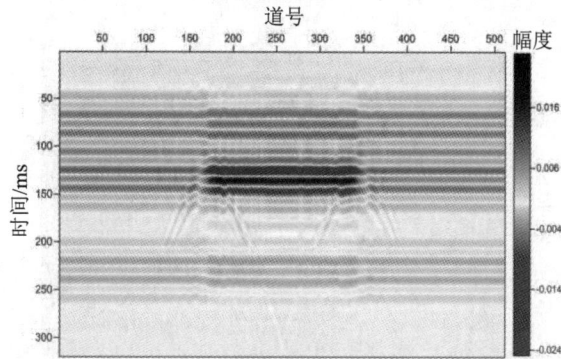

(b) IMF1

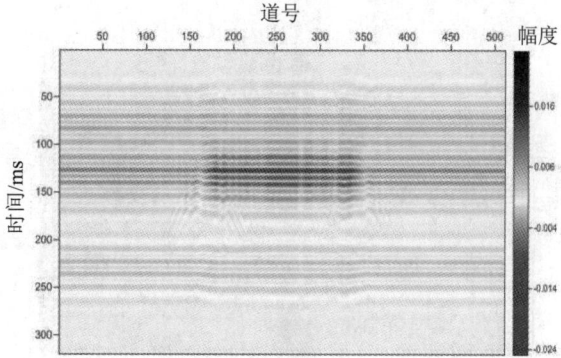

(c) IMF2

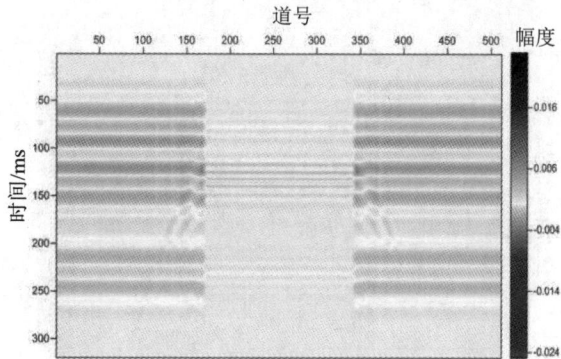

(d) IMF3

图 7-3-5 模型的地震响应及 IMF 剖面(含气层厚度 15 m)

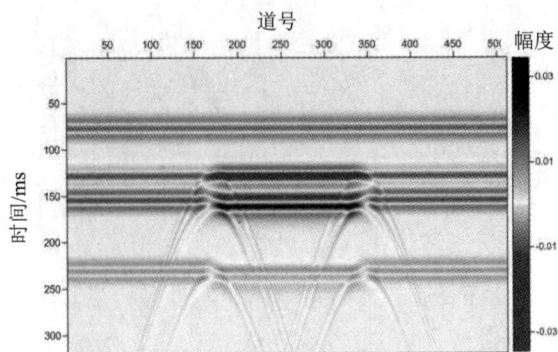

(a) 模型的地震响应

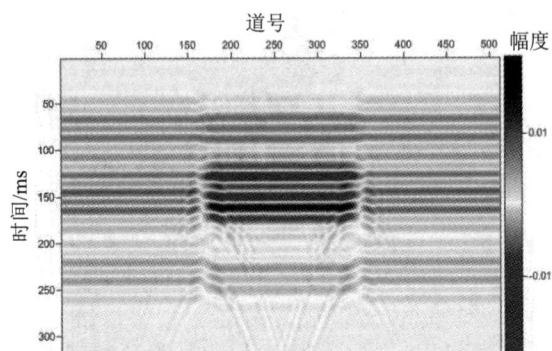

(b) IMF1

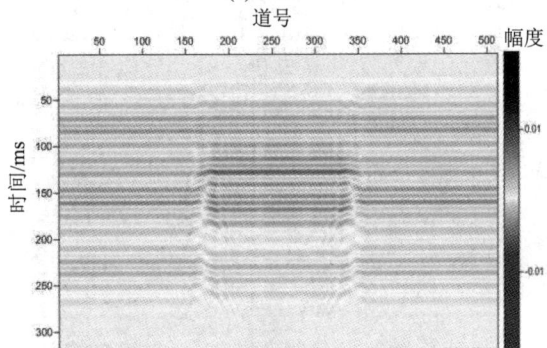

(c) IMF2

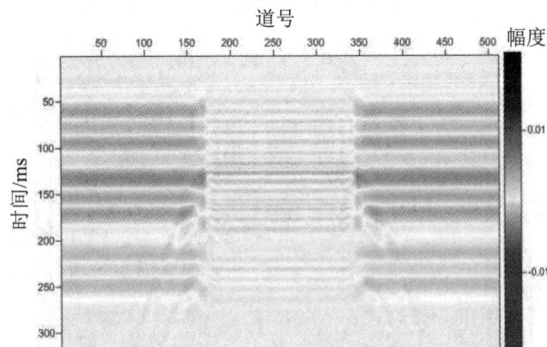

(d) IMF3

图 7-3-6　模型的地震响应及 IMF 剖面(含气层厚度 80 m)

不同储层厚度下利用基于 SSWT 的流体因子检测方法处理结果，如图 7-3-7 所示。为了对比，我们这里将不同储层厚度的地震响应剖面重新绘制于图 7-3-7(a)～(c)中。从图中可以看到，含气区呈现强振幅异常响应，所发展方法很好地检测到了含气层。当储层厚度很大时，流体因子剖面中可以检测到上下界面的强振幅异常特征。

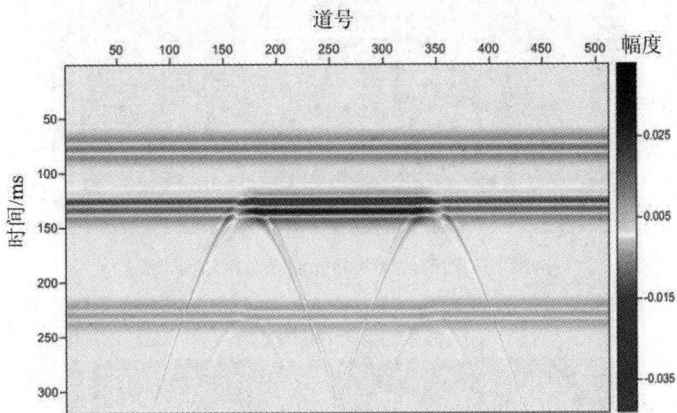

(a) 地震响应(储层厚度 15 m)

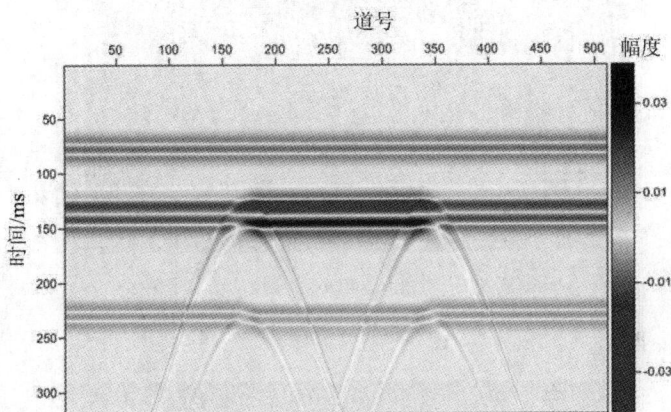

(b) 地震响应(储层厚度 40 m)

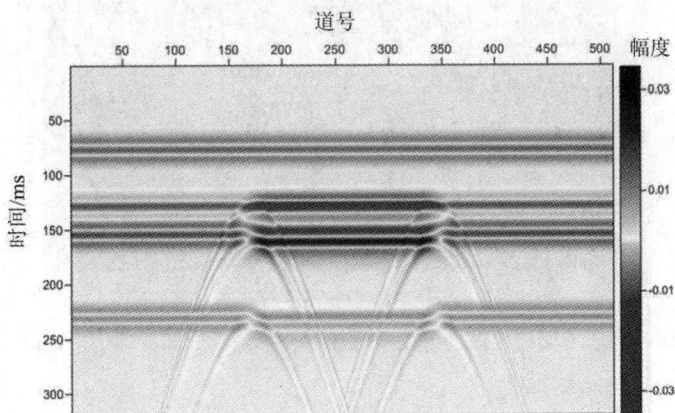

(c) 地震响应(储层厚度 80 m)

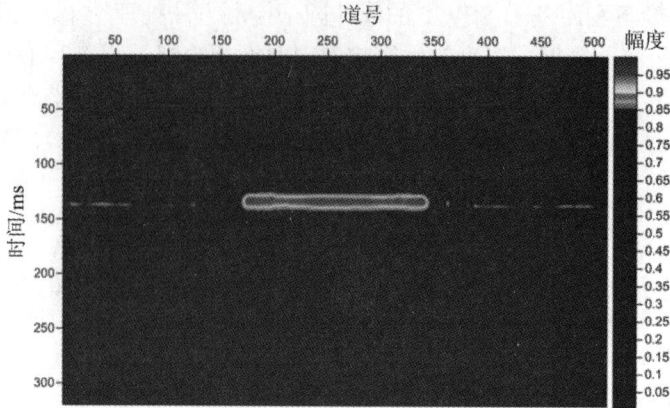

(d) 地震响应(储层厚度 15 m)的流体活动因子剖面

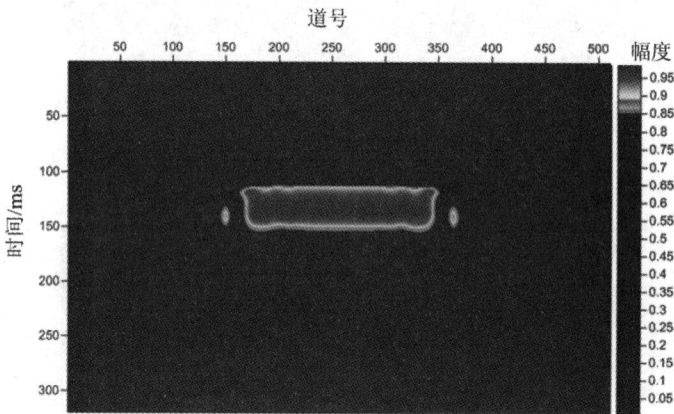

(e) 地震响应(储层厚度 40 m)的流体活动因子剖面

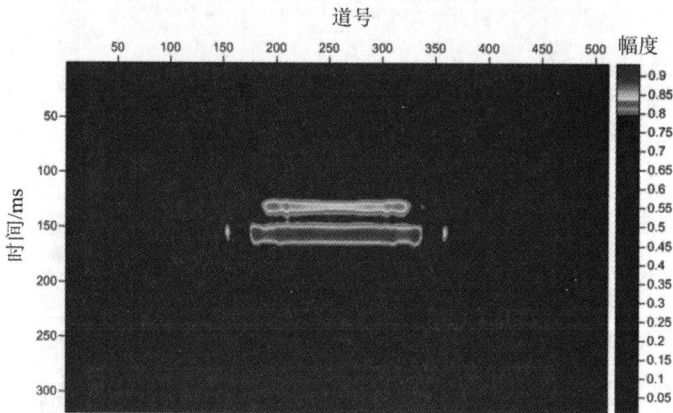

(f) 地震响应(储层厚度 80 m)的流体活动因子剖面

图 7-3-7　不同储层厚度下模型的基于 SSWT 的流体活动因子剖面

2. 弱反射特征含气模型验证

依据普光气田大湾 4 井气层测井数据(f12-p2ch 层段)和地震数据建立模型,模型参数如表 7-3-2 所示。采样频率为 1000 Hz,子波频率为 30 Hz。层④为含气层,紧邻的层③为干层，含气层厚度为 40 m。

表 7-3-2　模　型　参　数

层号	$V_P/(\text{m} \cdot \text{s}^{-1})$	$\rho/(\text{g} \cdot \text{cm}^{-3})$	ζ/Hz	$\eta/(\text{m}^2 \cdot \text{s}^{-1})$	Q
①	6298	2.721	1.0	1.0	200
②	6485	2.725	1.0	1.0	200
③	6120	2.796	1.0	1.0	200
④	6279	2.699	5	400	5
⑤	6376	2.757	1.0	1.0	200
⑥	6527	2.739	1.0	1.0	200

注：ζ 是弥散系数，η 是黏质系数。

采用弥散黏质方程进行衰减含气储层建模，地质模型如图 7-3-8 所示。

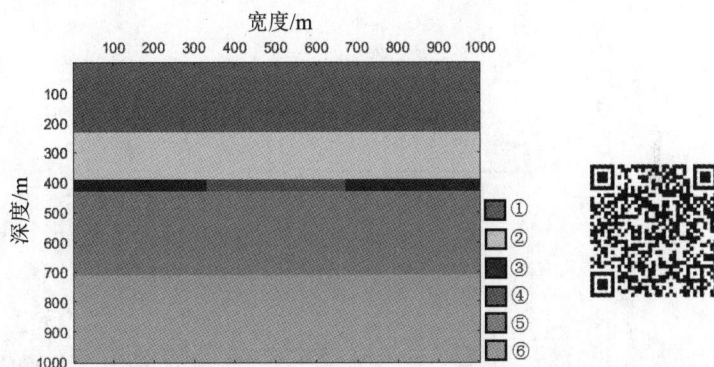

图 7-3-8　地质模型

不同储层厚度下 SSWT 分解的 IMF 如图 7-3-9～图 7-3-10 所示。从图中可以看到，在 IMF1 和 IMF2 中，储层和周围地层信息界线较原始剖面中更为明显，IMF3 中主要体现的是地层信息。

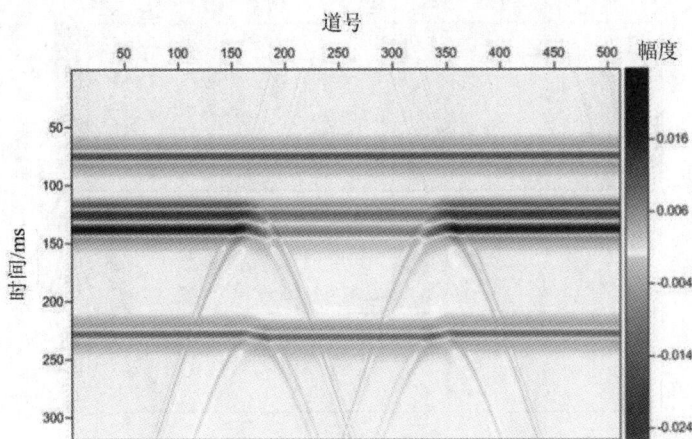

(a) 模型的地震响应

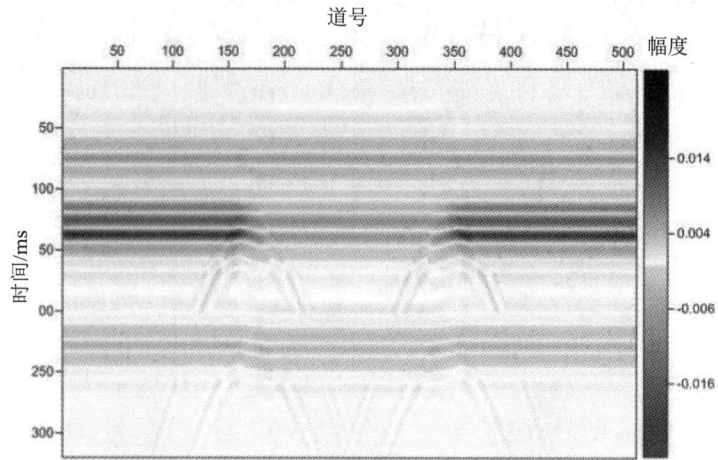

(b) IMF1

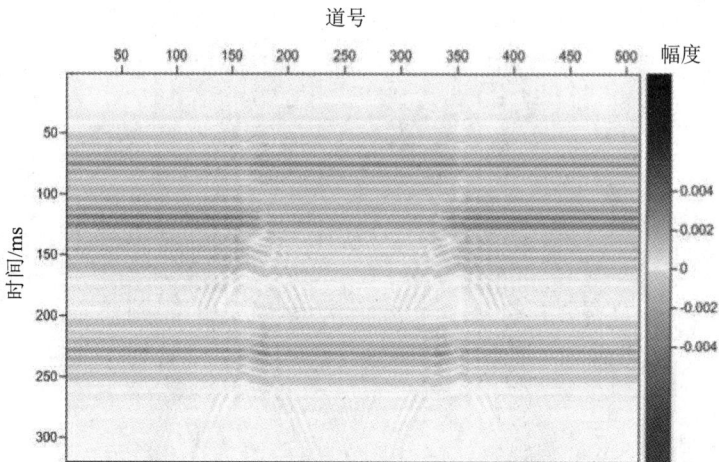

(c) IMF2

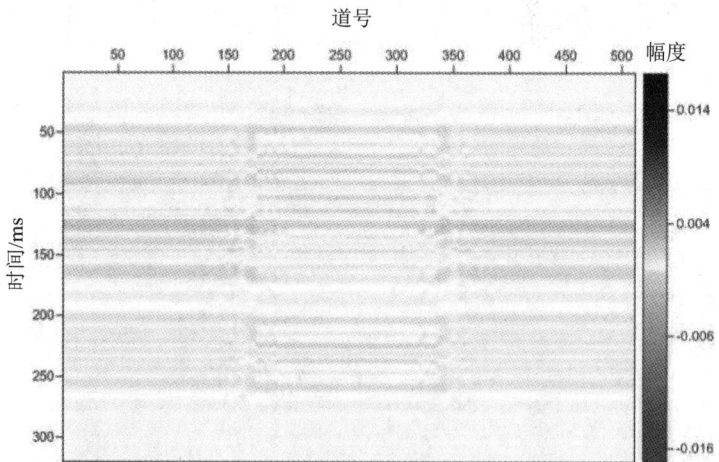

(d) IMF3

图 7-3-9　模型的地震响应(储层厚度 40 m)及 IMF 剖面

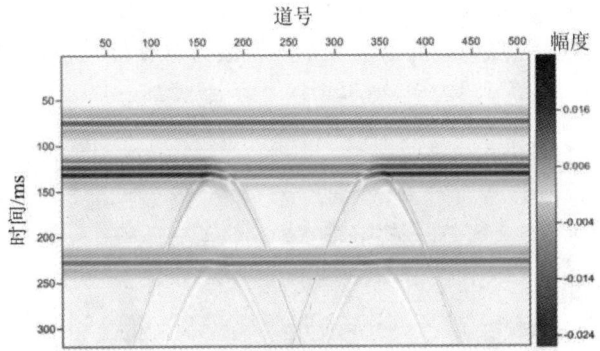

(a) 模型的地震响应

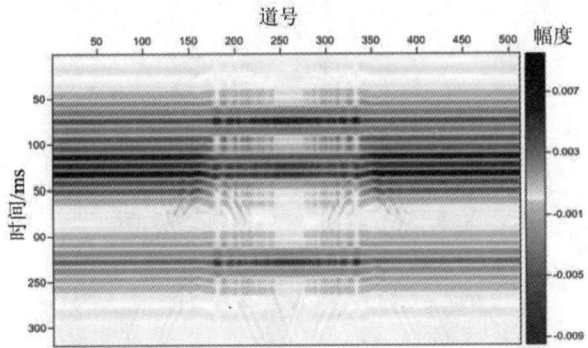

(b) IMF1

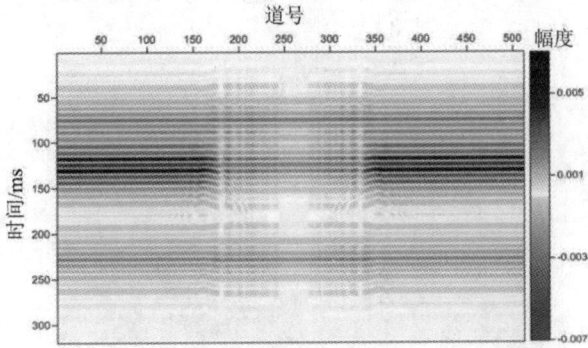

(c) IMF2

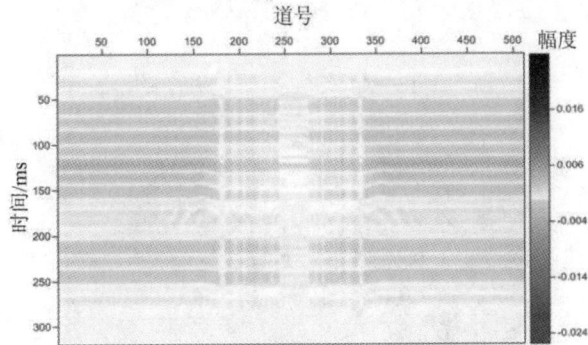

(d) IMF3

图 7-3-10　模型的地震响应(储层厚度 15 m)及 IMF 剖面

不同储层厚度下利用基于 SSWT 的流体因子检测方法处理结果，如图 7-3-11 所示。从图中可以看到，含气区呈现强振幅异常响应，所发展方法很好地检测到了含气层。

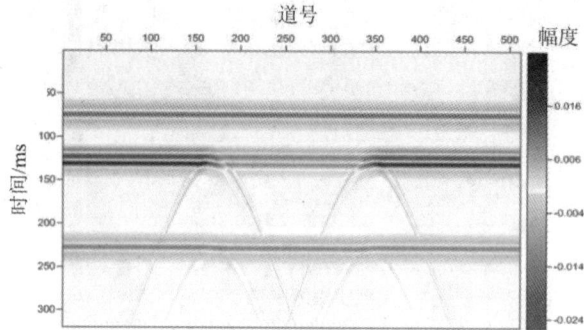

(a) 地震响应(储层厚度 15 m)

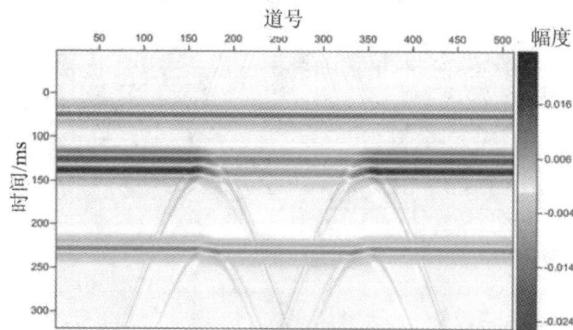

(b) 地震响应(储层厚度 40 m)

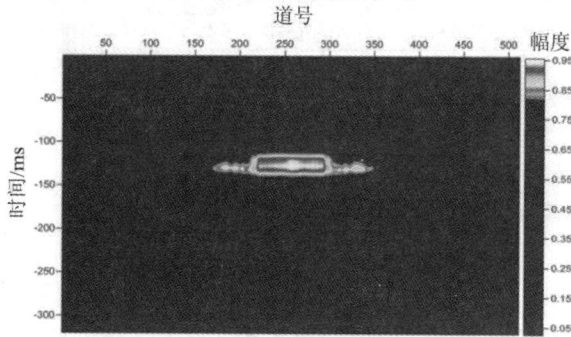

(c) 地震响应(储层厚度 15 m)的流体活动因子剖面

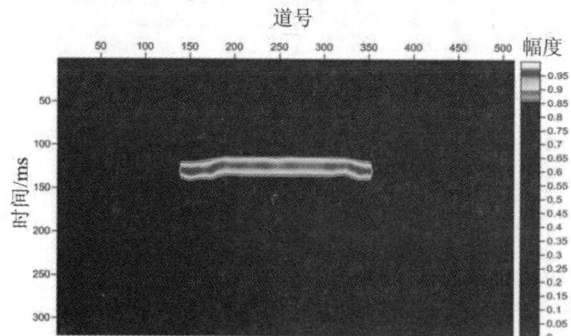

(d) 地震响应(储层厚度 40 m)的流体活动因子剖面

图 7-3-11　不同储层厚度下模型的基于 SSWT 的流体活动因子剖面

7.3.4　实际地震数据处理

1. 二维地震数据处理

在本节中,我们利用几个不同的二维叠后偏移地震剖面验证基于 SSWT 流体活动因子方法并显示该方法的更好特征。

1) 致密砂岩储层过井剖面分析

这里,我们利用来自四川盆地某致密砂岩储层的几个过井剖面进行分析。图 7-3-12 显示了过含气井 W1 的一个地震剖面。储层所在区域如图中黑色椭圆所示。W1 气井为强含气井。地震信号以 1 ms 采样。

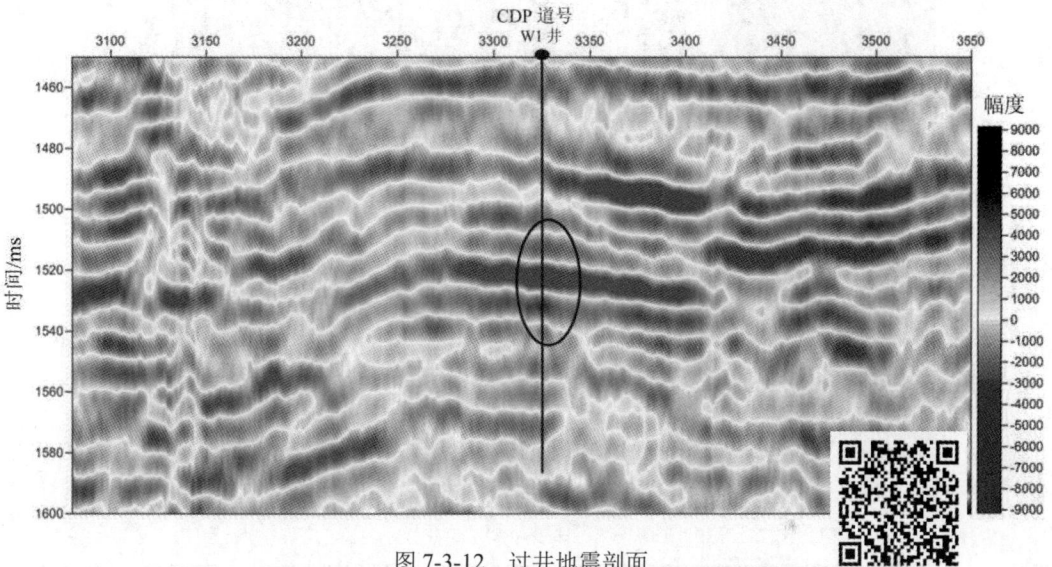

图 7-3-12　过井地震剖面

我们首先从二维地震剖面中提取过井 W1 的地震道进行 SSWT 和其他常规时频方法的对比分析。图 7-3-13 为过井 W1 地震道及其不同方法产生的时频图。从图中可以发现,SSWT(见图 7-3-13(e))比其他传统方法(包括短时傅里叶变换(STFT)、S 变换和小波变换(见图 7-3-13(b)~(d))具有最高的时频分辨率和能量聚集性。

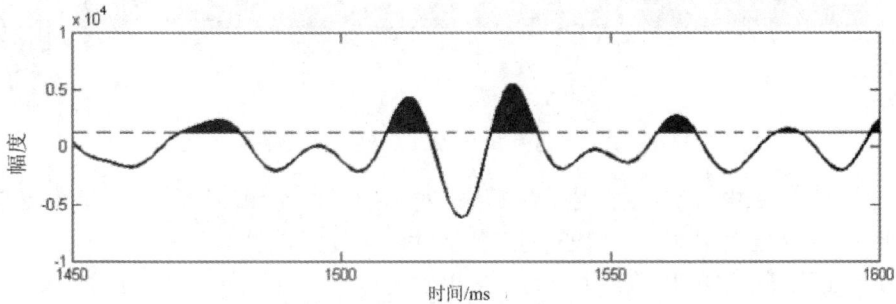

(a) 过井地震道

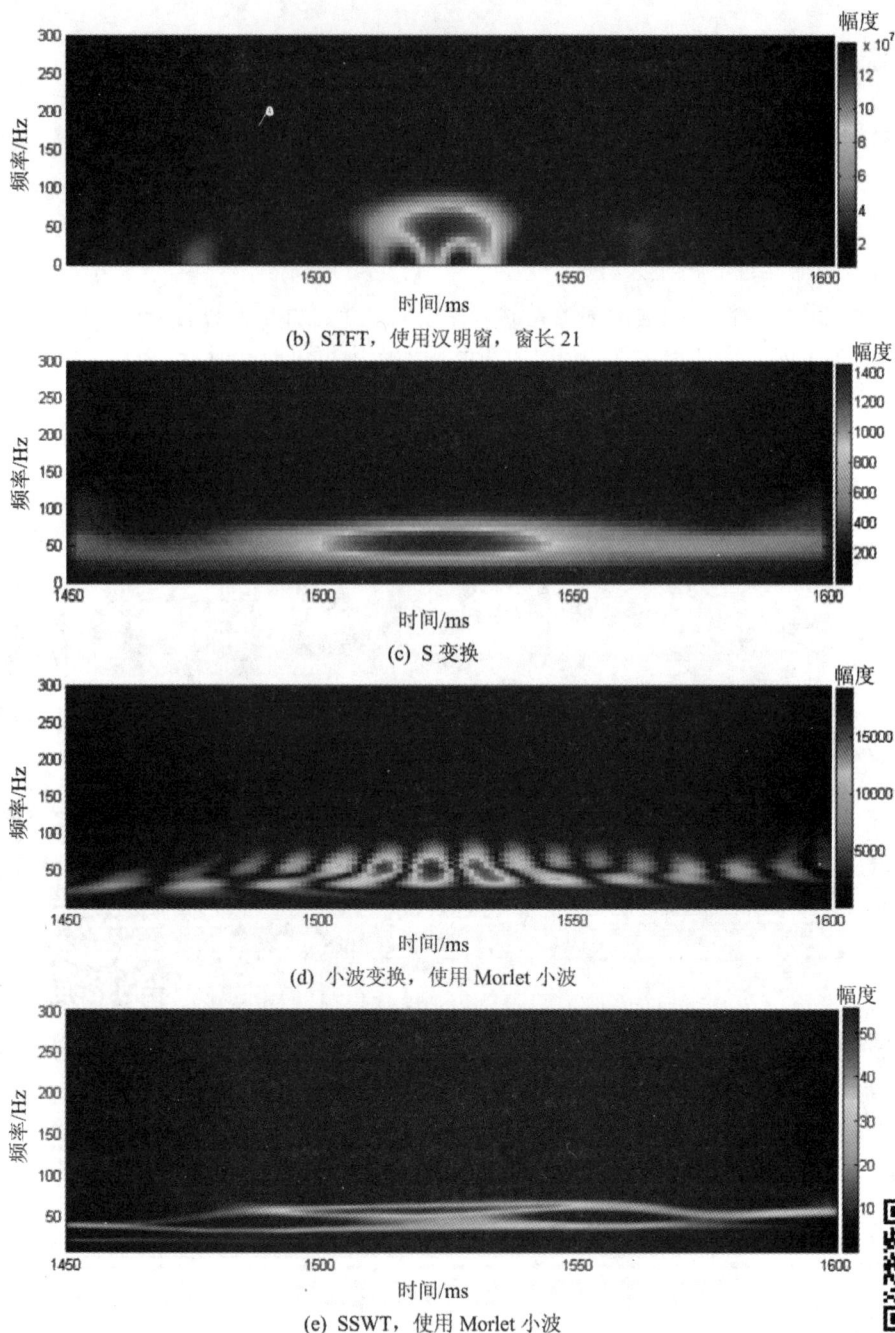

(b) STFT，使用汉明窗，窗长 21

(c) S 变换

(d) 小波变换，使用 Morlet 小波

(e) SSWT，使用 Morlet 小波

图 7-3-13　过井地震道及其不同方法产生的时频图对比

注：图 7-3-13(e) 中，为了更好地显示结果，对 SSWT 的时频图使用了 2×3 的高斯平滑。

过井 W1 的地震剖面基于 SSWT 的流体活动因子剖面，如图 7-3-14(a) 所示。在气体所在区域发现了强烈的振幅异常。由于研究区以砂岩为主，属于相同的地质分层，且无裂缝等其他因素影响，因此基于 SSWT 的流体活动因子提取算法估计地震剖面给出了很好的含气性解释结果，并且很好地定位了含气储层区域。

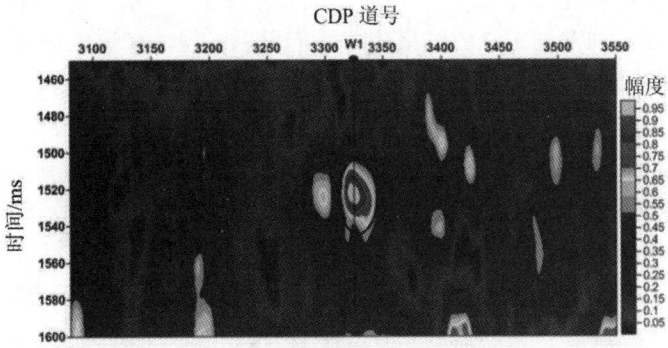

(a) SSWT，使用 Morlet 小波

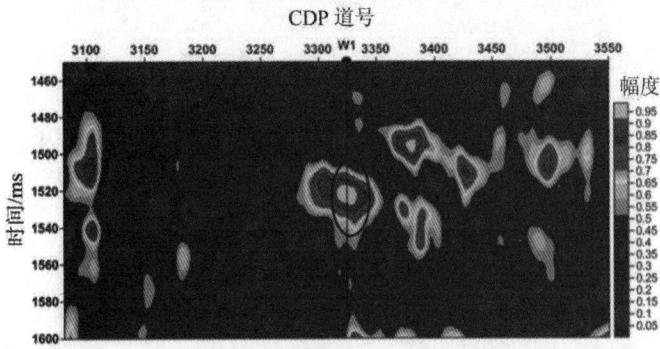

(b) STFT，使用窗长为 61 的汉明窗

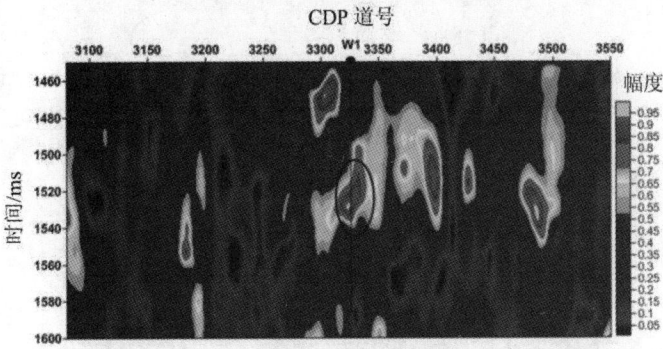

(c) S 变换

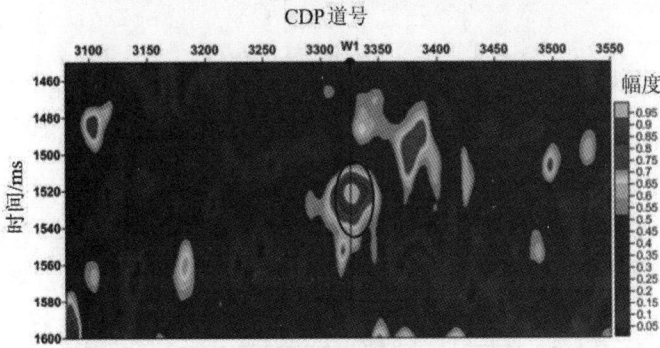

(d) 小波变换，使用 Morlet 小波

图 7-3-14　过井 W1 剖面的流体活动因子剖面

　　图 7-3-14(b)～(d)分别给出了过井 W1 地震剖面的基于 STFT、S 变换和小波变换的流体活动因子剖面。在这三种常规方法的结果中，我们可以发现，在黑色椭圆标记的含气区域中均存在强烈的振幅异常，但与图 7-3-14(a)中基于 SSWT 的流体活动因子估计剖面相比，使用图 7-3-14(b)～(d)中的常规方法的结果显示出较低的时间和空间分辨率和能量聚集性，并且受噪声影响比较大，进一步导致了较差的含气性解释结果。

　　图 7-3-15 所示为过含气井 W2 的另一个地震剖面 2 及其相应的基于 SSWT 的流体活动因子估计剖面。在该地震剖面中，气体所在的上部区域用红色椭圆标记，下部水所在的区域由黑色椭圆标记。如图 7-3-15(b)所示，在这些区域也发现了强烈的振幅异常。过含气井 W3 的地震剖面 3 及其对应的基于 SSWT 的流体活动因子估计剖面，如图 7-3-16 所示。如图 7-3-16(b)所示，在气体所在区域也发现了强烈的振幅异常。

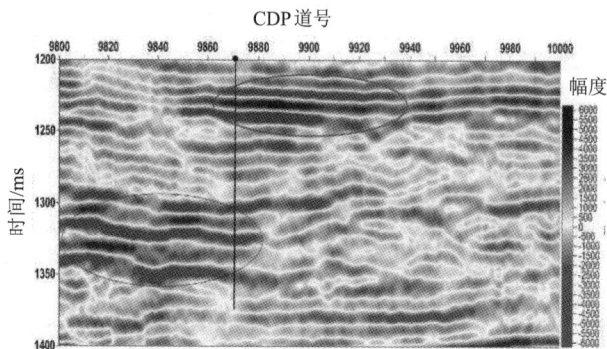

(a) 过含气井 W2 地震剖面

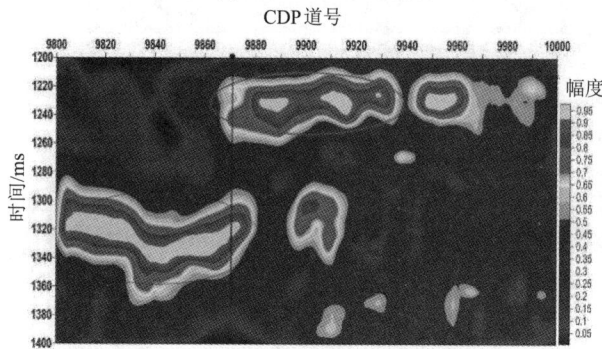

(b) 基于 SSWT 的流体活动因子剖面

图 7-3-15 　过含气井 W2 剖面的流体活动因子估计剖面

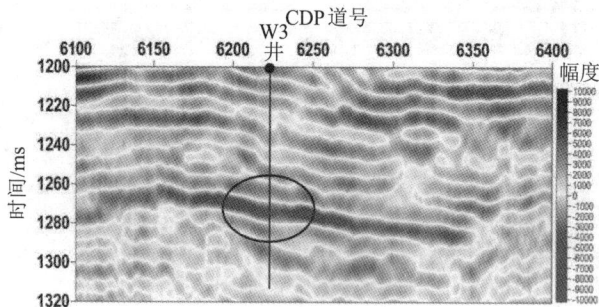

(a) 过含气井 W3 地震剖面

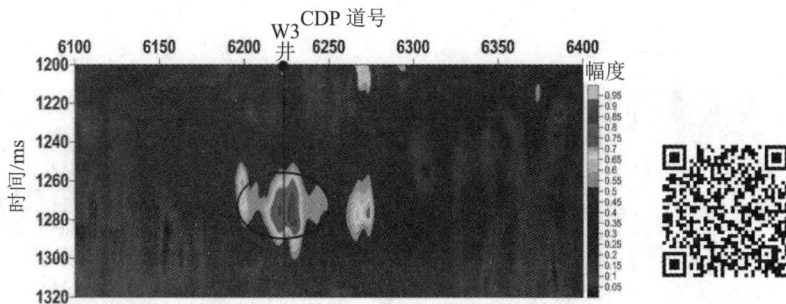

(b) 基于 SSWT 的流体活动因子剖面

图 7-3-16　过含气井 W3 剖面的流体活动因子剖面

2) 碳酸盐岩储层过井剖面分析

这里我们以普光气田的过井分 2 和分 3 的剖面(见图 7-3-17(a))进行分析。地震信号以 2 ms 采样。该井测井解释显示，长兴组存在二类和三类气层。过井剖面的流体活动因子估计剖面如图 7-3-17(b)、(c)所示。从图中可以看到，基于 SSWT 和 STFT 的流体活动因子估计剖面在含气储层处都存在强振幅异常特征，符合测井解释结果。但是与常规 STFT 流体活动因子估计方法相比，基于 SSWT 的流体活动因子估计剖面具备更高的分辨率。

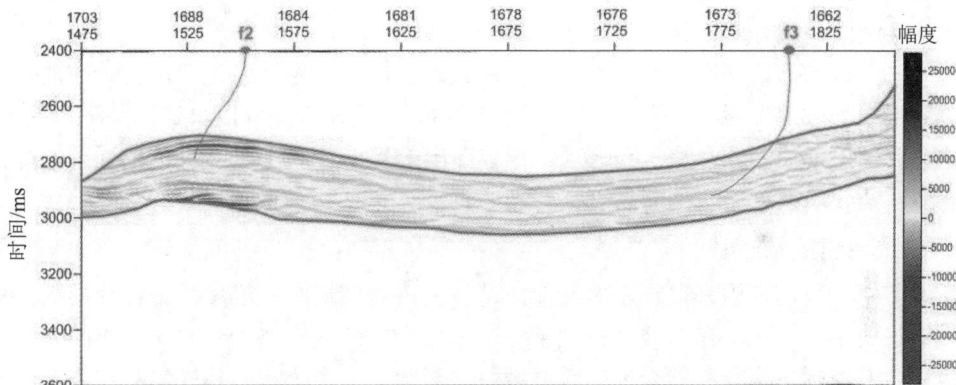

(a) 过井剖面

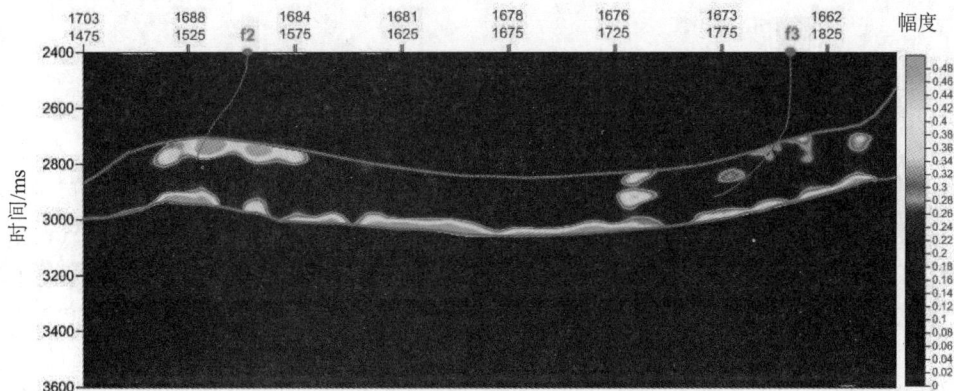

(b) 基于 SSWT 的改进流体活动因子剖面

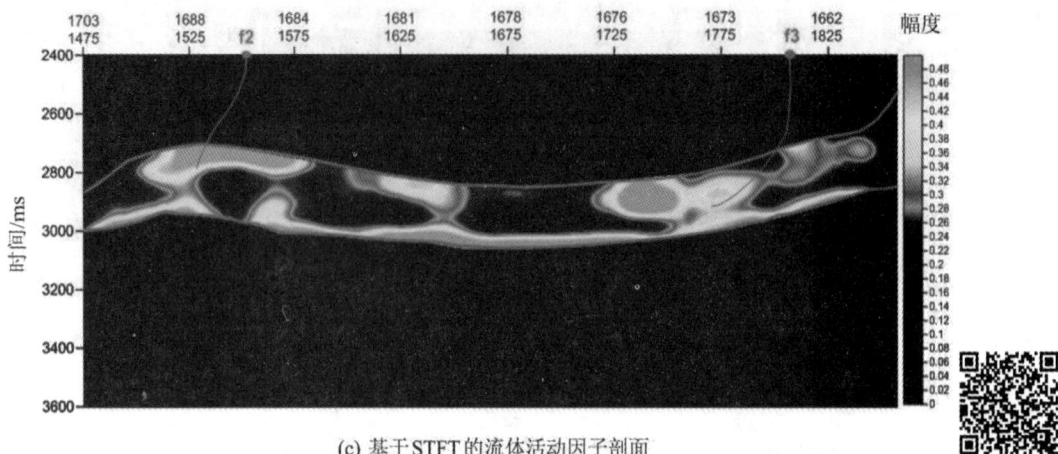

(c) 基于STFT的流体活动因子剖面

图 7-3-17 过井剖面及其流体活动因子剖面

流体活动因子估计传统上通过时频方法来执行。具有更高时频分辨率和能量聚集性的时频方法将能更好地估计流体活动因子。通过采用重新分配方法，SSWT 重新分配连续小波变换的系数，并显示出更高的时间和空间分辨率以及能量聚集性。与其他传统时频方法的比较表明，SSWT 具有明显的优势。使用 SSWT 的流体活动因子估计方法可以更好地反映流体储存空间并很好地估计含气储层。

该方法在普光气田获取的模型和四川盆地某致密砂岩储层及普光气田的碳酸盐岩储层的地震数据中的应用表明，基于 SSWT 的流体活动因子估计方法可以很好地预测含气区域，更好地估算储层中的流体产能。在这项工作中提出的基于 SSWT 的流体活动因子估计方法表明它非常适合于改进储层预测和流体产能估算。

2. 三维地震数据处理

在本节中，我们使用来自鄂尔多斯盆地某致密砂岩储层的三维叠后偏移地震数据进行分析。该气田主要产气层在二叠系石盒子组和山西组。气藏主要受南北向分布的一条大河和三角洲砂带控制，是典型的岩性圈闭气藏。含气地层由多个单砂体横向复合叠置而成。有效含气储层主要为致密砂岩储层。砂岩储层非均质性强。储层的厚度很薄。储层横向分布变化较大，纵向分布分散。

这里，我们主要研究石盒子组盒 8 段。研究区主要有石英砂岩、岩屑石英砂岩和岩屑砂岩三种岩石类型。总体上以岩屑石英砂岩、石英砂岩为主，岩屑砂岩较少。下石盒子组盒 8 段砂体厚度一般为 15～49 m。储集岩主要发育有原生粒间孔隙、次生溶孔、高岭石晶间微孔和收缩孔四类孔隙类型。盒 8 段孔隙度主要分布在 4%～14%，平均孔隙度 8.8%；渗透率主要分布在 (0.05～5.0) mD，平均值为 0.872 mD。储层埋深在 3500～4200 m 之间。有效储层分布零散，AVO 分析技术的应用受到一定限制，含气性检测较为困难。地震信号采样率为 2 ms。图 7-3-18 所示为目标层的三维叠后偏移地震切片。研究区有 3 种产气井(A、B、C)，A 井表示第一类天然气最多产的井，B 井是第二类天然气产量较低的井，C 井是第三类天然气产量最低的井。

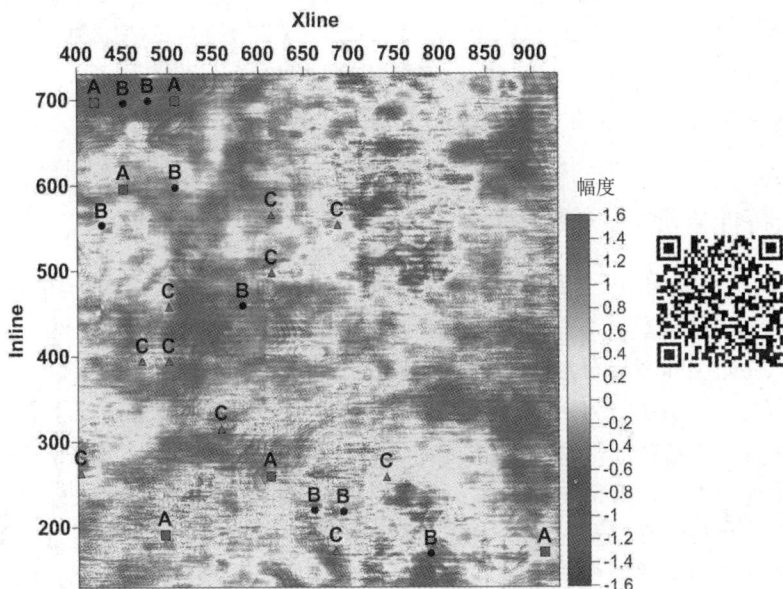

图 7-3-18　目标层的三维叠后偏移地震数据切片。研究区内共有三种产气井(A、B、C)。

　　注：A 表示第一类天然气最多产的井；B 为第二类，产气较少；C 为第三类，产气最少。

　　然后，将基于 SSWT 的流体活动因子提取方法应用于三维地震数据。图 7-3-19(a)显示了目标层三维地震数据的基于 SSWT 的流体流动性估计切片。如图 7-3-19(a)所示，A 类型井大部分位于振幅异常最强区(红色)，分类类型为第一类。A 类型井中只有 2 口井位于强振幅异常区(黄色)，分类为第 2 类。对于 B 类型井，大部分出现在振幅异常较强的区域(黄色)，分类为第 2 类，只有 1 个存在于红色区域，分类为第 1 类，其中有 1 个位于分类 3 的绿色区域。而 10 口 C 类型井中，大部分位于绿色标记为 3 类的弱振幅异常区，只有 3 口位于强振幅异常区(黄色)，分类为第 2 类，其中一个位于分类类型 1 的红色区域。

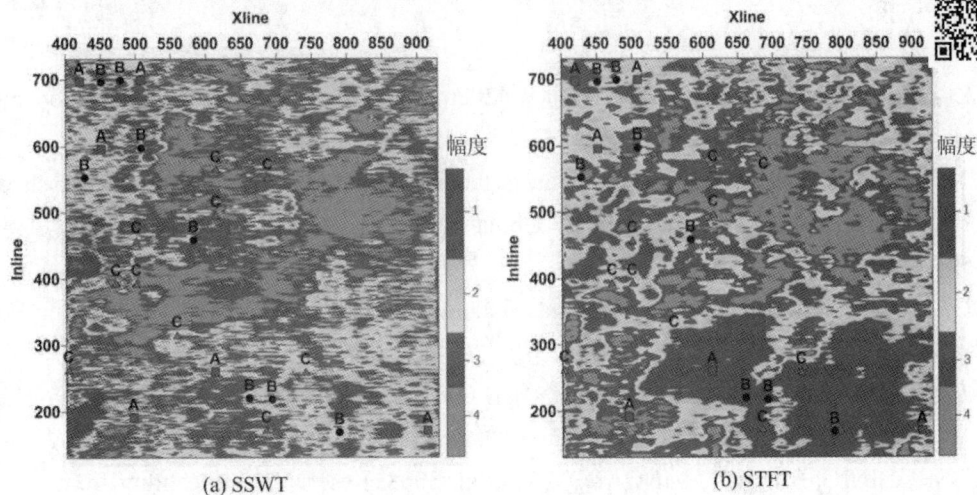

(a) SSWT　　　　　　　　　　　　　(b) STFT

图 7-3-19　目标层流体活动因子切片

　　基于 SSWT 的三维地震数据的流体活动因子提取方法估计目标层切片与试井数据精确吻合。它提供了良好的含气性解释结果并很好地监测了烃类饱和储层。为了比较，我们还使用基于 STFT 的方法给出了流体活动因子估计，如图 7-3-19(b)所示。从图中我们无法找到明确的三类井的分类特征。并且基于 SSWT 的方法的时间和空间分辨率远高于基于 STFT 的传统方法。

7.3.5　算法特性分析

　　式(7-3-6)表示，地震 P 波反射的低频渐近表达式为使用低频地震数据估计流体流动性提供了一种方法。流体流动性估计通过生成频谱低频段的变化率来说明低频段的能量变化，主要反映流体存储空间和岩石渗透率，更好地反映储层的有效性。

　　通过对小波变换的系数应用重新分配方法，SSWT 在时频平面上给出了更集中的图像。与其他传统的时频方法相比，SSWT 具有更高的时间和空间分辨率。因此，SSWT 具有更好地估计流体流动性的潜在能力。为提高所提方法的准确度和精确度，我们重点关注频谱中敏感低频段的有利选择以及对频谱中低频段变化率的更准确估计。在基于 SSWT 的流体活动因子估计计算中，选择频谱中有利的敏感低频段对更高精度地估计流体流动性来说非常重要。对于不同的地震数据，它略有不同。本文针对致密砂岩储层选取的有利敏感低频段为每条地震道主频能量的 10%～90%。基于 SSWT 的流体活动因子估计方法给出了良好的含气性解释结果，并显示出与试井数据的高度一致性。基于 SSWT 的流体活动因子估计方法中采用的最小二乘拟合方法保证了对频谱中低频段变化率的更好估计。正如模型测试和地震数据应用所示，基于 SSWT 的流体活动因子估计方法很好地用于预测优质储层和估计储层中的流体生产能力。

本章参考文献

BATZLE M L, HAN D H, HOFMANN R. 2006. Fluid mobility and frequency-dependent seismic velocity—direct measurements [J]. Geophysics 71(1): N1-N9.

CHEN X H, et al. 2011. Numeric simulation in the relationship between low frequency shadow and reservoir characteristic[J]. Journal of China University of Mining & Technology 40(4): 584-591.

EBROM DAN. 2004. The low-frequency gas shadow on seismic sections[J]. The Leading Edge, 23(8): 772-772.

GOLOSHUBIN G M, KORNEEV V A, VINGALOV V M. 2002. Seismic low-frequency effects from oil-saturated reservoir zones [C]. 2002 SEG annual meeting: 1813-1816.

GOLOSHUBIN G, SILIN D, VINGALOV V, et al. 2008. Reservoir permeability from seismic attribute analysis[J]. The Leading Edge 27(3): 376-381.

HILTERMAN F, PATZEK T, GOLOSHUBIN G, et al. 2007. Advanced reservoir imaging using frequency-dependent seismic attributes[D]. University Of Houston.

LICHMAN E, GOLOSHUBIN G. 2003. Unified approach to gas and fluid detection on instantaneous seismic wavelets [C]. SEG Technical Program Expanded Abstracts: 1699-1702.

LICHMAN E, PETERS S W, SQUYRES D H. 2004a. Direct hydrocarbon detection by wavelet energy absorption[J]. Oil & gas journal, 102(2): 34-39.

LICHMAN E, PETERS S W, SQUYRES D H. 2004b. Wavelet energy absorption-2 Here are velocity aspects of wavelet energy absorption[J]. Oil & gas journal, 102(3): 36-36.

KJARTANSSON E. 1979. Constant Q wave propagation and attenuation [J]. Journal of Geophysical Research: Solid Earth, 84: 4737-4748.

KORNEEV V A, SILIN D, GOLOSHUBIN G M, et al. 2004a. Seismic imaging of oil production rate[C]. 2004 SEG annual meeting: 1476-1479.

KORNEEV V A, GOLOSHUBIN G M, DALEY T M, et al. 2004b. Seismic low frequency effects in monitoring fluid-saturated reservoirs [J]. Geophysics 69(2): 522-532.

QUINTAL B, SCHMALHOLZ S M, PODLADCHIKOV Y Y, et al. 2007. Seismic low-frequency anomalies in multiple reflections from thinly layered poroelastic reservoirs [C]. 2007 SEG Technical Program Expanded Abstracts: 1690-1695.

SILIN D B, KORNEEV V A, GOLOSHUBIN G M, et al. 2004. A hydrologic view on Biot's theory of poroelasticity [R]. Lawrence Berkeley National Laboratory report, Berkeley, California, USA.

SILIN D B, KORNEEV V A, GOLOSHUBIN G M, et al. 2006. Low-frequency asymptotic analysis of seismic reflection from a fluid-saturated medium [J]. Transport in Porous Media 62(3): 283-305.

SILIN D, GOLOSHUBIN G. 2010. An asymptotic model of seismic reflection from a permeable layer [J]. Transport in Porous Media 83(1): 233-256.

THAKUR G, BREVDO E, FUKAR N S, et al. 2013. The synchrosqueezing algorithm for time-varying spectral analysis: Robustness properties and new paleoclimate applications[J]. Signal Processing, 93:1079-1094.

WANG Y H. 2006. Inverse Q-filter for seismic resolution enhancement[J]. Geophysics, 71(3): V51-V60.

第 8 章　基于局域波属性的量子神经网络烃类检测方法

本章给出一种基于局域波属性的量子神经网络在储层烃类检测中的应用情况。该方法将基于数据聚类和局部波分解的地震衰减特征、叠前地震数据的相对波阻抗特征作为一个致密砂岩气藏的多属性选择，进一步结合主成分分析用量子神经网络给出弱含气响应储层的判别结果，这是传统技术难以检测到的。对于四川盆地致密砂岩弱含气储层的地震数据，我们发现基于局域波属性的量子神经网络可以有效捕捉含气储层中弱含气响应特征，为具有弱地震响应特征的气藏的油气探测提供帮助。

8.1　烃类检测方法

烃类检测方法始于 1970 年代亮点技术的出现，该技术突出了地震剖面上的反射幅度变化，将气层识别率从 12%左右提高到 60%~80% (HAMMOND A L，1974)。研究发现，由于地震衰减，相较于 8000~10000 英尺以下的深层沉积物，亮点技术更适用于海洋盆地年轻、相对松散沉积物的气体识别(HAMMOND A L，1974)。在一些较深、较老的地层中，气层在地震剖面上的地震响应可能表现为平点或暗点(BACKUS M M，CHEN R L，1975；BROWN A R，2012)。

AVO 分析是近年来广泛使用的一种烃类检测技术。AVO 分析的基础是 Zoeppritz 方程，它有多种表达形式，主要反映反射波的反射系数和振幅，反射波振幅是入射角和反射界面两侧物理参数的复函数。从 Zoepritz 方程的不同近似出发，发展了多种叠前地震反演方法以获得烃类检测的纵横波速度和密度、泊松比、相对波阻抗等诸多物理参数。AVO 分析虽然有严谨的数学基础，但在实际应用中存在很多假设，目前成功的应用案例基本都是埋藏较浅的碎屑岩储层。

地震衰减估计方法是另一种广泛使用的技术，它利用地震波的能量衰减特性进行储层表征和油气检测。实验室实验和现场数据测量表明，在大多数频带范围内，黏性流体饱和岩石的地震波衰减比干燥岩石更明显，并且含气沉积物中地震波的高频分量比低频分量衰减得更快。通过频谱分解(例如，CASTAGNA J P et al.，2003)和衰减梯度估计(例如，XUE Y

J et al.，2016a)等地震衰减估计方法，可以很容易地发现特定频率处的地震波强振幅异常。地震衰减估计技术主要采用时频分析方法来估计衰减。传统的时频分析方法，包括短时傅里叶变换、小波变换、Wigner-ville 分布等，总是受到 Heisenberg/Gabor 不确定性原理的限制，不能同时在时间和频率上具有高分辨率(GABOR D，1946)。最近，基于局部波分解的高分辨率时频方法(包括 Hilbert-huang 变换、同步压缩变换等)，显示出比传统时频方法更高的时频分辨率，但这些方法的窄频带特性是用于地震解释时的主要挑战(XUE Y J et al.，2019)。

近年来，机器学习(ML)方法也被用于通过将含气储层的流体和岩石特性公式化为一组预定义的地震属性来刻画储层(CHAKI S et al.，2018；KADKHODAIE A, KADKHODAIE R，2022)。人工神经网络(ANN)被用于建立储层渗透率预测模型(ZOLOTUKHIN A B，GAYUBOV A T，2019；TIAN J et al.，2021)。TAHMASEBI P et al. (2017)将模糊逻辑方法与神经网络和遗传算法相结合预测页岩储层中的有机碳总量和可压裂指数。WANG Z et al. (2020)利用模糊自组织图和径向基函数神经网络对分频剖面的主成分分析产生的频谱属性进行分析以估计储层厚度。由于在储层表征中改进了参数选择，因此支持向量机(SVM)和相关向量机在大多数情况下被证明比具有不同浅层模型的人工神经网络具有更好的性能(OTCHERE D A et al.，2021)。DELAVAR M R(2022)应用混合支持向量机和灰狼优化方法对碳酸盐岩储层进行裂缝分类。长短时记忆网络被用于构建含水饱和度预测的预测模型(ZHANG Q et al.，2019)。SINGH H et al. (2021)比较研究了 12 种不同的 ML 算法，这些算法属于脊回归及其变体、决策树及其变体、k 最近邻、降阶模型和神经网络等类别，用于预测天然气水合物饱和度。然而，由于岩性和地质条件不同，很难找到一种适用于所有储层的单一 ML 方法。

为了提高传统神经网络的逼近和信息处理效率，本章我们使用量子神经网络从数据聚类结果、基于局部波分解的地震衰减、叠前地震数据的相对波阻抗属性的集成中提取特征(XUE Y J et al.，2021)，并给出了四川盆地一个致密砂岩气藏弱含气响应的判别结果，这类弱含气性地震响应识别是常规技术难以检测到的。

8.2　相关算法原理和方法

8.2.1　量子神经网络

量子神经网络(QNN)将人工神经网络的基础知识与量子计算范式相结合，可以更好地模拟人脑中的信息处理过程，提高神经网络的逼近和信息处理效率。目前已成功应用于图像处理、模式识别、手写字符识别等领域(例如，MASATO T et al.，2000；MU D et al.，2013)。迄今为止，有各种类型的 QNN 模型(JESWAL S K, CHAKRAVERTY S，2019)。本章我们采用量子门节点神经网络(QGSNN)进行烃类检测。

QGSNN 是几个通用量子门按照一定的拓扑结构组合而成的(李士勇，李盼池，2009)。这里采用三层神经网络结构,包括输入层、隐藏层和输出层。在 QGSNN 模型中(见图 8-2-1)，输入为 $|x_i\rangle$ ($i = 1, 2, \cdots, n$)，θ 是输入层和隐藏层之间的连接权重。隐藏层的输出为 $|h_j\rangle$ ($j = 1, 2, \cdots, p$)，φ 是隐藏层和输出层之间的连接权重。网络输出为 $|y_k\rangle$ ($k = 1, 2, \cdots, m$)。

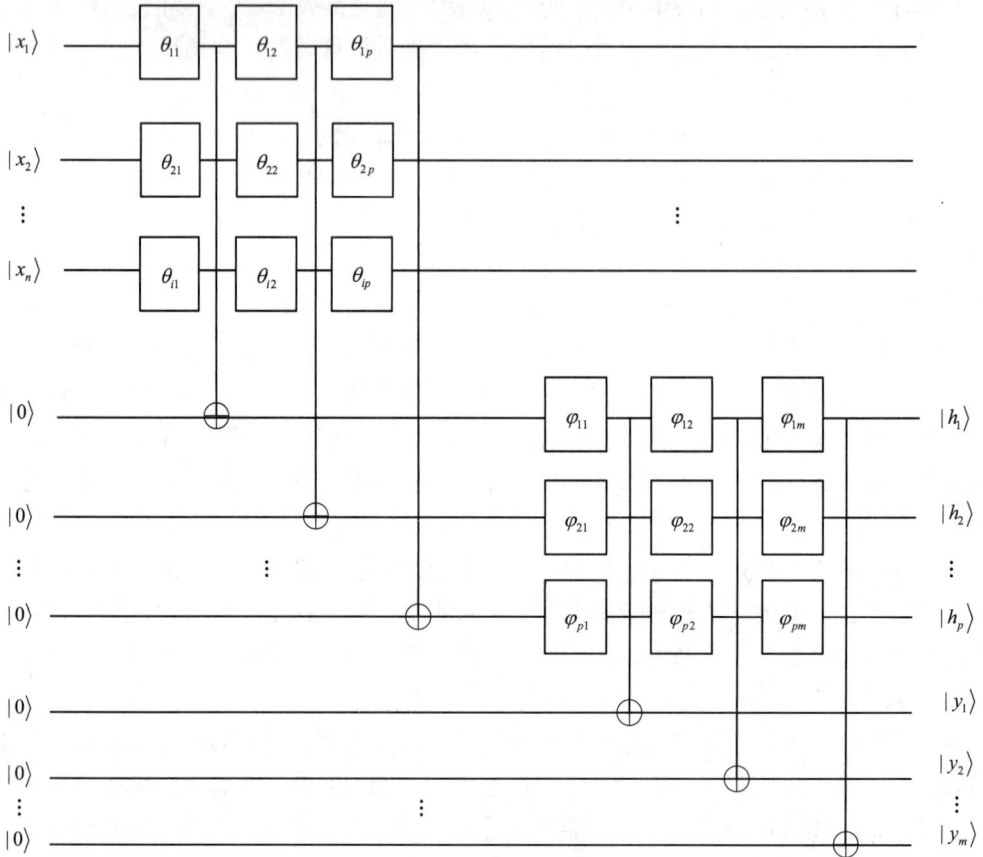

图 8-2-1   QGSNN 网络

令

$$|x_i\rangle = \cos\theta_i |0\rangle + \sin\theta_i |1\rangle \qquad (8\text{-}2\text{-}1)$$

隐藏层的输出为

$$|h_j\rangle = \cos(\varphi_j)|0\rangle + \prod_{i=1}^{n}\sin(\theta_i + \theta_{ij})|1\rangle = \cos(\varphi_j)|0\rangle + \sin(\varphi_j)|1\rangle \qquad (8\text{-}2\text{-}2)$$

网络输出为

$$|y_k\rangle = \cos(\xi_k)|0\rangle + \prod_{j=1}^{p}\sin(\varphi_j + \varphi_{jk})|1\rangle = \cos(\xi_k)|0> + \sin(\xi_k)|1\rangle \qquad (8\text{-}2\text{-}3)$$

其中，$\varphi_j = \arcsin(\prod_{i=1}^{n}\sin(\theta_i + \theta_{ij}))$，$\xi_k = \arcsin(\prod_{j=1}^{p}\sin(\varphi_j + \varphi_{jk}))$。

8.2.2　局域波属性优选下的量子神经网络烃类检测方法

不同的地震属性可以反映地震资料与构造、地层、岩性和油气有关的不同信息。对于具体的含气储层，应根据不同工区、不同储层对预测对象地震属性的敏感性，慎重选择地震属性。在地震属性中，相对波阻抗特征可以反映岩性变化。基于局部波分解的地震衰减特性与烃类信息含量有关。叠前地震资料的数据聚类结果是地震剖面上沉积相在一定程度上出现的总和，代表了引起其反射的沉积物的岩性组合、层理和沉积特征。因此，为了有效区分含气储层的弱响应，我们主要选择基于局部波分解的地震衰减特征联合相对波阻抗特征和叠前地震数据的数据聚类结果作为特征地震属性来训练 QGSNN(XUE Y J et al.，2021)。首先提取远近偏移道叠加剖面的相对地震阻抗。对于基于局部波分解的地震衰减估计，我们主要选择基于 CEEMD 的衰减梯度估计方法(XUE Y J et al.，2016a) 和小波包倒谱分解算法(XUE Y J et al.，2016b)。基于远近偏移道叠加剖面之间的差异数据体，我们提取了基于小波包倒谱的一阶和二阶之间的差异数据体以及基于 CEEMD 的衰减梯度数据体。使用自组织图映射神经网络(SOM)对差异剖面进行地震数据聚类，然后对这些地震属性使用主成分分析(PCA)来降低数据维度。随后，对于获得的主成分，我们将它们转换为量子态表示。假设地震属性集为 $\bar{X} = (\bar{x}_1, \bar{x}_2, \cdots, \bar{x}_n)^{\mathrm{T}}$ $(\bar{x}_i \in [a_i, b_i])$，其中，$\bar{x}_i$ 表示在范围 (a_i, b_i) 内的一个地震属性。令 $\theta_i = \dfrac{2\pi(\bar{x}_i - a_i)}{b_i - a_i}$，$\bar{X}$ 的量子态为

$$|X\rangle = [|x_1\rangle, |x_2\rangle, \cdots, |x_n\rangle]^{\mathrm{T}} \tag{8-2-4}$$

其中，$|x_i\rangle = [\cos\theta_i \ \sin\theta_i]^{\mathrm{T}}$。

取每一层量子态$|1\rangle$的概率幅值作为每一层的实际输出，得到隐藏层的实际输出为

$$h_j = \sin(\varphi_j) = \prod_{i=1}^{n} \sin(\theta_i + \theta_{ij}) \tag{8-2-5}$$

网络的实际输出为

$$y_k = \prod_{j=1}^{p} \sin(\varphi_j + \varphi_{jk}) = \prod_{j=1}^{p} \sin(\arcsin(\prod_{i=1}^{l} \sin(\theta_i + \theta_{ij})) + \varphi_{jk}) \tag{8-2-6}$$

接下来计算神经网络的误差值，并进行误差反向传播计算以调整网络层参数。神经网络的误差值定义为

$$E = \frac{1}{2} \sum_{k=1}^{m} (\tilde{y}_k - y_k)^2 \tag{8-2-7}$$

其中，$\tilde{y}_k$ 为期望输出。

由于量子神经网络中存在大量极小值，为了提高搜索效果，采用粒子群优化算法(PSO)计算量子神经网络中隐含层偏置矩阵 θ 和网络输出层偏置矩阵 φ。全局搜索方法用于优化

QGSNN 的参数。此外，在全局搜索的基础上，采用梯度下降法寻找量子神经网络中隐含层偏置矩阵 θ 和网络输出层偏置矩阵 φ 的最优解，不断降低网络误差。根据梯度下降法，每层旋转角度的更新为

$$\theta_{ij}(t+1) = \theta_{ij}(t) - \eta \frac{\partial E}{\partial \theta_{ij}} \tag{8-2-8}$$

$$\varphi_{jk}(t+1) = \varphi_{jk}(t) - \eta \frac{\partial E}{\partial \varphi_{jk}} \tag{8-2-9}$$

其中，η 是学习率，t 是迭代步长。每层旋转角度的梯度为

$$-\frac{\partial E}{\partial \theta_{ij}} = \sum_{k=1}^{m} (\bar{y}_k - y_k) y_k \cot(\varphi_j + \varphi_{jk}) h_j \cot(\theta_i + \theta_{ij}) / \sqrt{1 - h_j^2} \tag{8-2-10}$$

$$-\frac{\partial E}{\partial \varphi_{jk}} = (\bar{y}_k - y_k) y_k \cot(\varphi_j + \varphi_{jk}) \tag{8-2-11}$$

在我们得到训练好的参数 $\{\theta, \varphi, E_{\text{final}}\}$ 后(E_{final} 表示最终的 E)，即可使用这些训练好的参数对地震剖面进行油气检测。基于局域波属性融合的量子神经网络的工作流程如图 8-2-2 所示。

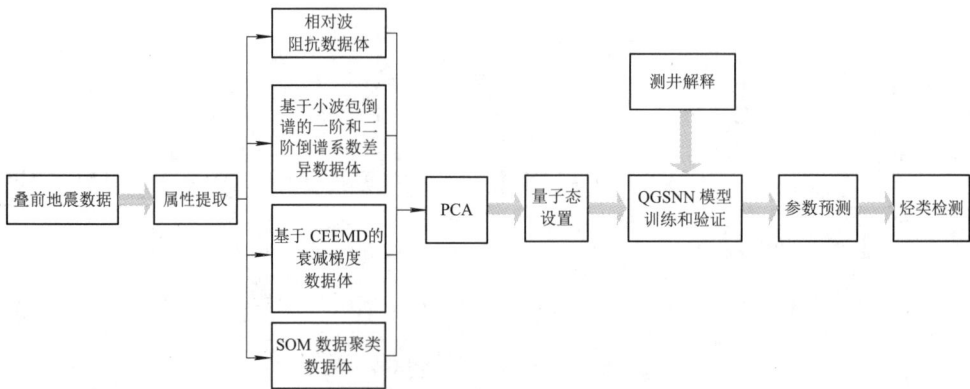

图 8-2-2　基于局域波属性融合的量子神经网络的工作流程图

8.3　四川盆地某致密砂岩储层含气性检测应用实例

我们仍以前面的叠前地震资料为例进行分析。储集层以多期叠置三角洲平原和三角洲前缘为主的河流砂体为主，具有非均质性强、低孔低渗的特点(LI Z et al.，2016；LU B P et al.，2019)。工区砂岩与泥岩的物性差异较小。一些属于隐蔽河砂的砂体很薄。地震响应较弱，尤其是对非亮点河道内的储层中的气体检测非常困难。

这里，六口井的测井数据和响应过井道地震数据用于训练 QGSNN。根据测井解释，

含气储层分为强气层、差气层、气水层、隐蔽气藏四种类型。本章将详细分析过已知井 A 和井 B 的两个地震剖面的烃类检测。地震信号以 1 ms 采样。远偏移道(入射角范围从 29°～ 40°)和近偏移道(入射角范围从 0°～13°)叠加剖面用于烃类检测。

8.3.1　QGSNN 的搜索性能

基于局域波属性及常规属性融合的 QGSNN 工作流程中使用的参数如下：隐藏神经元数量为 10；最大迭代次数为 10000；粒子群数量为 40；粒子最大飞行速度为 1；粒子群最大迭代步长为 200；学习率为 0.01。

取过井 A 的地震剖面来分析 QGSNN 的搜索性能。过井 A 的近、远偏移道叠加剖面，如图 8-3-1 所示。

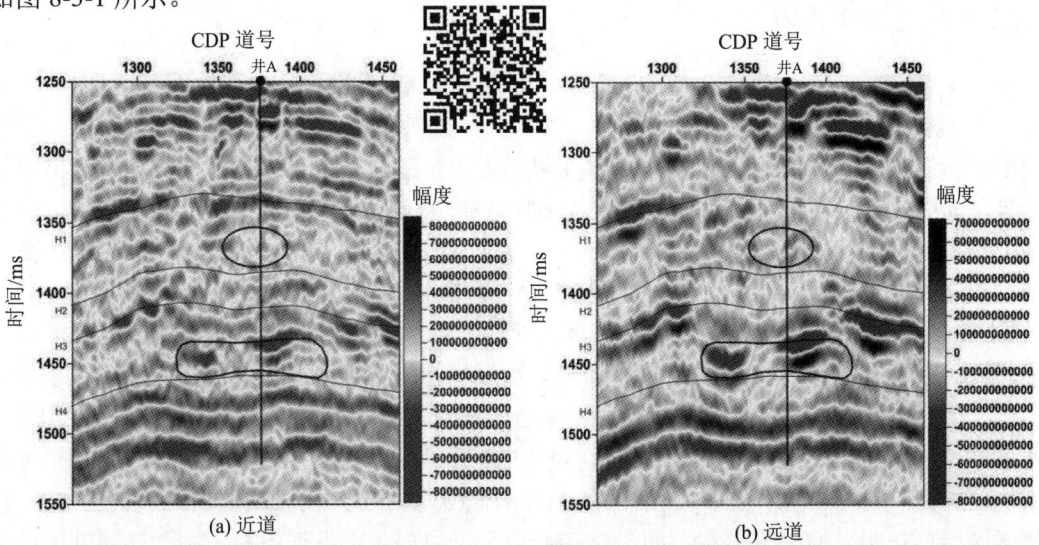

图 8-3-1　过井 A 的近、远偏移道叠加剖面

PSO 和 QGSNN 的搜索效果分别如图 8-3-2 和图 8-3-3 所示。图 8-3-2 中，PSO 得到的神经网络最小误差的方差为 39.2，PSO 给出了隐藏层偏置矩阵 θ 和网络输出层偏置矩阵 φ 的全局最优值。图 8-3-3 中，采用梯度下降法训练神经网络后的误差方差为 36.2，QGSNN 进一步给出了隐藏层偏置矩阵 θ 和网络输出层偏置矩阵 φ 的局部最优值。结合 PSO，进一步降低了 QGSNN 的误差方差，提高了搜索效果。

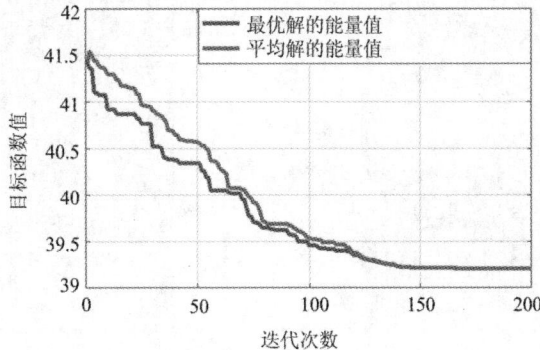

图 8-3-2　PSO 搜索效果

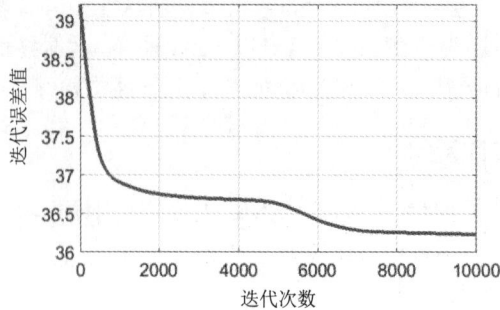

图 8-3-3　QGSNN 搜索效果

8.3.2　地震属性分析

对于过井 A 的地震剖面,如图 8-3-1 所示,层位线 H1 和 H2 之间的含气区域存在弱地震响应,层位线 H3 和 H4 之间的差气、气水区存在强地震响应。过井 A 的地震剖面的不同地震属性体如图 8-3-4 所示。由图 8-3-4 可以看出,在过井 A 的远、近偏移道叠加剖面的差异剖面中(见图 8-3-4(a)),存在于层位线 H1 和 H2 之间的含气区的弱地震响应增强。数据聚类结果(见图 8-3-4(b))表明,两个储层区域存在一些不同的数据特征。差气、气水所在区域的数据聚类类型多于弱响应含气区。近、远偏移道叠加剖面的相对地震阻抗(见图 8-3-4(c)、(d))表明,在差气、气水所在区域存在较低的值,在弱响应表现气区存在中等振幅。瞬时振幅数据体(见图 8-3-4(e))和超过平均振幅的最大振幅数据体(图 8-3-4(f))表明,差气、气水所在区域存在较大的振幅,而弱响应含气区中没有明显的振幅异常。基于 CEEMD 的衰减梯度数据体(见图 8-3-4(g))给出了类似的解释结果,它只检测到位于差气、含气水区域的储层。基于小波包倒谱的一阶和二阶差分剖面(见图 8-3-4(h))表明弱响应含气区和差气、气水区均存在明显的幅值异常。如图 8-3-4 所示,我们可以发现没有一种地震属性可以给出准确的含气性解释,特别是对于弱响应含气区。因此,根据不同地震属性的检测能力不同,我们主要选择数据聚类数据体、近远偏移道叠加剖面的相对地震阻抗、基于 CEEMD 的地震衰减梯度数据体、基于小波包倒谱的一阶和二阶倒谱系数之间的差异剖面,用于 QGSNN 进行进一步的烃类检测。

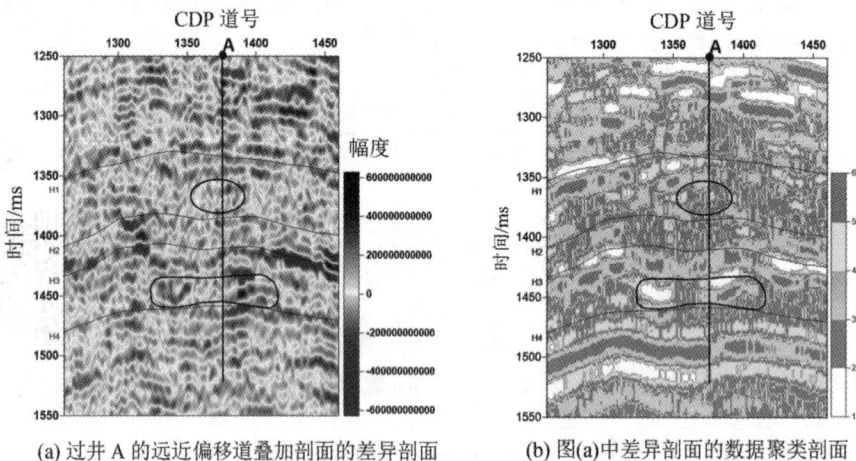

(a) 过井 A 的远近偏移道叠加剖面的差异剖面

(b) 图(a)中差异剖面的数据聚类剖面

(c) 近偏移道叠加剖面的相对地震阻抗

(d) 远偏移道叠加剖面的相对地震阻抗

(e) 图(a)中差异剖面的瞬时振幅剖面

(f) 图(a)中差异剖面的超过平均振幅的
最大振幅剖面

(g) 图(a)中差异剖面的基于 CEEMD 的
衰减梯度剖面

(h) 图(a)中差异剖面的基于小波包倒谱的
一阶和二阶倒谱系数差剖面

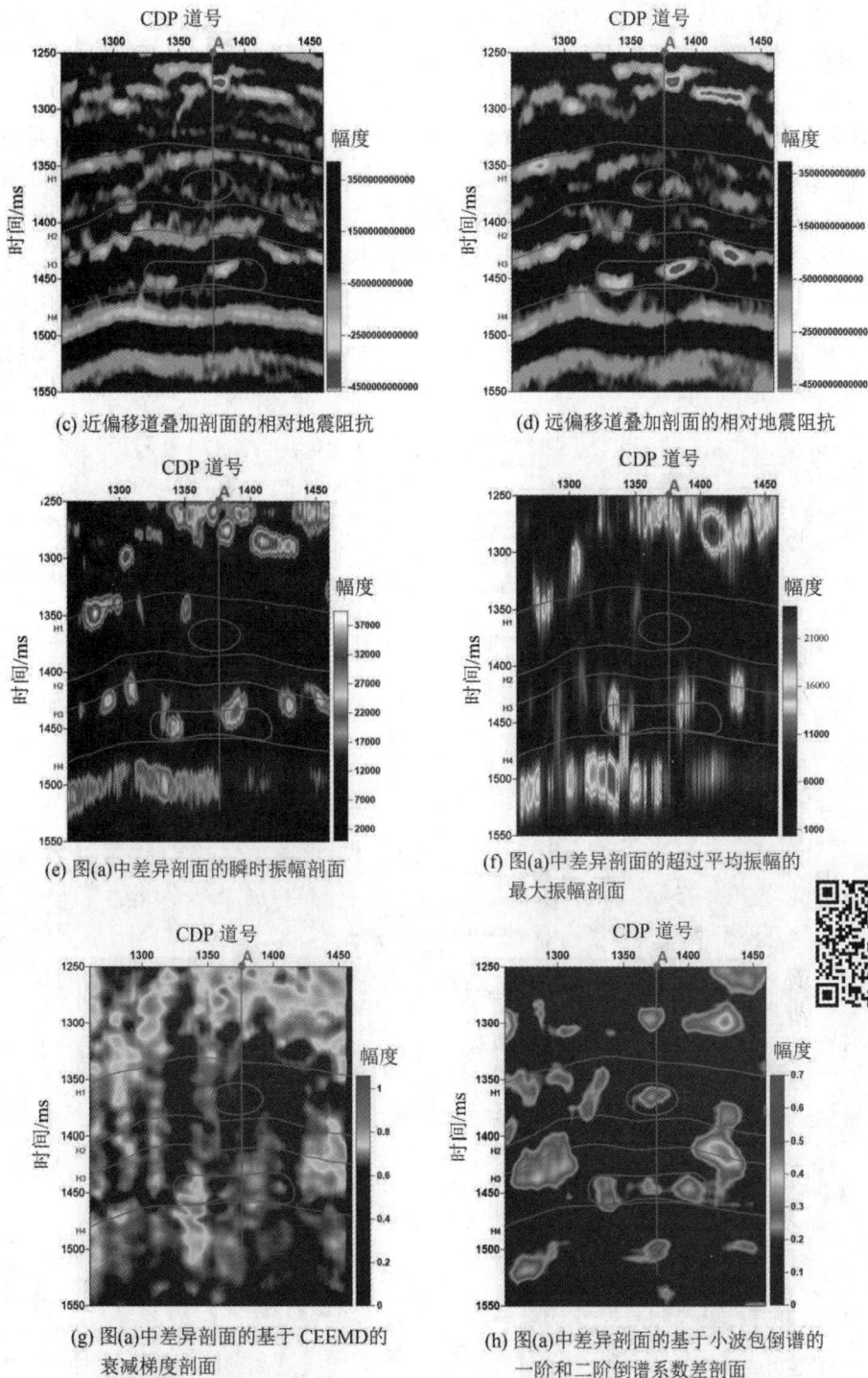

图 8-3-4　过井 A 的地震剖面的不同地震属性体

　　所选属性进一步用于过井 B 的另一个近距和远距偏移道叠加剖面(见图 8-3-5(a)、(b))。在层位线 H3 和 H4 之间存在三个含气区域。较强的反射振幅主要出现在以粉红色椭圆标示的第三个含气区域处,而在以粉红色椭圆标示的第一、二个含气区域地震响应较弱。图

8-3-5(c)～(h)显示了为进一步 QGSNN 预测选择的地震属性。优选的数据聚类剖面(见图 8-3-5(d))表明,三个含气区存在不同的数据特征。近、远偏移道叠加剖面的相对地震阻抗(见图 8-3-5(e)、(f))表明,第一、三含气区域存在较低值,第二个含气区未见明显特征。基于 CEEMD 的地震衰减梯度剖面(见图 8-3-5(g))表明,三个含气区存在一些稍强的振幅异常。基于小波包倒谱的一阶和二阶倒谱系数差的烃类检测剖面(图 8-3-5(h))很好地检测到含气储层,但无法区分不同的储层类型。因此,当使用这些优选的地震属性的 PCA 结果时,主要贡献成分将用于进一步提高使用 QGSNN 的烃类检测结果。

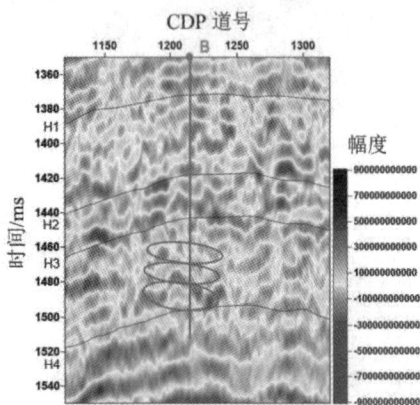

(a) 过井 B 的近偏移道叠加剖面的差异剖面

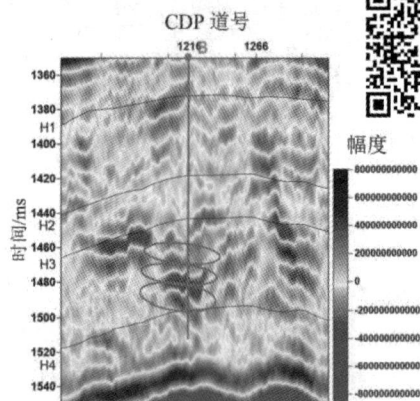

(b) 过 B 井的远偏移道叠加剖面的差异剖面

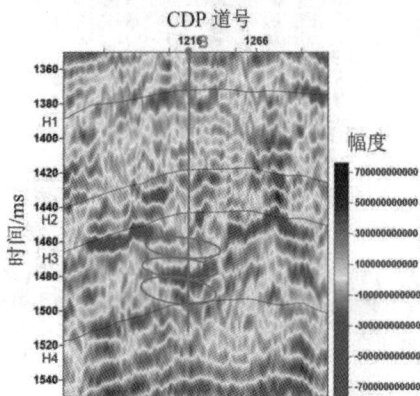

(c) 过井 B 的远近偏移道叠加剖面的差异剖面

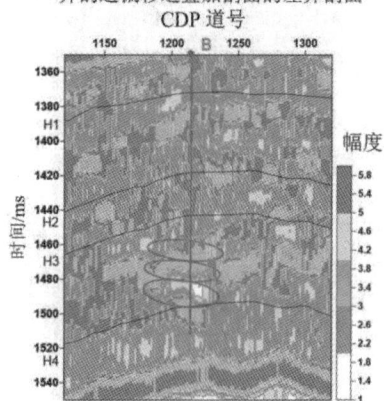

(d) 图(a)中差异剖面的数据聚类剖面

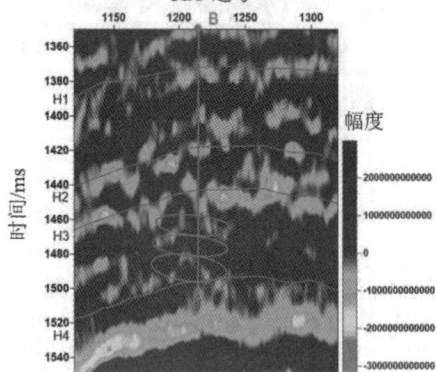

(e) 近偏移道叠加剖面的相对地震阻抗

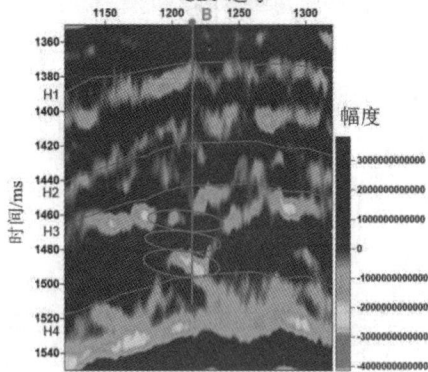

(f) 远偏移道叠加剖面的相对地震阻抗

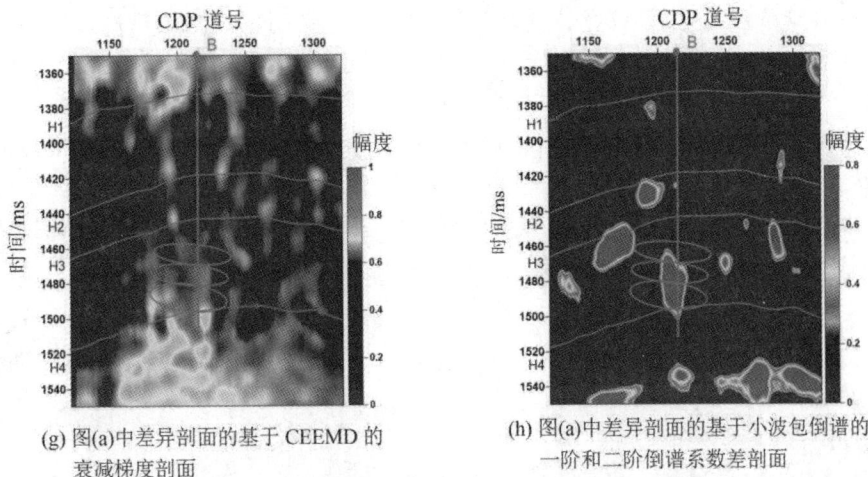

(g) 图(a)中差异剖面的基于 CEEMD 的
衰减梯度剖面

(h) 图(a)中差异剖面的基于小波包倒谱的
一阶和二阶倒谱系数差剖面

图 8-3-5　过井 B 的地震剖面的不同地震属性体

8.3.3　烃类检测

对于过井 A 的地震剖面的烃类检测，从图 8-3-4 中可以看到，大多数常规地震属性无法对位于层位线 H1、H2 之间的弱响应含气区给出含气性检测。为提高烃类检测能力，采用 PCA 结合 QGSNN 的方法进行烃类检测。QGSNN 与传统 BP 神经网络用于烃类检测的比较结果，如图 8-3-6 所示。这里需要注意，此处使用与图 8-2-2 相同的工作流程，仅将 QGSNN 替换为 BP。如图 8-3-6(a)所示，在 H1、H2 之间的弱响应含气区和 H3、H4 之间的差气、气水区存在强烈的振幅异常。QGSNN 准确地检测到了储层并给出了很好的含气性解释结果。与传统的 BP 方法相比，QGSNN 大大提高了烃类检测能力，尤其是对弱响应含气区的检测能力。

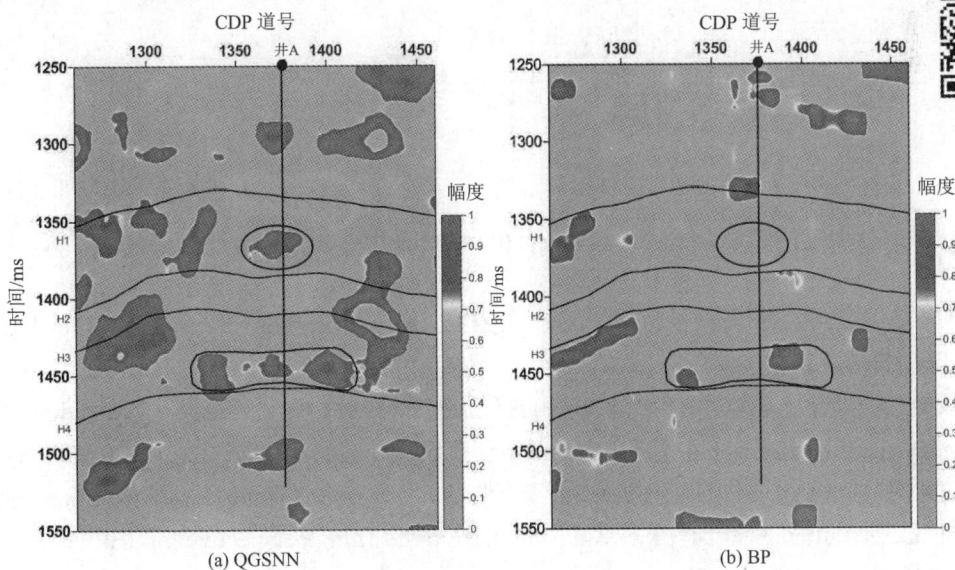

(a) QGSNN

(b) BP

图 8-3-6　过井 A 的地震剖面的不同方法的烃类检测结果

为了进一步测试基于局域波属性的 QGSNN 能力，使用过井 B 的地震剖面。基于优选的地震属性体(见图 8-3-5)应用 PSO 辅助 QGSNN 与 PCA 相结合的烃类检测算法，QGSNN 与常规 BP 神经网络对过井 B 地震剖面的烃类检测的对比结果如图 8-3-7 所示。图 8-3-7(a) 所示的 QGSNN 检测的结果中，粉红色椭圆标注的第一个含气区有较强的振幅异常，粉红色椭圆标注的第二、三个含气区有强振幅异常。图 8-3-7(b)所示的传统 BP 方法给出的烃类检测结果中，在层位线 H1 和 H3 之间的井 B 附近没有产气的区域可以发现强烈的振幅异常。与传统的 BP 方法相比，QGSNN 对储层的检测更加准确，对三个含气区给出了可区分的解释结果。

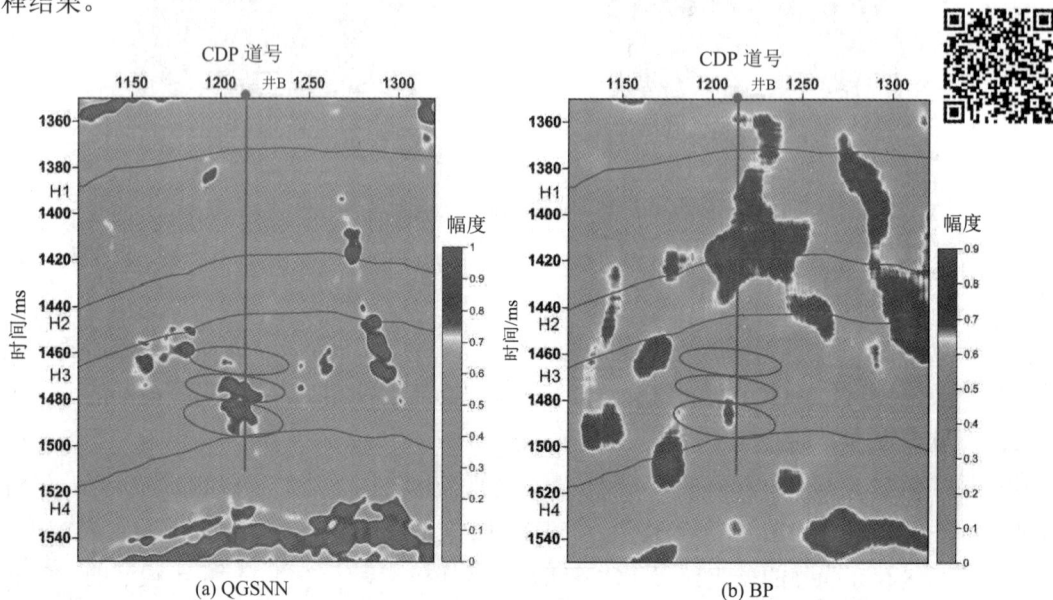

图 8-3-7　过井 B 的地震剖面的不同方法的烃类检测结果

本章参考文献

BACKUS M M, CHEN R L. 1975. Flat spot exploration [J]. Geophysical prospecting, 23(3): 533-577.

BROWN A R. 2012. Dim spots: Opportunity for future hydrocarbon discoveries? [J]. The Leading Edge, 31(6)：682-683.

CASTAGNA J P, SUN S, SIEGFRIED R W. 2003. Instantaneous spectral analysis: Detection of low-frequency shadows associated with hydrocarbons [J]. The Leading Edge, 22(2): 120-127.

CHAKI S, ROUTRAY A, MOHANTY W K. 2018. Well-log and seismic data integration for reservoir characterization: A signal processing and machine-learning perspective [J]. IEEE Signal Processing Magazine, 35(2): 72-81.

DELAVAR M R. 2022. Hybrid machine learning approaches for classification and detection of fractures in carbonate reservoir [J]. Journal of Petroleum Science and Engineering, 208, 109327.

GABOR D. 1946. Theory of communication [J]. Journal of the Institution of Electrical Engineers, 93(26): 429-457.

HAMMOND A L. 1974. Bright spot: better seismological indicators of gas and oil [J]. Science, 185(4150): 515-517.

JESWAL S K, CHAKRAVERTY S. 2019. Recent developments and applications in quantum neural network: a review [J]. Archives of Computational Methods in Engineering, 26(4): 793-807.

KADKHODAIE A, KADKHODAIE R. 2022. Acoustic, density, and seismic attribute analysis to aid gas detection and delineation of reservoir properties [J]. Sustainable Geoscience for Natural Gas Subsurface Systems: 51-92.

LI Z, RAN L, LI H, et al. 2016. Fault features and enrichment laws of narrow-channel distal tight sandstone gas reservoirs: A case study of the Jurassic Shaximiao Fm gas reservoir in the Zhongjiang Gas Field, Sichuan basin [J]. Natural Gas Industry B, 3(5): 409-417.

LU B P, DING S D, HE L, et al. 2019. Key achievement of drilling & completion technologies for the efficient development of low permeability oil and gas reservoirs [J]. Petroleum Drilling Techniques, 1:2019.

MASATO T，NOBUYUKI M，HARUHIKO N. 2000. Learning performance of neuron model based on quantum superposition [C]. Proceedings of the 9th IEEE International Workshop on Robot and Human Interactive Communication，Osaka，Japan: 112-117.

MU D, GUAN Z, ZHANG H. 2013. Learning algorithm and application of quantum neural networks with quantum weights [J]. International Journal of Computer Theory and Engineering, 5(5):788-792.

OTCHERE D A, GANAT T O A, GHOLAMI R, et al. 2021. Application of supervised machine learning paradigms in the prediction of petroleum reservoir properties: Comparative analysis of ANN and SVM models [J]. Journal of Petroleum Science and Engineering, 200, 108182.

SINGH H, SEOL Y, MYSHAKIN E M. 2021. Prediction of gas hydrate saturation using machine learning and optimal set of well-logs [J]. Computational Geosciences, 25(1): 267-283.

TAHMASEBI P, JAVADPOUR F, SAHIMI M. 2017. Data mining and machine learning for identifying sweet spots in shale reservoirs [J]. Expert Systems with Applications, 88:435-447.

TIAN J, QI C, SUN Y, et al. 2021. Permeability prediction of porous media using a combination of computational fluid dynamics and hybrid machine learning methods [J]. Engineering with Computers, 37(4): 3455-3471.

WANG Z, GAO D, LEI X, et al. 2020. Machine learning-based seismic spectral attribute analysis to delineate a tight-sand reservoir in the Sulige gas field of central Ordos Basin, western China [J]. Marine and Petroleum Geology, 113, 104136.

XUE Y J, CAO J X, DU H K, et al. 2016a. Seismic attenuation estimation using a complete ensemble empirical mode decomposition-based method [J]. Marine and Petroleum Geology, 71:296-309.

XUE Y J, CAO J X, TIAN R F, et al. 2016b. Wavelet‐based cepstrum decomposition of seismic data and its application in hydrocarbon detection [J]. Geophysical Prospecting, 64(6): 1441-1453.

XUE Y J, CAO J X, WANG X J, et al. 2019. Recent developments in local wave decomposition methods for understanding seismic data: Application to seismic interpretation [J]. Surveys in Geophysics, 40(5):1185-1210.

XUE Y J, WANG X J, CAO J X, et al. 2021. Hydrocarbon detections using multi-attributes based quantum neural networks in a tight sandstone gas reservoir in the Sichuan Basin, China [J]. Artificial Intelligence in Geosciences, 2: 107-114.

ZOLOTUKHIN A B, GAYUBOV A T 2019. Machine learning in reservoir permeability prediction and modelling of fluid flow in porous media [C]. IOP Conference Series: Materials Science and Engineering, 700(1):012023.

ZHANG Q, WEI C, WANG Y, et al. 2019. Potential for prediction of water saturation distribution in reservoirs utilizing machine learning methods [J]. Energies, 12(19), 3597.

李士勇，李盼池. 量子计算与量子优化算法[M]. 哈尔滨工业大学出版社，2009, 5.